印度古因明研究

姚南强 ／著

上海古籍出版社

中央高校基本科研业务费项目华东师范大学精品力作培育项目(批准号为 2022ECNU—JP007)资助出版

目 录

前言 ·· 1

第一章　外道六派哲学的古因明思想 ················· 1
　第一节　正理派 ·· 2
　第二节　胜论派 ·· 14
　第三节　数论派与瑜伽派 ······································ 20
　第四节　声论派和吠檀多派 ·································· 29

第二章　《遮罗迦本集》的古因明思想 ················ 37
　第一节　讨论的经验 ·· 37
　第二节　讨论的原则 ·· 43

第三章　外道"六师"的古因明思想 ················ 58
　第一节　顺世外道 ·· 58
　第二节　耆那教 ·· 62
　第三节　其他四师的学说 ···································· 70

第四章　说一切有部的古因明思想 ···················· 74
　第一节　五位七十五法的世界构架 ···················· 76

第二节　境有无我 …………………………………… 80
　　第三节　认识的发生和结果 ………………………… 88

第五章　经部的古因明思想 ……………………………… 96
　　第一节　对《俱舍论》《成实论》的分析 …………… 97
　　第二节　三世非实有，唯"现在"有 ………………… 101
　　第三节　关于认识主体 ……………………………… 105
　　第四节　带相说和自证说 …………………………… 106

第六章　《方便心论》的心论 …………………………… 109
　　第一节　《方便心论》创建了第一个佛教论辩学的
　　　　　　体系 …………………………………………… 111
　　第二节　"八种议论"中的古因明思想 ……………… 113
　　第三节　论辩中的负处 ……………………………… 119
　　第四节　能破中的二十种误难 ……………………… 121

第七章　《方便心论》《正理经》与《遮罗迦本集》的比较 …… 126
　　第一节　关于知识论 ………………………………… 127
　　第二节　关于逻辑论 ………………………………… 132
　　第三节　论辩及其过失 ……………………………… 142
　　第四节　负处 ………………………………………… 154

第八章　龙树的古因明思想 ……………………………… 158
　　第一节　《中论》的古因明思想 ……………………… 159
　　第二节　《回诤论》对正理派和小乘量论的破斥 …… 164
　　第三节　《广破论》对正理派量论的破斥 …………… 170

第四节　龙树的逻辑思想 ················ 176

第九章　《解深密经》的古因明思想 ············ 182
　　第一节　外境是由心识缘起的"遍计所执" ········ 184
　　第二节　认识的发生 ·················· 187
　　第三节　认识之真伪——清净与不清净 ········· 188

第十章　无著的古因明思想（上） ············· 195
　　第一节　"七因明"的辩学体系 ············· 195
　　第二节　"能立八义"中的逻辑思想 ··········· 203
　　第三节　《瑜伽师地论》的知识论思想 ········· 208

第十一章　无著的古因明思想（下） ············ 224
　　第一节　《阿毗达摩集论》中的因明思想 ········ 224
　　第二节　《圣扬圣教论》的因明思想 ··········· 233
　　第三节　《顺中论》的因明思想 ············· 234

第十二章　世亲的古因明思想（上） ············ 240
　　第一节　《如实论》无道理难品一 ············ 241
　　第二节　《如实论》道理难品第二 ············ 245
　　第三节　《如实论》堕负处品第三 ············ 256

第十三章　世亲的古因明思想（下） ············ 265
　　第一节　《二十唯识论》的古因明思想 ········· 265
　　第二节　《唯识三十颂》的"三能变" ·········· 274
　　第三节　《辩中边论》第一品"辩相品"的非知识论 ·· 280

第十四章 陈那《集量论》破异执中的古因明诸说（上） …… 282
第一节 《集量论》现量品中的破异执 …… 285
第二节 《集量论》为自比量品中的破异执 …… 292
第三节 《集量论》为他比量品中的破异执 …… 303

第十五章 陈那《集量论》破异执中的古因明诸说（下） …… 316
第一节 《集量论》观喻似喻品中的破异执 …… 316
第二节 《集量论》观遮遣品中的破异执 …… 319
第三节 《集量论》观反断品中的破异执 …… 324

第十六章 陈那对古因明思想的批评和继承（上） …… 328
第一节 内色外显、外境假立 …… 328
第二节 自证分为认识主体 …… 339
第三节 认识发生论 …… 341
第四节 以遮遣明总、别 …… 345

第十七章 陈那对古因明的批评和继承（下） …… 351
第一节 陈那对古因明逻辑论的创新 …… 351
第二节 把过失分为似能立和似能破两大类 …… 359

第十八章 法称对古因明思想的吸取和创新（上） …… 377
第一节 认识对象 …… 377
第二节 认识主体 …… 382
第三节 认识方法 …… 386
第四节 遮遣和总、别 …… 397

第十九章　法称对古因明思想的吸取和创新（下） …… 405
第一节　逻辑论 …………………………………… 405
第二节　过失论 …………………………………… 414
第三节　《诤正理论》中的辩学和过失论 ………… 420

第二十章　古因明对藏传因明的影响 ………………… 445
第一节　知识论 …………………………………… 446
第二节　逻辑论 …………………………………… 449
第三节　辩学 ……………………………………… 454
第四节　过失论 …………………………………… 458

第二十一章　古因明对汉传因明的影响 ……………… 461
第一节　古因明初入汉地 ………………………… 461
第二节　汉传因明经典中的古因明思想 ………… 468
第三节　慧沼《二量章》对唯识知识论的阐发 … 478

第二十二章　古因明的知识论 ………………………… 493
第一节　认识的主、客体 ………………………… 494
第二节　认识的分类 ……………………………… 507
第三节　认识的目的和发生机制 ………………… 516
第四节　遮诠的认识方法 ………………………… 524

第二十三章　古因明的逻辑论 ………………………… 530
第一节　概念和判断 ……………………………… 530
第二节　从"系属"到因三相 …………………… 535
第三节　推理的分类和论式 ……………………… 541

第二十四章　古因明的论辩学 ······ 555
第一节　《阿含经》的辩学和论式 ······ 555
第二节　南传佛教"论事"的辩式 ······ 558
第三节　古因明辩学的基本义理 ······ 563

第二十五章　古因明的过失论 ······ 570
第一节　负处 ······ 570
第二节　误难 ······ 582
第三节　似能立过失 ······ 601
第四节　语言、语态、某些诡辩等过失 ······ 604

结语 ······ 607

参考文献 ······ 611

前　言

因明源于印度,传于中国、东亚,在汉传佛教中称为"因明",在藏传佛教中称为"量论(知识论)",实际上因明主要是逻辑学、知识论和论辩学的三合体,并兼及哲学存在论和语言学。因明在近现代又弘布欧美,成为一门世界性的学术。

日本学者梶山雄一将印度佛教知识论的发展划分为三个阶段:即从《遮罗迦本集》至《正理经》、龙树、提婆为"初期的逻辑学";无著、世亲、陈那为"中期佛教知识论";法称以后为"后期佛教知识论"。[①] 但这只是从知识论角度出发进行的划分。虞愚把印度因明的发展分为五阶段:一、佛陀时代的《四记答问》《论法》已露因明的端倪。二、佛灭度后七百年,《正理经》和《方便心论》问世。三、佛灭度后九百年,弥勒《瑜伽师地论》提出七因明。四、佛灭度后千年,无著、世亲、陈那论述因明。五、佛灭度后千一百年,法称发扬因明。[②] 这种分法中第三期的《瑜伽师地论》是无著假托弥勒所著,故应把无著、世亲并入第三期,而应以陈那单独为第四期。如此,前三期是印度古因明,后二期是新因明。因明包含了知识论和逻辑,但最初只是辩学。现在学界对因明在印度的发展,一般是以陈那为分界线,陈那之前称之为古因明,陈那之后为

---
① 参见《因明》第14辑,甘肃民族出版社,2023年,第4页。
② 参见《因明论文集》,甘肃人民出版社,1982年,第35至36页。

新因明。现在中国所传的汉、藏二支因明主要都传承了陈那、法称的新因明,虽然也都有印度古因明的影响,但对其研究却相对不足。

  印度古因明是指什么?最早,这门学科被称为 Mimamsa,即弥曼差,审察之意,或称之为 Nyaya,即尼耶也,正理。首先,"明"是指"明了",是指学问、知识。佛家说古印度有五种学问,即内明、因明、声明、医方明、工巧明。内明是指各宗派各自的教义,声明是指语言学,医方明指医术咒语,工巧明是指各种农工技术,而因明则是指推理论证的方法。最早定义因明的是无著的《瑜伽师地论·本地分》:因明是"于观察义中诸所有事"。"观察义"即是所立法,"诸所有事",则指能立法。前者是宗,后者是因,也就是以因去证宗。《瑜伽师地论》从七个方面讲因,史称"七因明"。这就是狭义上的因明。但实际上陈那之前,各宗各派各有其知识论和逻辑学,正理派的正理论更是佛教因明的理论来源,窥基说:"劫初足目,创标真似。"①但窥基也说:"因明论者,源唯佛说。"这是指把这个学科明确指为"因明"是佛家,是无著借托弥勒所著的《瑜伽师地论》中首次归为"因明处",而且从思想渊源上亦有佛说。神泰《理门述记》也说:"自古九十五种外道,大小诸乘,各制因明。"这里的因明就是更宽泛意义上的,包括了外道的"正理"等论,本书取此宽泛义。至于"古"因明,是指陈那之前,从年代上大致是指公元 7 世纪之前的各家古师之说。这种宽、狭定义,国内佛学界也是认可的,如高振农认为:"从广义上说,它是一种古印度的逻辑学,从狭义上说,它可以称之为'佛家逻辑'。"②

---

① 窥基《大疏》。
② 《因明新探》,甘肃人民出版社,1989 年,第 180 页。

一、近现代的国外研究概况①

在国际因明研究中,重点是陈那以后的新因明,包括法称因明和藏、汉因明,但对古因明也有一些研究,主要有:

1. 欧洲和俄罗斯

近代以来,在欧洲兴起了一种"东方学"的热潮,研究亚洲和非洲的古文化,其中也包括了对印度文化的研究,由此也涉及印度的古正理、古因明思想的研究。

英国爱丁堡大学的凯斯(1879—1944)在《印度逻辑和原子论》②一书中,描述了印度知识论和逻辑学的轮廓,解释了尼夜耶学派(Nyāya)和胜论学派(Vaiśeṣika)在知识论领域的主要概念,并且分析了佛教瑜伽行派(Yogācāra school)在逻辑学和知识论层面对所有印度流派理论的影响。

英国学者兰德尔·赫尔伯特·尼尔(1880—1973)和凯斯方向相同:他从整体上研究印度的因明,并将佛教因明作为传统的重要组成部分。在《印度的三段论》③中,他将正理派的五支论式和亚里士多德式的三段论式进行对比,并且考察了逻辑中项的佛教规则。

意大利学者杜耆(1894—1984)在他早期的文章《陈那之前的佛教逻辑》④中提供了许多有价值的信息,包括佛教逻辑在转换成系统教义之前的初始阶段。杜耆整理了两本保存在中文中的残

---

① 本节部分内容选录于沈剑英《近现代中外因明研究学术史》下册第四编,上海书店出版社,2023年,有删改。
② *Indian Logic and Atomism*, Keith 1968.(编译者按)此书由宋立道译成中文,题为《印度逻辑和原子论:对正理派和胜论的一种解说》,中国社会科学出版社,2006年。
③ Randle, *A Note of the Indian Syllogism*, 1924。
④ Tucci, 1929。

篇：一本是《方便心论》（Upāyahṛdaya），作者未详；另一本据说是世亲（Vasubandhu）所著的《如实论》（Tarkaśāstra）。同年，他以梵文重构、翻译并发表了这两个文本，取名为《陈那之前的中文佛教典籍因明资料：翻译、导读、注解及索引编排》。[1] 杜耆在安慧（Sthiramati, 475—555）所著的《大乘阿毗达磨杂集论》中发现了佛教中首例试图将因明五支论式削减为三支论式。

安慧的《大乘阿毗达磨杂集论》是对无著《阿毗达磨集论》的注释，成书应在其后，而在无著《顺中论》中已偶尔出现三支式，大量使用三支式的是无著的弟弟世亲的《如实论》，因此安慧应排在其后。

法国的普桑（1869—1938）出版了龙树《中论》和月称《中论注》的梵文本、月称《入中论》，他将难度极大的世亲的《俱舍论》（Abhidharmakośa）译成了法文。[2]

奥地利的弗劳瓦尔纳（1898—1974）是著名的维也纳学派的创始人，该派以语言学—文献法研究因明。弗劳瓦尔纳研究论辩法后期的发展，从有价值的断简残章中重构了世亲在《论轨》中的所有根本论点。据弗劳瓦尔纳说，《论轨》在很多地方都颇为近似陈那的《正理门论》，但陈那的天才使他在世亲的体系上加上了《因轮论》。陈那应在建立《因轮论》九句因上记有一功。

---

[1] Giuseppe TUCCI, *Pre-Diṅnāga Buddhist Texts on Logic from Chinese Sources: Translation with an Introduction, Notes and Indices* (in *Gaekwad's Oriental Series* No.49, Baroda: Oriental Institute, 1929, 1981). 编译者按：此研究收入前陈那阶段中文文献的因明学资料，主要是《方便心论》及《如实论·反质难品》，并转译为梵文本，内容涉及部分知识论议题及辩论法则等，较之后的陈那、法称来得宽泛，且其佛教哲学的色彩尚不明显，与外道如正理派等差异不大。由于中文在方法及构词上并不像藏文那样，是以梵文为据建立起来的，因此杜耆更多是转译为梵本，而不是在语言学意义下重构或还原为梵文本，部分术语藏文译本核实其梵文原词。见刘宇光《西方学界的论理学知识论回顾》，第209页。

[2] Vallǐe Poussin, 1908–1913。

但迄今为止,我们只在《集量论》"破异执"部分,看到对《论轨》的引文,而陈那明确"论轨非师造",认为其不是老师世亲的《论轨》。吕澂译为《成质难论》。而且陈那系统地进行了破斥,我们也未发现其与《正理门论》"颇为近似"。

荷兰印度学代表人物博朗侯斯特(1946—),从1987年到2011年担任瑞士洛桑大学的梵文和印度学教授。在他关于包括因明学研究在内的印度哲学问题的许多著作中,《语言和实在:论印度思想的事件》发表了他在索邦大学举办讲座时用的材料。他在书中检视了印度文化中以奥义书为代表的文献中六派哲学文法学者的语言表达及其客观价值的关系,其中论到了佛教徒对语言哲学(龙树《大智度论》,无著《大乘阿毗达磨集论》,世亲《俱舍论疏》以及陈那的著作)的贡献。

俄罗斯的舍尔巴茨基(Stcherbatsky, 1866—1942)是著名的列宁格勒学派的创始人,擅长以比较哲学和逻辑的方法研究因明,他的《佛教逻辑》内容丰富,包括从梵语文本和藏语译本翻译而来的反对和支持佛教逻辑知识论概念的论文,其原作者包括婆罗门哲学家和百科学家、吠檀多派大哲学家语主会(Vācaspati Miśra),佛学家世亲(Vasubandhu)和陈那(Dignāga),著名的正理—胜论大师乌陀耶那(Nyāya-Vaiśeṣika Udayana)等。书中还罗列了人名和术语索引、文献残篇附录等。

帕里波克(Andrey Vsevolodovich Paribok, 1952—)发表了从巴利文翻译成俄文的佛教手稿,论述《弥兰陀王问经》中的辩论,展示了陈那之前的佛教论证理论的形式。这本书同时发表在两种系列丛书中:《东方文学经典》第88册,以及《佛教文库》第36辑(Bibliotheca Buddhica, vol. XXXVI)。作者除了翻译文本外,还附有简短的研究和评论。翻译者尽可能准确地将《弥兰陀王问经》

的含义用俄语表达出来,以便使其翻译不仅仅适用于学者,也适用于对印度文化和思想感兴趣的广大读者群。

安德洛索夫(1951—)在2000年出版了他从梵语、巴利语和藏语翻译成俄语的最重要的龙树的哲学文献。他在翻译中添加了让龙树获得伟大辩论者声誉的在和对手辩论过程中使用过的辩论方法的描述。[①] 对于佛教因明学历史研究尤其重要的是,该书收录了《回诤论》(Vigrahavyāvartanī),包括有关知识论的论辩。

里森克(Victoria Georgievna Lysenko, 1953—)是20世纪初的莫斯科印度学家,以翻译胜论(Vaiśeṣika)的基本文献而出名,他注意到了佛教因明学,发表了大量从梵文翻译成俄语的陈那和法称的文本,并撰写了一些相关的文章,出版了论文集《直接和间接感知:佛教徒和婆罗门哲学家的争论(慢速阅读)》。这本书包括了研究部分,还有翻译世亲、陈那、法称、富差耶那(Vātsyāyana)、乌地阿达克拉(Uddyotakara)、语主会(Vācaspati Miśra)、赞足(Praśastapāda)、吉祥持(Śrīdhara S)以及童中师(Kumārila Bhaṭṭa)的选集。

2. 印度

在西方研究的刺激下,尽管佛教和因明已在印度佚亡,但新正理派还在,现代印度本土也开始了对因明的研究。

巴林戈(1919—1997)是德里大学(University of Delhi)和浦那大学(University of Poona)哲学系的教授和系主任。他于1968—1970年间任职于西澳大利亚大学(University of Western Australia)哲学系。他的著作《印度哲学现代导论》(A Modern Introduction to Indian Philosophy)是同类印度逻辑著作中较受欢迎的。

---

① Androsov, 2000.

巴林戈还试图将一些印度逻辑理论融入现代逻辑的宗旨。印度逻辑史揭示了起初的三段论论证由十个分支（avayava）所组成，但在三段论方法发展的过程中，三段论论证消减到五个分支，并被认作是论证（vakya，或某种言说的模式）的五支。这种五支的论证模式在佛教逻辑学家陈那、法称和法上那里遭到了严厉的批判。[1]

巴特（1939— ）是位于新德里的印度哲学研究委员会（Indian Council of Philosophical Research）的现任主席。早先他是德里大学哲学系的教授和系主任。许多著作和研究论文都可归于他的名下。巴特认为，对逻辑和知识论的系统研究肇始于正理（Nyāya）学派，由无著（Asaṅga）和世亲引入佛教，以试图对抗龙树（Nāgārjuna）的虚无主义的辩证法。[2]

巴拉德瓦伽是德里大学教授，他同时也曾是印度高级研究机构（位于西姆拉 Shimla）的研究员。他在不同的专业杂志上发表了许多关于印度逻辑和知识论的论文。他的著作包括《自然主义的伦理学》（Naturalistic Ethical Theory）、《理性与哲学》（Rationality and Philosophy）、《印度逻辑的形式与有效性》（Form and Validity in Indian Logic）。巴拉德瓦伽将《印度逻辑的形式与有效性》分为七章，前四章讨论佛教逻辑，之后的两章分析印度逻辑（Hindu logic），其中之一是关于耆那教（Jaina）的逻辑。在他看来，"逻辑"这一术语对耆那教而言并不是正确（合适）的词，毋宁说这个词是在"知识的方法论"的意义上说的，也就是梵文的"有效认知论"（pramāṇa-śastra，量论）。

---

[1] Androsov, 2000, 112.
[2] Androsov, 2000, 51.

普拉萨德(1953—)目前为德里大学哲学系教授和系主任,他于澳大利亚国立大学(Australian National University)取得博士学位。他的著作有《唵摩勒般若:佛教研究诸方面》(Amala Prajna: Aspects of Buddhist Studies,与 N. H. Samtani 合著)、《佛教中的时间研究论文集》(Essays on Time in Buddhism)、《印度哲学中的时间》(Time in Indian Philosophy)、《弥勒无伤坦特罗》(Uttaratantra of Maitreya)、《哲学语法与印度学》(Philosophy Grammar and Indology)、《寂护:生平与著作》(Santaraksita: His Life and Work)以及《佛教伦理学的核心》(Centrality of Ethics in Buddhism)。

普拉萨德在他为《佛教百科全书》(Buddhist Encyclopedia, ed. Arvind Sharma)所撰写的一篇文章中提及了因明。在考察佛教的因明研究进路之前,他先讨论了量论(Pramāṇaśastra)的研究。量论是关于印度哲学传统中处理知识的不同方法。同时,在讨论中他还提到了两位印度传奇的思想家,一位叫桑迦亚(Sañjaya),另一位叫迦亚拉希(Jayarashi)。桑迦亚(Sañjaya)被视为彻底的怀疑论者(saṃśayavādī),他不仅质疑量(pramāṇa,即有效认知)的效力,而且提醒了它危险的潜在影响。迦亚拉希(Jayarashi)是一位唯物论者(Cārvāka),他也否定量的效力。佛教学者龙树(Nāgārjuna)是第三位怀疑论思想家,他不否认正理派(Nyāya)主张四种量具有经验上的效用;但他声称一切哲学观点(dṛṣṭi),包括量论,都是空无(śūnyata),这是因为它们都是概念分别网络的产物(kalpanājāla)。[①]

3. 日本

同样,受到西方研究的影响,近代的日本也开始了对印度文化

[①] 由 H. S. Prasad 教授提供的未刊草稿,将刊于《印度百科全书:哲学与宗教》(*Encyclopedia of Indian Philosophy and Religion*, Chief Editor, Arvind Sharma., p.1)。

和哲学的研究,同时日本的汉传因明一直绵延到近代,在对因明的研究上更有其独特的优势,在对古因明的研究上也是富有成效的。

(1) 明治时期

明治30年(1897)年2月,井上圆了(1858—1919)出版了《外道哲学》。

(2) 明治初期到中期

今福《增订最新论理学要义》(第三版)收录了《东西洋论理学变迁史概观》。今福的印度论理学史的各章题目如下：

一、印度论理学的名称及意义

二、尼夜耶学派的起源

三、尼夜耶经的内容

四、关于尼夜耶经的疑问与价值

五、尼夜耶或因明的传统

六、陈那的论理

七、印度论理与亚氏论理的比较

这里面关于《正理经》(Nyāya sūtra)的记述占了大多数。其认为《正理经》之后的印度论理学可以分成如下阶段：

> 古代因明(前600年顷—后400年)：足目、释迦、龙树、弥勒;中世因明(400年—1200年)：无著、世亲、陈那、商羯罗主、护法、清辩、戒贤、僧伽耶舍、玄奘、慈恩、慧沼、智周、清干、道昭、玄昉、凤潭、法称、达摩郁多罗、Mallavādin、Siddhasena Divākara、Vātsyāyana、Uddyotakara、Vidyānanda、Vācaspatimiśra、Udayana;近世因明(1200年—1850年)。

(3)《方便心论》研究

宇井伯寿(1882—1963)在就职于东北帝国大学期间撰写的全

六卷本《印度哲学研究》①的第二卷(1925)中收录了利用《方便心论》汉文校订文本、读音标记汉文文本及引用《遮罗迦本集》《正理经》等佛教以外印度论著的解说所构成的《方便心论的注释性研究》一文。自宋版《大藏经》以来,《方便心论》一直被认为是龙树的作品,但宇井直接加以否定,认为是"龙树以前某个小乘佛教信奉者之作"。这一点后来遭到梶山雄一和石飞道子的否定。

宇井之后,饭田顺雄将《方便心论》研究加以训读和注释,投稿于《国译一切经印度撰述部论集部1》(1933)。

在宇井研究的60年后,为《方便心论》研究新增光彩的是梶山雄一。他在《佛教知识论的形成》中,详细分析了《方便心论》的内容,并列举理由指出,不能像宇井那样断定此书不是龙树的著作。《正理经》中作为"错误的论难"而被否定的是"相应",此名称列举于《方便心论》第4章。梶山由此指出,这与龙树使用的"归谬论法"如出一辙,在《方便心论》中被视为"正确的论难"。这一点的提出,可以说使《方便心论》的研究发生了巨大的翻转。梶山在《诡辩与 Nāgārjuna(龙树)》②中将《方便心论》定位为"反逻辑学书",并向1989年在维也纳召开的第二次国际 dharmakīrti(法称)学会的纪要③提交了题为《〈方便心论〉的作者身份》(On the Authorship of the Upāyahṛdaya)的论文。

长崎法润在《古因明》④中公开发表了《方便心论》第一章之现代日语译文。将梶山论点进一步向前推进的是石飞道子。她在《关于〈方便心论〉的作者》⑤中明确指出,龙树为该论著的作者。

---

① 甲子社,1924—1930年;岩波书店,1944—1965年重版。
② 《理想》第510号,1984年;收录于《著作集》第4卷。
③ Studies in the Buddhist Epistemological Tradition, ed. by E. Steinkellner, 1991, Wien。
④ 安居事务所,1988年。
⑤ 《印度哲学佛教学》第19号,2004年。

同时发表了涉及《方便心论》及龙树的一些研究。均公开于其主页（http://manikana.la.coocan.jp）。石飞在《龙树著〈方便心论〉研究》①中发表了该论著的现代日语译文及详细注解。

木村俊彦在《〈方便新论〉的逻辑及立场》②中批判了梶山说和石飞说。

另外，作为国际佛教学大学院大学日本古写经研究组的研究成果，室屋安孝发表了《关于汉译〈方便心论〉金刚寺本与兴盛寺本〔附追记〕》，③揭示了以往难以解释的几处不同解读。

最后，论及《方便心论》作者为谁这一问题，由于该书译于汉译佛经史中被视为"黑暗时期"之时，同一时代几乎无其他汉译佛典，因此，可以认为该书可能为译者们（吉迦夜与昙曜）基于可获得的资料建构而成。这样就可以解释该书为何内容晦涩，结构不协调了。

（4）《如实论·反质难品》研究

在日本以《如实论》本论为主要研究对象的学术论文可谓绝无仅有。唯一可列举的为收录于《国译一切经·印度撰述部·论集部 1》（1933）中的中野义照的读音标记汉文文本及注释。不过，目前以筑波大学小野基为首的研究组正在从事《如实论》研究，其成果也将陆续公开。

（5）有关因明的其他论著

对此首先要举出梶山雄一的《佛教知识论的形成》（梶山雄一编《讲座大乘佛教思想第 9 卷认识论·逻辑学》④第一章）。关于不仅有汉译，还存在藏译、梵语原典的《瑜伽师地论·因明处》，有

---

① 山喜房佛书林，2006 年。
② 《印度学佛教研究》第 108 号，2006 年。
③ 《日本古写经研究所研究纪要》创刊号，2016 年。
④ 春秋社，1974 年。

矢板秀臣的梵语原典校订及翻译《瑜伽论的因明》①及索引"Index to the Hetuvidyā Text in the Yogācārabhūmi",②以及《关于瑜伽论因明的知识论》③等一系列研究成果。

（6）世亲（Vasubandhu）的逻辑学著作《论轨》《论式》《论心》研究

此三部作品已经散佚，且无译本。陈那在《集量论》各章的"其他学派批判"开头逐一引用《论轨》中的学说进行批判，但陈那又说"论轨非师说"。至于另外两部论著，陈那仅在《正理门论》末尾提及了书名。因此在日本学界，几乎没有得到研究。只有武邑尚邦的《关于世亲的逻辑著作》④及桂绍隆的《印度逻辑学中遍充概念的生成与发展》⑤对世亲的逻辑学有所涉及。

4. 美国

卡尔·哈特林·波特（Karl Harrington Potter,1927— ）主编大型项目《印度哲学百科全书》认为：第一期，与前陈那时期（pre-Dignāgean period）和正理学派（school of Nyāya）的活跃期相联系。因三相（trairūpya-rule）的第二支被解释为这样的方式：在 a 类中至少有一个拥有 h 和 s 类相同的属性。因三相的第三支被这样解释：在 v 类中，没有在 h 和 s 类中的元素。这种特别的解释是对三项规则工具性对真实判断不足的再认识；例证是对结论假设的确认，他们相互独立。第二期，与无著或者与陈那有联系，因三相的第三支被重新解释为："h⌐s＝0"，意思是 h 类包含的也完全在 s 类

---

① 《成田山佛教研究所纪要》第 15 号,1992 年。
② 《梵语佛教文献研究》,1995 年。
③ 《印度学密教学研究》,1993 年。
④ 《印度学佛教研究》第 7-1 卷,1958 年。
⑤ 《广岛大学文学部纪要》第 45 号,特辑号,1986 年。

中。如果因三相的三支都完成,这种全新的解释可以推出结论。第三期,与法称的活跃期有关。规则 1 和 3 都被解释为和第一阶段相同,规则 2 被解释为合并到第三阶段: h¬s = 0。①

姚治华《佛教的自我认知理论》(198 页)是以梵文概念自证分(svasamvedana)为全书主题的首部专著。自证分是佛教哲学中有关反思意识的学说。是据作者在波士顿大学(Boston University)宗教学系学习时完成的博士学位论文改写而成。虽然自证分一概念是在陈那手上才正式出现,但早在部派阶段已多有探讨。该书即以此一理论史的脉络追溯自证分学说如何由大众部、说一切有部、经量部发展到瑜伽行派手上,主要贡献在于系统整理陈那自证分学说出现前佛教有关自证分的各种讨论,由众部手上作为觉者一切智的解脱论子题演化到瑜伽行派作为知识论问题,应用的资料来自中文、巴利文、梵文及藏文典籍。②

从斯里兰卡来到夏威夷大学的卡鲁帕哈那(1936—2014)的因明研究是放在佛教真理论及语言哲学中进行的。卡鲁帕哈那是将早期佛经以及龙树论著从巴利语和梵文翻译过来的领衔译者之一。他有两本非常重要的因明史著作,《龙树的〈中论颂〉:中道哲学》(Mūlamadhyamakakārikā of Nāgārjuna: The Philosophy of the Middle Way)(1986)以及《佛教语言哲学》(The Buddha's Philosophy of Language)(1999)。在第一本著作里列有梵文本《中论颂》(Mūlamadhyamakakārikā)的英语翻译以及龙树对语言问题和四谛的态度。

鲁滨逊(Richard Hugh Robinson, 1926—1970)是龙树中观派

---

① Potter, 1984, 第 43—48 卷。
② 《西方学界的佛教论理学—知识论研究现况回顾》,载《汉语佛学评论》(第 1 辑),上海古籍出版社,2009 年,第 19—21 页。

及其中国追随者的研究专家,他反对将龙树理解为非理性主义者,当他的理念与康德和黑格尔比照时,他不可避免地会被贴上这样的标签。① 在他的《论龙树的一些逻辑面向》(Some logical aspects of Nagarjuna)(1957)一文里,鲁滨逊解释了《中论颂》(Mūlamadhyamakakārikā)里的逻辑原则和构建,这些都是在对空(śūnyavāda)的教义的讨论下进行的。众所周知,龙树生活的年代远早于陈那创建佛教逻辑(hetuvidyā, nyāyaśāstra)时,其核心乃是比量的理论(anumānavāda),但论证理论中各种形式的推理结构业已定型、已经存在,并被龙树娴熟地运用之。鲁滨逊消除了关于中观派创始人在认识论、心理学以及本体论基础上的争论,只专注于其形式结构。从西方逻辑角度的形式推理来看,他发现了龙树文本里的许多逻辑的正确性,诸如基于及物性与自反性关系的推理、模态逻辑等。在考虑了佛教徒运用的第一级的三段论推理之后,鲁滨逊没有发现龙树在否定逻辑上采用逻辑的证据,中观派否认逻辑可以用在追求更高层次的形上真理上。学者将中观派逻辑定义为前形式,大致相应于柏拉图的层次,由几个公理组成,并"用广义变量表示",②直觉地运用推理法则。龙树犯了逻辑错误,但并未否认逻辑性原则(首先是矛盾律)。他所否认的是形而上学的存有论及其合理化非理性。

纽约奥尼昂塔哈特威克大学宗教研究教授亨廷顿的文章《中观派论辩术的本质》(The nature of the Mādhyamika trick)(2007)包含了一些对龙树遗产的研究,以及对他的方法及其态度的批判。

---

① 这个批评是针对许多学者的,尤其是日本佛教学者中村元(Hajime Nakamura)、波兰印度学研究者谢弗(Stanislaw Schayer),他们对中观派理念的解释是这篇论文"论龙树的一些逻辑面向"(*Some logical aspects of Nāgārjuna*)所主要批评的问题[Robinson, 1957]。
② Robinson, 1957, 295。

首先，亨廷顿指出了关于一些研究中要在印度的认识论和逻辑中去寻找客观知识的强烈倾向，想要创造一个"严格科学的、客观的"佛教典籍解释学。在这种情况下，研究者所理解的"严格科学的客观性"只是在西方认识论的模式下的解释：作为理性的、建立在逻辑规律上的，即不允许对同一文本有不同的解释。创造"严谨客观"的解释的其中一个领域，与建构一系列的逻辑公式以表达佛教逻辑教义的符号模型相关。亨廷顿强烈反对将印度逻辑概念符号化，因为所有逻辑认识论的文本通过符号、隐喻、多义词的使用，还有许多其他针对作者和读者的非形式化的信息。①非"严谨的科学的客观"之解释是可能的，因为每个文本都有作者个人的喜好或偏见的印记。研究者，诸如海耶斯（R. Hayes）、②提乐曼（T. Tillemans）和加菲尔德（J. Garfield），他们将龙树解析为分析主义、理性主义哲学家，认为他的推理严格按照逻辑规则，而这样的分析常常是毫无根据的。③ 他们或者依赖于对原典的评注，而不是龙树本人的言论。④ 在历史上，作为一位伟大的论辩者，中观派创始人的论辩术的本质是，他们不去争辩、解释、命令或者证明，而是去结合想象。⑤

---

① Huntington 2007, 126。
② 兹将刘宇光有关海耶斯的研究引述于此：Richard Philip HAYES《陈那论符号诠释》（378 页），据多伦多大学 1973 年博士论文改写出版。全书共八章，第一章是对当代学界陈那研究的回顾。第二及第三章是追溯前陈那阶段《阿含经》《弥兰陀王所问经》、龙树《根本中论》《回诤论》及世亲现象论及二谛理论的理性怀疑论与唯名论。第四及第五章才处理陈那量论的诸多议题，据《观所缘缘论》《因轮论》及《集量论》（Pramāṇasamuccaya）讨论根现量、自证现量、比量所立、因三相、堕负与遍充、喻、自相与共相、遮诠、表诠、句义等问题。第六、第七两章则是陈那量论典籍的梵本英译，主要是《集量论》第二及第五两品涉及上述各议题的相关篇章。最后第八是结论章。见《西方学界的佛教论理学—知识论研究现况回顾》，第 18 页。
③ Huntington, 2007, 104。
④ Huntington, 2007, 111 - 112。
⑤ Huntington, 2007, 128。

从上述的国外研究中可以发现研究重点由比较逻辑向知识论的转向。在古因明的研究中已可以基本搜集到外道和佛教的主要因明经典,其中日本的研究更注重大乘佛教瑜伽行宗和龙树古因明思想,也已关注到《方便心论》,从研究角度而言,既有逻辑论角度,亦有知识论角度。在文本的翻译、对勘、比较方面做得更细,处于领先地位,但不足之处在于尚未形成对古因明发生、发展全史的系统整理。对古因明各宗派学说的研究尚未全面展开,研究视角上较多地限于量论和逻辑,对其中的辩学和过失论内容尚缺乏专论。

二、国内的研究概况

近代以来,汉传因明复兴,国内因明学界重新开始了对古因明的研究。

1909年樊柄清在其《明因明》中已提到足目的古因明。

1916年中华书局出版的谢蒙《佛教论理学》第一章《因明学之渊源》中有"外道之因明论""释迦以下之因明论",介绍了《正理经》的十六谛、四种量,并说:"百论疏以为现知、比知、不能知、譬喻知即现量、比量、圣教量、譬喻量。"[1]《百论疏》是隋代吉藏所著,"不能知"即指圣教量。该书又分析了《解深密经》的五种清净、七种不清净;以及五问四记答、《方便心论》。

民国八年(1919)商务印书馆出版了梁漱溟的《印度哲学概论》,被列为"北京大学丛书"之一种。该书概论印度各宗哲学思想,共分四篇:概论、本体论、知识论、世间论;概略介绍了婆罗门六派哲学以及耆那教和顺世外道。在第三篇《认识论》中分为四

---

[1] 沈剑英编《民国因明文献研究丛刊》第2辑,知识产权出版社,2015年,第21页。

章,即:第一章《知识本源之问题》,第二章《知识界限效力之问题》,第三章《知识本质之问题》,第四章《因明论》。介绍了佛教和外道各宗的知识论和逻辑论,其中"知识"问题是与狭义的"因明论"分述的。

20世纪的代表性成果,就是许地山1928年发表于《燕京学报》第9期上的《陈那以前中观派与瑜伽派之因明》,概括介绍了当时欧洲和日本学者对古因明的部分研究成果。但此书只限于佛教的古因明,并未涉及外道部分。

1932年汉口中西印刷公司印行的覃寿公《哲学新因明论》第一编第一章《因明之源流附注印度六大派外道》,把因明分为本支和外道,本支中又分为古因明和新因明。窥基说"劫初足目,创标真似",但又说"因明论者,唯源佛说"。覃寿公认为二说并不矛盾:"因明之形式,虽谓于足目开始""而证成此义相真能立之源。必委于佛",[1]而且指出"胜论立二量。一现量。二比量""数论立三量。一证量。二比量。三圣教量""尼耶也即正理派。立四量……有现量。比量。圣教量。譬喻量""声论……立六量"。[2]

20世纪末与此相似的研究成果则有台湾水月法师的《古因明要解》(台南智者出版社1989年出版),该书对《方便心论》《如实论》《瑜伽师地论·本地分》《阿毗达摩集论》作了解说,并涵盖了《显扬圣教论》和《阿毗达摩杂集论》的内容。但仍只限于佛教古因明。

改革开放以来,随着因明的复兴,国内开始了对古因明的研究。因明初源于外道。早在550年(梁简文帝大宝元年)真谛译出了数论派的《金七十论》(即《数论颂》),末蒂旃陀罗的《胜宗十句

---

[1] 《哲学新因明论》,第1—2页。
[2] 《哲学新因明论》,第16—17页。

义论》则由唐代玄奘译出。沈剑英从日本学者宫坂宥胜的日文本转译了足目的《正理经》,收于其《因明学研究》(大百科出版社1985年出版)的附录部分,其中,引译了富差耶那《正理疏》中的一些注释。后来刘金亮和姚卫群又分别从梵文译出《正理经》,这就有了三个完整的译本。2005年由宗教文化出版社出版了刚晓的《正理经解说》。

《遮罗迦本集》是古印度内科学的一部医书,倾向于数论,其中第三编第八章专述论议的原则,实际上也就是古印度的逻辑和论辩学,这是比佛家《方便心论》更早的古代因明文献。1989年,沈剑英从宇井伯寿的日译本将之转译为中文,并参照《正理经》《正理经疏》《方便心论》《如实论》加以诠释和分析,此文初刊于台湾《正观》第八期(1999年),后收于岳麓书社出版的《戒幢佛学》第一期(2001年)。沈剑英又译出了日本学者宫坂宥胜的《〈正理经疏〉研究·序论》,最初收于上海古籍出版社2003年出版的《寒山寺佛学》第二辑,2013年又收入上海古籍出版社出版的《佛教逻辑研究》中。

1992年北京大学出版社出版了姚卫群的《印度哲学》,其中对古代印度各派哲学作了系统的介绍,包含了古因明的相关内容。

2003年,商务印书馆出版了姚卫群的《古印度六派哲学经典》,其中属于古因明的有:

(1)《胜论经》。由梵文本译出,注则译自英文本。《胜论经》相传由羯那陀著。约成书于50—150年。共10卷370颂,是古代印度胜论派哲学经典。

(2)《摄句义法论》(节译)。是5世纪胜论派钵罗思多陀的著作,从英文本节译。共分为:第一章《导论》,第二章《对句义的列举与分类》,第三章《句义间的相同与不同》,第五章《最终的实》,第六章《诸德的相同与不同、业》,第七章《同》,第八章《异》,第九章《和合》。

(3)《正理经》。由梵文本译出,其中筏差衍那的部分注释转译自英文本。

(4)《数论颂》。译自梵文本,方括号内是8世纪乔荼波陀的注释。

(5)《瑜伽经》。由梵本本译出,注释出自英文本。《瑜伽经》相传为瑜伽派创始人波丹阇利作,是瑜伽派系统理论的集中阐述。现存《瑜伽经》包含了后人追加的成分,约在300—500年间定型。共194个简短的经,分4章。

(6)《弥曼差经》(节译)。由梵文本译出,注释出自英文本。《弥曼差经》是声论派早期经典。为其创始人阇弥尼作,但加入了后人观点。现据摩陀婆(14世纪)所列,共分12篇60章。

(7)《梵经》。又称为《吠檀多经》,由梵文本译出,注释出自英文本。《梵经》是印度吠檀多派哲学经典,相传由跋多罗衍那著,约成书于2—5世纪,共4编16章555颂。

《古印度六派哲学经典》在附录中还收录了玄奘译的《胜宗十句义论》和真谛译的《金七十论》,并加了标点。

本书是国内出版的第一部印度外道哲学经典的汇译,对于我们解读古因明形成的学术背景具有十分重要的意义。

2007年台南湛然寺《福田》杂志连载了日本木村泰贤的《印度六派哲学》。

2019年宗教文化出版社又出版了姚卫群的《古印度哲学经典文献思想研究》,这是对前二著内容的拓展和研究深入,全书共分六编三十一篇,与古因明相关的有:第三编《耆那教与顺世论文献研究》、第五编《六派哲学文献研究》、第六编《比较研究》。其中的

第七篇《〈谛义证得经〉的主要思想》、第八篇《〈摄一切见论〉中记述的顺世论思想》是对《谛义证得经》《摄一切见论》两篇著作的研究,开拓了对耆那教与顺世论文献研究的新视野。

而第二十一篇《婆罗门教哲学经典中的主要理论模式》、第二十二篇《〈数论颂〉及其古代注释中的因果观念》、第二十三篇《〈瑜伽经〉中的三昧状态及修行方法》、第二十四篇《〈胜宗十句义论〉的理论特色及其意义》、第二十五篇《〈金七十论〉的主要思想及其历史作用》、第二十六篇《胜论派哲学三部主要文献的理论异同》、第二十七篇《弥曼差派哲学文献中的"无神"思想》是对印度婆罗门教及其六派哲学的专题研究,其中包含了古因明的内容。第二十八篇是《正统派哲学根本经典的理论与佛教中相关思想比较》。

2016年甘肃民族出版社出版了刚晓的《〈回诤论〉讲记》,内含"回诤论阅读记"和"中论颂简读",前者是依据任杰从藏文新译出的《回诤论颂》;后者用的是鸠摩罗什译青目的《中论释》。此外,还有龙树的《广破论》由任杰从藏文本译出。

肖平(慧观)的2018国家社科冷门绝学基金项目《梵汉藏等多语因明文献的互补互证研究》的中期成果,收录《因明》第14辑,甘肃民族出版社2023年出版。主要介绍了近现代日本学者的研究成果,共有论文23篇,其中涉及古因明的有12篇。

此外,国内的因明史究著述,也多有对古因明的介绍,计有:

周文英的《印度逻辑史略》[1]中的第一章《印度古逻辑的产生》,介绍了公元前孔雀王朝的《政事论》已有一个32范畴组成的辩学体系。也介绍了《遮逻迦本集》。第二章《古代逻辑学派尼耶也派》、第三章《中古逻辑学派前驱》包括了早期耆那教、陈那以前

---

[1] 连载于《江西师院学报》1981年第三期至1982年第三期。

龙树、弥勒、无著、世亲的思想。

1989年四川人民出版社出版的杨百顺《比较逻辑史》中也提到了《政事论》的32个术语。并提出了耆那教的十支论式和七重判断，但均未标明后者经典出处，故无法断定其在时间上是否属于古因明。

1992年开明出版社出版的沈剑英《佛教逻辑》第一篇《佛教逻辑的渊源和沿革》的"一、从足目到世亲"，就是介绍古因明的。

2008年，肖平与杨金萍合译日本武邑尚邦的《因明学的起源与发展》，由中华书局出版。

上述的这些研究应该说都是吸取了国外研究的最新成果，为古因明研究提供了丰富的材料，拓宽了古因明研究的视野。但又大都还处在译介、注疏阶段，尚未能进行深入的义理分析和加以系统的综合研究。近代以来的国内因明研究，偏重印度新因明的逻辑部分，而国外的研究更多地转向法称的知识论内容，二者对古因明的研究皆有待于进一步拓展。

三、本研究内容和构架

本研究主要做了以下三件事：

1. 构建古因明发展全史

本书整合印度古因明各派各宗的思想，梳理出一个印度古因明从外道到佛家，从小乘到大乘，从早期中观到唯识的发生、发展全史。

2. 对古因明义理的系统表述

从构成因明的四大部分：知识论、逻辑学、辩学和过失论出发，全面研究印度古因明的思想并进行建构。

3. 进一步拓展古因明的研究资料

把许多前人尚未列入的经典，如龙树的《广破论》、世亲的唯识论著作等，以及陈那、法称与藏、汉因明中间接引用到的古因明资料也整理出来，作为参鉴。陈那是在对古因明思想进行梳理和整合基础上创立新因明的。法称因明既直接承续了陈那因明，也保留了大量的古因明思想。藏、汉因明直接承续于陈那、法称、天主，但也保留有大量的古因明的思想，应该是我们研究古因明的一个重要的资料来源。我们应该分析其中的古因明材料，进行新、古因明的比较研究，明确新因明对古因明的继承、扬弃和创新，进一步充实因明学术史的研究。

在方法上，侧重使用比较研究方法，例如在知识论上比较外道与佛家，佛教内部比较小乘有部、经部和大乘，大乘佛教内比较中观与唯识的异同。在逻辑论上比较各宗派在论式、规则等方面的异同。在辩学上侧重对《遮罗迦本集》《正理经》《方便心论》《瑜伽师地论》四大辩学体系的比较。在过失论上则将对《遮罗迦本集》《正理经》《方便心论》《瑜伽师地论》《如实论》五个体系进行比较。另外，也应用现代哲学和逻辑的视角对古因明进行适当的诠释和分析。

作者于松江西新苑

2024 年 12 月

第一章

外道六派哲学的古因明思想

作为印度文化源泉的《吠陀》和《梵书》中已经有涉及与祭祀有关叙述的差异和矛盾中体现出的探究的思想,被称为 Mimmamsa,从中形成最早的弥曼差学派。约前5世纪,与佛陀同时代的外道删阇夜持无知论,同时还有耆那教与顺世外道等六师学说。一直到前2世纪至1世纪,出现了一批因论师,探求知识的源泉,并致力于推理论证。而同时代在佛教的《阿含经》和《论事》中也萌生了最初的辩学和论证思想。到3世纪,古印度进入到经典文学时代,开始出现 nyaya(正理)、tarka(思择)、anumana(比量)等语词,并随后形成了正理派等不同学派。

因明最初源于外道,窥基《大疏》说:"劫初足目,创标真似。"足目为正理派始祖,知识的"真似"则是因明所研究的根本,此说因明源于正理派,其时称其为"正理"。古因明的发展史大致是从外道入佛,经历了由小乘经部、有部到大乘的中观和瑜伽宗,并最终由无著正式命名为"因明"。其中又可以分为前期和后期两个阶段,前期中比较突出的有四个系统,即《正理经》《遮罗迦本集》《方便心论》和早期中观龙树的思想。后期则是大乘瑜伽行宗无著和世亲的因明思想,也可以说是古因明的完成期。

正统的婆罗门教的思想中既有梵我一体的唯心论,也有原素论为中心的朴素自然观,分别为从其中分化出来的六派哲学思想所承续。弥曼差(声论)派、吠檀多派可以说直接脱胎于《梵书》,完全是基于吠陀经典而以之为其教义的。数论派、正理派、胜论派、瑜伽派虽然已独立出去,但仍都承认吠陀经典的正统性。巫白慧说:"印度六派哲学,在思想渊源上,都属于婆罗门教意识形态系统。"①

印度最古老的文献《吠陀》《梵书》《奥义书》等中虽有一些与论证方式相似的零星叙述,但都没有形成自觉的、系统的辩学和知识论的理论,直到婆罗门六派哲学以及佛教和耆那教出现,才形成了比较系统的古因明思想。

巴特(1939—)是新德里的印度哲学研究委员会主席,他与弟子梅赫罗特拉合著的《佛教知识论》认为对逻辑和知识论的系统研究肇始于正理学派,由无著和世亲引入佛教,以试图对抗龙树的虚无主义的辩证法。② 因此可以说对佛教古因明影响最大的是正理派,故先述其说。

第一节 正 理 派

"正理"原意是"引导",即达到真理的方法,梵音为"尼耶也"。2世纪,正理派已初具规模。《正理经》是产生于印度次大陆"经书时期"后期的一部著作,共分为五章(卷)。宇井伯寿认为300年至350年成书可能性最大;杜耆则把五章分为一、五章和二、三、四章两部分,认为后者与龙树同时代,而前者则成书在后。③ 大体

---

① 巫白慧《印度哲学—吠陀经探义和奥义书解析》,东方出版社,2000年,第286页。
② 巫白慧《印度哲学—吠陀经探义和奥义书解析》,第51页。
③ 参见《因明》第14辑,第20页。

上说,其第一卷中十六范畴当系正理派始祖乔答摩(50—100)提出,后复经正理派论师汲取《遮罗迦本集》和《方便心论》等著作中的论法发展定型,并增补了有关误难和负处的内容,成为《正理经》第五卷。由此可知,其成书年代当不会早于3世纪,与早期中观的龙树同时代。其后富差耶那作《正理经释论》(又译为《正理经疏》),史称为古正理派。以后,乌地阿塔克拉作《正理经释论疏》,婆恰斯巴提密斯拉再作《正理经释论疏记》,其一方面与佛家激烈论诤,同时又吸收了佛家因明的部分思想。12世纪后,孟加拉的密提拉学派、高达学派将旧正理和胜论学说合为一体,一直到17世纪阿难波作《思择集论》,史称为后期正理派或新正理派,成为因明式微之后,在印度占主导地位的逻辑学说。其存在论主张:人是灵魂与躯壳的结合;外部世界则是灵魂与自然的结合。

正理派的认识论,特别注意推理、论证中的正误以及方法的严密性。足目《正理经》中所提出的"量"(知识)、"所量"(认识对象)等十六个范畴,对古代印度哲学发展的影响极为深远。本节主要以《正理经》和《正理经疏》为主要研究经典。

最早由沈剑英从日本学者宫坂宥胜的日文本转译了足目的《正理经》,后来刘金亮和姚卫群又分别从梵文本中译出《正理经》,就有了三个完整的译本。2005年由宗教文化出版社出版了刚晓的《正理经解说》,则是依刘金亮本。而本文以沈剑英译本为主,因为其因明用语比较规范,便于和其他经典沟通,也适当借鉴了姚本和刘本的译文。

一、以认识论为主导的"十六谛"体系

这里首先涉及两个概念:知识论和认识论。一般而言,知识论是关于思维活动的内容,是对知识性质和知识条件的追问;而认

识论是关于知识得以可能的条件,二者的共同点都是对人类认识过程的一般特征或抽象特征的研究。因明中的知识论又称之为量学,量就是去测量、去认识,就因明量论而言,其主要的内容大都属于认识论范围,只不过认识论更注重认识的过程、认识的途径等问题,而知识论更侧重于认识的成果,因明学界常取二者之相通用法。

《正理经》的理论可概括为"十六谛":"由认识(1) 量(2) 所量(3) 疑惑(4) 动机(5) 实例(6) 宗义(7) 论式(8) 思择(9) 决定(10) 论议(11) 论诤(12) 论诘(13) 似因(14) 曲解(15) 倒难(16) 负处等真理,可以证得至高的幸福。"[1]

从这个体系看,是一个以知识论为主导的古因明体系。

1. "量"是认识方法。

2. "所量"是指认识对象。

3. "疑惑"是认识中的不确定。

4. "动机"是认识的动机。

5. 实例、6. 宗义、7. 论式,则分别是讲认识中所使用的逻辑论式、论题、实例。

8. 思择、9. 决定,是指认识由不定择取决定的过程。

10. 论议、11. 论诤、12. 论诘(姚卫群译为"坏义"),这三谛是讲通过论辩达到认识。

13. 似因、14. 曲解、15. 倒难、16. 负处,这四谛总摄了认识中的种种过失,可以是逻辑上的,也可以是语言上的,都包括在认知的谬误中。

《正理经》的这一体系与数论《遮逻迦本集》、龙树《方便心论》

---

[1] 足目《正理经》[1-1-1],沈剑英译,见沈剑英著《因明学研究》,中国大百科出版社,1985年。下同。

以及瑜伽行宗的古因明体系都不同,后三者都是以辩学为主导,兼及逻辑和知识论,详情后文另述。

二、《正理经》中的知识论思想

1. 认识的目的在于求解脱

《正理经》云:"苦、生、行为、过失、虚妄的认识,如果(从下)往上依次断灭的话,由这样的一一断灭,就可以得到解脱。"①

古印度的各派哲学大都是以求解脱为最终目标的,得解脱就是"证得至高的幸福"。十六句义就是认识真理的必由之路,有了正确的认识,就可断灭"过失、虚妄的认识",进而断灭"苦、生、行为",这样就达到了解脱。这种认识论的宗旨和佛教是相同的。

2. 认识的形式:四种量

《正理经》云:"量分为现量、比量、譬喻量和声量。"②

"量"即是认识,是一个通用概念,故《正理经》未作定义。正理派主张有四种量,其中,声量即是圣教量,佛家古因明又把譬喻量并入比量,故有三种量,陈那把圣教量又并入比量,故新因明只持现、比二量。

关于现量,《正理经》云:"现量是感官与对象接触而产生的认识,它是不可言说的,没有谬误的,且是以实在性为其本质的。"③现量又可译为知觉。"不可言说的,没有谬误的"是指无名言分别、"无欺"之正智。而姚卫群的译本为:"现量是根境相合产生的认识,不可言说,无误,确定。"这里的"确定"就是佛家所指的"已决智",是有分别的,属于似现量,即一种比量。

---

① 足目《正理经》[Ⅰ-1-2]。
② 足目《正理经》[Ⅰ-1-3]。
③ 足目《正理经》[Ⅰ-1-4]。

正理派的量是否应该是有分别,这里没有讲,但在讲到"非确切的认识"(即似量)的"疑"时,《正理经》说:"疑惑是忽略了事物性质上的差别而产生的思虑。疑惑的产生或者是由于对许多对象共有属性的认识,或者是由于对某一对象用以区别于其他对象的性质的认识,或者是由于矛盾的见解,或者是由于知觉的不确定或不知觉。"①

就这一段话看应该是有分别的量,此种量是否只是指比量?如兼指现量,离名言如何分别?正理派在这一问题上不明确,既说现量"非有名言",又明确有"决定义",实际上承认有分别现量,但离开名言,又何能分别?沈剑英认为:正理派到9世纪的特利劳恰那"他与他的学生婆恰斯巴提才明确提出'无分别现量'的概念"。②

关于比量,也未下定义,只是分为有前、有余、平等三种,龙树《方便心论》把"平等"改为"同比",把"有余"改成"后比"。

关于声量,又分为两种《正理经》云:"声量有两种:可见对象的声量和不可见对象的声量。"③可见对象的声量,即根据可见事物所作的教言。不可见对象的声量即吠陀或圣者所说的箴言等。

3."我"和"所量"

正理派是认可有主体"我"的:我"(存在)的标志是欲、瞋、勤勇、乐、苦及认识作用。"④也认可"所量"的实在性,《正理经》云:"所量就是灵魂、身体、感觉器官、感觉对象、觉、意、行为、过失、再生、果报、苦、解脱。"⑤其中"感觉对象"中似应包括外部物质世界,

---

① 足目《正理经》[Ⅰ-1-23]。
② 沈剑英《因明学研究》,第11页。
③ 足目《正理经》[Ⅰ-1-8]。
④ 足目《正理经》[Ⅰ-1-10]。
⑤ 足目《正理经》[Ⅰ-1-9]。

而外部世界的存在是以主体感知为依据的。觉是指广义的认识活动，意也可译为心，过失即罪过，如贪等三毒，再生即是轮回。

这十二种几乎囊括了世间万物，包括物质世界和精神世界。固然，精神世界也是被认识的对象，但就认识论的主客体区分角度而言，这里的灵魂、身体、感觉器官、觉、意都应属于主体范围内，是"能量"而非"所量"，但在《正理经》中并未出现"能量"范畴，实际上把四种量看成是能量，其实四种量只是认识的方法和形式，不能混同于能量，明确区分认识主客体的还是佛家的见分、相分、自证分等三分、四分说。

4. 对佛教中观宗的批评

《正理经》中有对胜论、数论、声论等其他学派观点的批评，在知识论上主要是批评佛教早期中观宗否认一切知识的"恶取空"的观点。

（1）批评中观派否定一切认识手段

"由于跟三种时态（的任何一种的结合）都是不能成立的，所以现量等量不是量。""假如量在对象以前成立的话，现量就不可能根据感觉器官与对象的接触而产生。""假如（量在对象）以后成立的话，那么所量的成立就不是根据量而来的。""假如（量和所量）同时成立的话，那么由于各自的认识受到各自对象的限制，所以诸种认识就不存在有顺序的相互作用性。"①

宇井伯寿认为这是引用的中观派龙树的主张。②《正理经》的批驳：首先，"否定（量）是不可能的，因为三种时态是不能成立的"。既然你说三种时态下都不存在量，对于不存在的东西就谈不上去否定，好比一个人头上本无角，又怎能说："你丢失了角。"其

---

① 足目《正理经》[II-1-8]至[II-1-11]。
② 见沈剑英《因明学研究》，第261页脚注1。

次,"由于否定了所有的量,所以否定[的本身]也就不可能存在了"。① 再其次,用声证明鼓的存在(量在所量后),秤砣本身又可被称(量在所量前),灯光自身明(量与所量同时),三个例子说明,无论量在所量的何时,量皆可成立。

这里,第一个例子是成立的,第二个例子有问题,秤砣一般都是作为能量的,其作为所量时,必有另一秤砣为量,所以不能笼统说是量在所量前。第三个例子说,灯光是照物,灯光是量,物是所量,二者同时,灯光中无暗,又能自照,说明量可以以自身为依据。

就三时而言,要么所量在量前存在,要么二者同时存在,但从逻辑上而言,一定是所量先于量。

(2)驳对"现在"的否定

"现在"是现量存在的前提,但龙树说:"现在是不存在的,因为落下时要有落下和使之就要落下的那一时间的。"②《正理经》反驳道:"如果现在时态不存在的话,那么,(其他)二时态(过去与未来)也就不存在了,因为这些时态与现在时态具有相对性。"而且"如果现在时态不存在,那么一切的把握也就不复存在,因为不可能产生现量"。③ 对此,龙树《回诤论》又作了回应,后文另述。

(3)对"一切皆空"的批驳

"(有人说)一切皆非存在,因为即使存在的东西,相对于其他东西来说也是不存在。"中观宗说虽然牛有存在,但是"牛不是马",即在牛中是不存在马的。

《正理经》答:"不对,因为从存在中可确立自身的存在。"即虽然牛不是马,但牛是牛,牛中不存在马,但牛本身还是存在的。

---

① 足目《正理经》[Ⅱ-1-12]至[Ⅱ-1-13]。
② 足目《正理经》[Ⅱ-1-40]。可参见龙树《中论》第十九章所说。
③ 足目《正理经》[Ⅱ-1-41]、[Ⅱ-1-43]。

(有人说)"(一切皆)无自性,因为都是靠相对关系确定的。"

《正理经》答:"不对,因为自相矛盾。如果二者都不能单独存在的话,相互的关系怎么确立?"①

从《正理经》的反驳可以看出,正理派是承认认识对象具有自性,是客观实在的,这是认识论的一个重要前提。

三、《正理经》中的逻辑论

1. 三种推理

前文所述,有三种比量,既是认识的方式,也是三种推理形式:"比量分三种:(1)有前比量,(2)有余比量,(3)平等比量。"②

有前比量:"与前者相似,或有前者法。"由它可推知未来之认知。

有余比量:指"有余例知,或有余果为'有余'",由它可推知过去之认知。

平等比量(又名共见比量):它"以因果相随性比度境义",由它可推知现在之认知。

姚、刘二个译本中,对有前、前余比量译为是从因推果和从果推因,但这种译法不能显示三种比量是就时间序列中的认知先后关系。

2. 五支论式

"论式分宗、因、喻、合、结五部分。宗就是提出来加以论证的命题(即所立)。因就是基于与譬喻具有共同的性质来论证所立的。即使从异喻上来看也是同样的。喻是根据与所立相同的同喻,是具有宾辞的实例。或者是根据其相反的一面而具有相反的

---

① 以上自刘金亮译本《正理经》[Ⅳ-1-37]至[Ⅳ-1-40]。
② 足目《正理经》[Ⅰ-1-5]。

事例。合就是根据譬喻说它是这样的或者不是这样的,再次成立宗。结就是根据所叙述的理由将宗重述一遍。"①

这里的"宗"就是"宗义就是根据学说、事项、假设而确立的"②自己的主张。"实例"是"一般人和专家具有相同认识的事物"。③

富差耶那的《正理经疏》中例式如下:

宗:声是无常。

因:所作性故。

同喻:犹如瓶等,于瓶见是所作与无常。

合:声亦如是,是所作性。

结:故声无常。

异喻:犹如空等,于空见是常住与非所作。

合:声不如是,是所作性。

结:故声是无常。

古正理的五支作法应是逻辑上的类比推理,是从个别事物于瓶"所作"且"无常",推知声"所作"故亦"无常",其结论是或然的。

富差耶那对五支式作了宗教解脱道上的解释,关于"宗":"作为与声相关(=声量)的宗……(无论什么样的宗)若非圣仙的话,作为其自身即为不可能。"④这是说宗即是圣教量。

"因即比量""以于喻中以同类认识为根基故"。⑤这是说因并非单纯作为理由的中词,而是依据于喻推出宗有法与宗法的必然

---

① 足目《正理经》[I-1-32]至[I-1-39]。
② 足目《正理经》[I-1-26]。
③ 足目《正理经》[I-1-25]。
④ 富差耶那《正理经通解》第52页,转引自顺真、何放译武邑尚邦《佛教逻辑学之研究》,中华书局,2010年,第19—20页。
⑤ 富差耶那《正理经通解》第57页,转引自顺真、何放译武邑尚邦《佛教逻辑学之研究》,第23页。

联系。

那么喻是什么呢？喻不单是例证，而且是现量："喻与现量相关，何以故？以依据经验层面被知之物，经验层面未被认知之物而能被证明故。"①在上例中宗"声是无常"是未被认知之物，而喻"瓶"却是依据经验层面被知之物，经喻支、因支而证明宗。"依据经验层面"的即是现量。其实，一旦上升为概念，喻就是比量而不是现量。

合支："就是根据譬喻说它是这样的或者不是这样的，再次成立宗。"②合是一种譬喻量。

结则是"结就是根据所叙述的理由将宗重述一遍"。③

由此可见，宗、结是圣教量，是圣仙所说的解脱道，因支是比量，喻支是现量，合支是譬喻量，后三量均是对圣教量的论证，所以正理派所持的四种量和五支式无非是解脱道的本身及其论证。

在后期正理派在喻支中也是以普遍命题为喻体、以事例为喻依，其本质已与新因明的三支作法无异，但新正理派仍坚持采取五支作法，这是因为以"结"的形式在论辩中重复"宗"，可以加强论证力。

关于"宗义"，《正理经》列为四种："由于有不同的意义，宗义可分为：（1）一切学派都承认的学说，（2）只为某一学派承认的学说，（3）事项的确立，（4）假说的确立。"④但"一切学派都承认的学说"就不能引起辩论，就没有立宗的必要，后来新因明规定立宗一定要"违他顺自""不顾论宗"。第四种假设宗义也不为新因明所取。

---

① 富差耶那《正理经通解》第58页，转引自顺真、何放译武邑尚邦《佛教逻辑学之研究》，第23页。
② 《正理经》[Ⅰ-1-32]至[Ⅰ-1-39]。
③ 《正理经》[Ⅰ-1-32]至[Ⅰ-1-39]。
④ 足目《正理经》[Ⅰ-1-27]。

"实例"即是喻依,分为同喻依和异喻依,在《正理经》的论式中尚未有喻体。刘金亮译本中认为在富差耶那的《正理经疏》中已有全称命题喻体,但刚晓认为"还根本没有上升到从个别到一般的程度"。①

3. 似因的过失

"似因就是:(1)不确实,(2)相违,(3)原因相似,(4)所立相似,(5)过时。

不确实就是两端不确定。相违就是违反所提出的宗义。原因相似就是由于要作出决定而提示出来的问题,它实际上并未成其决定。所立相似就是同所要论证的东西(所立)不能区别,原因在于所立性[的理由]。过时(的理由)就是时间过去以后再提出来。"②

姚卫群的译文中,把"原因相似"统一译为"问题相似",把"所立相似"译为"未证明",译文如下:"问题相似(因)是这样一种思考问题的方法:把要推论出来的事情作为因。未证明(因在需要证明这点上)与要被证明的命题无区别,因而也需要证明。"③这四类似因可以分别归为不定因、相违因和不成因。

四、《正理经》中的论辩学

1. 论辩的一般要求

"论议就是根据辩论双方的立量和辩驳来论证和论破,它须与宗义没有矛盾,并且在提出主张以及反对主张的论式方面,必须具备五支的形式。"④

---

① 刚晓《正理经解说》,宗教文化出版社,2005年,第27—28页。
② 足目《正理经》[I-2-4]至[I-2-9]。
③ 姚卫群《外道六派哲学经典》,商务印书馆,2003年,第69页。
④ 足目《正理经》[I-2-10]至[I-2-14]。

2. 曲解

"曲解就是在本来确定的意思里故意进行歪曲,使之与原命题相反。它有三种:(1)言辞的曲解,(2)概括的曲解,(3)譬喻的曲解。

所谓言辞的曲解,就是在不能作别的意思讲的时候,故意违背说话人的原意而解释为别的意思。

所谓概括的曲解,就是过于广泛地应用一个词的意义,把不可能有的意思解说为有。

所谓譬喻的曲解,就是在判断并提出某一性质的时候,又根据言辞本来的意思来否定那个意思的存在。"[1]

这是论辩中的第一类过失,是一种在宗义上强加于人的过失,后来陈那列入十四过类中。

3. 误难

"误难是根据同法和异法来反对。"[2]《正理经》第五卷第一章列了二十四种误难,计有:(1)同法相似,(2)异法相似,(3)增益相似,(4)损减相似,(5)要证相似,(6)不要证相似,(7)分别相似,(8)所立相似,(9)到相似,(10)不到相似,(11)无穷相似,(12)反喻相似,(13)无生相似,(14)疑惑相似,(15)问题相似,(16)无因相似,(17)义准相似,(18)无异相似,(19)可能相似,(20)可得相似,(21)不可得相似,(22)无常相似,(23)常住相似,(24)果相似。

4. 负处

"负处就是误解和不解。误难和负处是不同的。"[3] 分为二十

---

[1] 足目《正理经》[Ⅰ-2-1]。
[2] 足目《正理经》[Ⅰ-2-18]。
[3] 足目《正理经》[Ⅰ-2-19]、[Ⅰ-2-20]。

二种：(1)坏宗，(2)异宗，(3)矛盾宗，(4)舍宗，(5)异因，(6)异义，(7)无义，(8)不可解义，(9)缺义，(10)不至时，(11)缺减，(12)增加，(13)重言，(14)不能诵，(15)不知，(16)不能难，(17)避遁，(18)认许他难，(19)忽视应可责难处，(20)责难不可责难处，(21)离宗义，(22)似因。

关于负处的具体内容将在第十二章中与世亲的论述作比较时再述，关于误难将在后文细述。

第二节 胜 论 派

宇井百寿认为："胜论派则是基于以耆那教为代表的六师外道体系发展而来。"[①]确实，从其基本教义看与比较正统的弥曼差派、吠檀多派很不一样，其实、德、业的"六句义"是对世界的朴素实在论的概括，在其知识论中也是一种主体对客体的反映论。

胜论派或音译为"卫世师派""毗世师"，系古代印度哲学派别之一。相传创始人为迦那陀，或译为"羯那陀"（约前2世纪）。著有《胜论经》共10卷三百七十颂，提出了"六句义"。其中第8、9卷专述现量（感觉）和比量（推理）。此后，钵罗奢思多波陀（5世纪人）著《摄句义法论》，是《胜论经》的注疏。在世界的生灭、运动的程序、性质范畴的分类等方面发展了迦那陀的学说。648年唐玄奘将慧月（5—6世纪）撰的《胜宗十句义论》译成了汉文，该篇进一步发展了六句义论。作为古因明内容，本节只研究《胜论经》和《摄句义法论》中的思想。[②]

---

① 慧观等译［日］宇井伯寿《佛教逻辑学》，宗教文化出版社，2024年，第13页。
② 该二著由姚卫群译出，收于其《古印度六派哲学经典》中，商务印书馆，2003年，其中《摄句义法论》是节译。

一、胜论"六句义"的基本教义

"六句义"是胜论的基本教义,也是其基本的哲学理论,因此须先作一概括介绍:

胜论认为世界一切事物和现象均可分为六种句义(范畴),即实、德、业、同、异、和合。

实(实体)是一切现象的依据,世界的基础,包括地、水、火、风、空、时、方、我、意九种,既有物质性的东西又有精神性的东西。

德是事物的属性,依存于实体,包括色、味、香、触、数、量、别体(差异性)、合(结合性)、离(分离性)、彼体(远)、此体(近)、觉、苦、乐、欲、瞋、勤勇、重、液(流动性)、润、行(倾向性)、法、非法、声共24种。

业是实体的运动状态,有五种形式:取(上升)、舍(下降)、屈(收缩)、伸(扩张)、行(进行)。

同与异是说明事物的共性和个性。

和合是阐明实、德、业三句义相结合而不分离之原因。

慧月的《胜宗十句义论》新增了有能、无能、俱分、无四句。有能(可能),指实、德、业三者相结合中能够产生共同的或各自的结果原因。无能(非可能),指实、德、业三者相结合中仅能产生各自的结果,不能产生其他结果的原因。俱分(亦同亦异),指事物既有共同性,又有个性。无(非存在),指与存在事物相对的不存在的事物,复分5种:尚未产生(未生无)、已经毁灭(已灭无)、绝对非存在(毕竟无)、相互排斥的非存在(更互无)、不能交会的非存在(不会无)。

二、胜论派的知识论思想

1. 认识对象的实在性

胜论派是把认识主体和客体区分开的,《胜论经》说:"根(感官)的境(对象)是普遍被认知的。""根的境的普遍认知是(证明)与根的境不同的另一物存在的理由。"①

胜论认可世界的实在性的,《胜论经》说:"地、水、火、风、空、时、方、我、意是实。"②这里的"地、水、水、风"四大是指外部的物质世界,它们各自由"极微"组成:"我们现在来描述四种最终之物实的创造与毁灭过程……四种粗大的元素被产生,仅仅从最高神的思想中,创造出了来自火极微与地极微混合的宇宙金卵。"③"这(极微)果是(其存在)标志。"④《摄句义法论》说有"二合体""三合体"。⑤ 世亲的《二十唯识论述记》卷三转述说:"其地水火风是极微性。若劫坏时此等不灭。散在处处。体无生灭。说为常住。有众多法体非是一,后成劫时两极微合生一子微。子微之量等于父母。体唯是一。从他生故。性是无常。如是散极微皆两两合生一子微。子微并本合有三微。如是复与余三微合生一子微。第七其子等于六本微量。如是七微复与余合生一子微。第十五子微其量等于本生父母十四微量。如是展转成三千界。其三千界既从父母二法所生。其量合等于父母量。"⑥我们能感觉到的只能是极微的聚合:"由于(在极微中)没有这(色的感觉),因此(说色的感觉产生于多实的聚合与色的特性)是正确的。"⑦

《摄句法义经》说:"遍布一切,具有最大的范围,为一切有质碍的物体的共同容器,(这些)特性属于空、时、方。"⑧这也就是说

---

① 姚卫群《古印度六派哲学经典》,第13页。
② 姚卫群《古印度六派哲学经典》,第2页。
③ 姚卫群《古印度六派哲学经典》,第47页。
④ 姚卫群《古印度六派哲学经典》,第19页。
⑤ 姚卫群《古印度六派哲学经典》,第52页。
⑥ 转引自黄心川《印度哲学史》,商务印书馆,1989年,第343页注1。
⑦ 姚卫群《古印度六派哲学经典》,第20页。
⑧ 姚卫群《古印度六派哲学经典》,第47页。

时空和方位是物质存在的方式。至于"我""意"是指认识主体。

2. 认识的主体——我、意、根

胜论是主张有主体"我"的,"意"和"根"应从属于"我",对于"我"胜论没有明确的定义,而是从外在表现上描述,《胜论经》云:"呼气、吸气、闭眼、睁眼、有生命、意的活动、其他感官的作用、乐、苦、欲、瞋、勤勇是我(存在)的标志。"①《胜宗十句义论》说:"是觉、乐、苦、欲、瞋、勤勇、行、法、非法等和合因缘起智为相,是为我。"②"法云何?此有二种:一能转,二能还。能转者,谓可爱身等乐因,我和合,一实与果相违,是名能转。能还者,谓离染缘正智喜因,我和合,一实与果相违,是名能还。非法云何?谓不可爱身等苦邪智因,我和合,一实与果相违,是名非法。"③

《摄句义法论》云:"意这一作具是内部的,这是说意是一种内部认识关系。"《胜宗十句义论》说:"云何意?谓是觉、乐、苦、欲、瞋、勤勇、法、非法、行不和合因缘起智为相,是为意。"④意和"我"的区别只在是否"和合因缘",是否可以理解为"意"是各别的心理活动,而"我"则是各别心理活动的整合,形成了一个主体人格。

"意"不随于"根",而归属"我",《摄句义法论》云:"意识也不能属于感官,因为感官仅是工具。还因为即便在感官被毁坏后,以及即便在对象不与感官接触时,我们依然有(关于)对象的记忆。"⑤"因此,意识所能归属的唯有我。"⑥

胜论经典中未给"意"下定义,有学者将其译为"心",但从上

---

① 姚卫群《古印度六派哲学经典》,第 16 页。
② 姚卫群《古印度六派哲学经典》,第 358 页。
③ 姚卫群《古印度六派哲学经典》,第 360 页。
④ 姚卫群《古印度六派哲学经典》,第 358 页。
⑤ 姚卫群《古印度六派哲学经典》,第 48 页。
⑥ 姚卫群《古印度六派哲学经典》,第 49 页。

述叙述可以看出,"意"独立于肉体感官而归属于"我"的一种认识能力,应与佛教所讲的意识相当。

3. 认识何以发生

《胜论经》说:"德性和有(的知识)是(通过)一切感官(获得的)。前述的(作为)果的地等实是三重的,即所谓身体、根和境。"①这是说由身、根、境三和合产生认识。

《胜宗十句义》说:"我,根,意,境四和合为因。""我,根,意三和合为因。""我、意二和合为因。"②四和合是通常情况下感觉产生的过程。首先,人的外部感官(根)接触外界而在这些感官上产生印象,印象又很快地被认识中的另一个要素"意"所接受。"意"在接到感官接触外界产生的印象后,传给我,人就会产生感觉。

四和合和三和合都认可"境"为产生感觉的必要条件,这是一种朴素的反映论。至于只有"意"和"我"二和合而感觉,应是一种"超凡"的直觉。

4. 认识的方式

《摄句义法论》云:"正智亦有四种:一、直接感觉的认识;二、推理的认识;三、回忆;四、超凡的认识。"③

《胜论经》:"在这些(觉或认识)中,从感官产生的是'直接感觉的认识'。感官有六种:鼻、舌、眼、皮、耳、意……至于那些与我们不同的人,如处于出神状态的瑜伽行者,在他们那里可出现一些事物的真实形态的极正确的认识。"前者又称之为"世间现量",后者为"出世间现量",是指一种神秘的宗教体验,是"超凡的认识"。这里第一种是新因明的"五根现量",《胜宗十句义论》界定为:"现

---

① 姚卫群《古印度六派哲学经典》,第20—21页。
② 姚卫群《古印度六派哲学经典》,第364页。
③ 姚卫群《古印度六派哲学经典》,第54页。

量者,于至实色等根等和时,有了相生,是名现量。"①实、色和根二者和合的产物。有学者认为胜论中已区分无分别和有分别现量,但在上述三种经典中尚未见专述。第二种是比量,第三种为"忆念",新因明列为似现量,第四种是"瑜伽现量"。归结起来还是现量、比量两大类,故《胜宗十句义》概括说:"此有二种:一现量,二比量。"②

三、胜论派的逻辑论

胜论的逻辑论主要是讲推理的种类。

《胜论经》云:"(推理)以这样的特征为基础:此是彼的果;此是彼的因;此与彼合;此与彼矛盾;此与彼和合。"③这是说比量可分为五种:(1)从结果推知原因,如从烟推火,(2)从原因推知结果,从见击鼓,推知有鼓声,(3)从有结合关系的事物中根据已知的一个推知另一个,如从凡人皆有生死,推知张三也必有生死,(4)从有矛盾关系的事物中根据已知的一个推知另一个,如见蛇骚动,推知其已察觉被捕食之动物,(5)从有结合关系的事物中根据已知的一个推知另一个,如见热水,可推知水曾被热过。

《胜宗十句义论》把比量分为两种,一种是"见同比量",指从有一致关系(同)的事物中根据已知推定未知,另一种是"不见同比量",④指从有矛盾关系的事物中根据已知推定未知。

四、过失论

日本学者宇井伯寿说:"胜论派所说的非因分为三种,第一是

---

① 姚卫群《古印度六派哲学经典》,第360页。
② 姚卫群《古印度六派哲学经典》,第360页。
③ 姚卫群《古印度六派哲学经典》,第39页。
④ 姚卫群《古印度六派哲学经典》,第360页。

不极成(aprasiddha)。虽然没有加以特别的说明,但由于比量只在一个整体中所存在的二物之间发挥作用,即原则上并不是在无任何关系的二物之间展开的,而不极成则是试图破坏这一原则的立因……第二是非有(asat)作为实例举出了'有犄角故,为马'。由于马是没有犄角的,所以使其有犄角进行比量,就是十分明显的矛盾非因。第三是犹豫(samgha),正因为有犄角,所以就如牛一样可举实例,但有犄角的并不只有牛,所以这并不只限于用牛举例。故而其因犹豫不决,是不确定的。以上三种非因与在新因明中把因过总体分为不成、相违、不定的三种情况,几乎是完全相同的。"①

第三节　数论派与瑜伽派

瑜伽派与数论接近,常被总称为"僧佉瑜伽"。数论侧重于阐发学理,瑜伽派则专注于修行方法。

一、数论派

数论派或被称作僧佉派,是印度最古老的哲学流派之一。它的一些基本思想在吠陀和奥义书中已有表述。相传此派的创始人为迦毗罗(约前4世纪),在他之后,数论派有许多代传人,自在黑(约4世纪)制作了现存数论派最早的系统经典《数论颂》,6世纪由真谛译为汉文《金七十论》,数论派还有一重要经典——《数论经》,但实际上此《经》是14至15世纪之人假托迦毗罗所作,已不属于古因明范围。

---

① 慧观等译[日]宇井伯寿《佛教逻辑学》,宗教文化出版社,2024年,第27页。

本节主要介绍《数论颂》《金七十论》，引文出自姚卫群《古印度六派哲学经典》。

1. 数论派的一般教义

它以"自性"（自身实体）为出发点，认为"自性"是宇宙起源的阴性因素，它组成可感知的世界，并成为一切最终的因。后来又发展形成阳性因素"神我"（灵魂，不朽的精神）。数论派把自性、神我、作为两个基本的元素，它们和合而成现实世界的万事万物。现实世界又可分别为五唯、五大、五知根、五作业根，连同自性、神我等，合称二十五谛：

自性：又称冥性（阴性元素），能生一切，不从他生，乃实有而非变易。

神我：又称我知（阳性因素），神我是主体，由神我有思维和欲望，从而感知外部的物质世界。

觉：从神我中分化出来的各种心理功能。

慢：进一步分化为心、物两大类现象。

五唯量：色、声、香、味、触等感觉所反映的五种精细物质。

五大：地、水、火、风、空五种粗重物质。

五知根：眼、耳、鼻、舌、皮五种认识感官。

五作业根：舌、手、足、大便处、小便处。

心平等根：即心脏。

数论派认为，构成世界的二十五谛是变易无常的，但这种变易只是转变而非生灭。这同主张万物生灭轮回的佛教教义正相对立。为此，彼此之间，长期存在着争辩。如佛弟子对数论师立："声有灭坏"，此中主词之"声"，彼此共许；但宾词"灭坏"，不为数论师同意；他们认为世间万有虽然是变易无常，但这种变易只是转变而非生灭。如若立这样的论题，就双方不能共许。

2. 数论派的知识论思想

（1）内智和外智

《金七十论》云："智有二种：一外智，二内智。外智者，六皮陀（度）分：一式叉论，二毗伽罗论，三劫波论，四树底张履反论，五阐陀论，六尼禄多论。此六处智名为外智，三内智者，谓三德及我，是二中间智。由外智得世间，由内智得解脱。"[1]这是说有二种知识，外智就是《皮度经》中的六论，内智是三德（一萨埵，二罗阇，三多磨。即喜、忧、暗痴）和神我，外智认知俗世，内智求得解脱。

（2）认识的主体和客体

数论是心、物二元论，自性及其生果为客体，神我为主体，二者都是实在的，二者的交互作用形成世界及其认识。

首先，认识主体是存在，《数论颂》说："神我是存在的。因为聚集（之物）是为了（与它们）不同（之物）的目的；因为（必有一个）与（具有）三德等（的实体）不同（的实体）；因为（必有一个）控制者；因为（必有一个）享受者；因为（活动是）为了独存的目的。"[2]但数论的"神我"与其他各派的"我"又有不同，其他派别中的"我"主要是一个生命现象或认识活动的主体（小我），有时也是轮回解脱的主体（大我），而数论的"神我"则主要是对一切事物生成起重要作用的两大实体之一。数论派认为，包括生命现象在内的世间现象是由一个称为"自性"的物质性实体转变出来的。而这一物质性实体的转变又不是独立完成的，它需要另一个精神性实体的合作（施以某种影响）才能实现。这个精神性实体就是"神我"。

其次，认识客体"自性"也是独存的，神我和自性交互作用，《数论颂》说："神我（与自性结合）是为了注视（自性），自性（与神

---

[1] 姚卫群《古印度六派哲学经典》，第384页。
[2] 姚卫群《古印度六派哲学经典》，第153页。

我结合)是为了独存。二者的结合就如同跛者与盲者(的结合)一样。(世界的)创造由此产生。"①把自性比作是盲者,不能自我认知,把神我看作跛者,能认知而不能运动。

(3) 量的种类

《数论颂》说:"现量、比量、圣言量被认为是三种量,因为所有的量都被证明包括在了这三种量中。确实,可被证明之物是通过量证明的。"②

《数论颂》说:"现量是(根)取境。比量被认为(有)三种,它以相和有相为基础,圣言量是可信赖之人(的言教)和(来自吠陀的)耳闻。"③

《数论颂》说:"借助基于类推的比量,根不(直接)感知(之物被证明)。不能由这(比量)证明(之物)和超验(之物),由圣言量证明。"④圣言即圣典或权威意见("圣言量"),但是数论不像弥曼差等更正统派别那样特别强调吠陀是唯一的权威。

(4) 现量感知的八种局限

《金七十论》把现量译为"证量":"对尘解证量者,耳于声生解,乃至鼻于香生解,唯解不能知,是名为证量。"⑤这里的"尘"是指五尘外境,如声、香等,"解"指感知,"知"是指分别决知,现量只是感知,但不生分别决智。

《数论颂》则说:"由于极远、极近、根坏、心不定、细微、障碍、抑制和相似物的聚合(即便是存在物亦不被感知)。"⑥

---

① 姚卫群《古印度六派哲学经典》,第155页。
② 姚卫群《古印度六派哲学经典》,第147页。
③ 姚卫群《古印度六派哲学经典》,第147页。
④ 姚卫群《古印度六派哲学经典》,第148页。
⑤ 姚卫群《古印度六派哲学经典》,第371页。
⑥ 姚卫群《古印度六派哲学经典》,第148页。

这是说(1)最远不能见;(2)最近不能见;(3)器官坏了不能知("根坏");(4)心不定不能知("心不定");(5)细微不能见;(6)覆障不能知("障碍");(7)隐伏不能知("抑制"),如太阳出来,星月就不再现,因而不能见星月;(8)相同的东西聚在一起不能知("相似聚"),如单粒的豆混在大量的同类的豆中不能见,因而需要推理来补充。

此外,《数论颂》说:"这(自性)是非感知的,因为(它)细微,而不是因为(它)不存在。它通过果被认知。这些果是大等,(它们)与自性相似又不相似。"[①]这是说"自性"虽存在,但因太细微而不能被感知,只能在其果中感知,如地、水、火、风等"五大"中推知其存在,"五大"等果与"自性"既有相似又不完全相同。在这里已隐含着现量为比量基础的思想。

亦有学者认为数论的现量可分为直接的或不确定的知觉(无分别现量)和间接的或确定的知觉(有分别现量)二种。

(5)认识的最终目标是解脱

《数论颂》说:"通过修习二十五谛,产生非我,非我所,因而无(我)的知识。(这种知识)是无误的,因此是纯净的和绝对的。"[②]"当与身体分离时,当自性由于实现了目的而停止活动时,(神我)就获得了确定的和最终的独存。"[③]

黄心川认为:"数论认为认识的进行必须具有下列条件:(1)外界对象的存在,以此区别错误的认识,如幻觉等等;(2)与外界对象相适应的特定的感觉器官(五感觉器官及五行动器官);(3)当对象和器官相接发生知觉(认识)后,对知觉进行观察和分别

---

① 姚卫群《古印度六派哲学经典》,第149页。
② 姚卫群《古印度六派哲学经典》,第170页。
③ 姚卫群《古印度六派哲学经典》,第171—172页。

的心;(4)确定我们对外界所抱各种态度的自我意识(我慢),自我意识是一种执着外界对象所起的'我和我的'感受;(5)对上述心等所起的认识最后起决定作用('决知')和给予名称的统觉('大');(6)作为认识主体('知者')神我的在场,但神我在上述变异的过程中只是一个'见证者','观者'和'不活动者'('非作者')。"①

3. 数论派的逻辑论

《金七十论》云:"比量有三:一者有前,二者有余,三者平等。"②

"人见黑云,当知必雨;如见江中满新浊水,当知上源必有雨;如见巴吒罗国庵罗树发华,当憍萨罗国亦复如是。相有相为先者,相有相相应不相离,因证此故,比量乃得成。"③这三例分别对应于有前、有余、平等三种比量。"相"指因法,"有相"指宗法、宗有法,二者"相应不相离"是指推理依据的关系。"发华"即开花。

梶山雄一说:"《大庄严论》(Kalpanamanditika 或 Kalpanalamkrtika)有言'如僧佉经说,有五分论义得尽。第一言誓、第二因、第三喻、第四等同、第五决定'。"④《大庄严论》由早期中观马鸣所著,此五分论义即五支式。

二、瑜伽派

瑜伽是指为了集中心力而实行的种种意念控制的方法。传说是由波丹阇利(又译为帕坦伽利,前2—3世纪)创立,主要经典为《瑜伽经》。二者的区别在于瑜伽派信奉"自在天",而数论则不承认。所谓自在天是婆罗门教所崇奉的神祇之一,它与基督教的上

---

① 黄心川《印度哲学史》,第299页。
② 姚卫群《古印度六派哲学经典》,第371页。
③ 姚卫群《古印度六派哲学经典》,第371页。
④ 《因明》第14辑,第7页。

帝有所不同,仅是一无贪欲无明的全智"神我",其唯一宗旨是指导众生从苦海中解脱,而其本身并不是造物主。瑜伽派主张苦行和禅定,认为可以通过苦行获得神通,当然,这种神通主要是一种超感觉的特异功能,而不是超自然力,只是对宇宙自然的深入了解而已。再进一步的苦行可以使人得到道德修养。此派的修行方法,主要是盘膝端坐,意念聚于鼻尖或脐穴,借以集中精神,导向寂静的境界。这些方法,也会被其他宗教派别所利用,瑜伽行宗的静坐法,就是它的发展。

1."五种心"和三种量

《瑜伽经》云:"6.(五种心的变化是:)正知、不正知、分别知、睡眠和记忆。7. 现量、圣教量和比量是正知。8. 不正知是(对事物的)虚假的认识,(它)具有不(表明)这(事物特性的)形式。9. 分别知由言语表达的认识产生,(它)没有实在性。10. 睡眠是(心的)变化,它依赖于不存在的原因。11. 记忆是未遗忘的感觉印象。12. 这(五种心的变化)通过修习和离欲被抑制。13. 此处,修习是保持安稳的努力。"①在这里瑜伽派也承认现量、比量、圣教量这三种量为"正知",但其理论体系中的地位与数论派不同,这三种量尽管是正知,但毕竟属于"心作用",要与其他四种心作用(不正知、分别知、睡眠、记忆)一起被认为是达到解脱的障碍,必须"抑制",才能达到"三昧"。在王志成、杨柳译本《帕坦伽利〈瑜伽经〉及其权威阐释》中"分别知"表述为"语言与实在不符,就产生了分别知"。由此看来分别知也是一种谬误,且是由语言的错误分别而致。②

---

① 姚卫群《古印度六派哲学经典》,第190页。
② [印]斯瓦米·帕拉伯瓦南达和[英]克里斯多夫·伊舍伍德合著,王志成、杨柳译《帕坦伽利〈瑜伽经〉及其权威阐释》,商务印书馆,2016年,第17页。

《瑜伽经》云:"48. 在(较高程度上的三昧或等至)那里,(有)充满真理的认识。49. (这种三昧或等至具有)与言语的认识和推理的认识不同的对象,因为(它)涉及的是特殊。[言语的认识指由别人那里得来的知识。它以一般为对象。不可能用言语来描述特殊。为什么?因为对特殊来说,不存在传统的言语表达。与此类似,推理的认识也以一般为其对象。……推理借助一般的特性导出结论。因此,没有特殊可作为归纳和言语的认识对象。]"① 这里的"三昧"和"等至"是瑜伽宗修行的最终目标,也是其终极真理,而这种真理所表达的是"特殊"(个别),而语言只能描述"一般",不能表达特殊,故语言、推理(比量)被排除在外了。

2. 认识主、客体的各自独立和相互依存

《瑜伽经》中也和数论一样有"神我",在认识论中则以"心"的范畴指称主体。《瑜伽经》云:"14. 对象(有)实在性是由于(德有)变化的同一。[具有照(光明)、造(活动)、缚(懒惰)性质的德有变化,由于具有器具的特性,因而表现为感官。……与观念不共存的事物是不存在的,然而却有不与事物共存的观念。]15. 由于当对象相同时,心(的状态)不同,因此,这(对象在心中)的存在方式不同。16. 而且,如果对象(的表现形态)依赖于心,那么。(在)这(心)不认知对象(时),这(对象的表现形态)还(能)存在吗?[对象是自己依靠自己的,(它们)对于一切神我是共同的。心也是自己依靠自己的。它们与神我结成关系。]17. 由于心需要着色,因此,对象是被认知的(或)未被认知的,[对象在特性上类似磁石,心在特性上类似铁。与心接触的对象给心着色。任何给心着色的对象都被认知,被认知物也就是对象。不这样被认知的就

---

① 姚卫群《古印度六派哲学经典》,第194页。

是神我和未被认知的。心是变化的,因为它呈现出被认知的和未被认知的对象的特性。]"①这里有这么几层意思:

(1) 心和对象是各自独立的,它们各自"依靠自己"。

(2) 事物(对象)必有对应的概念,而概念却可以是虚假的,不存在相应的事,如"兔角"。

(3) 心吸引对象如磁石吸引铁。

(4) 对象给心"着色",客观对象形成心中的主观映象。

3. 直觉形成的机制

瑜伽派信奉"奥特曼"的神秘体验,但其中也探讨了直觉形成的机制。"1.17 专注于单一对象将经历四个阶段:检验、分辨、喜悦的平静和简单的个体意识。"②这是说当我们的心完全专注于某一个粗糙元素时就达到了"检验"阶段。接着就是"分辨"阶段,这时,心穿透了物质表层,固定在里面的微妙本质即细微元素上。再接下来是"喜悦的平静"阶段,这时,我们的注意力集中在知觉的内在力量或心本身上。最后一个阶段是"简单的个体意识",此时我们将专注于那未沾染任何执着或欲望的最为简单和基本的我慢:它只知道"我"不是"这个",也不是"那个"。

"1.18 另一种专注是专注于不包含任何对象的意识——只有潜意识的印迹,如同烧过的种子。通过对不执的修习而稳稳地控制住意识波动才能达到这种专注。"③人在其中将超越原质,超越所有对象的知识,而与奥特曼——未分化的宇宙意识——合一。

---

① 姚卫群《古印度六派哲学经典》,第 211—212 页,其中方括号内是 6 世纪毗耶舍的注。
② [印] 斯瓦米·帕拉伯瓦南达和[英] 克里斯多夫·伊舍伍德合著,王志成、杨柳译《帕坦伽利〈瑜伽经〉及其权威阐释》,第 24 页。
③ [印] 斯瓦米·帕拉伯瓦南达和[英] 克里斯多夫·伊舍伍德合著,王志成、杨柳译《帕坦伽利〈瑜伽经〉及其权威阐释》,第 35 页。

"3.15 在这种状态中,心将超越在粗糙物质、细微物质和感官中产生的三种变化:形式变化、时间变化和状态变化。""3.16 专念于这三种变化,可获得过去和未来的知识。"①

4. 二种知识

"1.49 通过推理和研习经典获得的知识是知识的一种。但从三摩地中获得的知识更高级。它超越了推理和经典。"②有二类知识:一种知识通过感官感觉和理性思考获得,另一种知识通过直接的超意识体验获得。后一种才是"1.48……充满真理"。③ 所谓"三摩地"就是"定":"3.3 在冥想中,对象的真实本性放出光芒,不再受感知者的心的扭曲,这就是三摩地。"④

第四节 声论派和吠檀多派

声论派又被称为前弥曼差派,吠檀多派被称为后弥曼差派,二派都以《弥曼差经》为主要经典。

一、声论派

声论派是婆罗门教中的正统派,重祭祀仪式,相传是由阇弥尼(2 世纪)著,萨巴拉(又译为夏伯拉,约 4 至 5 世纪)注。声论派的主旨是维护"声"的神圣性,由"声"是认知吠陀教义的。早在纪元

---

① [印]斯瓦米·帕拉伯瓦南达和[英]克里斯多夫·伊舍伍德合著,王志成、杨柳译《帕坦伽利〈瑜伽经〉及其权威阐释》,第 165、166 页。
② [印]斯瓦米·帕拉伯瓦南达和[英]克里斯多夫·伊舍伍德合著,王志成、杨柳译《帕坦伽利〈瑜伽经〉及其权威阐释》,第 74 页。
③ [印]斯瓦米·帕拉伯瓦南达和[英]克里斯多夫·伊舍伍德合著,王志成、杨柳译《帕坦伽利〈瑜伽经〉及其权威阐释》,第 74 页。
④ [印]斯瓦米·帕拉伯瓦南达和[英]克里斯多夫·伊舍伍德合著,王志成、杨柳译《帕坦伽利〈瑜伽经〉及其权威阐释》,第 160 页。

前,已提出了一些语法和逻辑的思想。最初的"声"是指吠陀的声,进一步则把一切语言和概念看作是吠陀借发声的机缘显示无限、永恒的实体,声不仅是语言、声音,也是其所指称的事物。汉传因明中一般认为声论派中有"声生说""声显说"之分。"声生说"主张声本无,它是随着机缘所作而发生的,一经发生,就常住不灭。"声显说"则认为声音的本性是常住的,它不是由无到有地发生,只是凭着勤勇无间(不间断)显露出来。故此两派虽不同,但断定"声是常住"则是一致的。但黄心川认为声论派所持的只是声显论,而且持声常住者也不限于弥曼差派,瑜伽派、吠檀多派、佛教真言宗中很多人都主张语言不灭论。至于声生论非弥曼差派所持:"声生论不知何所指。因为婆罗门教一般认为声是不可以出生的……可能属于胜论的主张。"[①]声论派的"声常"这个论点受到数论派、胜论派、正理派和佛教的反对,他们提出反命题"声是无常"与之对抗。但他们论证这个反命题时所据的理由并不完全相同。所以,从古因明到新因明,常常遇到"声是常""声是无常"这两个相反对的命题。而陈那《因明正理门论》和天主《因明入正理论》更是利用这命题,对宗、因、喻之间的关系开展种种讨论。其实,声论派作为正统的婆罗门传承,礼吠陀为神圣永存,声是吠陀之呼吸,所以必永存,实际上也是神的观念永存。而胜论派不承认吠陀永存,故持声无常说。

1. 两种认知:现量和圣教量

(1) 两种不同的知识

《弥曼差经》云:"当根与那(境)相合时,认识产生,这就是现量。(现量)不是(认识法的)手段,因为(它仅)取存在(之物)。

---

① 黄心川《古代印度哲学与东方文化研究》,第191—192页。

然而,声与其意义的联系常住的。圣教则是认识那(法)的(手段)。而且,对于不可感的事物,(它是)无误的。这(圣教)是获得正确认识的手段(量),因为根据跋达罗衍那,(它)不依赖于(其他物)。"①这里区别了现量和圣教量两种不同的知识,只有圣教量才能认识不可感的吠陀真理,而现量等其他量都不是认识"法"的方法。"法是由(吠陀)教令所表明之物。"②

(2) 形成现量的条件

现量是根、境和合的产物,普拉帕格拉认为:"在一切现量的场合,存在着四种必需的接触:(1) 对象与感官的接触;(2) 对象的不同特性与感官的接触;(3) 感官与意的接触;(4) 意与我的接触。"③在现量中有瑜伽现量,普拉帕格拉认为:"瑜伽现量同样不能与普通人的现量相区别,而且只要它是现量,它就必定仅适合于目前存在的事物,而与目前存在的事物无关的东西不能被视为现量。这种认识可被视为是直觉的(认识)……但这种直觉的认识不能始终摆脱疑惑。"④

(3) 无分别现量与有分别现量

枯马立拉认为:"我们通过物体自身来感觉它,由此而产生的认识仅是一种单纯的感觉,称之为无分别(现量),它属客体自身,是纯粹的、单一的,犹如新生婴儿的认识一样……随之而产生的是对事物的较完全的感觉,因为它具有某种有区别(作用)的特性,如属于某种共性,具有某种名称等。前者多少有些模糊,后者则非常清楚。后者称为有分别现量。"⑤其实这种有分别量已属比

---

① 姚卫群《古印度六派哲学经典》,第 217—218 页。
② 姚卫群《古印度六派哲学经典》,第 217 页。
③ 姚卫群《古印度六派哲学经典》,第 425 页。
④ 姚卫群《古印度六派哲学经典》,第 426 页。
⑤ 姚卫群《古印度六派哲学经典》,第 425—426 页。

量了。

(4) 弥曼差派的圣教量是出世间量

普拉帕格拉认为:"声只有吠陀能被称为声量,而且只有包含教令的吠陀言语才能称为声量,一般的言语则不能,因为它们所产生的知识纯属推理性的。"①所以弥曼差派的"声量"即圣教量,与其他婆罗门教哲学流派说的圣教量有所不同,弥曼差派的圣教量应仅指吠陀这个认识来源,而不是从一般的可信赖之人和权威者那里获得认识,在弥曼差派中,吠陀圣教被放在最高位置上。

2. 其他四种量

(1) 比量

《弥曼差经》中未明确提及比量的名称,枯马立拉说:"比量的认识,如同每一种有效的认识(方式)一样,可以把握某些未知的东西。"②关于推理的具体论述,下面在逻辑论中展开。

(2) 譬喻量

普拉帕格拉认为:"譬喻量亦产生关于未见事物的认识。例如,当一个已知(家)牛的人见到野牛时……通过譬喻量产生了先前未见物的认识。即:类比产生了另一物的认识,此物(家牛)不在眼前,但却与眼前的野牛类似。"③

枯马立拉说:"一观察者已知某物,如(家)牛这种动物,后来,当他去森林中时,见到另外一种动物野牛,这一动物他觉察到类似或相似于他已知的那种动物(家牛)。因此,他头脑中回想起以前见过的(家)牛,而这(家)牛他现在认为与眼前的动物相似。"④

---

① 姚卫群《古印度六派哲学经典》,第 429 页。
② 姚卫群《古印度六派哲学经典》,第 427 页。
③ 姚卫群《古印度六派哲学经典》,第 430 页。
④ 姚卫群《古印度六派哲学经典》,第 430 页。

(3) 义准量

萨巴拉说:"'义准量'存在于对某种未见事物的假设与推定中,它的基础是:所感或所听到的事实如无那种假设与推定就将成为不可能。例如,发现活着的德瓦达塔不在室内,而他不在室内(这一事实)导致一种假设与推定,即他在室外的某处。用一种没有感知过的事实作为假定(公设)去认识某种矛盾的现象。例如有一个叫天授的人不在家中,但又确实知道这个人还活着,要解决不在家中和活着的矛盾,可以用推定的方法,推定天授在外面的某一个地方。"①

(4) 无体量

萨巴拉说:"'无体量'代表'量'中的'非存在'(这种认识方式)。对于与感官不接触的事物,这(无体量)产生'它不存在'的认识。"②

枯马立拉说:"通过这种量,事物的非存在被认识。"③这是一种否定性实体所产生的非实在的认识。例如从云散雨止,推知田中枯干。又如见桌上无瓶,我们见桌而不能见瓶,因而感知无瓶。

3. 弥曼差派的逻辑论

(1) 两种推理

普拉帕格拉认为:"有两种推理:(1)为己推理;(2)为它推理。在前者中,结论是从头脑中回想的前提中推论出来的,在这一场合,所有的(推论)过程不必说出,而且经常是从一个单一的命题推出结论;在后者中,结论是从通常全部说出的命题中推出。"④以是否"说出"来区分,这和后来新因明的"为自比量""为

---

① 姚卫群《古印度六派哲学经典》,第218页。
② 姚卫群《古印度六派哲学经典》,第218页。
③ 姚卫群《古印度六派哲学经典》,第432页。
④ 姚卫群《古印度六派哲学经典》,第427页。

他比量"有相似,但从前提命题为"单一"还是"全部""说出",这又不是同一含义。

(2)论式构成

普拉帕格拉说:"关于比量的陈述,有三部分,专用术语为比量陈述的三要素:(1)命题的陈述;(2)大前提的陈述;(3)小前提的陈述。……命题的陈述的作用是表明通过推理(比量)要证明什么,如:'声是常住的。'只要它被陈述了,我们才能从理智上开始推理。……大前提陈述确证的事例,并且表明,在要证明的东西和要借助进行证明的东西之间,有一准确可靠的关系。而这种关系又必须被表明是存在于双方都明知的场合中。例如,当要通过烟的存在来证明火的存在时,大前提就这样提出:'哪里有烟,哪里就有火,如在厨房中。'……最后,由于推理的认识依从于对恒常关系存在其间的两个要素之一的感觉,因此,对一个要素的感觉就变成了所有比量中的必要成分。由于需陈述这一要素的存在,小前提就变得重要了。例如,当要通过山上烟的存在来证明山上火的存在时,就必须陈述'山上有烟'。如果没有这种陈述,'山上有火'的结论就不能正确地推论出来。"①

这里的"命题的陈述"是宗,小前提是因支,大前提是喻支,"哪里有烟,哪里就有火""准确可靠的关系"应该是一个普遍命题的喻体。怎么看也是一个三支式,这不大可能是古因明论式,而是8世纪弥曼差派吸取新因明的成果。在枯马立拉的表述中,喻是"一切结果都是非常住的,如罐"。②

以上所述中的普拉帕格拉和枯马立拉的阐述,因其处于8世纪,尚不能明确列为弥曼差派的古因明思想,仅作参鉴。

---

① 姚卫群《古印度六派哲学经典》,第427页。
② 姚卫群《古印度六派哲学经典》,第428页。

二、吠檀多派

梵文"吠檀多"本义是指"吠陀的终结",具体指《吠陀经》及其后加的《奥义书》部分。吠陀的圣典分为祭事部和知识部,从事研究祭事部的称之为弥曼差派,从事于知识部的是吠檀多派,也称之为后弥曼差派。吠檀多派的主要经典是《梵经》,相传为跋多罗衍那所著(约在纪元前后),但实际上到5世纪再最终成型。其后商羯罗(788—822)是《梵经》最著名的注疏者。11世纪的罗摩努阇和12世纪后的摩陀婆又分别作注。

吠檀多派最根本的宗义是"梵我合一"、梵,就是梵天。《奥义书》中认为梵天不仅是世界的主宰,也是世界的本体,梵为真如(最终的真实存在),世间为假象。梵是世界万象生起的终极原因,它是构成世界万物的质料因,世界形成的动力因,构成世界多样性的形相因,梵是以游戏构造世界的目的因,此说应是受古希腊亚里士多德四因说的影响。

梵又是人的本质,故"我即是梵"。吠檀多派认为真知不能得于现、比诸量,只有从梵天所呼吸出的"吠陀"中才能"随闻"。商羯罗的活动促进了印度各派哲学融合为统一的印度教这一趋势。

《梵经》全文就是对"梵我合一"的论证,其中批评数论、胜论和佛教各家之说,与知识论相关的只有片言只语,如:"(主宰神有另外一种存在形式,即他)不(仅仅)居于(日轮等的)展开物中,因为(圣典中)这样论及(他的)存在。直接知觉和推理也表明了是这样。"[①]又如:"(外部对象)不是无,因为(它们可被)感知。"[②]

梵是大我,小我才是现实的认识主体,两者是什么关系?《梵

---

① 姚卫群《古印度六派哲学经典》,第356页。
② 姚卫群《古印度六派哲学经典》,第292页。

经》在这一问题上倾向于"不一不异论"小我与大我的关系:"就如同蛇和它的盘绕状(之间的关系)一样。或者,就如同光和(光的)基体一样,因为二者都是光辉。"[1]这里说的蛇与其盘绕状,一个是蛇自身,另一个是蛇的表现形态,二者不是两个东西但又不能完全等同。同样,发光体与发出的光之间也是如此,一个是光的体,另一个是其展示出来的东西。大我(梵)与小我的关系与上述两例一样,属于"不一不异"。

6世纪以后商羯罗、罗摩努阇和摩陀婆的注疏都已不属古因明的范围了。商羯罗曾提及三种量——现量、比量和圣教量。此派的后人又加入了譬喻量、义准量和无体量。商羯罗认为认识梵的真实本质的唯一方式(量)是借助吠陀圣典(奥义书),其实梵是超感觉的。现量、比量等量起一些辅助作用,只有梵(上梵)才是真实的,而现象界(下梵)则是不实的;对下梵的认识是无明。现量、比量只能用于下梵。下梵既不实,只能用于这不实之物中的认识方式自然没有多少价值。但其后吠檀多派中的罗摩努阇在注释《梵经》时亦讨论了量论问题,认为无论是作为最高实体的梵和作为其形式或属性的现象界都是真实的,罗摩努阇承认三种量是对实在之物的有效认识方法。

---

[1] 《梵经》3,2,27—28。

第二章

《遮罗迦本集》的古因明思想

《遮罗迦本集》成书于2世纪,其中第三编第八章专述论议原则,早于佛家的《方便心论》,比《正理经》更早。1989年,沈剑英将《遮罗迦本集》从宇井伯寿的日译本转译为中文,并参照《正理经》《正理经疏》《方便心论》《如实论》加以诠释和分析,此文初刊于台湾《正观》(繁体)第八期(1999年),后收于岳麓书社出版的《戒幢佛学》第一期(2001年)。和《佛教逻辑研究》(上海古籍出版社,2013年)。《遮罗迦本集》倾向于数论的学说,但也有胜论派、弥曼差派的学说,记载了六派的古因明思想,故另立本章单述。此章分两部分,前半部分为"讨论的经验",涉及辩论意义、对象、规则、注意事项等,其引文出自肖平、杨金萍所译日本桂绍隆的《印度人的逻辑学》中所引的服部正名的译文。第二部分是"问答指南"44目,引自沈剑英的《佛教逻辑研究》中转译的宇井百寿的译文。

第一节 讨论的经验

一、讨论的意义

同学之间的讨论可以提高获取知识的学习欲望,给予获得知识的喜悦。继而,使之精通该领域,掌握表观能力,令名声生辉。

另外,对所学知识怀有疑问者可以在讨论中再次学习,以此解除疑问。对所学无怀疑者,通过讨论进一步加深理解;对于尚未学习的内容,讨论可以提供学习的机会。

进而,老师本打算循序渐进地以秘传方式教授给那些具有学习热情、有培养前途的弟子的内容,在论争激烈时,因为一心想取胜,弟子会高兴得一下子全部吐露出来。

因此,贤者高度评价同学之间的讨论。(3.8.15)

同学之间的讨论分二种：友好的讨论和敌对的辩论。(3.8.16)[1]

这里的"同学"可泛指学界同仁,括号内所标数字为卷、章、节次序。这里的讨论即是辩论,列举了辩论促进学习的三种功效,不像其他宗教派别把辩论只作为弘教的手段。

二、友好讨论的规则

其中,友好讨论在智慧、专业知识、具备交换意见等表现能力,不立即发脾气,具备无可挑剔的学识,不刁难人,可以被说服,自己亦懂得说服方式,具有很强的忍耐力,喜欢讨论的人之间进行。

与这种对手进行讨论时,要无顾虑地进行讨论,无顾虑地提问。对于无顾虑地提出问题的对手,要清晰明确地加以解释。

---

[1] 转引自肖平、杨金萍译,[日]桂绍隆著《印度人的逻辑学》,宗教文化出版社,2011年,第77—78页。

不应担心会败给这样的对手,即使令其失败也不应狂喜,或在他人面前炫耀。

不应因自己的无知而固执一个立场,不应反复言及对方不知道的事情。

要以正确的方式说服对方,这一点尤其要注意。以上就是友好讨论的规则。(3.8.17)①

友好辩论与佛教强调与人以善,论辩上要语善的说法是一致的。

三、敌对辩论的规则

1. 总述

进入与他人的敌对辩论时,要充分了解自己的能力,然后进行论争。在辩论开始前,必须充分审察辩论对方的特征、彼此的能力差距、听众的特征。事实上,谨慎的考察会告诉智虑者是否应该采取行动。因此,贤者高度赞扬审察。

在审察之时,要充分考察彼此在力量上的差距、对辩论者有利的下述长处和短处。例如,所学知识、专业知识、记忆力、理解语义的直观、表现力,这些均为有利的长处。而以下则为短处,例如,立即发脾气、不精通该领域、胆怯、记忆力差、注意力涣散。必须要对彼此谁更多地具备以上辩论者的长处进行比较和考察。(3.8.18)②

这是说要充分考察双方的力量、彼此的能力差距。

---

① 转引自肖平、杨金萍译,[日] 桂绍隆著《印度人的逻辑学》,第78—79页。
② 转引自肖平、杨金萍译,[日] 桂绍隆著《印度人的逻辑学》,第79页。

2. 不能参与辩论的 8 种情况

辩论对手有三种，即比自己优秀者、比自己低劣者、与自己对等者。当然这是从辩论者所具有的长处进行的区分，并未涉及整个人格上的优劣问题。(3.8.19)

辩论听众有两种。即贤众与愚众。此两种听众因动机不同而又各再分为三类。即善意听众、中立听众、袒护对方的听众。(3.8.20A)

其中，无论在具有智慧、专业知识和交换意见表现能力的贤众面前，或是在愚众面前，总之，在袒护对手的听众面前，决不要和任何人辩论。(3.8.20B)①

辩论要分胜负，"此亦一是非，彼亦一是非"，最终胜负须由裁判决定，在自发的辩论中，听众即是裁判，如果裁判袒护对手，自然就不应参与辩论了。后来，佛家提出论辩的处所，也是这个意思。

三种对手，二类听众，再每类分为三种，3×2×3 = 18 种，去掉优秀对手 6 种，去掉袒护听众 2 种，实际可进入辩论的情况为 10 种。

3. 如何面对愚众时辩胜对手

愚众面前，即使自己没有智慧、专业知识、交换意见的表现能力，即使对方无名，被高手愚弄，也要进行论争。与此类对手辩论时，要不断地反复采用繁琐的长段落教典引用进行论战。对于不知所措的对手要多次进行嘲讽，还要以表情告知听众。即使对方能够回答，也不要给其发言的机会。另外，

---

① 转引自肖平、杨金萍译，[日]桂绍隆著《印度人的逻辑学》，第 80 页。

采用难懂的专业术语(让对方无法回答),指出"你什么也不回答,不回答就等于放弃自身的论点"。若对方再次挑战,则要如下面答:"你现在回去努力学习一年吧""或许你没有跟老师学习过吧",或"与你的议论就此结束"。事实上。对论方一次论争失败就是"失败"。因此完全没有与他进行讨论的必要。(3.8.20C)①

这是指与自己对等及比自己低劣人的辩论,要不择手段,要强辞夺理,这是因为愚众难以识别诡辩,也因为当时敌对宗派间的辩论事关生死、十分残酷。玄奘在《大唐西域记》中描述道:"经常聚集辩论……其中能够从细微的语言中发现问题,从而阐发妙理,语辞优雅赡美,应对敏捷的,于是就可驰乘宝象,导从的人如树林一样多。相反,如果理由空虚,辞锋迟钝,缺少义理而片面追求华丽辞句,或者强说歪理,则被人在脸上涂满脏土,扔在山野沟壑之中。"按当时的规则,论辩的失败者要么自杀以谢,要么改宗为奴。论辩之胜负,关系到教派之存亡,由此,在论辩中也不惜使用种种诡辩方法,但佛家不以为然。

4. 如何面对贤众进行辩论

前一节是讲面对愚众时如何击败对手,这一节是讲面对贤众时如何击败对手,策略上似有些不同:

> 在具备了注意力、所学知识、智慧、专业知识、交换意见的表现能力等各方面的中立听众面前进行辩论时,要密切留意,充分确认对方的长处和短处。……如果认为对方比自己低劣,则应迅速将其击败。例如,对于疏于教典学习的对手,可以采用背诵长段引文来压倒他。若专业知识贫乏时,则可采

---

① 转引自肖平、杨金萍译,[日]桂绍隆著《印度人的逻辑学》,第81页。

用难懂的专业术语。文章记忆力差时,则可不断地重复晦涩的长段教典。缺乏对语言的理解直观时,则重复同一多义词。表现能力差时,则打断对方说了一半的文章来压倒他。令不精通该领域的对手感到羞耻,让容易发脾气者感到疲惫,让胆怯者恐惧,令注意力涣散者从规则上进行检讨,以此来压倒他。通过上述方法,迅速在论争中压倒比自己低劣的对手。(3.8.21B)①

5. 辩论要讲理

即使进行敌对的论争,也必须遵守道理:人不应该践踏道理。何故?因为敌对的辩论会因人不同而可能带来更为激烈的敌意。(3.8.22)人一旦发怒,就不知道要做什么,要说什么。因此,贤者在善人聚会上不承认争吵。(3.8.23)一旦论议开始,则应如上进行。(3.8.24)②

四、辩胜的关键在于获得听众的支持

即使在论争开始前也须作如下努力。让听众成为自己的支持者,涉及自家药罐中的主题、辩论对方感到特别困难的主题、令辩论对方汗颜的主张命题等,可以让听众指名。听众聚集以后,要提出"只有这些听众可以随意地恰当地按照其所望决定论议与论议的界限(规则)",然后须保持沉默。(3.8.25)③

这里的"药罐"是指医生间辩论,要以自己所具有的治疗药物

---

① 转引自肖平、杨金萍译,[日]桂绍隆著《印度人的逻辑学》,第82—83页。
② 转引自肖平、杨金萍译,[日]桂绍隆著《印度人的逻辑学》,第84页。
③ 转引自肖平、杨金萍译,[日]桂绍隆著《印度人的逻辑学》,第84页。

为依据,让听众来决定讨论主题,实际上是根据病人的需求来讨论。推广而说,辩论要依据自宗学说,论题要能引起听众关注。

第二节 讨论的原则

共44项目,与知识论、逻辑学、辩学相关的项目如下:

第一、与知识论相关的项目:18. 现量;19. 比量;20. 传承量;21. 譬喻量;22. 疑惑;23. 动机;24. 不确定;25. 欲知;26. 决断;27. 义准量;28. 随生量。

第二、与逻辑相关的项目:8. 宗;9. 立量;10. 反立量;11. 因;12. 喻;13. 合:14. 结;15. 答破;16. 定说;39. 反驳;40. 坏宗;41. 认容;36. 非因;42. 异因;43. 异义。

第三、论辩及其过失:(一)总括:1. 论议(论诤、论诘)。(二)35. 诡辩。(三)语言问题:17. 语言;29. 所难诘;30. 无难诘;31. 诘问;32. 反诘问;33. 语失;34. 语善;37. 过时;38. 显过。(四)负处:44. 负处。

此外,2—7是介绍胜论六句义的,略而不表。

以下分别作介绍。

一、认识的六种量

1. 现量

"谓现量,指的是一切都根据我和五根来自我感觉的。其中我的现量为乐、苦、欲、瞋等,与此相反,根的现量则是声等。"在这里遮罗迦将现量分为两方面:由"我"(灵魂)来感受乐、苦、欲(欲望)、瞋(恼怒)等方面的现量,由"五根"(眼、耳、鼻、舌、身)来感知色、声、香、味、触等物质方面的现量。前者是一种内感觉,后者是外感觉。据宇井伯寿说,这是采取了胜论派的说法。① 但《胜论经》中未见这种划分。

2. 比量

遮罗迦云:"所谓比量就是根据如理来证知。如根据消化能力来证知消化火,根据精进的能力来证知发展的趋势,根据对声音的感觉来证知耳等(器官的功能)。"②遮罗迦对比量只是作了笼统的界定,没有再作分类。

3. 传承量

"承量就是作为达者之教而奉为吠陀者。"③"达者"就是贤者,这是说传承量就是流传下来的古贤的教言,这种教言已被视为吠陀那样地具有权威性了。这里的传承量也就是圣教量。

4. 譬喻量

"譬喻量是以一事物与他事物相类似来作说明的。例如痉挛直立与棒相似,痉挛屈身与弓相似,阿罗给达病与持矢者相似,以这种相似类比的方法对各个事物进行说明。"④譬喻量就是以两事物的相似进行类比。

5. 义准量

"所谓义准量就是一件事说出后能推知未说出的另一件事的成立。例如当谈到这种病不能用进食的办法治疗时,根据义准量推知可以用绝食的办法来治疗。另外,在谈到他白天不能进食时,根据义准量可以推知他宜在晚上进食。"⑤即一件事的成立意含着另一件事的成立。

---

① 引自沈剑英《佛教逻辑研究》,上海古籍出版社,2013 年,第 592 页。
② 引自沈剑英《佛教逻辑研究》,第 593 页。
③ 引自沈剑英《佛教逻辑研究》,第 595 页。
④ 引自沈剑英《佛教逻辑研究》,第 595 页。
⑤ 引自沈剑英《佛教逻辑研究》,第 598 页。

6. 随生量

又译内包量。遮罗迦云："随生量是指甲生自于乙时,甲就是乙的随生量。例如母、父、我、健康、食味、力等六要素是胎儿的随生量,不快是疾病的随生量,愉快就是健康的随生量。"从遮罗迦对随生量的界说和举例来看,甲与乙具有所生和能生的关系。[①]

把量分为六类,与弥曼差派接近,但第六种量弥差派是指无体量,此处为内包量,二者不同。在圣教量上,《弥曼差经》是只限定于吠陀的经典,而遮罗迦则宽泛为"达者"之言。

二、认识的发生和过程

1. 第22目.疑惑

"疑惑是对有疑问的宗义不能作出决定。"

2. 第23目.动机

"动机就是为某件事有所作为。"动机列在疑惑之后,也可以说因疑惑而起寻求决定的动机。

3. 24目.不确定

"不确定就是动摇不定",疑惑当然就不确定。

4. 第25目.欲知

"所谓欲知就是研究",是由疑惑、不确定引发认识的行为。

5. 第26目.决断

"决断就是决定。"由疑惑萌发动机,由不确定产生欲知,最后达到决定,这就是认识的发生和完成过程。

相比而言,《正理经》十六谛中是以疑惑、动机、思择、决定四谛概括这一过程的,在表达上更为明确。

[①] 引自沈剑英《佛教逻辑研究》,第599页。

三、《遮罗迦本集》的逻辑思想

1. 五支式

（1）宗

"所谓宗就是以言辞来表述所立。例如'神我常住（灵魂是不灭的）'等。"①这是印度逻辑史上最早提出来的关于宗的定义，后来为《正理经》所吸收。

（2）因

"所谓因就是获得认识的原因，它指的是现量、比量、传承量和譬喻量，通过这样的因可以认识真理。"②这个定义只是从认识论上的界定，未能从逻辑推理角度上阐明因是推理的理由、根据。

（3）喻

"喻就是不管愚者和贤者对某一事物具有相同的认知，并根据这一认知来论证一切所要论证的事。例如烈火、流水、坚硬的土地、光辉的太阳，或如同光辉的太阳一般辉煌的数论知识。"③在五支论证式中就是以实例作譬喻。从此引文看，遮罗迦很推崇数论的。

（4）合和结

"合和结已在立量和反立量的说明中说过了。"④并未作界定。在第9目"立量"中举例为：

　　宗：神我常住（灵魂是永恒不变的）；

　　因：非所作性故（因为不是人工所造作出来的）；

---

① 引自沈剑英《佛教逻辑研究》，第581页。
② 引自沈剑英《佛教逻辑研究》，第582页。
③ 引自沈剑英《佛教逻辑研究》，第583页。
④ 引自沈剑英《佛教逻辑研究》，第586页。

喻：如虚空（犹如虚空，意即于虚空可见非所作和常住的属性）；

合：虚空既为非所作［而常住］，神我亦然（灵魂也是如此，是非造作的）；

结：［神我］常住（因此灵魂是永恒的）。①

沈剑英说："这是关于五支作法最古的说明之一，并用数论的五支例来解释，简明而扼要。"②这里的"合"是以单个事物"虚空"去类比"神我"，由二者共同具有"非造作"而推出神我常住，这是一种或然性推理。结只是宗的重述。

圆真法师认为："马鸣大师（50—100）……他著的《大庄严经论》中，最早提出因明的五分论式，即宗、因、喻、合、结。"③可能依据于前述日人梶山雄一之说，但"僧佉"是指数论派，此中所述的五分论式仍是数论的。

2. 坏宗

此为第40目："坏宗就是被诘问后舍弃前面所立的宗。例如前面立了'我是常住'宗，然而被诘问后又改说'我是无常'。"④古因明中也称之为"舍言""屈宗"。

3. 认容

此为第41目："认容就是认许（他人）将所欲成立的东西变为不能成立。"从字面上看，就是认许他人而改变自宗。世亲《如实论》则云："于他立难中信许自义过失，是名信许他难。若有人已

---

① 引自沈剑英《佛教逻辑研究》，第586页。
② 引自沈剑英《佛教逻辑研究》，第581—582页。
③ 圆真法师《因明学纲要》，巴蜀书社，2011年，第5页。
④ 引自沈剑英《佛教逻辑研究》，第616页。

信许自义过失,信许他难如我过失,汝过失亦如是,是名信许他难。"①这是在认许自宗有过失的基础上,又反过说对方的难诘也存在相同的过失。

4. 非因

亦称似因,遮罗迦未作界定,只划分为三种:"非因是指(1)问题相似,(2)疑惑相似,(3)所证相似而言的。"②

(1)问题相似

"问题相似的似因,例如持'我与身体相异而常住'主张者对他人说:'我与身体相异,因而常住。因为身体是无常的,所以我与它必定具有不同的性质。'这就是似因,因为主张(宗)不可能就此成为因。"③问题相似是将主张原封不动地作为主张的根据,这是新因明中的"以宗义一分为因"的过失,在逻辑上叫作循环论证。

(2)疑惑相似

疑惑相似的似因,即以疑惑因作为消除疑惑的因。例如某人解说了《阿由吠陀》(一部医书)的一部分,于是就对他产生疑惑:究竟是不是医生?针对这一疑惑另一人说:"因为他解说了《阿由吠陀》的一部分,所以他就是医生。"而未能出示可以消除疑惑的因,这就是似因,因为疑惑因不能成为清除疑惑的因。④

(3)所证相似

所证相似的似因,是指因与所要论证的东西(所证)无区别。

---

① 《大正藏》第32册,第35页。
② 沈剑英《佛教逻辑研究》,第610页。
③ 沈剑英《佛教逻辑研究》,第610—611页。
④ 沈剑英《佛教逻辑研究》,第612页。

例如有人说："觉（认识活动）是无常，无触性故（因为是触摸不到的），如声。"其中声是所证，觉也是所证，对这两者来说，因与所证是无区别的，因此所证相似也是似因。①

5. 异因

此为第 42 目："所谓异因就是本该叙述原来的因，结果改说其他的因。"②这是逻辑上的"转移理由"。

6. 异义

此为第 43 目："所谓异义就是在论述一件事当中论述了别的事。例如在论述热病的特性当中，说了尿病的特性。"③"尿病的特性"不能证成"热病"，在新因明中此可归为"不成因"过。

7. 证明和反驳

（1）立量是逻辑证明

"所谓立量就是根据因、喻、合、结来证明其宗，盖先有其宗然后有立量，因为不能成立的宗就不能立量。"④这里的"立量"就是逻辑证明。

（2）反立量和答破、反驳都属于逻辑反驳

反立量："所谓反立量就是以与原宗完全矛盾的宗义所作的论证。如以'神我无常'为宗，因云'所感觉性'，举喻'如瓶'，合云'瓶为所感觉而无常，此（神我）亦然'，故结云'（神我）无常'。"⑤这是因明中的"立量破"，也是属于反驳。

答破："答破就是（敌者在立者）用同法表示因时说异法（来破斥）。用异法表示因时说同法（来破斥）。……这种含有反对性质

---

① 沈剑英《佛教逻辑研究》，第 613 页。
② 沈剑英《佛教逻辑研究》，第 617 页。
③ 沈剑英《佛教逻辑研究》，第 618 页。
④ 沈剑英《佛教逻辑研究》，第 581 页。
⑤ 沈剑英《佛教逻辑研究》，第 582 页。

的(论证)就是答破。"① 按照这一界定,答破与能破相当,而且是以否定对方的因、喻,属于一种"出过破"。

反驳:"反驳就是把指摘为过的言辞顶回去。例如:当我(灵魂)一直存在于身体之中时,我(灵魂)就能感知生命的特征。可是我(灵魂)一离开就无法感知,因此我(灵魂)是与身体相异而常住的。"从举例来看是反驳对方的能破,当然自身也属于能破。

四、《遮罗迦本集》的辩学思想

1. 论辩的总括

《遮罗迦本集》在第八章第一目论议中开宗明义,给论辩作一总括性的说明:"所谓论议,就是甲和乙都依据论典相互展开论诤。""论议可大分为两种:论诤和论诘。""其中论诤是用言辞来表示双方的主张,论诘则与之相反,例如甲主张'再生',乙则认为不能'再生',双方对自己的主张都提出理由,并根据各自的理由分别立量,相互提示,这就叫论诤。至于论诘则相反,只是单单以言辞来指斥对方主张中的过错和谬误。"② 这里第一句说论议就是论诤,第二句又说论议中分二种,第二种为论诘。这二句合起来应是"所谓论议,就是甲和乙都依据论典相互展开论诤和论诘"才对。论诤是双方各自立量,即立量与反立量,相对于对方都是立量破。至于论诘则是指一方对另一方的破斥即是能破。概括起来说,议论就是能立和能破。《正理经》正是这样表述的:"论议就是根据辩论双方的立量和辩驳来论证和论破。"③

---

① 沈剑英《佛教逻辑研究》,第386页。
② 沈剑英《佛教逻辑研究》,第579页。
③ 足目《正理经》[I-2-1]。

2. 诡辩

正确辩论的对立面是诡辩,诡辩虽非正当,但又经常伴生在辩论中。《遮罗迦本集》说:"所谓诡辩,全然是一派虚言,话里好像有意思,其实毫无意义,只是由一些词语组合起来构成的。诡辩分两种:(1)言辞的诡辩;(2)概括的诡辩。"①龙树的《方便心论》也将诡辩分为如此两种。后来《正理经》在两种诡辩的基础上又增设了一种譬喻的诡辩。

(1)言辞的诡辩

"例如有人说:'这位医生穿新(九)衣。'这时医生说:'我没有穿九(新)衣,我穿的是一衣。'那人说:'我没有说你穿九衣,不过你做了(九件)新的。'医生说:'我没有做九件衣呀!'如此说来说去的,就是言辞的诡辩。"②这是利用梵语"那婆"(nava)一词的多义性来作诡辩的例子。"那婆"有四名(义):一名新,二名九,三名非汝所有,四名穿。

(2)概括的诡辩

遮罗迦云:"概括的诡辩,如有人说:'药草是用来医治疾病的。'这时另一人说:'实有的东西是用来医治实有的东西的。'(接着第一人问第二人:)'因为你患病,所以将它视为实有的东西,那药草不也是实有的东西吗?如果实有的东西可以医治实有的东西,那么支气管炎也可以视为实有的东西,进而言之,哮喘也是实有的东西了。由于实有具有共同性,所以支气管炎必然会成为旨在医治哮喘的东西了。'像这样的论辩就是概括的诡辩。"③这就是利用不适当的概括手法来作诡辩的例子。这一过失,《方便心论》

---

① 沈剑英《佛教逻辑研究》,第607—608页。
② 沈剑英《佛教逻辑研究》,第608页。
③ 沈剑英《佛教逻辑研究》,第609页。

称之为"同异生过"。

3. 语言问题

论辩离不开语言表达,由此便有语言上的要求和过失。

(1) 语言

第17目总述语言:"所谓语言就是指文字的集合。这有四种:(1)可见义;(2)不可见义;(3)真;(4)伪。其中(1)可见义,如说'病原可用三种因根除、六种方法净化''耳朵存在时就会感觉到有声音';(2)不可见义,如说'存在来世和解脱';(3)真,它是作为实相存在的,如阿由吠陀的教言、医治疾病的方法、手术的成果;(4)伪,它是与真相背反的。"①这里的所谓可见义就是可以现证的,所谓不可见义即难证的或由虚概念组成的命题;真伪则取决于是否作为实相存在。这两类语义又是交叉的,因为可见义与不可见义都有真伪问题。

(2) 语失

这是第33目,是指论辩语言中的五种主要过失:"所谓语失,举例来说,就是存在其意义之中的(a)缺减、(b)增加、(c)无义、(d)缺义、(e)相违。"②

"缺减指的是在宗、因、喻、合、结中缺支。另外,本可提示好几个因的,却说成一个因,这也是缺减。"③缺减分为两种:一是缺支,二是将多因说成一因。

"增加指的是与缺减相反的东西。或者说在论述阿由吠陀时大谈布利哈斯巴蒂的书、乌夏纳斯的书或其他没有任何关系的事,或者所述虽有关系,也只是反复讲同样意思的话,如此重复,便是

---

① 沈剑英《佛教逻辑研究》,第591页。
② 沈剑英《佛教逻辑研究》,第601—602页。
③ 沈剑英《佛教逻辑研究》,第602页。

增加。不过重复有两种情况：(a)意思上的重复,(b)言语上的重复。其中(a)意思上的重复,例如'药剂、药草、药饵';(b)言语上的重复,如'药剂、药剂'。"①这里将增加分作三类：一是与缺减中的缺支相反,反复地述说五支中的任何一支。二是大谈无关论旨的话。如在论述阿由吠陀即寿命吠陀(亦即医典)的时候,大谈布利哈斯巴蒂和乌夏纳斯所著的政事论亦即治国安邦术等著作,以及其他不相干的事,这也是一种增加,三是重复。

"所谓无义,只是将文字集合起来的言辞,如'五列',很难理解其义。"②"五列"即梵文的五列字母,本身没有意义。

缺义又译不贯通。遮罗迦云："(一些词本身)虽然有意思,但相互间没有意义上的联系,如熟酥、车轮、竹、金刚棒、月。"③

"相违是与喻、定说、教义存在矛盾的。"④

"定说"第16目,是指论辩中的自宗义。"喻"和"教义"也是指自宗所持,此过也就是新因明中的"自语相违"和"自教相违"。

(3) 语善

这是第34目："所谓语善,举例来说就是与前述(语失)相反,从这一意义上来说就是具有不缺减、不增加、有意义、非缺义和不相违以及令人了然通达的句义,因此被誉为无可难诘的言辞。"⑤沈剑英说："正因为语失与语善是一个问题的正反两面,故只要具体阐释了其中的一面,另一面自可承上作概述：《遮罗迦本集》和《方便心论》正是这样做的,将语失和语善作为独立项目列出的,似只有《遮罗迦本集》和《方便心论》,以后未见如此列目论

---

① 沈剑英《佛教逻辑研究》,第603页。
② 沈剑英《佛教逻辑研究》,第605页。
③ 沈剑英《佛教逻辑研究》,第605—606页。
④ 沈剑英《佛教逻辑研究》,第606页。
⑤ 沈剑英《佛教逻辑研究》,第607页。

述的,故宇并伯寿说:'从这一点看,《遮罗迦本集》与《方便心论》是同一系统的,由此也可以推定其时代不会相隔太远。'"①

(4) 诘问和反诘问

此为31、32目:"诘问是指某一专家学者对同学科的专家学者就其学说或学说的一部分提出质问,或者为了知、识、说、答、研究而将其中的一部分作为质问予以提示。在有人立'神我常住'宗时,对方会问此宗的因是什么,这就是诘问。"②这里所说诘问的第二种情况主要起提示作用,使论辩更深入。"反诘问就是对诘问的诘问。如说:'现在提出诘问的理由什么?'"③

(5) 所难诘和无难诘

此为29、30目所述:"所难诘是指言语与语失相结合,这种结合就称之为所难诘。或者对某一事物只作了一般性的论述,被从特殊性的意义上来理解了,这种言语也是所难诘。例如说:'这种病可以用清肠的办法治疗。'对此有人难诘道:'究竟是用呕吐的药还是用腹泻的药来清肠。'"④所难诘分二类,一是"言语与语失相结合",二是过于笼统的语言,如呕吐和腹泻都是用清肠的药,不能笼统。

"无难诘与前面(第29目)所说的正相反,如说:'这种(病)是不治之症。'"此例中的言语就是清楚明白的,无可难诘。

(6) 过时

此为第37目:"所谓过时是指应该在前面讲的却放到了后面讲,因为所说的时机已经过去,所以得不到承认。"

---

① 沈剑英《佛教逻辑研究》,第607页。
② 沈剑英《佛教逻辑研究》,第601页。
③ 沈剑英《佛教逻辑研究》,第601页。
④ 沈剑英《佛教逻辑研究》,第600页。

（7）显过

此为 38 目："所谓显过就是指摘因的过误的言辞。如前面已提出的非因，说它不过是与因相似而已。"① 这是对非因过失在言辞上的指摘。

4. 负处

负处是指论辩的失败，为第 44 目："所谓负处就是失败。"② 共分 15 种。前文已叙的不再阐说，只介绍未叙述的。

（1）不了知

"尽管把话重复了三遍，许多人都已知解，他却不了知。"③

（2）无难诘的诘问

对"无难诘"的情况进行"诘问"。

（3）对所难诘无诘问

对有过失的言语却未能及时提出诘问。

（4）坏宗

见第 40 目所述。

（5）认容

见第 41 目所述。

（6）过时语

第 37 目："所谓过时是指应该在前面讲的却放到了后面讲，因为所说的时机已经过去，所以得不到承认。或者在先已堕负的东西仍不肯舍弃，还想将其竖立起来，结果其主张即便尚有可取之处，最后原可保留也只得放弃，因为过了时效，所以它就变成负言

---

① 沈剑英《佛教逻辑研究》，第 615 页。
② 沈剑英《佛教逻辑研究》，第 619 页。
③ 沈剑英《佛教逻辑研究》，第 619 页。

性的东西了。"① 过时语分为两种情况：一是论证时不按论式的次序来说，使论证失去时态；二是先时由于缺因支已堕负，后时欲救，为时已晚。

（7）非因

见第 36 目所述。

（8）缺减

见第 33 目（1）所述。

（9）增加

见第 33 目（2）所述。

（10）离义（即缺义）

见第 33 目（4）所述。

（11）无义

见第 33 目（3）所述。

（12）重言

见第 33 目（2）所述。

（13）相违

见第 33 目（5）所述。

（14）异因

见第 42 目所述。

（15）异义

见第 43 目所述。

与《遮罗迦本集》同时代的《方便心论》则列有 17 种负处，《正理经》与《如实论》均列有 22 种负处。名目各有不同。《遮罗迦本集》是在《正理经》之前，与《方便心论》一样，具有系统的辩学

---

① 沈剑英《佛教逻辑研究》，第 613 页。

理论。

　　《遮罗迦本集》中无论是"讨论的经验"还是44目的"论讨的原则"都是围绕"讨论"（议论）展开的，因此逻辑学方面的问题，例如因和非因的过失都未能有足够的分析，这也是作为论辩学体系的古因明各家的共同倾向，一直要到陈那新因明才有了根本的转变。

第三章

外道"六师"的古因明思想

除了从正统的婆罗门教派生的六派哲学外,在早期印度还有反对婆罗门教正统思想的"外道六师"的学说。其实,外道和内道都是相对的,在古印度婆罗门教占主导地位时,前述的六派哲学应为"内道",沙门、佛教等却是外道。而从佛教的立场,六派哲学应是外道。这里的"六师",则是为佛教和婆罗门教共认的外道。其代表人物分别是顺世外道的先驱阿耆多·翅舍钦婆罗;耆那教的始祖无乾陀·若题子;生活派的创始人末伽梨·俱舍梨子;无因无缘的富兰那·迦叶;怀疑论和不可知论者删阇夜·毗罗伲子以及迦罗鸠驮·建㝹延。日本学者梶山雄一在其《佛教知识论的形成过程》中说"《吠陀》《婆罗摩那》甚至《奥义书》中就已经存在了逻辑性的思考。所谓以六师外道为代表的沙门(Sramana,samana),其中尤其散惹那(Sanjaya Velatiputta)和大雄(Mahavira)的思想颇具匠心"。[①]

第一节 顺世外道

顺世派(Lokayatika)是古代印度朴素唯物论的主要流派。顺

---

① 《因明》第14辑,第4页。

世派的原意为"行在人民中间的"或"随顺世间的"。在中国史籍中,这个派别被意译为"顺世外道""世间行""世论""自性论"等,或被音译为"路迦耶陀""路哥夜多""祈婆伽"等。据考证在前3世纪以前,顺世派至少有两种经典和几种注疏。① 阿耆多和佛陀是同时代人,其继承者弊宿(Payaci)。《中阿含·箭毛经》说阿耆多:"名德宗主,众人所师,有大名誉,众所敬重,领大徒众,五百异学之所尊也。"但由于种种原因,其经典俱失,现在只能从其他学派和佛经中的转述来作些考察,如8世纪商羯罗的《摄一切悉檀》,13世纪摩陀婆的《摄一切见论》等。顺世派是明确反对婆罗门教的教义,在知识论上有一种朴素的反映论取向。

一、世间有边是实

佛教《梵动经》写道:"如余沙门婆罗门食他信施行遮道法……以己辩才作如是说,我及世间是常。……此世间有边是实,余虚……我不见不知善恶有报……我不知不见有他世……说众生断灭无余,我身四大六入。……说众生现在有泥洹,我于现在五欲自恣,此是我得现在泥洹。"②"大种为性,四大种外,无别有物。"③这里的"泥洹",即涅槃、灭度之意,"四大"即地水火风,"六入"又作六处,此处应指眼、耳、鼻、舌、身、意等六根。总之顺世外道认为人身是四大物质构成,我及世界都是客观实在,不认可(虚)善恶报应,轮回他世。

二、没有独立的精神主体

"眼见身相诸根等,即是丈夫,更无别我。"④意思是,除了眼所

---

① 黄心川《印度哲学史》,第21页脚注1。
② 《梵动经》。
③ 《广百论释》卷二。
④ 波罗颇蜜多罗译《般若灯论释》卷十一,《大正藏》第30册,第107页上。

能看到的身体和各种感觉器官之外,并没有一个独立于身体的不变的"我",所谓的"我",就是我的身体,"我"只不过是身体的异名和属性而已。当四大和合成身体时,就具有了意识这一属性和功能,意识又施设了一个名字来称呼它所归属的肉体,因而"唯有身及诸根,无我自体,于诸行中假名众生,而实无我受持诸行,言有生死流转者,是事不然"。①"灵魂(奥特曼)不过就是身体。"②

三、感觉是知识的来源也是存在那证明

佛经中克里希纳·弥室罗在《觉月初升》中对顺世论作过这样的概括:"顺世论典的原理是众所周知的,感觉是知识的来源,地、水、火、风是所承认的唯有原素。利欲是人类生存的目的,意识为物质所有,没有另一个世界,死亡就是至福力。"③"唯有(可)被知觉之物存在,不可知觉之物不存在。"④这是一种感觉主义倾向,但还不等于西方近代哲学上的"存在就是被感知"。

四、推理的真实性

善慧法日在《宗教流派镜史》中总括说:"此派于量中唯通许现量为量,不许共相及比量等。"⑤摩陀婆(Mad Hava,约13世纪人)所著的《摄一切见论》(Sarvadarsanasamgraha)是现在印度保存顺世派内容最多或最系统的文献,其中也说:"此派认为感觉(现

---

① 波罗颇蜜多罗译《般若灯论释》卷十一,《大正藏》第30册,第107页上。
② 商羯罗《摄一切悉檀》,引自姚卫群《印度古代宗教哲学文献选编》,商务印书馆,2020年,第23页。
③ 《觉月初升》,载拉达克里希南与摩尔(C, A. Moore)编《印度哲学史料》,第247页,普林斯顿版,1957年英译。
④ 商羯罗《摄一切悉檀》,引自姚卫群《印度古代宗教哲学文献选编》,第22页。
⑤ 善慧法日《宗教流派镜史》,第2—3页,刘立千藏译,王沂暖校订,西北民族学院研究室出版,1980年。

量)是认识的唯一来源,并且不承认推理(比量)等。"①"那些持比量权威性的人接受'相'或'中词'是获得知识的因。而这中词必须在小词中存在,并且自身应总与大词有关联。这总是相伴的关联必须没有任何要接受的和有争议的条件。""那么,认识这关联的工具是什么呢?""它不能是感觉""因为感官和对象相合可能产生特定事物的知识,但不可能知道这种相合在过去和将来的任何场合都能使普遍的前提涵盖大词和中词的不变联系。""推理也不能是认识这种普遍前提的工具,因为这推理将需要另外一个推理来使之成立。"②顺世论的意思是说:推理所需要的大前提本身就是不能确定的,人们不能确保在任何时候大词和中词都有一种确定的关联。因而,推理或比量就是不可靠的。

也有相反的意见,7世纪顺世派学者普兰达罗(Purandara):"承认推理的真实性可以用来决定一切现世事物的性质,在这现世事物中知觉经验是有效的,但是推理不能被用来建立有关彼岸世界或者死后的生活或者业报的任何教义。区别我们在普通经验的实践生活中的推理的可靠性与在肯定超越经验的先验真理之间的主要理由在于:一个归纳概括是通过观察大量与现实存在一致以及与存在一致的情况而形成的,但在先验领域里,观察不到与存在一致的情况,因为即使这种情况存在,它们也不能通过感官所感知。"③

正理派的贾衍多·跋陀在《正理花簇》中进一步认为顺世论有两种推理:已知的推理和未知的推理,后一种推理是对于梵、

---

① 转引自姚卫群《古印度哲学经典文献思想研究》,宗教文化出版社,2019年,第126页。
② 转引自姚卫群《古印度哲学经典文献思想研究》,第126页。
③ 转引自黄心川《印度哲学史》,第105页。

神、来世等等的认识。顺世论从感觉经验出发,反对把吠陀或权威者的证言(圣言量)作为认识的来源之一,他们认为证言是一种积聚起来的语言,如果这种语言是基于感觉的认识,那是可信的;如果这种语言只是一种推测或指示,不能和我们的感觉相印证,则是不可靠的认识,是不能相信的。

顺世派善于论辩,外人非难说:"依种种名字章句譬喻,巧说迷诳人。"《楞伽经》中有这样一个故事:一个"顺世外道"获得了世间神通,他来到忉利天主释提桓因的天宫中,跟帝释叫板辩论,而且他要求辩论的结果要让一切天人都知道。这个"顺世外道"跟帝释立誓打赌:如果帝释辩论输了,他就要打碎帝释的千幅宝轮;如果他辩论输了,他就"从头至足节节分解"。帝释同意了。这个"顺世外道"就化成龙身和帝释辩论。结果"顺世外道""以其论法即能胜彼释提桓因,令其屈伏",于是他就打碎了帝释的千幅轮。[①]

第二节 耆那教

耆那教和顺世外道、佛教并列为古印度婆罗门教之外的三大非正统哲学派别。耆那(Jaina)的意思是"胜者"或"修行完成了的人",耆那教就是胜者的教,前5—6世纪形成,它在汉译佛典中被称为尼乾外道、无系外道、裸形外道、无惭外道、宿作因论者等。传说中耆那教有二十四祖,可考证的是最后一位,即与佛陀同时代的尼乾陀·若提子,又称之为大雄。耆那教拥有大量的宗教历史文献,最初有十四前书、十二支、十一支等。4—5世纪由军陀军陀(Kundakunda)另行选定四种作为根本经典。耆那教的两个主要

---

① 波罗颇蜜多罗译《般若灯论释》卷十一,《大正藏》第30册,第107页上。

派别为空衣派（裸体派）和白衣派。5—6世纪创乌玛斯伐蒂（Umasvati）著有《谛义证得经》系统地论述了耆那教的基本思想体系。

一、基本教义

耆那教的基本教理有"七谛说"："谛即命我、非命我、漏、缚、遮、灭、解脱。"①再加善业和恶业成"九谛"说。"命我"（亦译灵魂）和"非命我"（亦译"非灵魂"）构成了万有的两大基本种类。

"命我"即是认识主体："我的本质是生命，它可以分为可解脱的命我和不可解脱的命我。"②前一种是解脱的，后一种是处于轮回中的。处于轮回中的"命我"又分为动的与不动的。不动的"命我"存在于地、水和植物等中；动的"命我"存在于具有两个感官以上的动物等中。不动的命我存在于地、水、火、风以及植物中。这实际认为世间各种物体中几乎都有命我，这是一种泛灵论。动的命我不仅存在于人中，而且存在于其他的动物中。《书义证得经》2.14中说："动的命我具有两个（以上的）感官等。"经2.23中说："虫、蚁、蜂和人依次增多一个器官。"③

"非命我"主要由四部分组成，即：法、非法、虚空和补特伽罗。虚空的作用在于为事物提供场所，补特伽罗即物质，它有两种形式：极微（亦译"原子"）和极微的复合物。耆那教把法、非法、虚空、补特伽罗及"命我"看作是五种永恒的实体。这五种永恒的实体加上时间就构成了宇宙的根本要素。

耆那教认为宇宙的本体——实体具有两种特性：一不可变

---

① 《谛义证得经》中1.4，转引自姚卫群《古印度哲学经典文献思想研究》，第104页。
② 《谛义证得经》中2.7，转引自姚卫群《古印度哲学经典文献思想研究》，第105页。
③ 《谛义证得经》中1.4，转引自姚卫群《古印度哲学经典文献思想研究》，第107页。

的、本质的"德"(性质);另一是可变的、偶然性的"式","德"随本体而存在,如果离开了它,实体也就变成了空洞的东西,"德"是永恒的,因此世界也是永恒的;"式"则是可变的、非永恒的。例如,泥土作为实体的"德是"永恒的,但作为实体的"式"泥罐、杯盘和它们的各种色泽是可以生灭的,因此是非永恒的。这很像亚里士多德的质料因和形式因的区分。

这种"命我"和"非命我"的本体论也可以说是哲学上的一种二元论。

二、五种智的知识论

在认识论方面,耆那教提出了五种智(即量)的理论。

1. 感官

这是通过感官等获得的认识。《谛义证得经》1.12中说:"这(感官智)借助于感官和意(心)获得。"[①]巫白慧译为"觉知智"并说:"这种知识是以外在感官和内在非感官(意识)为手段所取得的知识,它的内容一般是:认识、记忆、(对事物的)归纳或演绎,等等。觉知智有四个阶段:a)义执。义即对象,执即接触,在此阶段,感官与外界客体进行最初接触,如初闻声,但尚未辨是何声音。b)意愿。在感官与对象接触后,产生一种要求了解对象的真相的愿望,如欲辨别所闻的声音是何声音。c)无碍。在明白欲知之事的真相以后,理解无碍,判断正确;如知道所闻声音是何声音。d)执持。这个阶段总结上边三阶段所得的正确的认识或印象,并铭记于内心;以后的认识、回忆、归纳、演绎等功能的再现,正以此为基础。这四个阶段中的第一个阶段是以感官为手段所获得的知识,后三个

---

① 转引自姚卫群《古印度哲学经典文献思想研究》,第111页。

阶段是以非感官（意识）为手段所获得的知识。用我们的术语说,第一个阶段是感性认识阶段,后三个阶段是理性认识阶段。"①

2. 圣典智

这是通过圣典或圣人的言语或文字而获得认识。《谛义证得经》1.20 中说:"圣典智以感官智为先。（它有）两类：（一类来自）十二（支),(一类有）其他的种种（来源）。"该经 1.26 中说:"感官智和圣典智的对境是实体,而不是它们的所有样态。"②这里的"以感官智为先",是指圣典智要以感官智作为基础,"十二（支）"指耆那教的由十二个部分组成的一部早期圣典。

巫白慧译为"所闻智"。并说:"这是从耆那教经典和耆那教祖师的权威性教导中所得的知识。经典是文字,言论是声音,这些都是感官的对象,故所闻智是在觉知智之后。所闻智按作用又分四种: a) 利益所闻智。意谓因所闻的权威言论而得到的精神上的启发。b) 观想所闻智。意谓按所闻的耆那圣教而进行禅观冥想、苦修密练。c) 受用所闻智。意谓因正确掌握所闻理论,故能运用如,得心应手。d) 综合所闻智。意谓运用所闻的权威理论,从各个可能的角度进行综合观察,不执一端和片面之说。"③

3. 直观智

是直接对事物自身、时间、空间、品质的认识。《谛义证得经》1.21 中说:"直观智是天（道）和魔（道里的众生）生来就有的。"④巫白慧译为:"极限智。这是一种内在的知识,涉及范围极远、极广,有如'千里眼、顺风耳',能够观察远距离的物象,听闻远距离的声音;

---

① 巫白慧《耆那教的逻辑思想》,《南亚研究》1984 年第 2 期,第 2 页。
② 均转引自姚卫群《古印度哲学经典文献思想研究》,第 111 页。
③ 巫白慧《耆那教的逻辑思想》,《南亚研究》1984 年第 2 期,第 2 页。
④ 转引自姚卫群《古印度哲学经典文献思想研究》,第 111 页。

所谓极限,就是说这种知识的作用可以发挥到最大限度。不过,极限仍然是有限,并不是无限,超过它的极限,它便失去作用。"①

综合此两家的介绍,可以认为此智具有直观和先验二个特点。似乎可称之为"先验直观智"。

4. 他心智

姚卫群说:"是对别人精神活动的一种直接认识。"并说"他心智(有两种:)有关简单的精神性事物(的认识)和有关复杂的精神性事物(的认识)。"②

但巫白慧译为"意分别智",说:"这也是一种内在的知识。意,即心理活动;分别,即了解功能;意谓这种知识的了解功能能够洞察他人的心理活动。它像一种以心传心的心理交感术,或像佛教所谓的'他心通',通晓他人的内心境界,而且它的了解范围是无限的,因而比前一知识更为高级。"③

5. 完全智

是对一切事物及其变化的最完满的认识。《谛义证得经》1.29说:"完全智的对境是所有的实体和它们的所有样态。"《谛义证得经》10.1说:"完全智通过灭除愚痴业,然后通过同时灭除智障业、见障业及妨碍业获得。"④

巫白慧译为"纯一智"。并说"纯一,即'纯粹独一',或'至上唯一';意谓这一知识的了解功能是最纯净、最高级,能够完全彻底了解一切事物的本质和现象,而它的了解范围超越时空,不受任何规律所限制。这一知识是最高的超验心理功能,是耆那教智者苦

---

① 巫白慧《耆那教的逻辑思想》,《南亚研究》1984年第2期,第2页。
② 转引自姚卫群《古印度哲学经典文献思想研究》,第112页。
③ 巫白慧《耆那教的逻辑思想》,《南亚研究》1984年第2期,第2页。
④ 转引自姚卫群《古印度哲学经典文献思想研究》,第112页。

修所达到的终极目的。"①

上述五种知识中,耆那教哲学家认为,前两种——觉知智和所闻智,是间接的知识,后三种——极限智、意分别智和纯一智,是直接的知识。

五种智前两种是"间接的",指要借助感官等,而后三种则是"直接的",不借助感官的。这种分类与我们现代认识论正相反,并认为前三种"智"有可能产生错误,后两种则不会。

耆那教的知识论和婆罗门教、佛教一样,都是以求解脱为根本目的。婆罗门教及其正统派推崇神圣的吠陀声量,排斥世俗的认知,耆即教中推崇直觉贬低感觉经验,这二者都具有先验论和不可知论的取向。而佛教尽管也分为真智和俗智,强调真智的绝对真理性,但往往也包容俗智的真理性。

三、逻辑"七支"

耆那教的"七支"从观察问题的角度有"七分法",即理解意义的前4个"义分":通例分、摄持分、随说分和正观分,在语法运用上则为后3个"声分":声音分、定义分、如义分。而这七分法在判断上即表现为七种"或然"模态判断论式。

1. 通例分

即按照通例,统一差别论和无差别论,从总的方面理解事物的普遍性与特殊性,而不加以严格的区别。如说"或许瓶是黑的",这是一个肯定判断 S 是 P。

2. 摄持分

即无差别的观点,或按类的观点,观察事物的共同性和同一

---

① 巫白慧《耆那教的逻辑思想》,《南亚研究》1984年第2期,第2页。

性。如说"或许瓶不是黑的",这是一个否定判断 S 不是 P。

3. 随说分

按有差别的观点,或随顺俗说,观察事物的,个别性或差别性,而不忽视它们的整体性或共同性。如说"或许瓶是黑的和不是黑的",这是一个复合判断 S 是 P,又不是 P。

4. 正观分

谓按当前所见所闻,提出率直或直观的见解,把过去和未来从"现实"一词的意义中排除出去,从而避免陷入过去和未来的幻想迷宫之中。如说:"或许瓶是不可描述的。"

5. 声音分

语法规律去理解词的意义和作用,以及词与词之间的关系,并加以准确运用。如说:"或许瓶是黑的且不能表述的。"

6. 定义分

这是关于派生词的使用问题,特别是那些多义词,以便给每个词以准确的定义。或许 S 不是 P 并且是不能表述的,这是第二种判断和第四种判断的结合。

7. 如义分

按照词义,对词的作用或活动范围加以限制和规定。第三和第四种判断的结合。或许,S 是 P,也不是 P,也是不可描述的。

"或许"是一种相对的可能情况,这里的第一句是肯定判断,第二句是对第一句的否定,第三句说明一、二两句可分别适应于不同的情况,第四句存在着不适用前三句的其他情况,第五句是指或许第一句不可言表,第六句是指第二句不可言表,第七句是指第三句不可言表。

这种七支论式是与删阇夜的不决定说相对立的,在大雄看来认识中虽然也有相对性的不同情况,有或然性存在,但另一方面仍可作出确定性的判断,人类的知识也同时有绝对的必然性,说明了当时的人们已感受到了知识的必要性。

综上所述,耆那教七支论式中不但有肯定判断和否定判断,而且出现了复合判断和复合推理,并已包含有"或然"模态词的判断。

四、"非一端论"的辩证思维方式

巫白慧认为:"印度逻辑的理论体系似可划分为两个支系和两个来源。第一个支系是正理—因明系统,从早期的论破法或辩论术(tarka)发展而来。第二个支系是三重逻辑,四重逻辑、七重判断(即包括耆那教逻辑在内的辩证逻辑)。"

"吠陀哲学家在探索本体问题的过程中,首先创立了辩证思维的形式——对立统一的三重逻辑模式:

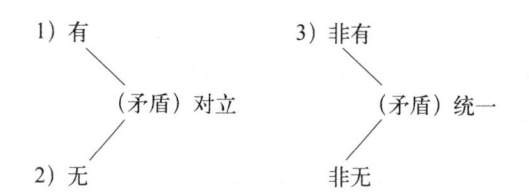

```
1) 有                    3) 非有
       (矛盾)对立              (矛盾)统一
2) 无                    非无
```

'有'与'无'实际上是两个完整的命题的略写;'它是有''它是无'。它们在逻辑上合乎矛盾律,在哲学上又有极其重要的意义——它们迄今仍为哲学家潜心参究的哲学根本问题。'非有非无'是统一矛盾的模式,在逻辑上虽然是违反科学的统一规律,但在哲学上(客观唯心论哲学)却反映吠陀哲学家在对本体问题的探索中已有所突破。

怀疑论者散若毗罗梨子的四重逻辑和耆那教徒的七句逻辑

(七重判断),都是在这个基础上发展而成的。

三重逻辑、四重逻辑、七句逻辑(辩证逻辑),部分(矛盾的模式)是合理的。"①

第三节 其他四师的学说

一、删阇夜的不可知论

删阇夜·毗罗倪子(又译为散惹耶,与佛陀同时代人)据《沙门果经》记载,摩揭陀的阿阇世王有一次向删阇夜提出四个问题:有无来世?有无自然化生的一切生?有无善恶果报?如来(人格化的修行完成者)死后存在否?他答:"我亦不以为如是;亦不以为唯然;亦不以为是其他;亦不以为不然,亦不以为非不然。"②这个回答如果用逻辑的符号来表示:(1)有(S 是 P);(2)无(S 不是 P);(3)亦有亦无(S 是 P 亦不是 P);(4)非亦有非亦无(S 不是 P 亦不是非 P)。删阇夜对一切问题都不作决定说,实际上是否定世界的可知性,属于不可知论。

删阇夜认为人类的知识都是个体的,都具有相对性,这种知识会产生偏执,成为解脱的障碍,若将这种知识教授他人,只会束缚他人,故他主张摈弃这类知识和见解,对一切问题都不作决定说,以潜心于修行实践,实际上是否定世界的可知性,这是基于怀疑和批评来反思知识的局限性。这种观点对后世佛教中观是有影响的,但在当时删阇夜的思想并未被人们认可,寻求知识仍然是大多数派别哲学的方向。

---

① 均引自巫白慧《耆那教的逻辑思想》,《南亚研究》1984 年第 2 期,第 9—10 页。
② 《普慧藏长部经典》一,《沙门果经》,第 32 页。

二、生活派

及名"邪名外道",代表人物是末伽黎·拘舍罗(Makkhal Gosala,？—388)。生活派的原意为"生活法""生计""职业",引申而为"严格遵奉生活法的规定者"或"以手段谋得生活者"。我国佛经中意译为邪命外道、无命术等。佛教视生活派的学说为邪说,因之贬称为邪命外道。《大智度论》释:"此有四种:一下口食,谓种植田园和合汤药,以求衣食而自活命也;二仰口食,谓以仰观星宿日月风雨雷电霹雳之术数学求衣食而自活命也;三方口食,谓曲媚豪势,通使四方,巧言多求以自活命也;四维口食,维为四维,谓学种种之咒术卜算吉凶,以求衣食而自活命也。"[1]摩诃尼密多八支和《道书》二书,为生活派的十大圣典之一。

拘舍罗认为一切有生命的物类都是由灵魂(命)、地、水、风、火、空、得、失、苦、乐、生、死十二种原素所构成,地、水、风、火是纯粹物质的原素;苦、乐、生、死是精神的原素;空是上述十一种原素赖以成立的场所,灵魂存在于地、水、风、火等无机物质之中,也存在于动植物等有机物质之中,灵魂本身也是物质。在拘舍罗看来,这些原素是由最基本的原子(极微)组成,单个原子只能由圣者直觉把握,但原子结合起来的聚合物则人们能见到。

生活派有它自己的认识论和逻辑思想。他们认为世界一切事物都有三方面性质,即有、无、亦有亦无。由此出发,把世界区别为真实的、虚幻的、既真实又虚幻的三种;把有情分为已解脱者、缚系者、既非实缚系者又非实解脱者。生活派的这种"三分说"和耆那教或然论的"七分说"很相似,他们都从不同角度来观察对象,进

---

[1] 《大智度论》卷三。

行肯定、否定和综合,但最终是不可知论。

三、伦理怀疑论者

富兰那·迦叶(又译为不兰迦叶)与佛陀同时代人,奴隶出身,学说与末伽黎相似,也否认善恶业报和婆罗门教。他认为世界上一切事物的产生和发展都是偶然的。它们之间并没有互相联系和必然的因果关系:"无因无缘,众生有垢;无因无缘,众生清净。"①他对一切宗教道德都表示了怀疑和否定:"不论自作(何事)或教人作、截、使截、苦、使苦、恼、使恼、栗、使栗,残害生命,取非所与,逾人家墙,劫盗掠夺,与人妻通,口为妄语,行如此事,非为恶也。若有人焉,以锋利轮宝,脔割地上众生,以为肉聚,以为肉块,不因此事,而生罪恶,亦无罪报。有人于此,行恒河南,杀或使杀,截或使截,苦或使苦,不因此事,而生罪恶,亦无罪报。有人于此,行恒河北,从事布施、或教布施,从事祭祀、或教祭祀,不因此事,而生功德,亦无福报。不因布施,不因调御,不因禁戒,不因实语,而生功德,亦无福报力。"②富兰那怀疑一切,否定一切,抹杀是非界限,实际上也是一种不可知论。

四、七原素说

迦罗鸠驮·建贳延(或译为婆浮屠 Pakudha Kaccayana)认为万事万物皆由七种原素构成:"或等为七?所谓地身、水身、火身、风身、乐、苦、命。此七种身,非作,非所作,非化,非化所化,不杀不动,坚实,不转不变。"③

---

① 《杂阿含经》卷三,《大正藏》第 2 册,第 20 页。
② 参见汉译《长阿含经·沙门果经》卷十七;《杂阿含经》卷七。
③ 《杂阿含经》卷七。

这七种元素,前四种地、水、火、风是物质四大,而后三种苦、乐、命则是精神的,仍是一种二元论哲学。这后两师并无独立的知识论思想,也常被归入邪命外道。

此外,《方便心论》中又提到"事火外道""医法""计一外道""计异外道"四种。

第四章

说一切有部的古因明思想

一般认为，佛灭三百年之初，有部从上座部分出。不过，《文殊师利问经》卷下"分部品"及西藏所传对于此派分出的年代与异名等仍有异说。迦旃延尼子（Ka tya yani putra）为此派之祖，造《阿毗达磨发智论》，立八犍度，判诸法之性相，大兴阿毗昙。此《发智论》与《集异门足论》《法蕴足论》《施设足论》《识身足论》《界身足论》《品类足论》为有部之基本理论典籍。其中，《发智论》称为"身论"，后六论称为"六足论"。

此外，五百阿罗汉所结集的《大毗婆沙论》二百卷，系解释《阿毗达磨发智论》之文义，为迦湿弥罗正统有部诸说之集大成。

佛灭九百余年（5世纪），世亲论师在阿逾陀学通了当地流传的婆沙论义（见《婆薮槃豆传》），受到自由学风的熏陶，终于写成《俱舍论》，采用经部主张，纠正毗婆沙师种种偏颇见解。圆晖《俱舍论颂疏》卷一有一段颇具传奇色彩的记述："然世亲尊者，旧习有宗，后学经部。将为当理，于有宗义，怀取舍心，欲定是非。恐畏彼师，情怀忌惮，潜名重往，时经四载，屡以自宗频破他部。时有罗汉，被诘莫通，即众贤师悟入是也。悟入怪异，遂入定观，知是世亲。私曰：'此部众中未离欲者，知长老破，必相致害。长老可速归还本国。'"①这激起了众贤论师的愤慨,连续著作《顺正理论》(原名《俱舍雹论》,意欲给《俱舍》以致命打击)、《显宗论》,竭力为婆沙辩护,可是也修正了一部分说法,所以后来称呼他的学徒为正理师或新有部。又此宗派之教义,含有许多大乘佛教之要素,皆可视为后来唯识、中观佛教之基础。《俱舍论》《顺正理论》尽管是从经部义批评了有部的某些观点,但从总体上仍保留了有部的基本论义,故仍可视为有部经典,从中挖掘出有部的论义。

有部童受的弟子诃梨跋摩(师子铠,4世纪)后又从多闻部学习,写了一部综合大、小乘的著作《成实论》,但较接近经部。《成实论》二〇二品。该论为成实宗之根本圣典。成实学派为我国十三宗之一,日本八宗之一。盛行于南北朝时代,尤以南朝梁代最盛,至唐代诸师判其为小乘后,研究者遂日益减少。

《成实论》书名也可看得出来,"实"指四谛,"成实"即成立四谛。四谛是佛说,原无再成之必要,但他认为,各家对四谛的内容所说各异,因而他要成立四谛的确实所指。

该论之立场取二世(过去及未来)无论、性本不净论、无我论等,且说人法二空;全书之教说不仅网罗部派佛教(小乘佛教)重要教理,亦含有大乘之见解;又多立于经量部之立场,以排斥说一切有部之解释。在佛教史上,又被认为是由小乘空宗走向大乘空宗过渡时期之重要著作。

有部的《杂阿含经》,刘宋求那跋陀罗译。收于大正藏第二册。为北传四阿含之一。此派认为分析色法,可知有"极微"存在,并主张"人无有"而不承认"法无我"。据吕澂考证,汉译的《杂阿含经》就相当于有部的《相应阿含经》。《瑜伽师地论》后面十四

---

① 《大正藏》第41册,第814页上一中。也有学者认为有部和唯识各有一个世亲,甚至有三个世亲之说。

卷(即八十五—九十八卷)就保存了《杂阿含经》的本母(本母是说可以依据发挥的要旨)。根据它对《杂阿含经》进行了整理,断定汉译《杂阿含经》就是根本说一切有部的《相应阿含经》。①

第一节　五位七十五法的世界构架

原始佛教有六十七法之说,有部《俱舍论》扩展为五位七十五法,这是一个宇宙构成体系,后来到大乘有宗进一步扩展为百法。"五位"指色、心、心所、不相应行、无为等五法。七十五法即此五位诸法之细分。

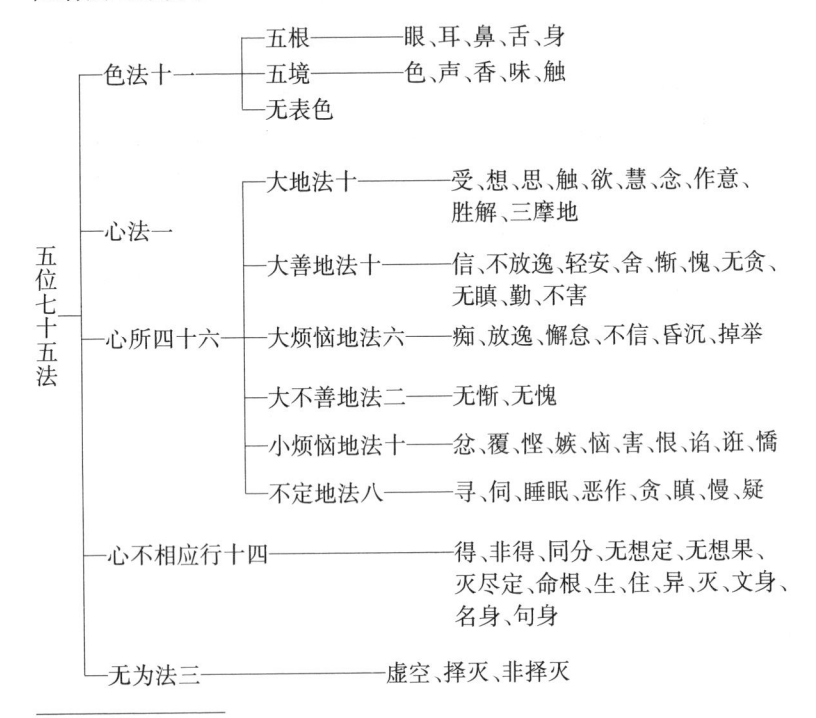

```
          ┌─ 色法十一 ─┬─ 五根 ──── 眼、耳、鼻、舌、身
          │           ├─ 五境 ──── 色、声、香、味、触
          │           └─ 无表色
          │
          │           ┌─ 大地法十 ──── 受、想、思、触、欲、慧、念、作意、
          │           │                胜解、三摩地
          │           │
          │           ├─ 大善地法十 ── 信、不放逸、轻安、舍、惭、愧、无贪、
          │  ┌心法一 ─┤                无瞋、勤、不害
五位       │  │        │
七十 ─────┤  │        ├─ 大烦恼地法六 ─ 痴、放逸、懈怠、不信、昏沉、掉举
五法       │  │        │
          │  │心所四十六├─ 大不善地法二 ─ 无惭、无愧
          │  │        │
          │  │        ├─ 小烦恼地法十 ─ 忿、覆、悭、嫉、恼、害、恨、谄、诳、憍
          │  │        │
          │  │        └─ 不定地法八 ── 寻、伺、睡眠、恶作、贪、瞋、慢、疑
          │
          ├─ 心不相应行十四 ──────── 得、非得、同分、无想定、无想果、
          │                         灭尽定、命根、生、住、异、灭、文身、
          │                         名身、句身
          │
          └─ 无为法三 ───────────── 虚空、择灭、非择灭
```

---

① 吕澂《印度佛学源流》,上海人民出版社,2002 年,第 61 页。

一、色法十一种

1. 五根：眼、耳、鼻、舌、身。
2. 五境：色、声、香、味、触。
3. 无表色：指有情身体中存在的一种由四大所造而成，不能表示出来他人看到，但对善恶业的因果相继发生作用的特殊的色法。

二、心法一种，即心王，思想活动的主宰

三、心所有法四十六种

1. 遍大地法十种

受：领纳苦、乐、舍三境之作用。

想：想象事物之作用。

思：造作诸业之作用。

触：对境之作用。

欲：希求之作用。

慧：拣择善恶法之作用。

念：记忆不忘之作用。

作意：令心、心所警觉对象之作用。

胜解：明了事理之作用。

三摩地：译作定，令心心所专注一境而不散之作用。

此十法通善、不善、无记之一切心王而起，故称遍大地法。略作大地法。

2. 大善地法十种

信：令心、心所澄净之作用。

不放逸：止恶行善。

轻安：使身心轻妙安稳之作用。

行舍：令身心舍离杂执着诸法之念，而住于平等之作用，为行蕴所摄之舍。

惭：于所造罪，自观有耻。

愧：于所造罪，观他有耻。

无贪：不贪著顺境之作用。

无瞋：于逆境不起忿怒之作用。

不害：不损恼他之作用。

勤：精进修习诸善法之作用。

此十法与一切之善心相应而起，故称大善地法。

3. 大烦恼地法六种

无明：以愚痴为性。

放逸：于恶法放逸之作用，与"不放逸"相对立。

懈怠：于善法不勇悍之作用，与"勤"相对立。

不信：令心不澄净之作用，与"信"相对立。

惛沈：令心沉重之作用，与"轻安"相对立。

掉举：令心轻浮之作用。

此六法常与恶心及有覆无记心相应，故称大烦恼地法。

4. 大不善地法二种

无惭：不自羞耻之作用，与"惭"相对立。

无愧：不他耻之作用，与"愧"相对立。

此二法与一切之不善心相应，故称大不善地法。

5. 小烦恼地法十种

忿：令起怒相之作用，与"无瞋"相对立。

覆：与"惭""愧"相对立。

悭：于财施、法施等，不能惠施之作用，与"行舍"相对立。

嫉：妒忌之作用。

恼：坚执恶事而恼乱身心之作用。

害：损恼他人之作用、与"不害"相对立。

恨：于忿境结怨不舍之作用。

诳：令心、心所邪曲不直之作用。

诳：欺他不实之作用。

憍（同骄）：心贡高而傲他之作用。

此十法唯为修道所断，仅与意识之无明相应，且其现行各别，而非十法俱起，故称为小烦恼地法。

6. 不定地法八种

寻：寻求事理之粗性作用。

伺：伺察事理之细性作用。

睡眠：令心、心所昏昧之作用。

恶作：又译为"悔"，思念所作之事而令心追悔之作用。

贪：贪爱顺境之作用，与"不贪"相对立。

瞋：于逆境瞋恚之作用，与"不瞋"相对立。

慢：使心高举而凌他之作用，同"憍"。

疑：使于谛理犹豫不决之作用，与"胜解"相对立

此八法不入前五位，广通善、恶、无记三性，故称不定地法。

这四十六种心所实际上是四十六种心理现象。

四、心不相应法十四种

全名为非色非心不相应行法。其中"非色"是简别其不属有质碍的色法；"非心"是简别其不属六识心王；"不相应"是简别其不属于心王相应而起的心所法；"行"是简别其不是无为法。具体有：得、非得、同分、无想定、无想果、灭尽定、命根、生、住、异、灭、

文身、名身、句身。这后三者与波普的"世界三"相似,是指具有物质外壳的意识现象的人造物语言。

五、无为法三种:虚空,择灭,非择灭

在五位中,前四位皆是借因缘和合而生起者,称为有为法,即现象之事法;相对的,第五位无为法乃现象(事法)之外的实在理法。有为法虽然有生、住、异、灭四相,刹那生灭,变化无常,但有其不变不改之自性,而且过去、未来与现象皆有其实体,此即"法体恒有、三世实有"。

从此体系而言,把世界归为七十五法,又进一步归为心、物二类,有二元论倾向。

第二节 境 有 无 我

关于认识的主、客体有部持"境有无我"。

一、"三世实有"

《杂阿含经》卷二说:"若所有诸色:若过去,若未来,若现在;若内,若外;若粗,若细;若好,若丑(异译作胜与劣);若远,若近:彼一切总说色阴。"①

《阿毗达磨大毗婆沙论》云:"自性于自性,是有、是实、是可得故,说名为摄。自性于自性,非异、非外、非离、非别,恒不空故,说名为摄。自性于自性,非不已有、非不今有、非不当有,故名为摄。自性于自性,非增、非减,故名为摄。"②

这是说,第一,自性对事物是有、是实、是可得的。第二,在所

---

① 《大正藏》第2册,第13页b。
② 《大正藏》第27册,第308页a。

处空间上,自性是不离开事物的,两者之间没有任何隙罅。不空是指没有空间上的隔阂。第三,在时间上,非已有、非不今有、非不当有,即是说,自性是恒常地为事物所拥有。已有是过去有,今有是现在有,当有是未来有。事物在过去、现在、未来都拥有自性,没有时间上的隔阂。第四,在量上,自性不同于一般事物,不会增加,也不会减少。总之,一切事物都是真实地存在,而且恒常不变,不受时间、空间、因果律的限制,三世实有。

《阿毗达磨大毗婆沙论》又云:"如是三世,以何为自性。答:以一切有为法为自性。……有为法未有作用,名未来;正有作用,名现在;作用已灭,名过去。"①这是说三世的差别是在有为法作用上的差别而建立的。有为法的作用未起,称为未来;正在起着作用,称为现在;作用已灭去,称为过去。说一切有部认为一切有为法都是实在的东西,显现中的有为法而建立现在的概念,这从未显现的有为法而建立未来,从显现过后的有为法而建立过去。总之,时间只是物质存在的一种形式。《俱舍论》卷二十说:"以说三世皆定实有,故许是说一切有宗。"②

《顺正理论》卷五十一说:"信有如前所辩三世,及有真实三种无为,方可自称说一切有。"③

《顺正理论》卷五十一引经说:"过去未来色尚无常,何况现在?若能如是观色无常,则诸多闻圣弟子众,于过去色勤修厌舍,于未来色勤断欣求,现在色中勤厌离灭。若过去色非有,不应多闻圣弟子众,于过去色勤修厌舍;以过去色是有故,应多闻圣弟子众,于过去色勤修厌舍。若未来色非有,不应多闻圣弟子众,于未来色

---

① 《大正藏》第27册,第393页c。
② 《大正藏》第29册,第104页b。
③ 《大正藏》第29册,第630页c。

勤断欣求；以未来色是有故，应多闻圣弟子众，于未来色勤断欣求。"①这是从勤修厌舍角度论证承认过去、未来为实在的必要性。

二、"十二处"和"十八处"

《杂阿含经》中提到色、声、香、味、触、法六种外入处和眼、耳、鼻、舌、身、意六种内入处，前者为外境，后者为根身："色外入处，若色四大造，可见、有对，是名色是外入处……声外入处，若声四大造，不可见、有对，如声、香、味亦如是。触外入处者，谓四大及四大造色，不可见、有对，是名触外入处。法外入处者，十一入所不摄，不可见、无对，是名法外入处。"②与六内入处相对应的还有眼、耳、鼻、舌、身、意六识，又合为十二内处，共成十八处或称十八界。

《俱舍论》卷二十说："梵志当知：一切有者，唯十二处。"③

《阿毗达磨大毗婆沙论》云："种所造处几过去？答：十一少分，谓除意处。"④六外入和六内入共十二处中，除了意处外，其余十一种都是由物质性的四大种所造。

十二处是一种认识论的分类法，内六处实际上是认识主体的认识能力，只不过佛教不承认持有这六种能力的主体"我"，只称之为"根身"。而外六处则是六类外部的认识对象。内六处又分二类，前五处为感觉，第六处则是意识，相对应的分别是外六处中的前五处和第六处（法入处）。

舍尔巴茨基认为："这种区分使我们不禁想起数论的看法，数论认为物质沿着两条路线发展演化，其中之一以透明的知性材料

---

① 《大正藏》第29册，第625页c。
② 《大正藏》第2册，第91页。
③ 《大正藏》第29册，第106页a。
④ 《大正藏》第29册，第666页b－c。

(sattva 萨埵)为主导优势,结果产生感觉器官;而另外的则以死寂的物质(tamas 达磨、暗)为优势,从而产生了精细的[tanmatra(五)唯]和粗重的[maha'ohuta(五)大]形式的感觉对象。事实上,'唯'(tanmatra)非常接近佛教关于物质构成'元素(色法 rupadharma)'的观念。所不同之处仅在于:佛教当中这些基本元素只是没有任何基质的感觉材料;而在数论体系中,这些构成元素是永恒不变的实体的变形或者属性。"①这说出了有部物质观和数论的异同点。

三、"有"是"极微"

色又由极微构成,《大毗婆沙论》:"色之极少,谓一极微。"②

极微是怎么样的呢:"应知极微是最细色,不可断截破坏贯穿,不可取舍乘履抟掣。非长非短、非方非圆、非正不正、非高力非下。无有细分、不可分析、不可观见、不可听闻、不可嗅尝、不可摩触,故说极微是最细色。"③

另一种说法则认为极微有颜色、有形状。《大毗婆沙论》卷十三说:"如观树林总取叶等。问为有一青极微不? 答: 有,但非眼识所取。若一极微非青者,众微聚集亦应非青。黄等亦尔。问为有长等形极微不? 答: 有,但非眼识所取。若一极微非长等形者,众微聚集亦应非长等形。"④前者是指单个极微,后者指极微之聚合,由极微构成的。

《杂阿含经》又说:"云何色集? 受、想、行、识集? 缘眼及色,眼识生。三事和合生触,缘触生受,缘受生爱,乃至纯大苦聚生,是名

---

① [俄]舍尔巴茨基著,宋立道译《小乘佛学》,贵州大学出版社,2001 年,第 26—27 页。
② (唐)玄奘译《阿毗达磨大毗婆沙论》,《大正新修大藏经》第 27 册,第 701 页上。
③ (唐)玄奘译《阿毗达磨大毗婆沙论》,《大正新修大藏经》第 27 册,第 702 页上。
④ (唐)玄奘译《阿毗达磨大毗婆沙论》,《大正新修大藏经》第 27 册,第 64 页上。

色集。"①这是说什么是色集？以作为视觉器官的眼根和作为视觉对象的颜色对境为缘,而生眼识。由眼根、色境和眼识这三样事物和合而产生触,触为缘而产生受,即以受为缘而产生爱,以致产生大苦的积累,这就是色集。其余的受集、想集、行集、识集亦是这样地形成。

《俱舍论》说："极微——不成所依、所缘事故,众微和合,方成所依、所缘事故。"②

《顺正理论》认为,五根、五境的每一极微不能单独存在,它们总是处于"和集"的状态,即众多极微都已依照一定的方式排列组合起来,这种处于"和集"状态的每一极微是实法,故而能成为五识得以生起的所依根与所缘境。在这一意义上,根境二者皆为实有。③

在《观所缘缘论》中,陈那批驳了三种对认知对象的看法,其中的第一、二种可以认定就是上述有部、经部的论义,第三种则是所谓"和集"说。其大意为,每一极微都具有众多的相状,虽然"极微相"本身不能被认知,但当诸极微处于"和集"的状态时,以其相资相借因而在各个极微上均有"和集相"生起,比如由多个极微逐步聚集成山,由于此诸极微同时共在、相互影响,每一极微上都会有山的"和集相",此"和集相"则能为心识所认知。此处所谓"和集",窥基的解释是："一处相近名'和',不为一体名'集'。即是相近,体各别故。"

四、诸法无我

"无我"是佛教义理的基础,是三法印之一,即"诸行无常,诸法无我,涅槃寂静"。④

---

① 《大正藏》第 2 册,第 18 页 a。
② 《阿毗达磨顺正理论》卷四,《大正藏》第 29 册,第 350 页下。
③ 《阿毗达磨顺正理论》卷四,《大正藏》第 29 册,第 350 页下。
④ (陈)真谛译《婆薮盘豆法师传》,《大正藏》第 50 册,第 190 页中;《阿毗达磨俱舍释论序》,《大正藏》第 29 册,第 161 页。

《大智度论》也说:"佛法印有三种:一者一切有为法念念生灭皆无常,二者一切法无我,三者寂灭涅槃。"由诸法变化无常推演出诸法均无实在"自我",这里的"无我"又分为两种,一是"人我",二是"法我"。对我的执着,叫做"我执",也叫做"我见"。我执也分为两种:"人我执"(人执)和"法我执"(法执),这都是佛教所要破除的最主要的误执。与此两种我执相对立,相应的无我也有两种:一是"人无我",二是"法无我"。这是从变化无常推论为无我,而佛教修持求解脱就是要达到"无我"境地。

认识主体非实在,早期的譬喻师持"细心说"。《法句经》说:"独行远逝,寝藏无形。""独行"是说它现在次第生起,不会同时而有多心。"远逝"是说心的过去、前际很难了知。"寝藏"是说它未来住在四种识住(色、受、想、行)中能往后世。为"无形"是说它生起刹那即灭,并无实体。

《大毗婆沙论》卷五十六云:"补特伽罗亦假。"世亲依经部义作《俱舍论》,也痛破犊子部胜义补特伽罗之说。但《顺正理论》中引用胜受学说的重点是"随界"说。胜受以为一切法生起之后会有熏习,留下了功能,此即是界。色法和心法可以互依互熏而各留习气以成界。故又被认为是心、物二元论。

五、五蕴"色身"为认识主体

《杂阿含经》说:"眼是内入处,四大所造净色,不可见,有对。耳、鼻、舌、身内入处,亦如是说……—意内入处者,若心意识非色、不可见、无对,是名意内入处。"[①]

"人无我"即是无实在的认识主体,那么是什么在进行认识

[①] (陈)真谛译《婆薮盘豆法师传》,《大正藏》第50册,第190页中;《阿毗达磨俱舍释论序》,《大正藏》第29册,第161页。

呢？有部的说法是由"五蕴"来进行的："如眼、耳、鼻、舌、身、意法因缘生意识,三事和合触,触俱生受、想、思。此诸法无我、无常,乃至空我、我所。"①五蕴即色、受、想、行、识,"蕴"即是集合,由极微集合成地、火、水、风四大,再组成五蕴"粗色"和受、想、行、识的主体"细身"。

《大毗婆沙论》："四大种造色身中,随与触合皆能生受。此说何义？此说身中遍能起触,亦遍生受。彼作是念,从足至顶,既遍有受,故知色我在于受中。大德说曰：一切身分皆能生受。彼作是念,受遍身,有身之一分,是我非余,是故受中得容色我。如受,乃至识亦如是。"②

这里的"色我"就是指由四大种构成的物质性的身躯,当中任何一部分与触结合,都能生起受。由于整个身躯都能够生起触,所以由脚掌至头顶都能生起受。这个受就是自我在受以内,其余三蕴——想、行、识——都是遍于全身,所以亦同样是包含了物质性的躯体。这躯体即是色。所以,色、受、想、行、识五蕴一同构成了具备物质性和精神性的自我。所以,从"无我"到这里又成了"有我"。

舍尔巴茨基说："在一个否定了个体人格(自我)存在的,将一切事物分解为多元的分离各别元素的,并且不承认元素之间实有作用的哲学体系中,根本不可能有内部与外部世界的区分。内部世界并不存在,因为所有构成元素都是相当平等地相互外在性的。话虽如此,分别内在与外在、主观与客观的习惯并不可能一下子完全抛弃。""意识可以譬喻性地称为我,因为它多少支持了关于我的(错误)观念。世尊本人也运用了这些说法。他有时提到了对自我的控制(有时提及对意识的控制),例如'成为牟尼的人使自

---

① 《阿含经》卷十一,第72页。
② 《大正藏》第27册,第37页b。

我置于严格的控制下,因而牟尼能再生于天界'。"①这也就是说从根本意义上,佛教中没有什么实在的主体和客体,只是在讲认识时一种方便设施而已。

六、主、客体的联系

1. 识不离境

《大毗婆沙论》:"境非实,应不作缘生心、心所。若尔,应无染、净品法。"②这是说,如果境非实在,应不能作为缘生心、心所,即是说,我们的认识必须以实在的东西作为对象才能生起。这里以能够构成认识作为理由,证明境为实在。

《俱舍论》卷二十云:"识起时必有境故。谓必有境,识乃得生,无则不生。"③认识必有其所认识的外部对象,没有对象,认识就不可能发生。而且也可以认识到过去和未来之事,所以过去和未来也是实有的。

2. 境不离识

纯外境不是认识对象,《杂阿含经》云:"色非我,非我所应,亦非余人所应。"④色指五蕴中的色蕴,即外境。我指自我,即主体。"我所应"指主体的认识对象,即客体。"非余人所应"指我以外其他众生的对象。这里首先提出认识主体、认识对象问题,单独的外境不成为认识客体。

3. 欲贪的联系

"眼系色耶?色系眼耶?……如谓非眼系色,非色系眠,乃至

---

① [俄]舍尔巴茨基著,宋立道译《小乘佛学》,第95、96页。
② 《大正藏》第27册,第288页b—c。
③ 《大正藏》第29册,第104页中。
④ 《大正藏》第2册,第4页a。

非意系法,非法系意。然中间有欲贪者,随彼系也。"①认识活动中,是主体系着对象,还是对象系着主体呢？长者认为,不是主体找着对象,亦不是对象找着主体,而是两者中间有着另一种东西"欲贪"将两者系缚着。以眼认识色的问题,带出眼执系着色的问题。眼认识色,不含有救赎意味；但眼执系色,以色为有自性,这是迷执。暗示眼不应执着于色,才有解脱的出路可言。

第三节　认识的发生和结果

一、六因四缘和合生识

"因有六种,一能作因,二俱有因,三同类因,四相应因,五遍行因,六异熟因。"②

能作因,是最宽泛的原因："一切有为唯除自体以一切法为能作因,由彼生时无障住故。"③

俱有因："若法更互为士用果,彼法互为俱有因。"④

同类因："谓相似法与相似法委同类因,谓善五蕴与善五蕴展转相望为同类因。"⑤

相应因："谓要同依心心所法方得更互为相应因,此中'同'言显所依一。"⑥

遍行因："谓前已生遍行诸法,与后同地染诸法为遍行因。"⑦

---

① 《大正藏》第2册,第144页。
② 《俱舍论》卷六,第30页。
③ 《俱舍论》卷六,第30页。
④ 《俱舍论》卷六,第30页。
⑤ 《俱舍论》卷六,第30页。
⑥ 《俱舍论》卷六,第30页。
⑦ 《俱舍论》卷六,第31页。

认识的生起由"四缘"即因缘、等无间缘、所缘缘和增上缘:《成实论》云:"以四缘,识生。所谓因缘、等无间缘、臭所缘缘、增上缘。以业为因缘。识为次第缘,以识次第生识故。色为缘缘。眼为增上缘。此中识从二因缘生。"①

因缘是对六因的总概括,它包括了除去能作因之外的其他五因。

所缘缘,又作缘缘。即所缘之缘。四缘之一:"所缘缘性即一切法,望心、心所随其所应。谓如眼识及相应法,以一切色为所缘缘。如是耳识及相应法以一切声,鼻识相应以一切香,舌识相应以一切味,身识相应以一切触,意识相应以一切法为所缘缘。"②认识对象称为"所缘",缘取认识对象叫"所缘缘"。

俱有缘也称之为"等无间缘",即指意识与根识同时而起缘境。

增上缘是指事物和认识生起的间接原因。

"二因缘生识,三事和合生触。又喜触因缘生乐受。如是耳、鼻、舌、身、意法,亦如是说。"③

"二因缘"指根和境,这里应是指眼根和色境。以眼根和色境为缘而生起眼识。"三事和合"是说眼根、色境和眼识三者和合而产生接触。顺适的接触生起快乐的感受。同样地,耳、鼻、舌、身、意都是这样生起……

舍尔巴茨基认为,中古印度的哲学认识论中,正理—胜论是朴素的实在论,陈那、法称是概念(先验)论,数论—瑜伽派持认识和对象"磁石吸引"的同化、同一,而小乘有部、经部的"俱缘"说也认

---

① 《大正藏》第32册,第251页a。
② 《俱舍论》卷七。
③ 《大正藏》第2册,第117页c。

可意识和对象的"相符"的作用,但对为什么会相符却未作出说明。① 解决这一问题的是后来陈那的唯识说,内识外显,假立外境,认识只是识的自我认识,所以是一种先定的自我同一。

二、一心一念一了

《成实论》云:"心、心数法,有缘有了,是故一时不应俱有,无多了故。又以一身,名一众生,以一了故。若一念中多心数法,则有多了,有多了故,应是多人,此事不可。故一念中,无受等法。"②

心和心数法(即心所)都是具有缘取和了别作用的,但不能在同一时间出现,因为同一时间不应有多个认识产生。此外,一个身体之所以称为一个主体,是由于这个主体在一刻中只有一个认识作用。倘若在一念之中具有多个心数法,而每个心数法都具有认识作用,则一刻中就有多个认识作用,这就应有多个众生,这是不可能的。所以,一个认识主体,在一念之中只能生一个心法或心数法,此持有部之说。

三、"作意"也是形成认识的条件

《大毗婆沙论》:"内意处不坏,外法处现前,及能生作意正起,尔时意识生。"③前述的《杂阿含经》中,只说根和境结合就能生起识,但这里提出"作意"亦是意识生起的条件。作意是心所的一种,作用是发动心,使它趋向于所缘的境。把作意亦视为生起识的条件之一,则认识必须是由主体发动才形成的。

---

① 参见[俄]舍尔巴茨基著,宋立道译《小乘佛学》,第91—93页所述。
② 《大正藏》第32册,第276页b。
③ 《大正藏》第27册,第58页c。

四、意识和根识的不同作用

1. 若无诸根,则识不生

《成实论》云:"现见无根则识不生。所以者何? 如盲者不见,聋者不闻。现见事中,因缘无用,此非难也。又法应尔,若无诸根,则识不生。外四大等,无根而生,法应假此。又以诸根,严众生身,故从业生。如以得谷因缘业,故谷生。亦假种子、芽、茎、枝、叶,次第而生。此亦如是。"①

这是说若没有根,则认识不能生起。从现实情况可见,例如盲者不能见东西,聋者不能听声音,这些都是理所当然的。外在世界的四大基本物质不用根而生起。而五根装饰众生的身体,则需从业力生起。例如某物具有获得谷的因缘,谷就生起。但这谷的生起其实不单由于某物的业,还需要种子。有了种子、芽、茎、枝、叶就能随着生起。认识的生起,一方面需要业力,另一方面亦需根的物质条件。

2. 根识和意识的不同对象——自相与共相

《阿毗达磨大毗婆沙论》云:"身识及意识。此中身识唯了彼自相,意识了彼自相及共相。"②于这种境进行认识的识有两种,分别是身识和意识。身识(即五根之识)只能认识触境的自相,意识则同时可以认识此境的自相和共相。有部认为主体缘境不能同时有二种同时生起,所以意识应不能与身识同时生起。如果意识在身识之后才生起,即表示意识所认识的并不是现前的境,而是在前一瞬间与身根接触的境。意识所认识的既然不是现前的境,它怎能认识事物的自相呢? 后来的陈那则认为诸识可以同时生起,所

---

① 《大正藏》第 32 册,第 266 页 a。
② 《大正藏》第 27 册,第 154 页 c。

以在身识生起,认识现前境的自相时,意识也同时生起,来认识这现前境,称之为"五俱意现量",即五根和意识同时缘取自相。另按照法称则不认为是同时的:"又亦不许:同缘一境作一行相之二心俱生。故亦无有与五识同时俱转之五俱意识。"①意识现量是在五根现量的下一瞬间形成的。再用意识是紧接着身识而生起,但中间没有任何间隙,是"等无间缘";表示身识的对象与意识的对象是同质的。法称的后学法上进一步提出,这两个紧接地连续的瞬间所起的认识,前一个是外在的知觉,后一个是内在的知觉,是主体同一认识活动并存的两方面。

3. 前五识无别,意识可分别

《阿毗达磨大毗婆沙论》云:"五识身唯无分别。第六识身或有分别,或无分别,且在定者,皆无分别。不在定者,容有分别。"②

有部只讲六种识,这里表明,"分别"为第六识,即意识所具有。意识有着两种认识的状态,一种是在定中的状态,另一种是不在定(散心)中的状态。在定的状态中,意识所达到的认识都是无分别的。当不在定中,意识只能达到有分别的认识。

《成实论》云:"眼见色不取相,取相即是想业。……五识无分别故,若五识中有分别者,何用次第生意识耶?"③

这段文字主要是论证五识没有分别作用。这里首先指出:眼色不取相,取相即是想业。认眼识本身没有取相的作用,这作用是想业,即是应属于意识的作用。取相已包含了分别作用,所以取相应是指将对象的相状记忆下来,成为思想的材料。

《成实论》云:"眼不能见细色,意不能取现在色,是故色不可

---

① 法尊译编《集量论略解》,中国社会科学出版社,1982年,第5页。
② 《大正藏》第27册,第374页b。
③ 《大正藏》第32册,第276页b-c。

取。又眼识不能分别是色,意识在过去不在色中,故无有能分别色者。无分别故,色不可取。又初识不能分别色,第二识等亦复如是,故无有能分别色者。"①

第一,眼等前五识的作用只能取现在境,没有分别的能力。第二,意识具有分别能力,但不能直接取现前的外境。第三,五识与意识是截然分开的,各有自体亦各有功能,前五识所取的境不能由意识处理。由此,不能分别认识色。

4. 意根对五根的统摄作用

《杂阿含经》认为:"云何亦塞其流源?谓眼界取心法境界系着,使彼若尽,无欲灭息没,是名塞流源。"②这里的意思应是强调熄灭五根向外攀附的作用,而心法是用来收摄意根,意根被收摄向内,就能令五根的作用不起。这样断绝了对外物的染着,就能阻塞杂染生命的源流。有一阻截生命的源流,最后达致解脱的宗教目标。从佛教本旨向言,五根缘取外境,不是获得真理,而是污染心智,必须用心法收摄意根,意根收摄五根,才能断绝外境的染着,回复洁净的本心。从这一角度而言佛家是反认识论、反知识论。俗世的知识是修道的障碍,必须清除。

5. 非根能知,知是识业

《成实论》云:"非根能知。所以者何?若根能知尘,则可一时遍知诸尘,而实不能。是故以识能知。……又根非能知,如灯能照而不能知。必能为识作依,是名根业。是故但识能知,非诸根也。若有识则知,无识则不知。③"

并不是根认识对象。如果根能认识对象,则应在同一时间可

---

① 《大正藏》第32册,第330页c。
② 《大正藏》第2册,第144页。
③ 《大正藏》第32册,第267页a。

以认识所有对象,这是不可能的。按这里所说的诸尘是指色、声、香、味、触这五境。如果五根具有认识能力,则应可同一时间中眼见到色,耳听到声,鼻嗅到香,舌尝到味,身触到触境,但这是不可能的,所以根并不具有认知的能力能进行认知的。……再者就算根是能照,它仍然没有认知的能力,因为能照的东西没有知的能力,例如灯。所谓根的作用,应是作为识的所依。所以只有识才有认知的能力。

这里是讲认识主体问题,认为心识(根识和意识)才是认识主体,而五根只是认识"所依"的工具,只起"照"的作用。而且"照"只能单照一境,不能形成综合的表象。后来陈那《观所缘缘论》亦持此说。

6. 根胜境

《成实论》云:"如离眼等,则识不生,若离色等,识亦不生。以何为胜?答曰:以诸根故,识得差别,名眼识、耳识等。如鼓与桴,合而有音,以鼓胜故,名曰鼓音。"[1]

根和境在认识中,哪个作用更重要?没有眼等,就不能生起识;若没有色等,亦不能生起识。这两类之中,哪一类较为重要呢?论者认为是前一类,即眼等五根较重要。因为识是以所缘的根为依据而区别的。即是正如鼓与桴结合而生起声音,此声的生起以鼓为主要原因,故这种声称为鼓声。后来唯识论亦持此说。

但我们认为,这种主、次的区分并不必要,作者是从识名而论,其实就认识的结果,应名从境色。鼓声的比喻也并不恰当。如见山,须眼根,但"山"名符色境,非符眼根。

---

[1] 《大正藏》第32册,第267页a。

五、认识的结果

1. 认识的只是感觉而不是色境本身

《杂阿念经》说:"眼者,是肉形、是内、是因缘,是坚是受,是名眼肉形内地界。比丘,若眼肉形,若内、若因缘,津泽是受,是名眼肉形内水界。比丘,若彼眼肉形,若内、若因缘,明暖是受,是名眼肉形内火界。比丘,内风界。"①

以眼和色境为缘或对象,生起眼识。眼睛是血肉的形体,是在肉身之内,且是作为生起认识作用的因缘。眼睛当中感觉是坚硬的部分,是肉眼中的地界。肉眼中感到湿润的东西,是水界。肉眼中感到是明亮温暖的是火界。肉眼中感到会飘荡的是风界。地、水、火、风四界构成了眼睛这个血肉的形体。以地、水、火、风四界是构成万物的基本要素,不是具体的对象,我们的认识机能没法直接接触,故不能成为认识对象。

2. 三种现量:依根现量、领纳现量、觉慧(觉了)现量

相对于后来陈那提出的四种现量,《顺正理论》只承认其中的三种(因有部不承认自证理论,所以没有自证现量),依根现量即相当于根现量,领纳现量是指与前五识同时生起的受、想等心所法,可归属于根现量,而觉慧(觉了)现量包括了后来陈那所说的意现量与瑜伽现量。②

---

① 《大正藏》第 2 册,第 72 页 c。
② 《阿毗达磨顺正理论》卷八,《大正藏》第 29 册,第 374 页下;卷七十三,《大正藏》第 29 册,第 736 页上。

第五章

经部的古因明思想

经部又作修多罗论部、说度部、说转部、说经部，为小乘二十部派之一。系从说一切有部分出之部派，此派开创者鸠摩罗驮（又称童受）为3世纪末北印度呾叉始罗国人，著有《喻鬘论》《痴鬘论》《显了论》等。4世纪之室利罗多为此派中兴之祖。一切有部重视论书，而经部却重视经书，并将经视为正量，故亦称经量部。但吕澂认为，经部原来以论经为宗，随后乃广泛运用一切经，所以仅仅看它是以经为量，还说明不了它的真相。

经部的经典已佚亡，在《异部宗轮论》中有对它的介绍，世亲的《俱舍论》中则有系统的介绍。《俱舍论》即《阿毗达磨俱舍论》之略称，世亲作，唐玄奘译，共三十卷。譬喻者嬗递为经部，这须归功于室利罗多（胜受），他著述了经部的根本毗婆沙，但已失传室利罗多的重要主张，散见于唐译众贤《顺正理论》，论中引文概称胜受为"上座"而不名。又此宗派之教义，含有许多大乘佛教之要素，皆可视为后来唯识、中观佛教之基础。另外，如前所述，诃梨跋摩的《成实论》也包含有经部的思想。

因此，在知识论上，经部也可以看作是从小乘有部向大乘有宗过渡的中间环节，无怪乎在藏传佛教中有经量瑜伽派。

第一节 对《俱舍论》《成实论》的分析

一、欧阳竟无"十义"析

《俱舍论》吸取了经部学说以取代有部旧说,据欧阳竟无考有十义,由此亦可了解经部的思想,择要引之:①

《俱舍论》"舍有部义取经部义。何为如是取舍耶?有部结小有之终,经部开大有了之始。于何知之耶?小悉人空,而苦法实。大则二空,真理乃出。三世皆有,法法皆实。终古塞大王之路,长夜无违旦之期。无隙可乘,不舍何待?蕴处皆假,过未非实。虽一极微功悼亏篑,而法执能除,二空理现。有机可入,不取奚为……得有所谓趋义者十,比事者三焉。"②

有问:世亲为什么舍有部义取经部义呢?欧阳竟无回答说:"有部是小乘执有学说的最终形态,而经部却是大乘有宗的前驱。从何而知呢?小乘只执人(主体)空,而苦苦执着于法(外境)实在。而大乘则法、我二空,达到真理。有部持三世一切法都实有,从古以来就堵塞了成圣王之路,好比是长夜漫漫等不到黎明。此种学说,毫无生机,还等什么而不抛弃呢!而经部认为五蕴十二处皆是假立,过去和未来都非实在,虽然理论中还残留着极微的不足之处,但已能破舍法执,使法、我二空的真理初现,有了改变的契机,为什么不取其呢?……具体而言有十种义,推及三类事。"③

---

① 欧阳竟无《阿毗达摩俱舍论叙》,收于《欧阳竟无内外学》,20世纪由"支那"内学院蜀院刻印,后由商务书馆于2015年出版。引文重新标点。
② 欧阳竟无《阿毗达摩俱舍论叙》。
③ 欧阳竟无《阿毗达摩俱舍论叙》。

欧阳竟无在这里是把经部义看作是小乘部派义到大乘有宗义的中介、过渡。其实小乘其他派别乃至外道也有持"我"空的,经部也没有完全否定"法实",只不过经部之说比有部的实在论宽松一些,使"二空"义理能方便萌生而言。

那么"云何十义?一者异门有义,是法相义。二者无别有体义,是唯识义。三者种子义,四者依义,此二义是阿赖耶识接近义。五刹那无住义,六者无漏智有分别义,七者依智不依识。依有分别智不依无分别识义,此三义是法相依他诠用义。八者一念二缘义。是唯识俱转托变义。九者分别俱生义是大乘断障渐非顿义。十者不依律仪,是大乘有所建立教依经论义。云何三事?境为唯识五聚,法相九事事;行之为所治业惑,能治三学事;及与果事"。①

以上十义,欧阳先生都是从经部和唯识义的比较上叙述的,此处不再一一介绍,仅就涉知识论之义,略举一二:

> 一异门有义是法相义者。有部据三世有说一切有,三世有者作用有别。已作、正作及与当作。说过、现、未各有作用。非体有殊,最极要义。所缘、所依、业生后果、系及离系,过、未若无,都失所事。经部不然。一破作用。彼同分法现实无用,而岂无现。二破所缘。我许缘无,追忆曾相现在如曾,逆科当而现在如未,缘无而缘,得成所缘?三破因果。非过去业能生当果,然业熏种,引续转变,当过遂生。四破离系彼所生因随眠种故。能系烦恼,若随眠断,得离系名。种断不断。系离不离何关过未?综此四义。岂恃过未。一切事成。②

标题"一异门有义是法相义者"是说经部只从"当下"一门说

---

① 欧阳竟无《阿毗达摩俱舍论叙》。
② 欧阳竟无《阿毗达摩俱舍论叙》。

法有与法相义同。

先说有部,有部说过去、现有、未来三世法俱实有。如本文前所述,三世有只是自体作用上区别而已。不是实体的区别,这是有部的最根本要义。但欧阳竟无认为,如从所缘、所依、业生后的果生、系及离系这几个角度分析,有部的过去有和未来有都不能成立。

经部则不同,一破作用说,自体与作用为同分,自体当下存在,即使未有作用,也不能说它不存在。

其次,从所缘角度破斥,我假定去缘取当下不存在的过去,追忆曾经缘取的相分当下现显如曾经,未来将生的相分时光倒流而当下显现,这种对"无"而想象的缘取,能成立真实的过去有和未来有的"所缘"吗?

三破因果,破有部以过去之"业力"为因,生当下"有"之果的说法,业力熏生种子,引起其连续的转变,由此形成当下和过去,并不是过去业生当下果。

最后,破有部"离系彼所生因随眠种故"。"离系"是指解脱,即断除烦恼而远离有漏法之系缚。"随眠"为烦恼之习气,即指种子而言。此烦恼之种子随逐我入,眠伏潜于阿赖耶识。有部认为烦恼可随随眠种子断灭而得以解脱。经部反驳说,随眠的烦恼种子断不断,能否得到解脱,与"过去有""未来有"又有什么关系?

上述经部对有部的破斥,从义理上颇为繁复,但不认可有部"过去有""未来有"的主旨是明确的。经部只承认"当下有",这与以后因明知识论承认"现知"是一致的。

又如:"八一念二缘义是唯识俱转托变义者,如他心智。有部一时一念缘一事境。如缘心时。不缘心所。正缘受时不缘想等。

经部一念缘二。"①有部主张一时一念只能缘一境,即要么是根识,要么是意识,要么是心,要么是心所,要么是受,要么是想。但经部识可一念缘二,如有"俱意现量",一念根、意共缘。

二、《佛光大辞典》说《成实论》与有部的区别

"(一)有部主张三世实有;成实则主张过(去)未(来)无体,唯现在刹那之法有因缘生之体用。

(二)有部主张法体实有;成实则主张法体中道,谓现在法系因缘所生,非有非空,不堕常边、断边;离此二边,称为圣中道。

(三)有部主张于'死有'与'生有'之间,有'中阴';成实则说无中阴。

(四)有部立退法阿罗汉与不退阿罗汉两种;成实则主张圣道不退,阿罗汉道已永拔爱根,故为不退。

(五)有部主张四大实有;成实则主张四大为假名,若离色等,即无四大。

(六)有部主张诸根实有;成实则主张诸根为假名,若离四大,即无诸根。

(七)有部主张诸根能照见诸境;成实则主张诸根无知。

(八)有部主张'心所'有别体;成实则主张心所无别体,受、想、行等皆为心之异名。

(九)有部主张心与心所有相应;成实则主张心所无别体,故心与心所无相应。

(十)有部主张信勤唯有善性;成实则主张信勤通善、不善、无记等三性。

---

① 欧阳竟无《阿毗达摩俱舍论叙》。

（十一）有部主张无表色摄于色蕴；成实则主张无作（指无表色）摄于行蕴，而不摄于色蕴。

（十二）有部主张无表业不通意业；成实则主张无作（指无表业）通身、口、意三业，即身、口、意三业皆能起无作。

（十三）有部主张痴为无明之体；成实则主张我心为无明之体，谓诸法和合，假名人法，凡夫不能分别，故生我心。

（十四）有部主张（我注：应为经部）人空法有；成实则主张人法二空。

（十五）有部细分五境，且各有一定之名数，又立四十六心所、六因、四缘、五果、染污无知、不染污无知等，五蕴之顺序为色受想行识；成实则未定五境之名数，心所之数亦不定，立四缘、三因，分业障、烦恼障、报障，而五蕴之顺序则为色识想受行。"①

以下仅就知识论角度阐明经部和有部的不同。

第二节　三世非实有，唯"现在"有

一、以"作用"说破三世有

世亲《俱舍论》卷二十："以约作用位有差别，由位不同立世有异。彼谓：诸法作用未有名为未来，有作用时名为现在，作用已灭名为过去，非体有殊。"②唯有现在为实在，而过去仅属曾经实在者，未来则是未来才得实在者。"是故此说一切有部，若说实有过去未来，于圣教中非为善说。"③

---

① 星云主编《佛光大辞典》，北京图书出版社，2010年。
② 世亲《阿毗达磨俱舍论》卷二十，《藏要》第八册，第442页。
③ 世亲《阿毗达磨俱舍论》卷二十，《藏要》第八册，第443页。

诃梨跋摩《成实论》:"说过去、未来为有？为无？答曰：无也。所以者何？若色等诸阴在现在世能有所作,可得见知。如经中说：恼坏是色相。若在现在则可恼坏,非去、来也。受等亦然。故知但有现在五阴,二世无也。法无作则无自相。若过去火不能烧者,不名为火。"①

此以"五阴"(即五蕴)为例,如过去之火,不能燃烧,无作用即无实体。说明"过去""未来"二世非实在。

二、从所缘角度破斥

《顺正理论》卷十九说："缘过去等所有意识。非无所缘。非唯缘有。何缘故尔。以五识身为等无间。所生意识。说能领受。前意所取诸境界故。如是意识以意为因。此所缘缘。即五识境。要彼为先。此得生故。随彼有无。此有无故。然此意识。非唯缘有。尔时彼境。已灭坏故。非无所缘。由此意识随彼有无此有无故。"②根识缘境,意识第二刹那才生起,第一刹那所缘的境已成为过去。而这个"过去"可以是实有,也可以是空无,都可引生意识,故不能像有部那样以"识起时必有境"来论证过去实有。

《顺正理论》卷十九说："又随忆念久灭境时。以于彼境前识为缘。生于今时。随忆念识堕一相续。传相生故。虽有余缘。起随念识。而要缘彼先境方生。如是所言。都无实义。"③假定去缘取当下不存在"已灭"的过去,追忆曾经缘取的相分要求当下现显,这种"彼境"也无实义。

---

① 《大正藏》第 32 册,第 255 页 a。
② 众贤《顺正理论》卷十九。
③ 众贤《顺正理论》卷十九。

三、破"展转"因果

《顺正理论》云:"若谓过去是展转因。此有虚言。都无实义如何过去。全无有体。而可成立为展转因。智者应观此盲朋党。于无体法。倒执为因。有体法中。拨无因义。若谓因过去非过去是因。是则未来亦应同此。如过去法体非有故。非展转因。未来亦应体非有故。非展转果。又展转者是相续言。不应此法。即续于此。既无去来。唯有现在。故应决定无展转因。"①"过去"不是"现在"的"展转因","未来"也不是"现在"的"展转果",只有"现在",既无"来""去"。

《顺正理伦》又有"随界种子说",以为一切法生起之后会有熏习,留下了功能,此即是界。有能熏所熏,色法和心法可以互依互熏而各留习气以成界。众生相续存在之时,界必随逐,故称随界。随界在相续存在的中间,逐渐变化,辗转殊胜,成为后来再生那样法体的因性。这一因果的理论大大改变了有部旧说的面目。其显著之点是:(1)因法刹那灭(法灭不必待因),(2)过去法作因(以前后法为因果),(3)因法自性各别(法各有界,数量无边),(4)法因无体(过去法灭故)。如此和说一切有部主张六因以同时因果的俱有因作基础的看法根本相违。

四、过去、未来无体

有部认为凡认知的对象都是实有的,以此来证成其"三世实有"说。经部则认为"识可缘无",过去与未来的认知都属于缘无之识,只缘其作用而已,由此反对"三世实有"而立"过未无体"。

---

① 众贤《顺正理论》卷十五。

五、蕴、处为假有

[唐]普光《俱舍论纪》说"若依经部触中,但有四大种,无别所造触。""经部以佛经中唯说六思身名为行蕴,不说余法,故知但以思为行蕴,故引释言,由思最胜,故但说为思。""色、心二种诸部极成……心所有法,不相应行,即非极成。如觉天说心所是假,经部说不相应行是假。"① 有部以为四大种造作之五蕴十二处为实体,但经部则反对此说,以为大种造作之后所显现的"行蕴"、色、心、心所、不相应行等都是假象而已。

六、关于"知境"

《成实论》云:"色在知境,是则可见。……随色与眼合时,名在知境。……如眼到日,能见日轮而不见日业。我亦如是,眼虽不去,若色在知境,是则能见;若不在知境,则不能见。"②

这是提出了认识论的一个重要概念"知境",或称之为所知之境。外部事物只有进入主体的认识范围内才能成为认识对象,如我们目视太阳,可见太阳的圆形,但不能见太阳的业力。其后《成实论》又提出了"世障""映胜""不显""地胜""暗障"等造成不见的原因。从现代科学而言,人的感官都有一定的限制,眼只能见一定波长范围的光,耳只能听闻一定分贝范围的声音。但借助于科学仪器则可把"红外线""超声波"等转化为知境。

人的实践有时间、空间的限制,在古代人们的知境基本上只限于周围的世界。

---

① (唐)普光注《俱舍论记》卷一末,《大正藏》第41册,第20页下、第25页中下、第33页中。
② 《大正藏》第32册,第268页a—269页a。

七、时间与事物同在

《成实论》云:"法与时俱,时与法俱。"①

事物的停住或变化,都是以时间来衡量的,而时间本身的建立是基于事物的变化。这可以说已认识到时间是物质的存在形式,与物质、运动不可分割。

八、实法与假名

《成实论》"曰:云何知瓶等物假名故有,非真实耶?答曰:假名中示相,真实中无示相。如。如言此色是瓶色,不得言是色色,亦不得言是受等色。"②

我们日常所认识的东西,都是建立在假名上的,因为只有假名才显出相状,而实法则没有显出我们可以认识到的相状。如我们见到瓶子的颜色,我们只能说这些颜色是属于瓶子的,而不能说是色色。色色指五蕴中的色蕴的颜色。虽然瓶是色蕴所构成的,但色蕴本身并没有显出颜色来让我们认识到,我们所见到的颜色是属于假名,即这瓶子的。这种说法已通向唯识义了。所以我们只看到瓶子的色,而不是看到色蕴的色。实法是不能被我们直接认识的,这也就是康德的本质和现象,自在之物和为我之物,在康德那里二者是割裂的,但这里是承认假名以实法为基础的,如唯识的"依他起性"。

第三节 关于认识主体

尽管佛教都持"无我"论,但认识活动总要有个主体、作者、

---

① 《大正藏》第 32 册,第 280 页 a。
② 《大正藏》第 32 册,第 328 页 a。

"能缘",实际上往往是把心识看作认识主体,心、意、识,体一异名。

《成实论》云:"心、意、识,体一而异名。若法能缘,是名为心。问曰:若尔,则受、想、行等诸心数法,亦名为心,俱能缘故。答曰:受、想、行等,皆心差别名。"①

这是说心、意与识是同一事体的不同名称。当事物作为能缘时,就称为心。

在一个认识格局中,主体是能缘,而对象就是所缘。受、想、行等,都是能缘,所以都能称为心,是心在不同情况下的名称。

第四节 带相说和自证说

一、带相说

《俱舍论》有云:"如是识生虽无所作,而似境故,说名了境。如何似境?谓带彼相。"②在眼识生起的刹那,引生它的外界极微已不再存在,当然也就不能对其有纯粹反映式的认知。相反,眼识恰恰能对前刹那引生它的外界极微作出主动的统合从而在眼识上形成相应的影像,这种影像在眼识上的形成即意味着认知了外境,只不过不是直取外境,而是一种间接的认知,这就是所谓的"带相"。

二、自证说

在月称的《入中观论》第六地里特别提出作为经部的主张而予以批判。依论文所说,先有譬喻门成立。譬如火点着时,一时间

---

① 《大正藏》第32册,第274页。
② 世亲《俱舍论》卷三十,《大正藏》第29册,第157页中。

便照见了它自身和瓶等物体,又像声音发出时,也是一时表白了自己和各种语义,意识正是这样,生起的时候了别境界也了别自体,所以应该有自证这一回事,再由忆念门证成。见过某种境界的,以后会记忆起来,可以证明在见境的当时就对见的本身有一种领受,否则不会有"见过"的记忆。这也是成立自证的理由。① 经部此说,也可看成从受心所具有自性受和境界受的双重意义推演出来。以心比受,应有对于自体和境界的双重了别,再加以后的记忆,所以决定心法能够自证。它的性质与计度分别无关,属于现量,由此在有部说的根现量、俱时意识现量和定心现量以外,还加上一种自证现量。古因明中,相应的《正理经》认为灯光可自照,龙树《回诤论》否认可自照"火云何有明"。

三、现量生于第二刹那

《顺正理论》十九卷云:"彼说色等。若能为缘。生眼等识。如是色等。必前生故。若色有时眼识未有。识既未有。谁复能缘。眼识有时色已非有。色既非有。谁作所缘。眼识不应缘非有境。以说五识缘现在故。彼宗现在。非非有故。现所缘色。非所缘缘。与现眼识。俱时生故。乃至身识。征难亦然。五识应无所缘缘义。彼宗意识。缘现在者。应同五识。进退推征。若缘去来及无为者。决定无有所缘缘义。彼执去来及无为法。皆非有故。"②这是说,各种心法的缘境,在第一刹那根境为先,到第二刹那识了方起。当根境先行时,假说为见,实际第二刹那才是了别。所以不问是前五识或第六识,也不问是心或心所,所缘境都在过去,后念觉了方成现量。

---

① 参照法尊法师译《入中论》卷三,又 Possin 校刊原本《Madhyamaka-vatara》。
② 众贤《顺正理论》卷十九。

如此解释意味着,其一,旧说对于根识和境的关系曾有根知境和识知境的两种不同看法,现在和合三者而说,根但假名为见,但又不能离根而知境。其二,由三法和合而生的触心所是假有,说和合也非实在。因为根境一刹那,识又是一刹那,本不同时,但从完成了别一件事上假名和合。其三,所缘和缘一致,可不另加简别。譬如见杌以为真人,虽是错觉,但杌既为所缘,也就成缘。假使以时间分别,前念为因也就是境,可不别说。其四,现量不是一刹那间的事,但所缘属于第一刹那,随此刹那法体或有或无,第二念所缘可作有无分别。其五,所缘既在过去,故境不必实,但当前念境现前时有无各别,后念缘虑随之不同。

第六章

《方便心论》的心论

《方便心论》开创了第一个佛教辩学的体系,尤其在过失论上更为系统。方便一词,在佛学中是多义的,在此处是指"理义方正,言辞巧妙",而"心论"则是指认识方法之论。总起来可以解释为是关于正确认知和论辩的方法。在《方便心论》中多见对《正理经》观点的批评,大致可以确定其作者与正理派是同时代人,但晚于遮罗迦。

《方便心论》过去都以为是龙树所作,但后来日本学者宇井伯寿(1882—1963),首次提出该论作者非龙树之说。其依据是《方便心论》第三品"所执(二)"的"如十二因缘,苦集灭道,三十七品,四沙门果,如是等法名佛正义"。[1] 他在对该句进行注释时指出:"把十二因缘、四谛、三十七道品、四果视为佛正义,这是著者为小乘佛教徒的最好例证。如果说龙树是著者的话,那么将此类项目列举为佛正义的作法,大概不会获得认同吧。"[2] 宇井的说法一直为国内因明学界所持。对此说最早提出异议的是梶山雄一

---

[1] [日]宇井伯寿《方便心论的注释的研究》,《印度哲学研究》第二,岩波书店,1965年,第490页。
[2] 肖平、杨金萍译《佛教知识论的形成》,《普门学报》15,2003年,第58页。原文见宇井伯寿《方便心论的注释的研究》,《印度哲学研究》第二,第493页。

(1925—2004),他指出:"不仅佛的正义不能够依大、小乘来区分,而且龙树在由小乘转入大乘之前,曾熟读小乘经论。"①而且他认为《方便心论》在阐述所执,即"定说"之后,作为例证列举了佛陀、事火外道、医法、瑜伽外道等各家之说,此处出现的"佛正义","即使认为它不是出自著者的自说,亦是无可厚非的"。② 他"并不是一定要强意地认为《方便心论》的著者就是龙树,而只想说明此书即使出自龙树之手亦不足为怪"。③ 其后,石飞道子(1951—)认为,这一句是该论作者所知道的论议,被置于列举其他学说的开头部分,因此,这不可能是论作者的主张? 所以,该论亦非出自某小乘佛教徒之手,而是宋版大藏经中所写的"龙树造"。④ 她又把《方便心论》与龙树的《中论》《广破论》《回诤论》《宝行王正论》比较,发现其中相似部分。最终她认为:

1.《方便心论》是龙树的作品。

2. 而且,《方便心论》对佛陀的言行录《阿含经典》进行了准确的注释,并阐明了佛陀的逻辑学。

3. 该书与正理学派的理论在逻辑上是绝对对立的。⑤

其后,木村俊彦在《〈方便心论〉的逻辑及立场》中批判了梶山说和石飞说。⑥ 另外,作为国际佛教学大学院大学日本古写经研究组的研究成果,室屋安孝发表了《关于汉译〈方便心论〉金刚寺本与兴盛寺本(附追记)》,⑦揭示了以往难以解释的几处不同解读。日本学者在论及《方便心论》作者为谁这一问题时,由于该书

---

① 肖平、杨金萍译《佛教知识论的形成》,《普门学报》15,2003年,第59页。
② 肖平、杨金萍译《佛教知识论的形成》,《普门学报》15,2003年,第59页。
③ 肖平、杨金萍译《佛教知识论的形成》,《普门学报》15,2003年,第61页。
④ [日]石飞道子《龍樹造"方便心論"の研究》,东京:山喜房佛书林,2006年,第10页。
⑤ [日]石飞道子《龍樹造"方便心論"の研究》,第199页。
⑥ 《印度学佛教研究》第一百零八号,2006年。
⑦ 《日本古写经研究所研究纪要》创刊号,2016年。

译于汉译佛经史中被视为"黑暗时期"之时,同一时代几乎无其他汉译佛典,因此认为该书可能由译者们(吉迦夜与昙曜)基于可获得的资料建构而成。这样就可以解释该书为何内容晦涩,结构不协调的问题了。

笔者以为,从北魏译出《方便心论》以来,只有译者名,无作者名,各经录都如此,直到宋版才有后人添加为龙树著。而从《方便心论》内容上看与2世纪的《遮罗迦本集》相似,应是其同时代著作,龙树为3—4世纪人,故不应是龙树所著,可能是小乘论著。又在藏文佛典中并无龙树的《方便心论》,直到清代学者贡布嘉的《汉区佛教源流记》才列入,但也未说是龙树所著。2005年罗桑旦增将其译为汉文,由中国藏学出版社出版。龙树为藏地六庄严之首,保存了其大量著作,然无《方便心论》,藏传佛教中的"龙树六论"亦未收入此著。故《方便心论》的作者仍未有定论,本书暂列其为小乘之作。

第一节 《方便心论》创建了第一个佛教论辩学的体系

一、造论之目的、宗旨

开宗明义,在第一品"明造论品"中为回应外人以为"不应造论"即不应起诤论,认为会"多起恚恨""憍逸贡高""自扰乱心"等责难作答:

1."今造此论,不为胜负,不为利养名闻,但欲显示善恶诸相。"

2."世若无论,迷惑者众,则为世间邪智巧辩,所共诳惑,起不善业,轮回恶趣,失真实利。若达论者,则自分别善恶空相,众魔外道邪见之人,无能恼坏作障碍也!故我欲利益众生,造此正论。"

3."又欲令正法流布于世""为护法故,故应造论。"

总之,著作本论,指导论辩,是为了破除邪智,弘扬佛法,"利益众生"。

二、《方便心论》全书共分为四品(章),构建了第一个佛教论辩学的体系

第一品明造论品。讲论辩的方法,提出了著名的"八种议论",简称为"八义"。

第二品明负处品。列举了论辩中的十七种过失并因之堕负,堕负即堕入负处(负处亦称"负门"),指在论辩中由于误解或不解对方的论旨,或违反逻辑,或缺乏论辩的技术等而导致败北,"负"者是指论辩中的失败。在《遮罗迦本集》中列有负处十五种,后来正理派对《遮罗迦本集》《方便心论》的堕负论进行扬弃,整理成二十二种负处,编入《正理经》之中(即第五卷第二章),其时间当在2至3世纪间。

第三品辩正论品。辩正三种错谬的见解(阿罗汉无果、无余涅槃无、神常),呈示出当时论难的常用论法和被难破者节节败北以致最后堕入负处的过程。由于本品只是论证佛教教义,并未有因明理论的概括。

第四品相应品。"相应"是指事物之契合或与真理之契合。问答相应要求论辩双方应遵守同一律,应契合于事理。本品胪列二十种不符合"相应"原则的论辩说法,一般认为这是最早的关于误难的系统论述。误难(jati)即是错误的诘难,亦译倒难,属于似能破(dusanabhasa)的范围。这二十种错讹的议论可大致分为两种：一异、二同。同与异的界限本来应该是很清晰的,但在错误的议论中问难者往往刻意模糊其界限,逞臆而言,从而混淆是非、颠倒黑白,企图以乱取胜。这二十种误难后来成为《正理经》V—I所阐发的二十四种误难。世亲《如实论》中立有"道理难品"一章,专论反破的过误,将误难约为三类十六种。新因明中陈那在《正理经》和《如实论》的基础上又加删订,约为十四种过类。所谓"过类",即是与能破相类而实有过误之意。但陈那的弟子商羯罗主就不取十四过类说,而将此类反破的谬误纳入缺减和宗、因、喻的过失之中。

堕负和误难都是论辩中的过失,只不过前者总体上讲立、破双方因在言语、论式等方面的过失而辩负。后者则专指能破中立者的论证本无过失,而敌者强加对方为过失,结果反而成了敌者(反驳者)本身的过失。

综上所述,可见《方便心论》已构成一个论辩学的体系,第一品是正面论述,第二、四品是过失论的反面论述,第三品则是破他立自的辩论实例。因明重视过失论,从《方便心论》可知这是古因明以来的一贯传统,《方便心论》创立了佛家的第一个辩学体系。

第二节 "八种议论"中的古因明思想

"明造论品"中有"八种议论",分别包含了辩学、逻辑和知识论内容。

一、关于论式

第一义譬喻。本论将譬喻列为八种论法之第一位,具体又谈了几点:

1. 譬喻内容：须"凡圣同解"，应该以浅譬深，以近譬远。譬喻是为了通俗易解，不懂得这一点，"不得为喻"。

2. 譬喻性质：是"为明正义"，立论者的论点是"正义"，譬喻不是立论者的论点，而只是一种事实例证，不可反客为主。

3. 譬喻方向：应由具体来比抽象，不可相反。

4. 譬喻种类："喻有二种：一具足喻，二少分喻。"

第二义随所执。这是指所立的论题、宗。

1. 立宗义要依靠四种量：即"现见""比知""喻知""随经书"（圣教量）。

2. "一切同"：指立宗中从组成宗体的概念和总宗而言，双方都相同，此成"相符极成"，立敌双方对论题都赞同，那也就辩论不起来了。实际上因明只要求宗依共许极成，宗体则一定要违他顺自。

3. "一切异"：指宗的后陈、结论不同。如你说"声常"，我说"声无常"，即"违他顺自"。

4. "初同后异"：指双方前件、前提相同，而后件、结论却不同。如一方认为"感觉与非感觉均为知识"，另一方则认为"感觉是知识，非感觉不是知识"。

5. "初异后同"：指前件、前提不同，而后件、结论相同。如一方主张"无我无所为涅槃"，另一认为"有我有人为涅槃"。

第五义知因。这是讲论辩中的论据、理由，即因法。应以现见、比知、喻知、随经书四种量为依据，但其中应以现见为基础："此四知中，现见为上"，"后三种知，由现见故，名之为上"。

现代的因明学者多以为从法称开始因明才注重感觉经验，以现量为"胜义有"。其实，从《方便心论》所述可见这是佛家的一贯立场，也是东方古代思维的共同特点。"比知"即是推理，根据前提和结论之间在时态上的先后关系可分为"前比""后比""同比"三种。

第六义应时语。强调语言在内容、时机上都要有针对性:"分别深义……智者乃解,凡夫若闻,迷没堕落,是则不名应时语也。"

第七义似因。这是指论据上的过失。分为八种:

1. 随言生过:指在前提中,立敌双方在概念上未能共许极成。

2. 同异生过:这实际上是后来陈那所列的"所立法不成"的过失,即或是把异品作为同喻依,或是宗有法本身的概念不清,故无法找到合适的同喻依。如立者云:"有故名生,如泥有瓶性,故得生瓶。"这里"有"是存在义,"生"是变化义,二者不完全等同,用泥作为同喻依,但难者云:"水亦是有,应当生瓶。"立者即无言可答了。

3. 疑似因:"如有树杌,似于人故,若夜见之,便作是念:杌耶? 人耶? 是则名为生疑似因。""树杌"是指树桩。后来陈那称之为"犹豫不定",法称称之为"犹豫之因"。

4. 过时语:指立敌论辩中的"马后炮",理由未能适时提出,过时而补充则不能挽回失败。

5. 类同:指偷换概念的诡辩。

6. 说同:试图用同一理由推出两个不同的结论,而其中一个并不成立,如立"虚空是常,无有触故,意识亦尔"。这里虚空是"无有触"且为常,而意识虽无有触,却不属于常,在逻辑上可说是一种"类比不当"的错误。

7. 言异:这也就是陈那后来所说的"宽证狭"的过失,即因的概念范围太大,包括了相反的两种宗法范围,因此,可以推出自相矛盾的结论。如立瓶无常,存在故。存在因中包括常、无常,故既可推出无常,也可推出常。

8. 相违:这里分两种,一种是因支与喻支相违,称之为"喻相违",一种是名称与事实相违,称之为"理相违",前者属于判断中的过失,后者则是概念上的过失。

以上四义中只讲到宗、因、喻及似,这里没有谈到合和结,是否已使用了三支式?但从第三品例式中看似并非如此,如:"五尘无常,为根觉故,四大亦尔,是故无常。"这最后一句"是故无常"应是结支。这里也没有区分喻支和合支,可能是古人翻译中习惯用四字偈句,只用意译,没有意识到三支式和五支式的区别。但没有出现普遍命题喻体,故不能说已有三支推理。但偶尔也会出现普遍命题,如第四相应品中,在"增多"过中举例立者立:"我常,非根觉故。虚空非觉,是故为常。一切不为根所觉者,尽皆是常,而我非觉,得非常乎?"这里"一切不为根所觉者,尽皆是常"已经是一个普遍命题了,但这种情况还是一种不自觉,还未形成规范格式。真正的三支推理还须与因三相的推理规则相结合。

二、论辩中的语言要求

其实前四义中也涉及语言,只不过这里是专论。

第三义语善。这是对论辩中语言的要求:"不违于理,不增不减,善解章句,应相说法。"

"不讳于理",即不与事理相违背。

"不增不减",是指在论证中要避免"三增""三减",即因增、喻增、言增与因减、喻减、言减。这实际上是支分上的增缺之过失。《方便心论》中有三支式的实例,言增减中也应包容了因、喻增减的过失。但到了陈那新因明中只讲缺减过,而不再强调"增"过。

第四义言失。这是与语善相反的语言过失。共有四种:

1."义无异而重分别"(义同名异):即把同义词看作为不同义。
2."辞无异而重分别":名、义都相同,却仍作区别,如"佛教之所以为佛教",在逻辑上犯"同语反复"的过错。

3."但饰文辞,无有义趣":这是指言之无物,空洞无实,如言"坚硬兔角",逻辑上属于虚概念,是空类。

4."有义理而无次第":这是指不能表达意义的文句组合。

第六义应时语。应时语是指注意听者对象类别与知识程度层次,而能获致语言果。否则虽不成对牛弹琴,亦常使对方茫然不解,即佛教常言须"契机"。契机始有令人信受之可能。比如对凡夫,讲佛教的空假深义、分别深义,无我无人,如幻如化,无有真实。这类深义,只有智者乃解。凡夫若闻,迷没堕落,是则不名应时语也。若言诸法有业有报,及有缚有解等,即使是浅智者听闻,也能理解接受,如钻燧和合,则火得生。应时语固然应言语恰如其时,言语内容亦应为正确叙述。

第八义随语难。"难"即难破、反驳,即随顺敌方的论证形式和义理去进行反驳。颇似逻辑中归谬法的反驳。

三、"四种量"的知识论思想

明确讲有四种量,与正理派相同:

1. 现见:"五根所知,有时虚伪,唯有智慧,正观诸法,名为最上。又如一时焰,旋火轮,干闼婆城,此虽名现,而非真实。又相不明了,故见谬,如夜见杌,疑谓是人。以指按目,则睹二月。若得空智,名为实见。"[①]此现量,需在正智引导下,"正观"诸法,才能避免错觉、幻觉,得到"实见"。

2. 比知:即比量,分为三种:

前比:"如见小儿有六指,头上有疮,后见长大,闻提婆达,即便

[①] 《方便心论》。

忆念,本六指者,是今所见,是名前比。"①"提婆达"又名天授等,斛饭王之子、阿难之兄,曾为佛弟子,于十指爪中置毒,欲伤佛陀。闻提婆达,忆念此人即前见之六指者也。前比是指由过去的所知比知于今。

后比:"如饮海水,得其咸味,知后水者,皆悉同咸。"②这是由现见比及后知。

同比:"如即此人,行至于彼。天上日月,东出西没,虽不见其动,而知必行。"③这是指对同一事物运行的预测。

3. 喻知:即譬喻量。"一切法皆空寂灭,如幻如化,想如野马,行如芭蕉,贪欲之相,如疮如毒,是名为喻。"④此处用野马、芭蕉、疮、毒四物为譬喻以达到认知。

4. 随经书:即圣教量。"若见真实耆旧长宿,诸佛菩萨,从诸贤圣,听受经法,是名闻见。"⑤"真实耆旧长宿"是指德高望重之长老。

此四种量中,尤以现见最为重要:"后三种知,由现见故,名之为上。如见火有烟,后时见烟,便知有火,是故现见为胜。又如见焰,便得喻水,故知先现见故,然后得喻,后现见时,始知真实。"⑥

宋以后学者认为《方便心论》为龙树所作,但对其所论与龙树其他著作不一致,深感疑惑,对此梁漱溟曾释云:"龙树于《方便心论》举知因有四:现见、比知、喻知、随经书。于《回诤论》复取而破之。其说详后。是虽则举四,而四实不立。盖在《方便心论》本文

---

① 《方便心论》。
② 《方便心论》。
③ 《方便心论》。
④ 《方便心论》。
⑤ 《方便心论》。
⑥ 《方便心论》。

原非建立有四,不过作旁观之叙述。审彼论'此中现见为上'及'经书亦难解云何取信'等文可知。"①

确实,龙树在其他著作中否定一切量的实在,那么与此处承认有四种量岂非矛盾? 梁文认为是作"旁观之叙述"的说法似不能成立,尤其引"此中现见为上""经书亦难解云何取信"为据更不能成立,因为这两句只是强调现量(感觉经验)在四量中的基础作用,本身并不排斥四量,尤其是现量。其实在《方便心论》已明确对现量作过否定:"问曰:已知三事,由现故幻,今此现见,何者最实? 答曰:五根所知,有时虚伪。唯有智慧,正观诸法,名为最上。又如热时焰,旋火轮,乾闼婆城,此虽名现,而非真实。又相不明了,故见错谬,如夜见杌,疑谓是人。以指按目,则睹二月。若得空智,名为实见。"这是说即使是现量仍有虚伪、错谬,只有"空智"正观才是"实见"。也就是说在现也不是真实的,只有量之空智才是正观,故与《回诤论》所破并无矛盾,当然这也不足以证明《方便心论》即为龙树所著。

第三节 论辩中的负处

第二品明负处品中,列举了论辩中的十七种过失。"负"者是指论辩中导致失败的过失。

1."语颠倒":陈述理由时舍近而求远。所谓"想能断结",断结即佛家所说的断尽烦恼("结"为烦恼之别称),"断结"是智慧产生的结果,而智慧从"想"而起;也就是说"想"只是产生智慧的原因,而智慧才是"断结"的直接原因。因此舍弃直接的原因不说而

---

① 梁漱溟《印度哲学概论》,上海科学技术文献出版社,2015年,第169页。

求之于原因的原因,这就颠倒了原因之间的层次。

2. "立因不正":以似因为论证的根据而致堕负。

3. "引喻不同":指在喻例上把反喻的性质(如瓶上的所作性)放到自己的实例上(如虚空,虚空本非所作)来承认,这就否定了己的实例,从而破坏了宗义。

以上这三种负处,台湾的水月法师只举为"语颠倒"一种,误以为"立因不正"和"引喻不同"是其产生的原因,而合并在其中。①

4. 应问不问:指在不明了对方话语的时候未及时发问。

5. 应答不答:指论辩的对方虽然作了三次说明,听众也已理解,而这一方还是答对不出,从而堕入负处。

6. 三说法不令他解(或自三说法而不别知):指有人尽管把话说了三遍,却仍不能使听众及论辩对方明白理解,从而堕入负处。

水月法师把上述三种自行合并为"迟昧"一种。②

7. "彼义短阙而不觉知":对手已自堕负处而不觉知,从而使自己也堕入负处。

8. "他正义而为生过":"又他正义,而为生过,亦堕负处。"这是敌方无过,而说其有过,结果自己反堕入负处。

9. "不悟":"又有说者,众人悉解,而独不悟,亦堕负处。"

10. "违错":"一说同、二义同、三因同,若诸论者,不以此三为问答者,名为违错。此三答中,若少其一,则不具足。""说同"即语词同一,"义同",词虽不同而指称对象同一。"因同",即对因法共许,此"三同"是遵守同一律的要求。

11. "不具足":"诸论者,不以此三为问答者,名为违错。此三答中,若少其一,则不具足。若言我不广通如此三问,随我所解,便

---

① 水月《古因明要解》,台南智者出版社,1989年,第36页。
② 水月《古因明要解》,第37页。

当相问,是亦无过。"这是说答时不能同时满足上述三个同一的要求,三者缺其一,即堕入不具足的负处。但如果答问者事先申明没有把握完全满足三个同一的要求,而问者犹问,则答者即使在三同上有所不足,亦可免过。水月法师在"违错"外未单列此过。①

12. "语少":论式不完整,缺少支分而堕入负处。

13. "语多":指论证过程中理由(因和喻)说得太多,显得啰唆。

14. "无义语":饰文辞无有义趣。

15. "非时语":即过时语。

16. "义重":指所言在意义上重复。

水月法师把以上五合为一种,并另立"言轻疾"一种,即言词过分轻细而快速:"听者不悟,亦堕负处。"②

17. "(舍)违本宗":立者放弃原来的立场,即自宗相违及转换论题之过。另分"以疑为违"一种,把敌者对我论的疑惑偷换成对我论的否定,这属于偷换论题的过失。③

上述十七种负处,大都与论辩中的语言表达有关,属于辩学的范围。但有些是与"八种议论"中的容有重复,如"义重""非是语"等,在逻辑分类上还是可商榷的。

第四节 能破中的二十种误难

1. 增多

立者立"我常,非根觉故。虚空非觉,是故为常。一切不为根

---

① 水月《古因明要解》,第 40 页。
② 水月《古因明要解》,第 40 页。
③ 水月《古因明要解》,第 43 页。

所觉者,尽皆是常,而我非觉,得非常乎?"难破者曰:"虚空无知,故常,我有知故,云何言常!若空有知,则非道理。若我无知,可同于虚空;如其知者,必为无常。"这里立者是以"非觉"的虚空为同品,而难破者增益了"有知""无知"这一原宗所没有的内容,并以此来难破立者,结果是自己犯了"增多"的过类。

2. 损减

如前立量,难者云:"若空无知而我有知,云何以空喻于我乎?"这是在上述难破的基础上进而否定以"虚空"为同喻的合理性,"有知""无知"既为难者增益之辞,复以此为根据否定其喻,故其有损减的过误。

3. 同异

仍如前量,难破者提出,如果喻依"空"与宗有法"我"完全相同,那么就不能另外成为喻,但如不相同,则更没有理由成为喻。难破者欲以同异两难指斥对方,结果是自己犯同异过。

4. 问多答少

论者立:"我是常,非根觉故,如虚空。"难破者说:"根觉,不必尽常,何得证。"这里的"根觉,不必尽常"是一个普遍命题,正确的应是"非常者皆根觉",而不是难破者的"根觉不必尽常",故是难者自己犯了"问多答少"之过。

5. 问少答多

如立:"我常,非根觉故。"难者破云:"非根觉法凡有二种:微尘非觉而是无常,虚空非觉而是常法。汝何得觉故常?"此例指立者犯问少答多过。从义理看,这一例的难破似乎倒是正确的。

6. 因同

如立前量,难者破云:"空与我异,云何俱以'非根觉'为因?"此中难者犯因同过。

7. 果同

如立前量,难者破云:"五大(地、水、火、风、空五种物质元素)成者皆悉无常,虚空与我亦五大成,云何言常?"此破有果同过。

8. 遍同

如立前量,难者破云:"然虚空者遍一切处、一切处物,岂非觉也?"难者此言有遍同过。

9. 不遍同

如立前量,难者破云:"微尘非遍,而非根觉是无常法;我非根觉,云何为常?"难破者的话有不遍同的过错。

10. 时同

如立前量,难者破云:"汝立我常,言非根觉,为是现在、过去、未来?若言过去,过去已灭;若言未来,未来未有;若言现在,则不为因,如二角并生,则不得相(互为)因。"此中难者所言有时同过。

11. 不到

如立前量,难者破云:"汝立我常,以非根觉。到故为因、为不到乎?若不到则不成因,如火不到则不能烧,如刀不到则不能割。不到于'我',云何为因?"此中难破有不到过。

12. 到

难者复云:"若到因者,到便即是无有因义。"此难破有到过。

13. 相违

立者如立:"一切无常,我非一切故常。"难者破云:"我即是有(一切中之一),故应无常。如少烧,以多不烧,应名不烧。"此例说明立者的言论犯相违过,而不是难破者有过。

14. 不相违

立者云:"我非根觉,同于虚空。"难者破云:"虚空不觉,我亦应尔;若我觉者,虚空亦应觉于苦乐。"此例中难者从一切皆相类的角度作破斥,故犯不相违过。

15. 疑

立如前量。难者破云:"我同有故,不定为常,容可生疑为常、为无常?"此难即疑。

16. 不疑

立者云:"我非根觉。"难者斥云:"汝言有我非根所觉,则可生疑。有何障故非根觉耶?当说因缘,若无因缘,'我'义自坏!"此例中立者的论断缺乏充足的理由,其义自坏,反致无可生疑,故有不疑过,此非难者过。

17. 喻破

立者云:"我常,非根觉故。"难者破云:"树根、地下水亦非根觉而是无常,'我'云何是常?"难者以相反的事例说明"非根觉"之因是不定因,故立者有喻破过,破者无过。

18. 闻同

立者云:"以经说(圣人之言)我非觉故,知是常者。"难者云:经中亦说"无我"与"无我所",耆那教也主张"我非常",诸经不该有异有同! 这是难破者犯了闻同过。

19. 闻异

立者云:我只信一经,此经以"我"为常。难者破云:"若汝信一经,以'我'为常,亦应信余经,以'我'为无常。若二信者,一个'我'便应亦常亦无常!"这里难者有闻异之失。

20. 不生

立者云:"以有因知有我。"又云:"以无故而知无。"难者云:汝以有因知有"我"者,婆婆罗树子既是有故,应生多罗;若以无故而知无者,多罗子中无树形相,不应得生。若有亦不生、无亦不生,则"我"亦如是。若"我"必定有者,不须以根不觉为因;若"我"必定无者,虽然五根不觉,也不能令其有。此难有不生过。

在以上20种问答相应中,属于立者的过失只有第5、13、16、17四种,其余16种均为难者有过。误难应指难破者有过,由此应只有16种误难。

《方便心论》的负处和误难论是最早的因明过失论体系,主要讲论辩中的过失,当然也要包含逻辑过失和认知过失,只是在分类上,在相互之间及与"八种议论"中的过失有重复交叉,故后来的《正理经》和世亲《如实论》有所调整。至陈那新因明后,逐步归并入宗、因、喻过中,详情后文另述。

第七章

《方便心论》《正理经》与《遮罗迦本集》的比较

古因明发展过程中形成比较系统的理论著作主要有《遮罗迦本集》《方便心论》《正理经》《瑜伽师地论·本地分》《如实论》，或可以简称为"五部大论"，其实《如实论》只存半部残论。其中前三部著作，当时都不叫因明，《遮罗迦本集》是部医书，只是其中一部分涉及"论议"学说，在义理上持数论说。《方便心论》是早期佛教的辩学专著，但叫"心论"。《正理经》更是称之为"正理"，我们只是泛称其为古因明。《瑜伽师地论·本地分》才正式使用"因明"名称，并形成了"七因明"的理论体系。《如实论》残本只保留了因明过失论部分。《遮罗迦本集》成书最早，随后是《方便心论》，再后是《正理经》。再后的瑜伽行宗的两部因明论著，其教理上与小乘有部、经部有联系，在知识论、逻辑、过失论上则主要吸取了《正理经》的思想，但在辩学上《遮罗迦本集》更为明确和系统。本章对《方便心论》《正理经》与《遮罗迦本集》进行比较，厘清它们之间的异同点，以期厘清整个古因明思想发展的基本脉络。

《遮罗迦本集》的内容为：

一、讨论的经验。

二、辩论的原则。

"辩论的原则"分为44目,以下分目比较《方便心论》《正理经》与《遮罗迦本集》在内容上的异同。为了便于叙述,以下按《遮罗迦本集》的44目顺序分论。

第一节　关于知识论

18. 现量

《遮罗迦本集》	《方便心论》	《正理经》
现量	现量	现量

《遮罗迦本集》云:"谓现量,指的是一切都根据我和五根来自我感觉的。其中我的现量为乐、苦、欲、瞋等,与此相反,根的现量则是声等。"这里分为两种,前者是内感觉,后者是外感觉。

《方便心论·明造论品》云:"五根所知有时虚伪;唯有智慧正观诸法,名为最上。"当以现量的地位为第一:"后三种(比量等)知由现见故,(现量)名之为上。"

《正理经》云:"现量是感官与对象接触而产生的认识,它是不可言说的,没有谬误的,且是以实在性为其本质的。"这明确了认识对象的实在性,是前二论所不具的。

19. 比量

《遮罗迦本集》	《方便心论》	《正理经》
比量	比量	比量

《遮罗迦本集》云:"所谓比量就是根据如理来证知。如根据消化能力来证知消化火,根据精进的能力来证知发展的趋势,根据对声音的感觉来证知耳等(器官的功能)。"

《方便心论·明造论品》未作界定,只说分为三种:"曰前比。曰后比。曰同比。"

《正理经》云:"所谓比量是基于现量而来的,比量分三种:(1)有前比量,(2)有余比量,(3)平等比量。"把比量分为三种,与《方便心论》相同。也同样承认现量为比量之基础,反映出古印度哲学认识论的经验论倾向。

20. 传承量

《遮罗迦本集》	《方便心论》	《正理经》
传承量	随经书	圣教量

各著的名称不同,其实一致。《遮罗迦本集》云:"传承量就是作为达者之教而奉为吠陀者。"

《方便心论·明造论品》说传承量而只说"随经书",并释云:"从诸贤圣听受经法,能生知见,是名闻见。譬如良医善知方药,慈心教授,是名善闻。又诸圣贤证一切法有大智慧,从其闻者是名善闻。"

《正理经》[Ⅰ-1-7]云:"所谓圣教量,就是令人信赖的人的教言。"[Ⅱ-2-2]又云:"传承量与圣教量并无不同。"

21. 譬喻量

《遮罗迦本集》	《方便心论》	《正理经》
譬喻量	喻知	譬喻量

《遮罗迦本集》云:"喻量是以一事物与他事物相类似来作说明的。例如痉挛直立与棒相似,痉挛屈身与弓相似,阿罗给达病与持矢者相似,以这种相似类比的方法对各个事物进行说明。"

在《方便心论·明造论品》的解释亦与此类似:"问曰:'喻相云何?'答曰:'若一切法皆空寂灭,如幻如化;想如野马,行如芭蕉,贪欲之相如疮如毒,是名为喻。'"这只是修辞上的比喻而不是逻辑上的类比,将譬喻量置于逻辑的范畴中并使之成为论式的一部分,当始于《正理经》,[I-1-6]云:"所谓譬喻量,就是以共许极成的同喻去论证所立宗。"[II-1-46]云:"譬喻量是根据一般承认的共性来成立的。"[II-1-49]云:"譬喻量是根据'如此一般'来再次成立论题的。"《正理经》一再强调要"以共许极成的同喻去论证",要"根据一般承认的共性来成立"等,突出显示了譬喻量的逻辑性质。

22. 疑惑

《遮罗迦本集》	《方便心论》	《正理经》
疑惑	疑	疑惑

《遮罗迦本集》云:"疑惑是对有疑问的宗义不能作出决定。例如对一个人的死产生怀疑,认为会不会是意外的死,因为有的人具有长命的特相,有的人不具有。"

《正理经》十六谛第三即为"疑惑",[I-1-23]经云:"疑惑是忽略了事物性质上的差别而产生的思虑。疑惑的产生或者是由于对许多对象共有属性的认识,或者是由于对某一对象用以区别于其他对象的性质的认识(不足),或者是由于矛盾的见解,或者是由于知觉的不确定或不知觉。"这里首先提出疑惑的界说,然后对疑惑的产生作出分析,思路很清晰。二者都在其后列出"动机",可见疑是认识的动因,有问题才会去认识。

《方便心论·相应品》中第 15 为"疑",是指一种难破,如立:"我常。"难曰:"我同有故,不定为常,容可生疑,为常无常,是为生疑。"这是说"我"与"有(存有)"相同,存有的东西有常或无常,故"我"不定为常。这里的"疑"与《遮罗迦本集》《正理经》完全不是同一含义。

23. 动机

《遮罗迦本集》	《方便心论》	《正理经》
动机	无	动机

动机又译"目的",《遮罗迦本集》云:"动机就是为某件事有所作为。也就是说如果存在意外的死,那么我就要亲自用长寿法来养生,以消除那些使之不能长寿的隐患,以求意外之死不至于降临到我身上。这就是动机。"遮罗迦将动机界定为针对某件事而"有所作为"似欠贴切。《正理经》[Ⅰ-1-24]经界定云:"动机就是人对于某一对象的精神活动。"这是说动机是认识的起因。

24. 不确定

《遮罗迦本集》	《方便心论》	《正理经》
不确定	无	不确实

《遮罗迦本集》云:"不确定就是动摇不定,例如这种草药能治其病还是不能治其病。"从他的解释可知,这种不确定乃是一种认识。而《正理经》第 13 谛是把其列为"似因"的一种[Ⅰ-2-4]似因就

是:(1)不确实;(2)相违;(3)原因相似;(4)所立相似;(5)过时。[Ⅰ-2-5]:"不确实就是两端不确定。"二者不在同一层次上。

25. 欲知

《遮罗迦本集》	《方便心论》	《正理经》
欲知	无	无

《遮罗迦本集》云:"所谓欲知就是研究。例如对药剂的研究,日后就会知其结果。"第24目所说的"不确定",正是引发欲知的充分条件,与"动机"相近,是一个认识论概念。

26. 决断

《遮罗迦本集》	《方便心论》	《正理经》
决断	无	决定

《遮罗迦本集》云:"决断就是决定。例如这种病只能是风病,这样断定了就能对症下药。"由疑惑到动机,由不确定而生欲求,最终形成决定性的认识,这是认识的一个发生到完成的全过程,只是舍略了其中间环节。

《正理经》[Ⅰ-1-41]经云:"决定就是根据主张和反对主张进行考虑后确定取舍。"这是从立敌对诤的角度来谈如何作出决定的,与《遮罗迦本集》不同。

27. 义准量

《遮罗迦本集》	《方便心论》	《正理经》
义准量	无	无

28. 随生量(内包量)

《遮罗迦本集》	《方便心论》	《正理经》
随生量(内包量)	无	无

第二节 关于逻辑论

8. 宗

《遮罗迦本集》	《方便心论》	《正理经》
宗	随所执	宗义

《遮罗迦本集》第8目宗:"谓宗就是以言辞来表述所立。"这是古因明中最早的定义。《方便心论》称之为"随所执",分为四种:(1)一切同;(2)一切异;(3)初同后异;(4)初异后同。沈剑英认为:"前两种与其同时代的《遮罗迦本集》以及稍后的《正理经》所说大致相同,后两种则与之不同。一切同即论辩双方都同意的结论,一切异即仅为一方所认可的结论,初同后异指论辩双方虽持相同的前提却结论各异,初异后同指论辩双方持论虽各异,然归于相同的立场,但这后二种宗义唯《方便心论》一家所言,未见诸论采纳。"[①]

9—10. 立量、反立量

《遮罗迦本集》	《方便心论》	《正理经》
立量、反立量	反立量	论式

---

① 沈剑英主编《中国佛教逻辑史》,华东师大出版社,2001年,第31页。

《遮罗迦本集》第9、10两目即是指能立和能破的五支式,《正理经》第7谛即五支论式。

11. 因

《遮罗迦本集》	《方便心论》	《正理经》
因	知因	论式中"因"

《遮罗迦本集》:"所谓因就是获得认识的原因,它指的是现量、比量、传承量和譬喻量,通过这样的因可以认识真理。"《方便心论》明造论品只说:"知因者:能知二因:一生因,二了因。"《正理经》说:"因就是基于与譬喻具有共同的性质来论证所立的。"前二家是从认识论上讲因,《正理经》是逻辑论的定义。

12. 喻

《遮罗迦本集》	《方便心论》	《正理经》
喻	譬喻	实例、论式中"喻"

《遮罗迦本集》:"喻就是不管愚者和贤者,对某一事物具有相同的认知,并根据这一认知来论证一切所要论证的事。"《方便心论》:"喻有两种:一具足喻;二少分喻。"《正理经》:"喻是根据与所立相同的同喻,是具有宾辞的实例。或者是根据其相反的一面而具有相反的事例。""实例是一般人和专家具有相同认识的事物。"从《遮罗迦本集》定义看这只是指同喻,在所举的例式也未见异喻。《方便心论》倒是分两喻,许地山认为即是同、异喻。但宇井百寿认为:"具足喻是在全体上相似,少分喻则只是部分相似而已。"[①]但

---

① 转引自沈剑英《佛教逻辑研究》,上海古籍出版社,2013年,第585页。

"全体相似"即是与宗有法全同,此不成同喻,"少分相似"也不是异品的合理界定。只有《正理经》才明确区分同、异喻,并在富差耶那的《正理经疏》中见到完整的例式。

13—14. 合、结

《遮罗迦本集》	《方便心论》	《正理经》
合、结	无	论式中"合""结"

《遮罗迦本集》只列名目而未作界定,在第9目立量和第10目反立量中也只在例式中提及。《方便心论》没有提及,只有《正理经》才明确界定:"合就是根据譬喻说它是这样的或者不是这样的,再次成立宗。""结就是根据所叙述的理由将宗重述一遍。"

15. 答破

《遮罗迦本集》	《方便心论》	《正理经》
答破	他正义而为生过	不能难

《遮罗迦本集》:"破就是(敌者在立者)用同法表示因时说异法(来破斥)。用异法表示因时说同法(来破斥)……这种含有反对性质的(论证)就是答破。"按照这一界定,答破就是能破。但在举例时却是一个似能破例式:"如生病是与因同性质的。因为受了严重的风寒会得感冒,所以它与因是同性质的。若有人说生病是与因异性质的,如说受了严重的风寒四肢会产生高热、溃烂、冻伤(?),就是与因异性质的。"立者本以同法"如理立量",敌者偏要以异法来反对立者的同法,结果敌者所立的能破只是个似能破。《方便心论》中负处8"他正义而为生过":"又他正义,而为生过,亦堕

负处。"这是敌方无过,而说其有过,结果自己反堕入负处。《正理经》列有负处 16:"不能难。"[Ⅴ-2-18]不知道如何回答,就是(16)不能难。

16. 定说

《遮罗迦本集》	《方便心论》	《正理经》
定说	随所执	宗义

《遮罗迦本集》云:"所谓定说是由研究者经过种种研究后根据因来立论,然后通过论证将其决定下来。定说有四种:(1)所有学说都认可的定说;(2)特殊学说认可的定说;(3)包含其他事项的定说;(4)假设的定说。"《方便心论》曰:"随其所执,广引因缘,立义坚固,名为执相。问曰:执法有几?答曰:有四:(一)一切同。(二)一切异。(三)初同后异。(四)初异后同。"《正理经》云:"宗义可分为:(1)一切学派都承认的学说;(2)只为某一学派承认的学说;(3)事项的确立,(4)假说的确立。"

沈剑英结合窥基《大疏》所述,列出下表:①

《遮罗迦本集》四种定说	《方便心论》四种随所执	《正理经》四种宗义	窥基《大疏》等四种悉檀
(1)所有学说都认可的定说	(1)一切同	(1)一切学派都承认的宗义	(1)遍所许宗
(2)特殊学说认可的定说	(2)一切异	(2)特殊学派承认的宗义	(4)不顾论宗

---

① 沈剑英《佛教逻辑研究》,第 587—588 页。

续 表

《遮罗迦本集》 四种定说	《方便心论》 四种随所执	《正理经》 四种宗义	窥基《大疏》等 四种悉檀
(3) 包含其他事项的定说	(3) 初同后异(无可对应)	(3) 包含其他事项的宗义	(3) 傍凭义宗
(4) 假设的定说	(4) 初异后同(无可对应)	(4) 假说的宗义	(2) 先业禀宗(无可对应)

并指出:"从上表可知,《正理经》的四种宗义与《遮罗迦本集》完全相同。《方便心论》则别具一格,不过其(1)(2)两种随所执与《遮罗迦本集》的(1)(2)两种定说可对应,唯(3)(4)两种随所执无可对应。《大疏》等所说的四种悉檀则是(1)(4)(3)可与《遮罗迦本集》和《正理经》的(1)(2)(3)对应,唯(2)无可对应。"[1]严格说来,《遮罗迦本集》的"假设的定"不具有结论的性质,那么就不能作为宗义,故佛家古、新因明均未将假设列入四种宗义之中。

36. 非因

《遮罗迦本集》	《方便心论》	《正理经》
非因	似因	似因

非因即似因,沈剑英将三家的似因分类列表如下:[2]

---

[1] 沈剑英《佛教逻辑研究》,第588页。
[2] 沈剑英《佛教逻辑研究》,第610页。

《遮罗迦本集》	《方便心论》	《正理经》
（1）问题相似	（5）类同	（3）问题相似
（2）疑惑相似	（3）疑似	
（3）所证相似	（6）说同	（4）所立相似
	（1）随言生过	
	（2）同异生过	
	（4）过时	（5）过时
	（7）言异	（1）不定
	（8）相违	（2）相违

《遮罗迦本集》亦称似因，遮罗迦未作界定，只划分为三种："非因是指（1）问题相似，（2）疑惑相似，（3）所证相似而言的。"①《方便心论》亦只说："是论法中之大过也。"并未作进一步界定。《正理经》亦如此。以下就《遮罗迦本集》的三类作一比较。

（1）问题相似

"问题相似的似因，例如持'我与身体相异而常住'主张者对他人说：'我与身体相异，因而常住。因为身体是无常的，所以我与它必定具有不同的性质。'这就是似因，因为主张（宗）不可能就此成为因。"②问题相似是将主张原封不动地作为主张的根据，这是新因明中的"以宗义一分为因"的过失，在逻辑上叫做循环论证。

《方便心论》也引用上例，但又新增了："如瓶异虚空，故瓶无常，是名类同。难曰：若我异身而名常者，瓶亦异身，瓶应名为常；

---

① 沈剑英《佛教逻辑研究》，第610页。
② 沈剑英《佛教逻辑研究》，第610—611页。

若瓶异身犹无常者,我虽异身云何静乎?"许地山分析此例说:"论者用未经证明的'虚空或无身为常',与'有身为无常'来做断语底理由,故难者可以驳他……"①他并认为,这种"类同"的谬误"今当译作丐词"。丐词即预期理由,上例即是以未经证明的事理为因亦即以预期理由为根据来推断结论,因而导致过失。

《正理经》也列此过,但内容完全不同。[Ⅰ-2-7]经云:"问题相似就是由于要作出决定而提示出来的问题,它实际上并未成其决定。"[Ⅴ-1-16]经云:"以(声)在两方面(常与无常)都存在共同点为理由而产生动摇,因此是问题相似。"在声论派看来是"常",而佛家等为"无常",但有共同理由"勤勇无间所发",这就成了不定因,新因明中是把"所量性"作为"共不定"。

(2)疑惑相似

"疑惑相似的似因,即以疑惑因作为消除疑惑的因。例如某人解说了《阿由吠陀》(一部医书)的一部分,于是就对他产生疑惑:究竟是不是医生? 针对这一疑惑另一人说:'因为他解说了《阿由吠陀》的一部分,所以他就是医生。'而未能出示可以消除疑惑的因,这就是似因,因为疑惑因不能成为清除疑惑的因。"②

《方便心论》中译作疑似:"如有树杌似于人故,若夜见之便作是念:杌耶? 人耶? 是则名为生疑似因。"

《正理经》[Ⅴ-1-14]经:"普通和譬喻都具有能用感官来把握的相同性质,[异议]就是来自于常和无常的同法上面,这就是疑惑相似。"[Ⅴ-1-15]经:"(a)[单单]根据同法喻会产生疑惑的时候,根据异法喻就不会产生疑惑;或者,(b)在两方面都会产生疑惑而成为无限疑惑;而且(c)不能认为同法喻是无常性的。

---

① 许地山《陈那以前中观派与瑜伽派之因明》,《燕京学报》1931年第9期,第1759页。
② 沈剑英《佛教逻辑研究》,第612页。

因此否定是不正确的。"这是从误难的角度说疑惑相似,是敌论者分别立者之宗法和因法的差别义来难破,属似不定因破和似不成因破,与《遮罗迦本集》和《方便心论》所说的疑惑相似完全不同。

(3) 所证相似

"所证相似的似因,是指因与所要论证的东西(所证)无区别。例如有人说:'觉(认识活动)是无常,无触性故(因为是触摸不到的),如声。'其中声是所证,觉也是所证,对这两者来说,因与所证是无区别的,因此所证相似也是似因。"①觉固然是无触性的,但具有无触性的事物是否均为无常者则是有待证明的。所证"觉是无常"须由能证"无触性"因来证明,而"无触性"因与宗上的"无常"法是否具有包含关系又是有待证明的。

《方便心论》译作"说同",未作下界定,只例示云:"如言'虚空是常,无有触故,意识亦尔',是名说同。"

《正理经》称此过为所立相似,[Ⅰ-2-8]经云:"所立相似就是同所要论证的东西(所立)不能区别,原因在于所立性(的理由)。"这一界定与《遮罗迦本集》同。

39. 反驳

《遮罗迦本集》	《方便心论》	《正理经》
反驳	无	无

《遮罗迦本集》云:"反驳就是把指摘为过的言辞顶回去。例如:'当我(灵魂)一直存在于身体之中时,我(灵魂)就能感知生命的特征。可是我(灵魂)一离开就无法感知,因此我(灵魂)是与身

---

① 沈剑英《佛教逻辑研究》,第613页。

体相异而常住的。'"从遮罗迦对反驳的界说来看,反驳就是一种能破,但是遮罗迦未立能破的概念,只说答破和反驳,而且着意于将二者区分开来。答破是针对对方的立量进行难破,反驳则是"把指摘为过的言辞顶回去",也就是对答破的反驳,应该与新因明的"反断""断净"相近。

40. 坏宗

《遮罗迦本集》	《方便心论》	《正理经》
坏宗	舍本宗	异宗、舍宗

上面涉及舍宗、异宗、坏宗三个概念,舍宗就是放弃论题,异宗即转换论题。坏宗即损坏自己的主张(坏自立义)。

《遮罗迦本集》云:"坏宗就是被诘问后舍弃前面所立的宗。例如前面立了'我是常住'宗,然而被诘问后又改说'我是无常'。"这里已同时包含了上述三种含义。

《方便心论》总称为"舍本宗"但又等同于"违本宗",在举例立"识是常法",然又否认眼识、耳识为喻,说为"舍本宗"。又立"神常,非根觉故",后改为"神非作,故常"称之为"违本宗",其实此例是舍"本因"而非宗的问题。难者又提出"以疑为违",从对立者宗的怀疑而否定其宗,此应是难破者之过,非立者之过。

《正理经》分成两种:[V-2-5]经界定舍宗云:"自己的论题遭到否定时便放弃已经陈述的意思,这就是舍宗。"[V-2-3]经界定异宗云:"原先陈述的理由遭到否定时,则通过对(实例和反对的譬喻的)性质的分别来加以说明,这就是异宗。"

《正理经》[V-2-1]云:"把反对者提出的反喻的性质放到自己的实例上加以承认时,就是(1)坏宗。"这是完全不同于上述的

"坏宗"含义的。

41. 认容

《遮罗迦本集》	《方便心论》	《正理经》
认容	无	认许他难

《遮罗迦本集》云:"认容就是认许(他人)将所欲成立的东西变为不能成立。"从字面上看,似与舍本宗相似,其实应是《正理经》的解释,[Ⅴ-2-20]经云:"由于看到自己宗上存在的过失,便认为他人的宗上当然也存在过失,这就是认许他难。"后来《如实论》的解释更为具体,云:"于他立难中信许自义过失,是名信许他难。若有人已信许自义过失,信许他难如我过失,汝过失亦如是,是名信许他难。"沈剑英说:"此过的特点是:第一,在受到对手的难诘以后,承认自己有错,这就是认同了他人的难诘,但如果仅仅如此,就与舍宗没有什么区别了;第二,在承认有过失的基础上,又反过来说对方的难诘也存在相同的过失,这是认许他难区别于其他过失的要害所在。"[①]

42. 异因

《遮罗迦本集》	《方便心论》	《正理经》
异因	无	异因

《遮罗迦本集》云:"所谓异因就是本该叙述原来的因,结果改说其他的因。"这异因即转移理由。

---

① 沈剑英《佛教逻辑研究》,第617页。

《正理经》[Ⅴ-2-6]经云:"没有差别地说出理由而被(对方)否定时,又想要(找一些理由来)使之差别,这就是异因(即立了其他的理由)。"这一界说点明了立者转移理由的原因在于受到对方的否定。这却与前文提到的《方便心论》中的"违本宗"实例相似。

43. 异义

《遮罗迦本集》	《方便心论》	《正理经》
异义	无	异义

《遮罗迦本集》云:"所谓异义就是在论述一件事当中论述了别的事。例如在论述热病的特性当中,说了尿病的特性。"

《正理经》的界说与此相同,如[Ⅴ-2-7]经云:"具有会产生与(本来的)目的无关的其他目的(的论证),就是异义。"

第三节 论辩及其过失

1. 论议

《遮罗迦本集》	《方便心论》	《正理经》
论议	无	论议

论议是《遮罗迦本集》44个项目中最为主要的一项,其余43项都是围绕它展开的,遮罗迦定义说:"所谓论议,就是甲和乙都依据论典相互展开论诤。""论议可大分为两种:论诤和论诘。""其中论诤是用言辞来表示双方的主张,论诘则与之相反。"概括地说,

这也就是能立和能破。

《正理经》对论议的定义更来得全面。《正理经》[Ⅰ-2-1]经对论议的定义是这样的:"论议就是根据辩论双方的立量和辩驳来论证和论破,它须与宗义没有矛盾,并且在提出主张以及反对主张的论式时,必须具备五支的形式。"这一定义不仅涵盖了立与破两者,而且还规定不得与宗义矛盾以及提出论式上的要求等。沈剑英认为:《正理经》定义论议时所说的论证并不就是论诤,论破也不等于论诘,也就是说它不将论议分为论诤和论诘两方面,它所说的论诤乃另有含义,如《正理经》[Ⅰ-2-2]经云:"'论诤就是具备上述论证的形式,而从诡辩、误难以及负处上来论证和论破。'这样一来,论诤也就成了论破的一种……这显然与遮罗迦关于论诤的定义不同。"①"《遮罗迦本集》关于论议的定义虽然不够充分,但它将论议分为论诤和论诘两方面则略胜于《正理经》一筹,是合乎划分原则的。"②

17. 语言

《遮罗迦本集》	《方便心论》	《正理经》
语言	语善、言失	无义、缺义、重言

《遮罗迦本集》:"所谓语言就是指文字的集合。这有四种:(1)可见义;(2)不可见义;(3)真;(4)伪。"语言单独列目,并从语义上析为四种,这说明遮罗迦对语义问题的重视。遮罗迦另外还阐说了语失(第33目)和语善(第34目)等问题,这是因为在辩学中语言具有重要的地位。《方便心论》则分为:语善:"不违于

---

① 沈剑英《佛教逻辑研究》,第579页。
② 沈剑英《佛教逻辑研究》,第580页。

理,不增不减,善解章句,应相说法。"言失:这是与语善相反的语言过失。共有四种:

(1)"义无异而重分别"(义同名异):即把同义词看作为不同义。

(2)"辞无异而重分别":名、义都相同,却仍作区别,如"佛教之所以为佛教",在逻辑上犯"同语反复"的过错。《正理经》负处13"重言":"声音和意义的重复,与复说不同,因此(它)是(13)重言。"

(3)"但饰文辞,无有义趣":这是指言之无物,空洞无实,如"坚硬兔角",逻辑上属于虚概念,是空类。《正理经》负处9"缺义":"因为没有前后的结合,所以没有统一的意思,这就是(9)缺义。"

(4)"有义理而无次第":这是指不能表达意义的文句组合。《正理经》负处7"无义":"如同按顺序来表示音韵的那种情况,就是(7)无义。"

29. 所难诘

《遮罗迦本集》	《方便心论》	《正理经》
所难诘	无	无

《遮罗迦本集》云:"所难诘是指言语与语失相结合,这种结合就称之为所难诘。或者对某一事物只作了一般性的论述,被从特殊性的意义上来理解了,这种言语也是所难诘。"这里是两种情况,一是"语失",二是"一般性的论述",即失之于笼统。前者在33目中另述,后者如:"例如说:'这种病可以用清肠的办法治疗。'对此有人难诘道:'究竟是用呕吐的药还是用腹泻的药来清肠?'"医生

说要用清肠的办法来治疗,却不具体说出通过何种途径来清肠,未免失于笼统而被难诘。

30. 无难诘

《遮罗迦本集》	《方便心论》	《正理经》
无难诘	他正义而为生过	责难不可责难处

《遮罗迦本集》云:"难诘与前面(第29目)所说的正相反,如说:'这种(病)是不治之症。'"此例中的言语就是清楚明白的。如果有人仍去责难这样的言语,那么自己反堕入负处。《方便心论》对应的仍是负处8:"他正义而为生过。"《正理经》[V-2-22]经所说的堕入"责难不可责难处":"不是堕负而指责为堕负,就是(20)责难不可责难处。"

31. 诘问

《遮罗迦本集》	《方便心论》	《正理经》
诘问	无	无

《遮罗迦本集》云:"诘问是指某一专家学者对同学科的专家学者就其学说或学说的一部分提出质问,或者为了知、识、说、答、研究而将其中的一部分作为质问予以提示。"这不属于论辩,只是一种深入思考的方法。

《正理经》第12谛"论诘",看似名称相似,但并不相同,是指"提出反对主张时不建立论式"。姚卫群译为"坏义":"坏义是在(向对方)提出反对意见时,自己不(立论)辩护。"[①]

---

① 姚卫群《古印度六派哲学经典》,第69页。

33. 反诘问

《遮罗迦本集》	《方便心论》	《正理经》
反诘问	无	无

《遮罗迦本集》云:"反诘问就是对诘问的诘问。如说:'现在提出诘问的理由是什么?'"立论者的言语本无过失,敌论者却横加难诘,这样的诘问本身就站不住脚,故立论者可提出反诘问,要其充分说明理由。

33. 语失

《遮罗迦本集》	《方便心论》	《正理经》
语失	言失、相违、负处等	无义、缺义、缺减、增加

《遮罗迦本集》语失分为五种:"所谓语失,举例来说,就是存在其意义之中的(1)缺减、(2)增加、(3)无义、(4)缺义、(5)相违。"《方便心论·明造论品》"八种议论"之四"言失"也举了四种:1."义无异而重分别"(义同名异)。2."辞无异而重分别。"名、义都相同,却仍作区别。3."但饰文辞,无有义趣。"这是指言之无物,空洞无实。4."有义理而无次第"。与《遮罗迦本集》完全不同,但在"明负处品"中却有相应的"语少"等五种。又在"似因"部分,另立"相违"过。《正理经》"负处"中所论更接近,现按《遮罗迦本集》的五种分别比较。

(1) 缺减

《遮罗迦本集》	《方便心论》	《正理经》
缺减	语少	缺减

《遮罗迦本集》:"缺减指的是在宗、因、喻、合、结中缺支。另外,本可提示好几个因的,却说成一个因,这也是缺减。"这将缺减分为两种:一是缺支,二是将多因说成一因。

《方便心论·明负处品》第 12 为"语少",但未作解释,应指论式不完整,缺少支分而堕入负处。

《正理经》[Ⅴ-2-12]:"从缺少论式中的任何一支来说,它又是(11)缺减。"

(2) 增加

《遮罗迦本集》	《方便心论》	《正理经》
增加	语多	增加

《遮罗迦本集》:"增加指的是与缺减相反的东西。或者说在论述阿由吠陀时大谈布利哈斯巴蒂的书、乌夏纳斯的书或其他没有任何关系的事,或者所述虽有关系,也只是反复讲同样意思的话,如此重复,便是增加。不过重复有两种情况:(a) 意思上的重复,(b) 言语上的重复。其中(a) 意思上的重复,例如'药剂、药草、药饵';(b) 言语上的重复,如'药剂、药剂'。"这里将增加分作三类:一是与缺减中的缺支相反,反复地述说五支中的任何一支。二是大谈无关论旨的话。三是简单重复。

《方便心论·明负处品》13"语多"指论证过程中理由(因和喻)说得太多,显得啰唆。

《正理经》[Ⅴ-2-13]经:"包含多余的因和喻,就是(12)增加。"

从上述比较中可知《遮罗迦本集》的"增加",含义更广,不限于五支式的支分。

《正理经》[Ⅴ-2-14]:"声音和意义的重复,与复说不同,因此(它)是(13)重言。"

(3) 无义

《遮罗迦本集》	《方便心论》	《正理经》
无义	无义语	无义

《遮罗迦本集》:"所谓无义,只是将文字集合起来的言辞,如'五列',很难理解其义。""五列"即梵文的五列字母,本身没有意义。

《方便心论·明负处品》14"无义语":饰文辞无有义趣。

《正理经》[Ⅴ-2-8]经:"如同按顺序来表示音韵的那种情况,就是(7)无义。"

(4) 缺义

《遮罗迦本集》	《方便心论》	《正理经》
缺义	"言失"中"有义理而无次第"	缺义

缺义又译不贯通,《遮罗迦本集》:"(一些词本身)虽然有意思,但相互间没有意义上的联系,如熟酥、车轮、竹、金刚棒、月。"

《方便心论·明造论品》第四义"言失"中"有义理而无次第"。

《正理经》[Ⅴ-2-10]:"因为没有前后的结合,所以没有统一的意思,这就是(9)缺义。"

(5) 相违

《遮罗迦本集》	《方便心论》	《正理经》
相违	"似因"中"相违"	似因之一

《遮罗迦本集》:"相违是与喻、定说、教义存在矛盾的。"将相违分为三种:即与喻相违,与定说相违以及与教义相违。

《方便心论·明造论品》为似因八过之一,分喻相违和理相违两种。如云:"我常,无形碍故,如牛。"牛是有形之物,用来作"无形碍"因的同喻,故是喻相违。又如云:"我常,无形碍婆罗门统理王业,作屠猎等教,刹利种坐禅念定。"婆罗门本应坐禅念定,而统理王业按古印度的种姓制度则由刹帝利人专任,上例将二者说颠倒了,故名理相违。

《正理经》也将相违过列为五种似因之一,[Ⅰ-2-6]经界定云:"相违(因)就是违反所提出的宗义。"这就将相违限于因与宗义相矛盾的范围内,同遮罗迦所说的与定说(宗义)相违一致,但遮罗迦所说的第三种相违即与教义相违未表示赞同。

34. 语善

《遮罗迦本集》	《方便心论》	《正理经》
语善	语善	无

《遮罗迦本集》:"所谓语善,举例来说就是与前述(语失)相反,从这一意义上来说就是具有不缺减、不增加、有意义、非缺义和不相违以及令人了然通达的句义,因此被誉为无可难诘的言辞。"

《方便心论·明造论品》里则是先说语善再说言失的,故在语善里详论不违于理和不增不减等问题,而在论言失时只作概括的说明。

35. 诡辩

《遮罗迦本集》	《方便心论》	《正理经》
诡辩	似因	曲解

《遮罗迦本集》:"所谓诡辩,全然是一派虚言,话里好像有意思,其实毫无意义,只是由一些词语组合起来构成的。诡辩分两种:(1)言辞的诡辩;(2)概括的诡辩。"

(1)言辞的诡辩

"例如有人说:'这位医生穿新(九)衣。'这时医生说:'我没有穿九(新)衣,我穿的是一衣。'那人说:'我没有说你穿九衣,不过你做了(九件)新的。'医生说:'我没有做九件衣呀!'如此说来说去的,就是言辞的诡辩。"这是利用"那婆"一词的多义性来作诡辩。

(2)概括的诡辩

亦译一般化的诡辩。遮罗迦云:"概括的诡辩,如有人说:'药草是用来医治疾病的。'这时另一人说:'实有的东西是用来医治实有的东西的。'(接着第一人问第二人:)'因为你患病,所以将它视为实有的东西,那药草不也是实有的东西吗?如果实有的东西可以医治实有的东西,那么支气管炎也可以视为实有的东西,进而言之,哮喘也是实有的东西了。由于实有具有共同性,所以支气管炎必然会成为旨在医治哮喘的东西了。'像这样的论辩就是概括的诡辩。"

《方便心论》没有单列出"诡辩"的名目,但在"明造论品""似因"中的二种过失与此相似。

(1)随言生过

"言那婆者凡有四名(义):一名新,二名九,三名非汝所有,四名不著。如有人言:'我所服者是那婆衣。'难曰:'今汝所著唯是一衣,云何言九?'答曰:'我言那婆乃新衣耳,非谓九也!'难曰:'何名为新?'答曰:'以那婆毛作,故名新。'问曰:'实无量毛,云何而言那婆毛耶?'答曰:'我先已说新名,那婆非是数也!'难曰:'今知此衣是汝所有,云何乃言非我衣乎?'答曰:'我言新衣,不言此物非汝所有!'难曰:'今眼见汝身著此衣,云何而言不著衣耶?'答曰:'我言新衣,不言不著。"此例与《遮罗迦本集》相同,说得更具体。

(2)同异生过

如"问曰:'何故名生? 答曰:'有故名生,如泥有瓶性故得生瓶。'难曰:'若泥有瓶性,泥即是瓶,不应假于陶师、绳轮,和合而有。若泥是有故生瓶者,水亦是有应当生瓶,若水是有不生瓶者,泥云何得独生瓶耶?'是名同异寻言生过。"泥土虽是制瓶的原料,但不等于瓶,经难破者的任意概括,居然达到了"有"(存在)的范畴,于是水亦是有,水亦可以生瓶了。

《正理经》译为"曲解",为十六谛之一。并在前述二种之外,新增了"譬喻的曲解"。《正理经》的新贡献是对曲解及其三种情况,分别作出了明确的界定。

[Ⅰ-2-1]经:"曲解就是在本来确定的意思里故意进行歪曲,使之与原命题相反。"

[Ⅰ-2-11]经:"它有三种:(1)言辞的曲解,(2)概括的曲解,(3)譬喻的曲解。"

[Ⅰ-2-12]经:"所谓言辞的曲解,就是在不能作别的意思讲的时候,故意违背说话人的原意而解释为别的意思。"富差耶那在注释此条经文时也举了"那婆"例。

[Ⅰ-2-13]经:"所谓概括的曲解,就是过于广泛地应用一个词的意义,把不可能有的意思解说为有。"

[Ⅰ-2-14]经:"所谓譬喻的曲解,就是在判断并提出某一性质的时候,又根据言辞本来的意思来否定那个意思的存在。"

一般来说,各派辩学中都把诡辩列为过失,《遮罗迦本集》也如此,但在"讨论的经验"部分却认为在敌对辩论中可不择手段:"愚众面前,即使自己没有智慧、专业知识、交换意见的表现能力,即使对方无名,被高手愚弄,也要进行论争。与此类对手辩论时,要不断地反复引用繁琐的长段落教典进行论战。对于不知所措的对手要多次进行嘲讽,还要以表情告知听众,即使对方能够回答,也不要给其发言的机会。另外,采用难懂的专业术语(让对方无法回答),指出'你什么也不回答,不回答就等于放弃自身的论点。'若对方再次挑战,则要如下面答:'你现在回去努力学习一年吧。''或许你没有跟老师学习过吧。'或'与你的议论就此结束。'事实上,对论方一次论争失败就是'失败'。因此完全没有与他进行讨论的必要。"①这是指与自己对等及比自己低劣人的辩论,要不择手段,要强词夺理,这是因为愚众难以识别诡辩,也因为当时敌对宗派间的辩论事关生死、十分残酷。但在佛教论辩学中是完全否定诡辩的,《方便心论》说要"语善",后来无著强调27种辩德,完全排斥了诡辩。

37. 过时

《遮罗迦本集》	《方便心论》	《正理经》
过时	"似因"中的过时语	不至时、过时

《遮罗迦本集》云:"所谓过时是指应该在前面讲的却放到了后面讲,因为所说的时机已经过去,所以得不到承认。或者在先已堕负的东西仍不肯舍弃,还想将其竖立起来,结果其主张即便尚有可取之处,最后原可保留也只得放弃,因为过了时效,所以它就变

---

① 转引自肖平、杨金萍译,[日]桂绍隆著《印度人的逻辑学》,宗教文化出版社,2011年,第81页。

成负言性的东西了。"过时分为两种情况：一是论证时不按论式的次序来说,使论证失去态；二是先时由于缺因支已堕负,后时欲救,为时已晚。但遮罗迦未作例说。

《方便心论》对第二种情况进一步举例说明："问曰：云何名为过时似因？曰：如言'声常。围陀经典,从声出故,亦名为常。'难曰：'汝今未立声常因缘,云何便言《围陀》常乎'？答曰：'如虚空无形色故常,声亦无常,是故为常。言虽后说,义亦成就。'难曰：此语过时,如舍烧已尽,方以水救,汝亦如是。是名过时。"此例中,论证时缺因支,经难者指出后方补救说"如虚空无形色故常",然而由于论者未及时说因,已无济于事,堕负已成定局,犹如"舍烧已尽,方以水救"。

关于第一种颠倒论式的过时,《正理经》[V-2-11]经云："将论式颠倒过来说,就是不至时。"《正理经》[Ⅰ-2-9]经说第五种似因"过时"云："过时(的理由)就是时间过去以后再提出来。"这是对第二种过时的界定。

38. 显过

《遮罗迦本集》	《方便心论》	《正理经》
显过	无	坏义(论诘)

《遮罗迦本集》云："谓显过就是指摘因的过误的言辞。如前面已提出的非因,说它不过是与因相似而已。"这对显过的解释很简略,也没有举实例,这是因为显过限于对因过的责难,而因过在非因一目中已加论述和例示,故已没有必要再加赘说。显过与论诘相近,论诘是也以"言辞来指斥对方主张中的过错和谬误"的。但二者仍有不同：论诘是指斥对方主张(宗)的过误的言辞,显过

则是指摘对方理由(因)的过失。

《方便心论》不另立此过,《正理经》也只说论诘而不说显过,列为十六谛之一,而非负处。

第四节 负　　处

负处也是一种过失,《遮罗迦本集》对此有详细的论述,故专列为一节。

44. 负处

《遮罗迦本集》	《方便心论》	《正理经》
15 种负处	17 种负处	22 种负处

《遮罗迦本集》云:"所谓负处就是失败。"

《正理经》[Ⅰ-2-9]:"负处就是误解和不解。"对论辩误解与不解则失败。

《遮罗迦本集》列举了 15 种负处,其中 14 种都在前面各目中叙述过,分别为:

2. 对无难诘的诘问,即第 30 目"无难诘"。

3. 对所难诘无诘问,即第 29 目"所难诘"。

4. 坏宗,第 40 目所述。

5. 认容,第 41 目所述。

6. 过时语,第 37 目过时所述。

7. 非因,第 36 目所述。

8. 缺减,第 33 目(1)所述。

9. 增加,第 33 目(2)所述。

10. 离义,即缺义,第33目(4)所述。

11. 无义,第33目(3)所述。

12. 重言,第33目(2)所述。

13. 相违,第33目(5)所述。

14. 异因,第42目所述。

15. 异义,第43目所述。

只有第1种如下:

《遮罗迦本集》	《方便心论》	《正理经》
不了知	众人悉解独不悟	不知

《遮罗迦本集》云:"尽管把话重复了三遍,许多人都已知解,他却不了知。"《方便心论》里称作"众人悉解而独不悟"。

《正理经》[Ⅴ-2-17]经称此为不知:"不了解就是不知。"富差耶那释云:"意思尽管听众已经了解,对方也已作了三次说明,而他仍不解,这就是不知的负处。"

至于2—7条是专述胜论六条义的,就不再归入以上正文中了:

2—7. 实、德、业、同、异、和合

《遮罗迦本集》	《方便心论》	《正理经》
实、德、业、同、异、和合	列为外道论法	无

《方便心论》明造论品中说:"今诸外道有论法不耶?答曰:有。如卫世师(胜论)有六谛,所谓陀罗骠(实)、求那(德)、总谛(同)、别谛(异)、作谛(业),不作谛(和合),如斯等比,皆名论

法。"胜论派的六句义不仅以概念的形式概括了客观世界的诸种关系,而且通过概念的推演来把握知识,认识真理,因此六句义也可视其为论法。

根据上面的比较,我们可以归纳出如下几点:

1.《遮罗迦本集》是古因明史上第一个论辩学的理论体系,在这方面《方便心论》和《正理经》相距甚远,具体内容将在下一节细述。

2. 就逻辑论而言,《遮罗迦本集》和《方便心论》对比量推理和五支论式都有详细的介绍。但前二家是从认识论上讲生因、了因,《正理经》才是从逻辑上的定义。在喻支上,只有《正理经》才明确区分同、异喻,并在富差耶那的《正理经疏》中见到完整的例式。合和结在《遮罗迦本集》只列名目而未作界定,《方便心论》根本没有提及,只有《正理经》才有明确有界定。

关于比量推理,只简单地说:"所谓比量就是根据如理来证知。"《方便心论·》未作界定,只说分为三种:"(一)曰前比。曰后比。曰同比。"《正理经》云:"所谓比量是基于现量而来的,比量分三种:(1)有前比量,(2)有余比量,(3)平等比量。"把比量分为三种,与《方便心论》相同。也同样承认现量为比量之基础,反映出古印度哲学认识论的经验论倾向。总体来说《正理经》的叙述更为明确和完整。

3. 在知识论方面,《遮罗迦本集》持数论的六种量,而《方便心论》和《正理经》则只提现量、比量、譬喻、圣言四种量,但《方便心论》只列为八种论法之一"知因"中的内容。关于譬喻量,《遮罗迦本集》和《方便心论》只是修辞上的比喻而不是逻辑上的类比,《正理经》才将譬喻量置于逻辑的范畴并使之成为论式的一部分,[Ⅰ-1-6]云:"所谓譬喻量,就是以共许极成的同喻去论证所立宗。"

《正理经》强调要"以共许极成的同喻去论证",要"根据一般承认的共性来成立"等,突出地显示了譬喻量的逻辑性质。

《遮罗迦本集》44目中有"疑惑""不确定""欲求""动机""决断"体现了认识发展的过程性。《正理经》十六谛中也有"疑惑""思择""动机""决定"的认识四阶段说。

总体上看《方便心论》最为简略,《遮罗迦本集》和《正理经》比较系统,《正理经》的表述更为明确和完整。

4. 在过失论方面,《遮罗迦本集》是最早单独把负处归为一类,列出了15种负处,其余的有误难的过失,语言的过失,非因的过失等。《方便心论》则列17种负处,并首次把似能破(误难)单列为20种,但实际上其中有好几种是真能破而非似能破。这样开始把因明的过失分为三大类,一是似能立,二是似能破,三是负处,实际上这三类过失中常有交叉重复的。《正理经》十六谛中也分列了似因5种,曲解3类,倒难24种,负处22种,分类更为细密。其实,因明一向重视过失论,《方便心论》更是以过失论为主体,因明中的过失总体而言是指论辩中的过失,可以如前述的从似能立和似能破,从论辩胜负来分类,但负处中往往与似能立、似能破过交叉重复,从逻辑划分上不够明确,故后世有新因明学者尝试把其全部归入似能立、似能破过失,但又往往漏失了语言、认识方面的过失。

第八章

龙树的古因明思想

龙树(约2、3世纪),印度大乘佛教中观理论的奠基人。他认为一切因缘所生的事物均无自性,亦即为"空",这是一种不可描述的实存,是诸法的实相。他用真俗二谛来解释诸法实相与宇宙万有的关系,并用"中道"将两者统一起来。在藏传佛教中列"六庄严"之首,著述丰富,有"千部论主"之称。汉译典籍有二十余部,藏译典籍一百余部。

龙树的主要著作在藏传佛教中被称为"中观六论",即《中论》《回诤论》《精研论(即广破论)》《七十空性论》《六十正理论》《中观宝鬘论》。《龙树六论》汉译本由任杰主编,民族出版社2000年出版。早期大乘佛教的古因明思想,主要有两条不同的路线,一条是以无著、世亲为代表的瑜伽行宗,吸取和改造了正理—胜论以及有部、经部的知识论,建立了大乘有宗的唯识认识论。在逻辑学和论辩学上也充分吸取了外道的合理思想,成为佛教古因明的主流。另一条是以龙树为代表的早期中观派,对正理—胜论派和小乘有部、经部的知识论持完全否定的立场,是一种非认识论思想,进而在逻辑论上也是一种反逻辑主义,只不过在具体使用的论式中却有归谬法等应用,主要体现在《中论》《回诤论》《广破论》中。

现就前三论中的古因明思想作一介绍。

第一节 《中论》的古因明思想

《中论》是龙树最重要的哲学作品。又称"中颂""根本颂""中观论""正观论""般若灯论"等。鸠摩罗什始汉译《中论》，青目释为汉文，其所用译名即为"中论"。这里的"中"有超越、升华，即不落空、有二边，中正不邪之意。《中论》共二十七品，现就其总论纲及和因明相关内容作一介绍。

一、"八不"的总论纲

典型体现在其"八不"的否定句中："不生亦不灭　不常亦不断　不一亦不异　不来亦不出　能说是因缘　善灭诸戏论　我稽首礼佛　诸说中第一""八不"是《中论》，也就是龙树中观说的总论纲，以下分述之。

1. 不生亦不灭

《观因缘品第一》中第一颂，青目释云："生相决定不可得故不生。不灭者。若无生何得有灭。以无生无灭故。余六事亦无。"

第三颂："诸法不自生　亦不从他生　不共不无因　是故知无生"青目释云："不自生者。万物无有从自体生。必待众因。复次若从自体生。则一法有二体。一谓生。二谓生者。若离余因从自体生者。则无因无缘。又生更有生生则无穷。自无故他亦无。何以故。有自故有他。若不从自生。亦不从他生。共生则有二过。自生他生故。"这是说"自体生"可分为"生"和"生者"，若从自体"生"者，已经有自体了，根本就不需要再生了。如果说它还需要再生的话，生起者就还需要再生起，这就没完没了了。"他"又是和"自"对应的，没有"自"，也就没有"他"，当然也没"他生"。所谓"共生"是指"自生"和"他生"合一而生,但"自生"无,"他生"也无,合起来的"共生"当然也是无。这三种"生"都不存在,故一切法都不能无因而生。青目又云:"不灭者。若无生何得有灭。以无生无灭故。"这是对"生亦不灭"的解释。

2. 不常亦不断　不一亦不异　不来亦不出

在第一颂青目释中引外人问曰:"不生不灭已总破一切法,何故复说六事。"青目答曰:"为成不生不灭义故,有人不受不生不灭,而信不常不断,若深求不常不断。即是不生不灭。何以故？法若实有则不应无,先有今无是即为断。若先有性是则为常。是故说不常不断。即入不生不灭义。有人虽闻四种破诸法。犹以四门成诸法。是亦不然。若一则无缘。若异则无相续。后当种种破。是故复说不一不异。有人虽闻六种破诸法。犹以来出成诸法。来者。言诸法从自在天世性微尘等来。出者。还去至本处。复次万物无生。何以故。世间现见故。世间眼见劫初谷不生。何以故。离劫初谷。今谷不可得。若离劫初谷有今谷者。则应有生。而实不尔。是故不生。问曰若不生则应灭。答曰不灭。何以故。世间现见故。世间眼见劫初谷不灭。若灭今不应有谷而实有谷。是故不灭。问曰。若不灭则应常。答曰不常。何以故。世间现见故。世间眼见万物不常。如谷芽时种则变坏。是故不常。问曰若不常则应断。答曰不断。何以故。世间现见故。世间眼见万物不断。如从谷有芽。是故不断。若断不应相续。问曰。若尔者万物是一。答曰不一。何以故。世间现见故。世间眼见万物不一。如谷不作芽芽不作谷。若谷作芽芽作谷者。应是一。而实不尔。是故不一。问曰若不一则应异。答曰不异。何以故。世间现见故。世间眼见万物不异。若异者。何故分别谷芽谷茎谷叶。不说树芽树茎树叶。是故不异。问曰。若不异应有来。答曰无来何以故。世间现见故。世间眼见万物不来。如谷子中芽无所从来。若来者。芽应从余处来。如鸟来栖树。而实不尔。是故不来。问曰。若不来应有出。答曰不出。何以故。世间现见故。世间眼见万物不出。若有出。应见芽从谷出。如蛇从穴出。而实不尔。是故不出。"这里讲了三层意思：

第一，"不生不灭已总破一切法。"

第二，外人对其他六门尚有疑惑。

第三，破斥其他六门，并以"谷（种子）"和"谷芽"为例。

其后，"观来去品第二"是专讲"不来亦不出"，"出"就是"去"。以上释文通俗，赘不再释。

二、"缘起性空"对四缘的否定

佛教的宇宙观是一种"缘起"说，因缘和合而生万法，胜论以极微和合而成色界。小乘有部是缘起生实体，三世俱有。众贤的《顺正理论》第五十二卷中云："法体恒存，法性变异。谓有为法，行于世时，不舍自体，随缘起用。"唯识讲缘起之"有"，只是种子熏习功能，非实体之有。

1. "缘起性空"

《中论》否定"缘起"的自性，"缘起"亦为空，《中论》首颂青目释云："观十二因缘。如虚空不可尽。"《中论·观四谛品》云："众因缘生法。我说即是空，亦为是假名，亦为是中道义。未曾有一法，不从因缘生，是故一切法，无不是空者。"青木作注曰："众缘具定，和合而生物，是物属从因缘，故无自性。无自性。故空。空亦复空。但为引导众生故，以假名说。离有，无二道。故名为中道。是法无性。故不得言有；亦无空，故不得言无。"

2. "四缘"无自性

《观因缘品第一》中第三颂："因缘次第缘　缘缘增上缘　四

缘生诸法　更无第五缘"

四缘是小乘有部首提,分别是因缘、次第缘(等无间缘)、所缘缘、增上缘,四缘既是事物生起的条件,也是认识的条件,但龙树认为四缘俱无自性、俱为空。

第九颂:"缘缘者如诸佛所说　真实微妙法于此无缘法　云何有缘缘"

青目云:"佛说。大乘诸法。若有色、无色,有形、无形,有漏、无漏,有为、无为等诸法相入于法性。一切皆空无相、无缘。譬如众流入海同为一味。实法可信随宜所说不可为实。是故无缘缘。"其实"所缘缘"有二重含义,第一重是"所缘",即认识对象,第二重是"缘",即此物能引生认识。但此处只作第一层含义。否定认识对象的实在性"一切皆空"。

三、六根不能见六尘

小乘有部十八界中有六根、六尘、六识,六根缘六尘得六识,而龙树认为这都无自性,一切皆空。

"观六情品第三"云:"眼耳及鼻舌,身意等六情,此眼等六情,行色等六"。这是说六根对六尘,六根是能见,六尘是所见。但龙树以眼见为例,认为:"是眼则不能,自见其己体,若不能自见,云何见余物。"青木释云:"是眼不能见自体。何以故。如灯能自照亦能照他。眼若是见相。亦应自见亦应见他。而实不尔。是故偈中说。若眼不自见何能见余物。"灯能自照才能照他,而眼不能见自故不能见他。

外人问曰:"眼虽不能自见　而能见他　如火能烧他不能自烧"龙树答曰:"火喻则不能　成于眼见法　去未去去时　已总答是事"

青木释云:"汝虽作火喻。不能成眼见法。是事去来品(观去来品第二)中已答。如已去中无去。未去中无去。去时中无去。如已烧未烧烧时俱无有烧。如是已见未见见时俱无见相。"这是说,在"观去来品第二"中说已证明火"已烧未烧烧时俱无有烧",所以眼"已见未见见时俱无见相"。

《中论》"观五阴品第四"否定"五阴"(即五蕴)的实在性。

《中论》"观六种品第五"否定"六大种"(即地、水、火、风、空、识)的实在性。

四、否定"和合论"

《中论》"观合品第十四"问曰:"何故眼等三事无合。"

龙树答曰:"见可见见者　是三各异方　如是三法异　终无有合时"

这里是眼根、色尘、"我"三者的和合,青目释云:"见是眼根。可见是色尘。见者是我。是三事各在异处终无合时。异处者。眼在身内,色在身外。我者或言在身内,或言遍一切处。是故无合。复次若谓有见法。为合而见不合而见。二俱不然。何以故。若合而见者。随有尘处应有根有我。但是事不然。是故不合。若不合而见者。根我尘各在异处亦应有见。而不见。何以故。如眼根在此不见远处瓶。是故二俱不见。"为什么三者无合呢? 一是"三事各在异处终无合时"。二是"合"与"不合"都无"见",这里又是一个二难推理。

外人复问曰:"我、意、根、尘。四事合故有知生。能知瓶衣等万物。是故有见可见见者。"

青木答曰:"汝说四事合故知生。是知为见瓶衣等物已生。为未见而生。若见已生者。知则无用。若未见而生者。是则未合。

云何有知生。若谓四事一时合而知生。是亦不然。若一时生则无相待。何以故。先有瓶次见后知生。一时则无先后。知无故见可见见者亦无。如是诸法如幻如梦无有定相。何得有合。无合故空。"这里是以瓶衣等物已生、未生和同时生三种情况进行反驳,特别认"一时生则无相待",所以皆否定可以"知生"。这里实际上是在破斥胜论的三合、四合说。

综上所说,《中论》从"一切法空",无自性出发,必然要否定认识对象的实在性,否定六根感知的真实性,否定根、境、意、我和合生识,确实有一种否定知识论的取向。

第二节 《回诤论》对正理派和小乘量论的破斥

《回诤论》是继《中论》后的龙树著作,秉承《中论》思想破斥外道和小乘的实在论。现有三个译本,一是后魏的三藏毗目智仙与瞿昙流支,于541年在邺都金华寺共译《回诤论》一卷,收录于《大正新修大藏经》(略称《大正藏》)第32册,第13—23页中。此译有《回诤论》颂,亦有龙树的释文,这也是本文依据的原典。梵文校订本是 E H Johnston 与 Arnold Kunst 根据藏译本、汉译本等,经过细心订正后出版《The Vigrahavyyavartani of Nagarjuna with the Author's Commentary》。MCB,VoV IX* 1948,1951,pp.99－152。就藏译本而言,西藏大藏经中收录两种译本:一是只有单本诗颂的《回诤论颂》,二是《回诤论》本论的自注长行,由梶山雄一译为日文,收于《大乘佛典14 龙树论集》,中央公论社,1974年出版。2005年,任杰又从藏文译出《回诤论颂》,由民族出版社出版。刚晓法师著有《〈回诤论〉讲记》,甘肃民族出版社2016年出版。

《回诤论》汉译本自论为70颂。这70颂分两部分，前21颂主要是引用外人的观点，后49颂则是龙树的反驳，其中属于正理派观点的有8颂，属于小乘(有部)的有12颂。本文就其中与因明有关的择要介绍。

一、对正理派责难的回应

　　《回诤论》第五偈，正理派提出："若彼现是有　汝何得有回　彼现亦是无　云何得取回"释文云："若一切法有现可取。汝得回我诸法令空。而实不尔。何以知之。现量入在一切法数则亦是空。若汝分别依现有比。现比皆空。如是无现比。何可得现之与比。是二皆无云何得遮。汝言一切诸法空者。是义不然。"

　　第六偈："说现比阿含　譬喻等四量　现比阿含成　譬喻亦能成"释文云："比喻阿含现等四量。若现能成。比阿含等皆亦能成。如一切法皆悉是空。现量亦空。如是比喻亦空。彼量所成一切诸法皆悉是空。以四种量在一切故。随何等法。若为比成亦譬喻成亦阿含成。彼所成法一切皆空。汝以比喻阿含等三量一切法所量亦空。若如是者法不可得量所量无。是故无遮。如是若说一切法空无自体者。义不相应。"

　　此二偈所引正理派对龙树中观派的责难：你说"一切法空"，则必然说量也是空的，因为量也是包摄在"一切法"中，但是你说的"一切"，要凭借量才能去认识，如现量、比量、阿含(意指圣教量)、譬喻量为空，就不能得出"一切法空"的认识，而如此四量不能为空，量既不空，那么包含摄量在内的"一切法"也不成立"空"了。这是一个二难推理，不管是否认可四量空和不空，都不能证成"一切法空"。

　　龙树是从以下两方面进行辩解：

1. 我说"空"的语言本身也是缘起故空

第二十三偈释文:"我语亦因缘生。若因缘生则无自体。以无自体故得言空。以一切法因缘生者自体皆空。如舆瓶衣蓐等诸物。彼法各各自有因缘。"

2. 四量虽空但仍有遮止的功能

第二十四偈释文云:"如化丈夫于异化人。见有去来种种所作而便遮之。如幻丈夫于异幻人。见有去来种种所作而便遮之。能遮化人彼则是空。若彼能遮化人是空。所遮化人则亦是空。若所遮空遮人亦空。能遮幻人彼则是空。若彼能遮幻人是空。所遮幻人则亦是空。若所遮空遮人亦空。如是如是我语言空。如幻化空。如是空语。能遮一切诸法自体。是故汝言。汝语空故。则不能遮一切诸法有自体者。汝彼语言则不相应。若汝说言彼六种诤彼如是遮。如是我语非一切法。我语亦空诸法亦空。非一切法皆悉不空。"所谓的化人,是指人造的人,类似中国古代高僧所说的"机关木人";所谓的幻人,则是指魔术师所变化出来的人,这两种人都是不真实的人,即是"空"的人。然而,这两种空的人,却能阻止(遮)另外两种人,去做某些事情。"我语"及四量,虽然像化人、幻人一样都是空的,但是,遮(阻止)的作用却仍然可以存在。这说明龙树虽然认为量非实在,但仍然认可量有它的功能。

二、量有自不成之过,所以为空

第31颂"若量能成法　彼复有量成　汝说何处量　而能成此量"释文云:"如量所量。现比阿含喻等四量。复以何量成此四量。若此四量更无量成。量自不成。若自不成能成物者。汝宗则坏。若量复有异量成者。量则无穷。若无穷者则非初成非中后成。何以故。若量能成所量物者。彼量复有异量来成彼量。复有异量成故。如是。无初。若无初者如是无中。若无中者何处有后。如是若说彼量复有异量成者。是义不然。"这是说如果依据量而建立所量,即所量依赖于量,那么量本身势必又要依存于另一个量,如此"量量相因",会趋向无穷追索。

第36颂"于火中无暗　何处自他住　彼暗能杀明　火云何有明"[①]指出量不依赖于所量而自我成立,量就是"照明",一个物体自身不能是光明和黑暗并存,量好比灯可以照亮他物,但不存在自照,因为它本身就是光明,不存在黑暗,所以不必自照。这是反对正理派关于灯光能自照的观点。

第39颂"若量能自成　不待所量成　是则量自成　非待他能成"指出反之,如果所量不依赖于量,那么正理派所主张的对象与认识不可分割的观点也就不能成立。

第43颂"若汝彼量成　待所量成者　是则量所量　如是不相离"认为反过来,如果量又要借助于所量而存在,那又与前述的所量依赖于量的观点相矛盾。

龙树把量和所量视为共生范畴,二者为相依相成的"缘起"(因缘生)。量是相对于所量而存在的;反之,所量也是相对于量而存在的。二者相待而成。因此,量与所量都是空幻而无实。

三、批驳小乘论师用名言遮止来论证法自体实有的观点

1. 批驳小乘"有体有名、无体无名"

第9颂小乘论师责疑:"诸法若无体　无体不得名　有自体有名　唯名云何名"

第55颂龙树答言:"若何人说名有自体。彼人如是汝则得难。

---

① 转引自刚晓著《〈回诤论〉讲记》,甘肃民族出版社,2016年。

彼人说言。有体有名无体无名。我不如是说有名体。何以知之。一切诸法皆无自体。若无自体彼得言空。彼若空者得言不实。"龙树认为说一定有自体才有名言是不成立的，诸法无体，可以无体的名言去表达，名言本身无自体。

2. 回应小乘责难中观"离法有名"

小乘第10颂："若离法有名　不在于法中　说离法有名　彼人则可难"

59颂龙树回应："彼不须虑汝妄难我。我则不遮诸法自体。我不离法别有物取何人取法。"这是说，你的责难是莫须有，我的名言并不排除诸法自体，是诸法本无自体，也不脱离诸法另取别法。

四、回应"见无物不遮"

小乘第11、12颂："法若有自体　可得遮诸法　诸法无自体　竟为何所遮　如有瓶有泥　可得遮瓶泥　见有物则遮　见无物不遮"这是说诸法有自体才可遮，无自体遮什么？

63颂释文："若说诸法无自体语。此语非作无自体法。又复有义。以无法体知无法体。以有法体知有法体。譬如屋中实无天得。有人问言。有天得不。答者言有。复有言无。答言无者语言。不能于彼屋中作天得。无但知屋中空无天得。如是若说一切诸法无自体者。此语不能作一切法无自体。无但知诸法自体无体。"这里的"天得"即"天授"，"无但知屋中空无天得"，遮言是以"以无法体知无法体"。

五、驳小乘"六种义"

小乘13、14、15、16颂："如愚痴之人　妄取炎为水　若汝遮妄取其事亦如是　取所取能取　遮所遮能遮　如是六种义　皆悉是有

法　若无取所取　亦无有能取　则无遮所遮　亦无有能遮　若无遮所遮　亦无有能遮　则一切法成　彼自体亦成"这里是说,好比愚痴之人在沙漠中把远处的阳光反射误以为是一片湖水,这时的遮言是遮"妄取",所以取、所取、能取,遮、所遮、能遮这六种义都是"有"法,如法自体不成,则无遮之所遮,亦无能遮。所以"法"都是有自体的。

66颂龙树反驳曰:"若取自体实　何人能遮回　余者亦如是　是故我无过"

释文:"此偈明何义。若鹿爱中取水体实。何人能回。若有自体则不可回。如火热水湿空无障碍。见此得回。如是取自体空。如是如是。余法中义应如是知。如是等如取无实。余五亦尔。若汝说彼六法是有。如是得言一切诸法皆不空者。义不相应。"这是说,沙漠中的鹿误以阳炎为水,如真有此水体,那么没有可遮止否定的,法有自体不可遮无,但如水、阳炎都是"空"、无质碍,那么就可以遮回,遮就是遮取自体空(无实),以下五义,也是如此,所以你们所说的一切诸法皆不空是不成立的。

之后复又就小乘17、18、19、20颂关于遮言的三时因等质疑,龙树认为前文已释,故未多作回答,最后第69、70颂是说信一切空是达到佛门正谛的必要前提。

综上所述,对正理派的批驳中心是否定量的实在性,但认可无体量可了知无体法。对小乘责难的回应则是说无体的名言可以遮止无体的法。这二者综合起来就是一方面否认四量的实在性,另一方面又认可空性的名言(即比量)等可以遮止的方法缘取空性的一切法。这说明龙树只是坚持其"缘起性空""一切法空"的哲学基本立场,推知量亦为空性,但并未完全否定量的认识功能,这种比量以遮法缘境的说法为法称及藏传因明所承续。法尊法师也指出:"《回诤论》,说明语言也是缘起法,也是自性空。并指出语言虽是空无自性,然有能立、所立,能破、所破的作用。龙树菩萨在成立一切法皆无性的宗派(指中观自宗)里,它的能量、所量等的破立作用,皆极合理,皆能成立;唯计诸法有自性的宗派里,它的能量、所量等一切作用,皆说不通,皆不得成立……但(中观)还没有详细地指出能立、能破作用皆应合理的理由。因之,被人误解为:中观自宗都无所立。本论特别说明了语言虽无自性,而有能立、能破的作用。"①

第三节 《广破论》对正理派量论的破斥

《广破论》也是龙树的著作,现存藏文本,在藏传因明中被列为"龙树六论"之一,译名为《精研磨论》,法尊法师将其译为汉文。2000年民族出版社出版的任杰主编的《龙树六论》中称《精研论》,包括了颂和论。日本学者梶山雄一也从藏文本转译为日文,收于中央公论社1974年出版的《大乘佛典14 龙树论集》。肖平、杨金萍译,日本桂绍隆著《印度人的逻辑学》(宗教文化出版社,2011年)中有专论,但译为"能夺论"。本书是专对正理派量论的破斥,是按正理派十六谛进行破斥,但译名上略有不同,如下表:

正理派:(1)量 (2)所量 (3)疑惑 (4)动机 (5)实例 (6)宗义 (7)论式
《广破论》量　所量　疑　　所为　　喻　　　宗　　支
(8)思择 (9)决定 (10)论议 (11)论诤 (12)论诘 (13)似因 (14)曲解 (15)倒难 (16)负处
观察　　决了　　诤　　　言说　　破　　　　似因 舍言　　似破　　堕负

---

① 任杰《龙树六论》,民族出版社,2000年,第585页。

从译文上看,法尊更佛学化,与佛教因明用语更契合。其中1、2、3、4、8、9是讲知识论,5、6、7涉及逻辑论,10、11、12为辩学,13至16为过失论,以下分述之。

一、《广破论》在知识论上的破斥

1. 量和所量因"相持"而无自体

（1）量、所量二杂乱

"现见量、所量二杂乱,何以故？若有所量乃有量,若有量乃有所量。量因所量而成,所量因量而立；以是量即所量之所量,所量亦为量之量。相待而安立故,量、所量俱通二种,故成杂乱。"①正理派说"有所量乃有量,若有量乃有所量。量因所量而成,所量因量而立"。这就是量中有所量,所量有量,混杂了二个不同的事物。这是驳斥量与所量的相依关系。这里的量实指"能量",也就是认识主体,所量就是认识客体,从认识论而言,二者应是相依关系,缺失了一方,另一方也就不能存在。但龙树把此相依关系偷换为"相通"关系,说成是量中有所量,所量中有量的杂乱。

（2）量与所量非由自成

"（颂）故非由自成。（论）若量、所量由自体成者,可名量及所量。然由观待而有,互相生故,非由自成。"②这是说,如果量和所量是由自体而成的,那么可以承认为有,但现在是相互观待为有,不是由自体而成,故非实有。

（3）量与所量相待则非有

"（颂）有、无、俱皆非观待。（论）相待而成者,为有,为无,为俱？有且非待,已有故,如瓶已有,不须更泥等。无亦非待,无故,

---

① 任杰《龙树六论》,第44—45页。
② 任杰《龙树六论》,第45页。

岂兔角等亦应待耶！俱亦非待,有二过故。"这是说如果量与所量是相待状态,那么,当一者为有时,如瓶(泥陶)已有,就不必待有做瓶的泥的存在,如一者为无,当然不须有另一相待者,如说"兔角"此本为无,故亦不须另一相待者,至于有、无同存(俱),那么就同时犯了上面两种过失,因此相待的量和所量非实存。这里是一个三难推理。

(4) 反驳"一切义皆由量成"

正理派责疑:"无秤等则无所称,如是若无量则无所量。"这里的"秤"是能量,"称"是所量,以此证明,所量(义)由能量而成。

龙树反驳云:"(颂)不尔,应无穷故。"(论)"说若无量则无所量,意图成立其量,然应出其因,若谓以一切义皆由量者,则诸量亦应复由他量而成,以诸量亦是一切义之所摄故。若谓量不更由成,则失所说一切义皆由量成之宗。"[1]这是说你立宗:一切义(所量)皆由量成,则须出因:诸量亦由他量而成。因为"诸量"本身包含在宗有法"一切义"中。

正理派反驳说:"量更无量,以量能成自他故。"(论)"现见灯能照自他,如是量能成自他,故无无穷等过。"[2]正理派说量就像灯一样,既能照他亦能自照,所以量能自成,不须他量来成立,无无穷追索的过失。

龙树再反驳:"(颂)与闇(暗)若及,若不及,俱不能照。""(论)为及闇而照？为不及而照耶？且灯非及闇而照,不相及故。灯闇定不相及,互相违故。若有灯处即无有闇,云何灯能破闇或照闇耶？若不及亦不能照,如刀不及物则不能割。"[3]这里的"及"是

---

[1] 任杰《龙树六论》,第45页。
[2] 任杰《龙树六论》,第46页。
[3] 任杰《龙树六论》,第47页。

指连接、兼有之意。灯和暗二者不兼有,有灯就无暗,二者不共,灯不能照暗,好比刀不接触物就不能割。所以"不能自照,以无闇故。"①

2. 量、所量在三时中俱不成立

龙树的此论点在《正理经》[Ⅱ-1-8]中作为敌论而被引用。②

"(颂)量、所量三时不成。""(论)为量在所量之前?为在后?为量与所量俱时有耶?若谓量在所量之前量故名之为量?所量且非有,是谁之量?复何所量耶?若谓在后,所量已有何用量为?不应未生者为已生者之量,应兔角等皆成量故。未生已去不俱故。俱亦非理,如牛二角同时而生,说是因果不应正理。"③

对此,《正理经》是这样反驳的:首先,"(论)否定(量)是不可能的,因为三种时态是不能成立的"。既然你说三种时态下都不存在量,对于不存在的东西就谈不上去否定,好比一个人头上本无角,又怎能说:"你丢失了角。"其次,"由于否定了所有的量,所以否定[的本身]也就不可能存在了"。④

二、否定"疑"的存在

《正理经》[Ⅰ-1-23]云:"疑惑是忽略了事物性质上的差别而产生的思虑。"

龙树说:"(颂)于可得、不可得中俱无有疑,即有无故。""(论)为于已见义疑?为于未见?为于正见义疑耶?于已见义则

---

① 任杰《龙树六论》,第47页。
② 此为宇井百寿的观点,见沈剑英《因明学研究》,第261页脚注1。
③ 任杰《龙树六论》,第47—48页。
④ 足目《正理经》[Ⅱ-1-12]至[Ⅱ-1-13]。

不应疑,于未见义亦不应疑,第三正见义亦非有,故无疑。"①这里用了个三难推理,用已见、未见、正见三种时态的"见"说明无"疑"。

又说:"(论)如见有鸟巢等相,即知是杌,此则非疑,以知故。如是若见摇首等相,即知是人,此则非疑,以正知故。若俱无正知之,即是不知,亦非是疑。不定、不解、不取、不知、不见,悉无别体,皆是不知异,违正知故。此即是说:由观待差别,即生正见。未见差别即是不知,若见摇首、掉臂等即非是疑,若无差别即是不知。简言之,有差别即知,无差别则不知,由无第三差别无差别同时,故疑非有。"②这是说,要么是知,要么不知,无第三种"疑",把"疑"归入不知中。这种说法还是有一定道理的。

此外龙树亦论证了观察、决了亦无。

三、对论式的否定

1. 对宗义的否定

龙树说:"(颂)所为义非有,即有,无故。""(论)说为求彼义而有所作,是名所为,如陶师为瓶而有所作,若泥团有瓶,则所作无义。若无,亦无所作,如于散沙。"③这里的宗义是:"瓶是所作。"龙树认为,如泥已成瓶,就不必再说所作,如泥仍处于散沙状态,即无所作,所以不有、无瓶,均不须立所作宗义。

2. 对喻支的否定

外人说:"世间行者于何事有相似心生,是名为喻,是同法非同法故。"④这是正理派说同喻必须与宗有法相似。

---

① 任杰《龙树六论》,第50页。
② 任杰《龙树六论》,第51页。
③ 任杰《龙树六论》,第51—52页。
④ 任杰《龙树六论》,第52页。

龙树反驳说:"(颂)同法故,火非火喻。(论)汝说同法名喻,是事不然,何以故?火非火喻,所立、能立无差别故。设即所立为能立者,复云何成喻?(颂)水非火喻,非同法故。(论)冷水为火作喻,不应正理。如云某处水冷,如火。(颂)复次,若谓少分相同者,亦不然,如须弥与发端。(论)若说少分相同为喻者,亦不尔。如须弥与发端,其有:一、实少分相同。又世间亦不说发同须弥。"①

这是说"火"作火喻,能立与所立全同,不能为喻,冷水与火相反,不能作同喻,"须弥"是大千世界,与"发"只有少许相似,也不能作同喻,总之相似与不相似,全同和部分同,都不能作喻。这里的分析把相似等于全同,其实只要某一属性相同,即可为同喻。如立:此山有火,以有烟故,如灶。灶和山同有烟,可以灶为同喻,类推此山有火。

3. 否定支式的实在

龙树云:"(颂)三时不成故,无有支。(论)彼宗等,为已生、未生、正生?于过去、未来、现在,不堪观察,皆非理故。有支无故,支亦非有。"②这还是如前用三时否定量的论证一样来否定宗、因、喻等支式的实有。"(颂)宗、因无故,合、结亦无。"③

四、对论辩的否定

龙树云:"(颂)诤非有,能说所说无故,诤亦无。"④这是否定论诤。

---

① 任杰《龙树六论》,第52—53页。
② 任杰《龙树六论》,第54页。
③ 任杰《龙树六论》,第56页。
④ 任杰《龙树六论》,第58页。

又云:"(论)不错乱自体,为有错乱?为无错乱?若无错乱,则非有错乱,不舍自性。由有自性,故非有错乱。若舍自性,亦非有错乱,已无自性散。若有错乱,亦不应理。总之,因以能成所立为性,彼性即非有错乱。若非能成所立为性,即非是因。更无第三,故非有错乱。"①这是否定有似因。

又云:"(颂)堕负亦尔。(论)已生、未生,二俱无故,似破非有,堕负亦而。所言堕负,为已堕负?为未堕负?二俱非有,故无堕负。复次:(颂)于堕负处,则无堕负,如系缚。"②这是说堕负亦无自性,亦为无。

综上所述,龙树以一切法三时俱无自性、为空,"缘起"亦为空,必然推出量、所量、五支论式、言说对诤乃至过失堕负一切皆为空。或有人责疑你说一切空,那么说空的这句话是空吗?龙树回答说也是空,只不过用此空可去遮诠一切法之空。自空之语言仍有其功能,只破而不立自宗,中观后期的应成派,藏传因明的应成论式正是其承续。

第四节　龙树的逻辑思想

就龙树三论而言,并未明确提出什么逻辑理论,但在其论证中有逻辑论式的运用,并涉及其他一些逻辑问题。

一、关于命题的辩证性

学界常把龙树的理论称之为"辩证法",其实这不应是现代意义上黑格尔和马克思的矛盾对立统一的辩证法,而只是类似于古

---

① 任杰《龙树六论》,第60—61页。
② 任杰《龙树六论》,第64页。

希腊苏格拉底、柏拉图的辩证法,是一种进行反驳的论辩方法。

在龙树上述三论中有如此一类命题,如《中论》"观业品第十七":"一切诸行业相似不相似。"《中论》"观我法品第十八"说:"一切实非实,亦实亦非实。"在这里相似与不相似,实与非实都是相互矛盾的属性,就形式逻辑而言,这类判断是违反矛盾律的,但从事物本身的辩证发展而言却是可能存在的,如恩格斯说过,运动就是在某一瞬间,事物既在这一位置又不在这一位置。又因人体处于不断的新陈代谢中,每一瞬间,"我"是我,又不是我。这种判断正是反映了事物运动发展的辩证本性,如"实"与"非实"亦是矛盾之对立统一,每一事物中都同存在这二个方面,"实"就是保持此物存的方面,而"非实"则是否定此物存在的方面,当"非实"占主导地位时,此物归灭寂。"我"中也有生、死二方面,也是矛盾对立统一。况且从形式逻辑来说,如把"实亦非实"看作是一个宾词,把"一切"作为主词,那么"一切皆是实亦非实"也不违反矛盾律。龙树的这类命题已反映了事物的辩证本性,只是龙树还不能有辩证统一的思想,只能用"非实、非非实"的两边否定来达到遮止的目的。

二、遮无的否定判断

在古印度婆罗门教中把声音看作是吠陀的呼吸,是天启真理,但佛教认为真谛不是可以用名言言语来正面表述的,"言语道断",也不是可以用一般的认识方法把握的,而是要借助"遮诠法"用否定判断的方法来表达。古代印度语法学家持有两种"否定概念"。其一就是以排中律为前提的否定,被称为"相对否定",另一是不以排中律为前提的否定,被称为"纯粹否定",这在后来的藏传因明中称之为遮无和遮非,亦称"无遮和非遮"。遮非,指在直接否定和破除之后,可能会引出其余的肯定,如说:"法座上没有宝瓶。"否定宝瓶存在,但可能有其他物。又如"胖天授白天不进食",只是否定白天不进食,其后可引出"胖天授夜间进食"("天授",是人名,印度斛饭王之子提婆达多的译名),否则不成胖,这就是"相对否定"。而遮无,是指在破除中并没有间接地引生其余的肯定,如说:"虚空中无石女儿。"石女是指不能生育的女子。龙树既认为世界上一切事物都是空、假,这是对"有"的否定,但并不由此要去肯定存在一种"空"的实体,所以是一种遮无,这是一种"绝对否定"。

形式逻辑"仅仅从判断的形式结构着眼的,因而,它必然将'肯定'与'否定'机械地对立起来,肯定判断就是肯定判断,而与否定判断是完全对立的,反之,否定判断就不是肯定判断,两者也是相互割裂开来的。相反,辩证逻辑不是从判断的形式解构,而是从判断的辩证法、辩证运动着眼,因此,在辩证逻辑看来,肯定与否定是对立而又统一的。肯定判断也包含着否定("羊是动物"就否定了"羊"是"非动物"),否定判断也包含着肯定("鲸鱼不是鱼"肯定了"鲸鱼是非鱼"),即从内容而言,任何判断都是肯定与否定的对立统一。"[①]应该说龙树的"遮无"还只停留在形式逻辑阶段,这种"绝对否定"是与佛教的一切皆空、假的教义相适应的,在后期形成了中观应成派,在论辩中只破不立,形成了藏传因明特有的应成论式。

三、"四句"中的归谬论证

佛教中常常用"四句"来表达对两个概念的看法。如迦多衍尼子造,玄奘译《阿毗达磨发智论》卷第一亦云:"尊者云何睡眠。答诸心睡眠惛微而转。心昧略性。是谓睡眠。诸心有惛沈彼心睡

[①] 彭漪涟《辩证逻辑述要》,华东师范大学出版社,1986年,第132页。

眠相应耶。答应作四句：

　　有心有惛沈非睡眠相应。

　　谓无睡眠心有惛沈性。

　　有心有睡眠非惛沈相应。

　　谓无染污心有睡眠性。

　　有心有惛沈亦睡眠相应。谓染污心有睡眠性。"①

　　因明中也有"四句料"："如是四句已足——同品有，异品有，同品有、异品无，同品无、异品有，同品无、异品无，不须用九句检查。但九句因另有作用，不述。"②

　　《中论》"观我法品第十八"中为了表达对"有""无"的看法的佛教真谛，说："一切实非实，亦实亦非实，非实非非实，是名诸佛法。"这里实际上是四句：

　　1. 一切是实。2. 一切非实。3. 一切亦实非实。4. 一切非实非非实。

　　青木释云："诸佛无量方便力。诸法无决定相。为度众生或说一切实。或说一切不实。或说一切实不实。或说一切非实非不实。一切实者。推求诸法实性。皆入第一义平等一相。所谓无相。如诸流异色异味入于大海则一色一味。一切不实者。诸法未入实相时。各各分别观皆无有实。但众缘合故有。一切实不实者。众生有三品有上中下。上者观诸法相非实非不实。中者观诸法相一切实一切不实。下者智力浅故。观诸法相少实少不实。观涅槃无为法不坏故实。观生死有为法虚伪故不实。非实非不实者。为破实不实故。说非实非不实。"

　　这里列举了对"实""非实"的四种说法，尽管都是佛的"方便"

---

① 《大正藏》第 26 册，第 1544 页。
② 法尊法师编译《释量论·释》"序"，第 4 页，中国佛协 1982 年印行。

之说，但相比之下，"诸法相非实非不实"是"上者"，这也是中观之说。龙树著作中此类四句排列甚多，是在展现事物的多种可能性后，排除他说，确立自论，其中也有明确使用了归谬法的，如《中论》"观涅槃品第二十五"：

龙树："涅槃不名有　有则老死相　终无有有法　离于老死相"

青目释："眼见一切万物皆生灭故。是老死相。涅槃若是有则应有老死相。但是事不然。是故不名有。又不见离生灭老死别有定法而名涅槃。若涅槃是有即应有生灭老死相。以离老死相故。名为涅槃。"

若说涅槃为"有"，则凡"有"的事物不离生死，此与涅槃的定义相违，所以不能成立。这就是应用了归谬法，先假定涅槃为有是真，再推出"有"必要生灭老死，此与涅槃定义不符，故不成立。以下亦如此推理。

"若无是涅槃　云何名不受　未曾有不受　而名为无法"

青木释："若谓无是涅槃。经则不应说不受名涅槃。何以故。无有不受而名无法。是故知涅槃非无。""不受"是指不依赖于他物，如说涅槃是"无"，那么它应依赖于他物，但佛说涅槃是"不受"，所涅槃也"非无"。

第三种说是："若谓于有无　合为涅槃者　有无即解脱　是事则不然"

青木释："若谓于有无合为涅槃者。即有无二事合为解脱。是事不然。何以故。有无二事相违故。云何一处有。"

这是"涅槃亦有亦无"，但有、无是相互矛盾的，故正确的表述是第四句：涅槃是"非有亦非无，非非有，非非无"。这四句就是一个四选言肢的否定肯定理式。

有学者认为:"龙树的这种论法绝不是他自己独有的东西。因为即使在印度哲学的各派别之中,胜论学派和数论学派就发展了一种名为'残余法'(parisesa)的间接论证,它就是以'枚举法'、'归谬法'为核心展开的。"[1]但不可否认的是,这种推理方法龙树用得最多、最熟练,已成为其标志式的论证。

关于龙树的思想,有学者给予高度的评价:"这种中道观反对只限于用诸如有无、因果、一多、真假等一切现成的范畴来阐明最本源的'自性缘起'或'空'的境界。同时,对于这'甚深微妙'的中道观而言,包括'法'、'我'、'佛'在内的一切概念也都不是终极的、自我独存的,因为它们都要依存于一种非心非物、非因非果、非有非无、也非任何物的过程及其相互关系的最终极的'空'。这样看来,在印度佛教的最纯粹、最彻底的思想追究中,已达到了超越于一切范畴与概念的终极境地,这实在是印度哲学所登上的一个人类纯思想的极巅。"[2]但也有学者认为这只会趋向于虚无主义、神秘主义和不可知论。

欧阳无畏认为:"龙树的辩证形式,实介乎后期定型的论式和破式之间……陈那宗龙树而亲受世亲,集量学之大成。""但量论大师如陈那、法称,甚至创立唯识宗义之无著等,藏传都不认之为唯识宗师,而许为中观宗师之弘唯识以应世者,是与汉土诸说有异。"[3]确实,无著早年曾习小乘空宗,《顺中论》中也持中观空假论,故此说尚可探讨。

---

[1] [日]桂绍隆著,肖平、杨金萍译《印度人的逻辑学》,第156页。
[2] 欧东明《印度古代哲学的基本特质》,刊于《南亚研究季刊》1998年第3期,第52页。
[3] 欧阳无畏《因类学和量论入门》,桃园内观教育出版,2011年,第35—36页,第44—45页注二十八。

第九章

《解深密经》的古因明思想[①]

早期的中观宗，完全否定外部世界的存在，与世间一般常识不符，而且有一种恶取空的趋向，由此而受到教内外的激烈抨击，大乘有宗（即瑜伽行宗）应运而生，说是唯识。4—5世纪间，无著、世亲兄弟是瑜伽行宗的创始人，又称大乘有宗、唯识宗，以无著《瑜伽师地论》为代表作，又为与外道瑜伽派区别开，称瑜伽行宗，有护法、德慧、安慧、亲胜、难陀、净月、火辨、胜友、最胜子、智月等十大论师，此宗传入中国为地论宗、摄论宗，尤以玄奘开创的法相宗最为流行。

唯识的经典有六经十一论。经指：《华严经》《解深密经》《如来出现功德庄严经》《大乘阿毗达磨经》《楞伽经》《厚严经》（一说为日照译之《密严经》）。瑜伽行学派所依之论典为十一论，称之为"一本十支"，一本即以《瑜伽师地论》为根本论典，称为"一本"；其他之十部论典为支论，称为"十支"。此十支论是：《大乘百法明门论》《五蕴论》《显扬圣教论》《摄大乘论》《阿毗达磨杂集论》《辩中边论》《二十唯识论》《三十唯识颂》《大乘庄严论》《分别瑜伽论》。

[①] 本章内容曾收入拙著《汉传因明知识论要义》，知识产权出版社，2019年，为其中第三章第一节，现重作修订。

关于法相与唯识的关系，民国以来，多有争议。欧阳竟无认为："应分两门：唯识、法相。法相糅古，唯识创今。法相广大，唯识精纯。"①太虚则认为："今以法相唯识连称，则示一切法……皆唯识所现。……故法相必宗唯识。所现一切法甚广，然所变所现一切法之所归，则在唯识，故示宗旨所在，曰法相唯识。""近人（引者按，指欧阳竟无）别法相与唯识为二宗，判若鸿沟，徒生枝节，无当圣言。"②

任继愈在他的《汉唐佛教思想论集》里则说："所谓法相学是唯识学的开始，但没有完成；所谓的唯识学是法相学的继续，完成的只是法相学的体系。所以称为法相学，或法相唯识学。把这一套学说完整地从印度搬到中国，并建立宗派，加以传播，是唐代玄奘开始的，窥基继续的。法相和唯识截然划分，至少玄奘等人没有这种看法，也没有这样做。我们也不必加以区分。"③本书取此说。

《解深密经》称之为"经"，应指佛陀亲说，但实际很多经都有后人增补，但从《解深密经》对量的一些提法来看，它应早于无著、世亲，与外道六派的时代更近一些。从内容上看主要涉及的是唯识知识论思想，也就是古因明的知识论。梶山雄一认为："牵涉到'因三相'说乃至陈那之知识论的佛教逻辑学，是在唯识派的系统内逐渐形成体系的。在此系统的逻辑学中出现最早期、最值得注意的是《解深密经》第一十章（根据藏译）的《理论性证明的逻辑》一节。"④以下择要叙述之。

《解深密经》有三个译本，菩提流支译为《深密解脱经》。求那

---

① 欧阳竟无《内院院训释·释教》，收于《欧阳竟无内外学》。
② 太虚《太虚大师全书》第17册，宗教文化出版社，2004年，第1166页。
③ 任继愈《汉唐佛教思想论集》，人民出版社，1981年，第195—196页。
④ 《因明》第14辑，第23页。

跋陀罗译为《相续解脱如来所作随顺处了义经》。玄奘译为《解深密经》(五卷),略称《深密经》,收于大正藏第十六册,系法相宗之根本典籍。其内容分为八品:(一)序品,叙述佛陀于十八圆满受用土,现出二十一种功德成就受用身时,无量大声闻众与大菩萨众集会之情景。(二)胜义谛相品,说明胜义谛真如乃是离名言之有无二相,超越寻思所行,远离诸法之一异相,而遍于一味相。(三)心意识相品,叙说阿陀那识、阿赖耶识、一切种子心识、心;并说明与六识之俱转。(四)一切法相品,叙说遍计所执性、依他起性、圆成实性等三性。(五)无自性相品,阐说相无性、生无性、胜义无性等三种无自性与三时教。(六)分别瑜伽品,详说止观行,说明识之所缘仅是唯识之所现。(七)地波罗蜜多品,述说十地及十波罗蜜多行。(八)如来成所作事品,说明如来法身相及其化身作业。本经系瑜伽行派根本经典之一,除序品外,其余七品均为瑜伽师地论卷七五至七八所引收,此外《摄大乘论》《成唯识论》亦引用之;对后世影响甚大。本经有多家注疏,但仅存圆测的《解深密经疏》十卷。在《大藏经》德格版有以法称学说来解释的《解深密经注释》。[①]

第一节　外境是由心识缘起的"遍计所执"

一、种子识派生万物

胜论—正理和小乘有部都是极微"缘起"生万物,经部否定三世实有,但认可现在实有,这个"有"还是物质性的,唯识讲一切众生即依种子而生,此种子却是精神性的心识,这是一个根本转变。

---

① 《因明》第14辑,第24页。

"心意识相品"中云："广慧当知,于六趣生死,彼彼有情,堕彼彼有情众中,或在卵生,或在胎生,或在湿生,或在化生,身分生起,于中最初一切种子心识成熟,展转和合,增长广大。"①六道众生轮转生死,不论用哪种形式受生,最初都须依赖一切种子心识作为生命主体,与父母精卵和合才构成生命。

心、物都依种子而生,"心意识相品"中云："最初一切种子心识成熟,展转和合,增长广大。依二执受,一者有色诸根及所依执受,二者相名分别言说戏论习气执受……亦名为心,何以故？由此识色声香味触等积集滋长故。广慧,阿陀那识为依止为建立故。"②

一切种子心识为根本,一方面现起物质的根身器界及相名分别言说习气,一方面现起精神主体心等前六识。

此识藏于身,"心意识相品"中云："此识亦名阿陀那识。何以故。由此识于身随逐执持故。亦名阿赖耶识。何以故。由此识于身摄受藏隐同安危义故。亦名为心。何以故。由此识色声香味触等积集滋长故。广慧。阿陀那识为依止。为建立故。六识身转。谓眼识耳鼻舌身意识。此中有识。眼及色为缘生眼识。与眼识俱随行。同时同境有分别意识转。有识。耳鼻舌身及声香味触为缘。生耳鼻舌身识。与耳鼻舌身识俱随行。"③

这里,阿陀那识、阿赖耶识、心是同一东西,即种子心识,此识藏隐于身中,摄受身体,安危与共。但这个定义与后来唯识把阿赖耶识翻译为藏,具能藏、所藏、执藏义,还不相同。此识还不能称为第八识,因为八识思想要到第七末那识建立后才形成。

---

① 玄奘译《解深密经》。
② 玄奘译《解深密经》。
③ 玄奘译《解深密经》。

二、影像由心识所现

"分别瑜伽品"中云:"世尊,诸毗钵舍那三摩地所行影像,彼与此心当言有异当言无异?佛告慈氏菩萨曰:善男子,当言无异。何以故?由彼影像唯是识故。善男子,我说识所缘唯识所现故。世尊,若彼所行影像即与此心无有异者,云何此心还见此心?善男子,此中无有少法能见少法,然即此心如是生时,即有如是影像显现。善男子,如依善莹清净镜面,以质为缘还见本质。而谓我今见于影像,及谓离质别有所行影像显现,如是此心生时相似有异,三摩地所行影像显现。"这是说此影像唯识所现,故于心识无异,这是讲二者的同一性、可知性。影像又离本质色别有,故又为有异,当是现象与本质的关系,所认识的仅是现象。①

三、外境为"计所执"

《解深密经》最早提出唯识"三性"和"三无性",把外部世界看作是无自性的主观假立,"一切法相品"中说:"诸法相略有三种。何等为三。一者遍计所执相。二者依他起相。三者圆成实相。云何诸法遍计所执相。谓一切法名假安立自性差别。乃至为令随起言说。云何诸法依他起相。谓一切法缘生自性。则此有故彼有。此生故彼生。谓无明缘行。乃至招集纯大苦蕴。云何诸法圆成实相。谓一切法平等真如。"②

遍计所执相是在一切有为、无为法上假立的种种自性差别及言说概念,依他起相是杂染的缘生现象,圆成实相是诸法的真实相。大乘瑜伽所说空有,就是认识到三性中依他起相及圆成实相

---

① 玄奘译《解深密经》。
② 玄奘译《解深密经》。

是有,遍计所执是空。

"无自性相品"中又进一步提出遍计所执"三无性":

"我依三种无自性性密意。说言一切诸法皆无自性。所谓相无自性性。生无自性性。胜义无自性性……此由假名安立为相,非由自相安立为相,是故说名相无自性性。谓诸法依他起相。何以故。此由依他缘力故有。非自然有。是故说名生无自性性。云何诸法胜义无自性性。谓诸法由生无自性性故。说名无自性性。即缘生法。亦名胜义无自性性。"①

这里"相无自性"已说得很明白,"无自性"性是说遍计所执是依他起相是依因缘而有,非自然有,无自然性,故称生无性。胜义无自性性,依他起相非是清净所缘境界,是故亦说名为胜义无自性性。

三性与三无性否定了认识对象(外境)的实在性,这是与小乘有部、经部不同的,但又不是完全的空无,而是"依他所起"的假有,虽为假有但却有其真实的依据,故后有"有相唯识",承认外境中"自相"实有,对外境的否定并不彻底。

第二节 认识的发生

"心意识相品"中说:"六识身转,谓眼识、耳、鼻、舌、身、意识。"②

"六识身转"即六识的现起,六识指眼、耳、鼻、舌、身、意。以眼识来说,在现起当中,根本识以眼根和色境为缘而生起眼识,再与眼识一同作用,缘同一境而生起分别意识。同理耳、鼻、舌、身等

---

① 玄奘译《解深密经》。
② 玄奘译《解深密经》。

识现起时的情况亦是这样。但这五识中,当有一识生时,固然只有一个分别意识一同作用,就算是两个或以上的识一同生起,亦只有一个分别意识伴随着,并不会有两个或以上的分别意识同时伴随着前五识作用。眼根和色境只作为缘,而生起眼识的主要因素是根本识。前五识生起时,意识会伴随着一同起作用,而这意识亦是由根本识生起的,分别作用是意识所特有的,前五识均无这种作用。

我们在前讲小乘的认识发生论只说根、境、识和合而生认识,其中的"识"应就是"根本识",而后起的才是无分别的根识和有分别的意识。有部讲一念可起多种识,这里也认同意识和根识俱起,但认可几种根识可俱起时,分别意识只能有一种同起。

第三节 认识之真伪——清净与不清净

一、五种清净

"如来成所作事品"中说:"五种相名为清净:一者现见所得相,二者依止现见所得相,三者自类譬喻所引相,四者圆成实相,五者善清净言教相。现见所得相者:谓一切行皆无常性。一切行皆是苦性。一切法皆无我性。此为世间现量所得,如是等类是名现见所得相。依止现见所得相者:谓一切行皆刹那性,他世有性净不净业无失坏性,由彼能依粗无常性现可得故。由诸有情种种差别,依种种业现可得故。由诸有情若乐若苦,净不净业以为依止现可得故。由此因缘于不现见可为比度,如是等类是名依止现见所得相。自类譬喻所引相者:谓于内外诸行聚中,引诸世间共所了知,所得生死以为譬喻。引诸世间共所了知,所得生等种种苦相以为譬喻。引诸世间共所了知,所得不自在相以为譬喻。又复于外引诸世间共所了知,所得衰盛以为譬喻。如是等类,当知是名自类譬喻所引相。圆成实相者。谓即如是现见所得相若依止现见所得相。若自类譬喻所得相。于所成立决定能成,当知是名圆成实相。善清净言教相者:谓一切智者之所宣说,如言涅槃究竟寂静,如是等频,当知是名善清净言教相。善男子。是故由此五种相故。名善观察清净道理。由清净故应可修习。……如是证成道理,由现量故、由比量故、由圣教量故,由五种相名为清净。"①

这里主是从证成道理的角度,清净相,就是所立、所说、所标没有过失的意思。如以因明的三支比量说,因喻具正,宗义圆成,名为正量,亦即此中所说的清净相。《解深密经》立现量、比量、譬喻量、圣教量四种。当知此中的五种清净相,前三及第五,就是四量。其次,前四清净相,为论理的证成,后一清净相,为圣教的证成。立者所说的道理,究竟清不清净,就看他合不合乎正量,合乎正量的,就是清净的道理。以下细析之:

1. 现见所得相

"现见所得相者:谓一切行皆无常性,一切行皆是苦性,一切法皆无我性,此为世间现量所得。如是等类,是名现见所得相。"②

现见所得,就是现量所得的意思。至现实所见的诸有为法是演变不息生灭不停的迁化无常性,由无常演变而产生的生老病死的苦痛性,乃至了诸法无我性,都是从现实的直觉的知识所认识的,所以名为现见所得相。

2. 依止现见所得相

"依止现见所得相者,谓一切行皆刹那性,他世有性,净不净业

---

① 玄奘译《解深密经》。
② 玄奘译《解深密经》。

无失坏性。由彼能依粗无常性,现可得故。由诸有情种种差别,依种种业现可得故,由诸有情若乐若苦,净不净业以为依止,现可得故。由此因缘,于不现见可为比度。如是等类,是名依止现见所得相。"①

依止现见所得相,就是比量所得的意思。比量所得的境界,人不能直接认识,必须依止现量所见,运用内在的意识分别推度,然后方可了知。举出三个例子来说明他：例一有为法的诸行,不但具有很粗显的生灭无常性,同时也内含着微细的刹那生灭的无常性。例二有情的生命,不是孤立的,而是延续的,现实的生命结束了,还有未来的生命续生。但我只见现实的生命,不见未来的生命,未来生命之所以有,是依于什么而了知的呢？这是依于现在有情的种种差别而推知的。现实的生命有各式各样的不同,这不同的生命,是由过去所造的种种不同的业力所招感来的。现在依这不同的生命,造种种不同的业力,当也可以完成未来的种种不同的生命形态！所以由现世有性而推知他世有性。例三那些不克现见的事物,由这可以现见的事物,比量推度,是能得知的,所以名为依止现见所得相。这隐含有感性认识是理性认识基础的意味。

3. 自类譬喻所引相

"自类譬喻所引相者、谓于内外诸行聚中,引诸世间共所了知所得生死以为譬喻,引诸世间共所了知所得生等种种苦相以为譬喻,引诸世间共所了知所得不自在相以为譬喻。又复于外引诸世间共所了知所得衰盛以为譬喻。如是等类,当知是名自类譬喻所引相。"②

自类譬喻所引相,就是譬喻量所得的意思。自类,即同一类

---

① 玄奘译《解深密经》。
② 玄奘译《解深密经》。

型,同类相引,此彼证成,名为自类譬喻所引相。这可分为内外诸行来讲:就内在的诸行聚说,又可分为三类:一、有情的生命诞生在人间,到相当的时候,生命就又要死亡,这是世间每个具有认识力的人都知道的。现在就以这世间共所了知的生者必死的生命为譬喻,以证明一切有为的诸行,无不具有生灭演化的无常相。二、人生在其不息演变的过程中,时刻都沉溺在老病死的忧悲苦恼中,谁也避免不了的,这也是世间每个人都知道的。现在就以这世间所共了知的生老病死的忧悲苦恼为譬喻,以证明世间的一切众生,无不具有苦痛相。三、生存在世间的每一生命,完全是赖衣食所维持的,现在就以这世间所共了知的世事盛衰为譬喻,以证明外器世界,如国家社会等,无不具有兴废盛衰的气象的。如是以内诸行聚及外诸行聚,彼此互相证成,使诸众生了解有情世间及器世间,非常住不变,非清净快乐,是名自类譬喻所引相。

4. 圆成实相

"圆成实相者,谓即如是现见所得相,若依止现见所得相,若自类譬喻所引相,于所成立,决定成立,当知是名圆成实相。"①

圆成实相,就是量善成立的意思。前述的现量、比量、譬喻量各能成立,也就是这里所说的圆成实相。

5. 善清净言教相

"善清净言教相者,谓一切智者之所宣说,如言涅槃究竟寂静,如是等类,当知是名善清净言教相。善男子!是故由此五种相故,名善观察清净道理,由清净故,应可修习。"②

善清净言教相,就是圣教量,即智者言教,如所说的涅槃寂静等宣教。

---

① 玄奘译《解深密经》。
② 玄奘译《解深密经》。

如上所说的五种相，是最清净的，依此清净五相，去观察道理，名为最善观察清净道理。由于这些是最清净的关系，诸凡欲求究竟真理的学者，对此圣教量、现量、比量、譬喻量，以及量善成立的圆成实相，应当多多学习，切实探讨！这里实际上仍是现量、比量、譬喻量、圣教量四种，与当时的外道相似，只不过按唯识"三性"总括为"圆成成实相"而已。

二、七种不清净

"如来成所作事品"中说："云何由七种相名不清净？一者此余同类可得相，二者此余异类可得相，三者一切同类可得相，四者一切异类可得相，五者异类譬喻所得相，六者非圆成实相，七者非善清净言教相。若一切法意识所识性，是名一切同类可得相。若一切法相性业法因果异相，由随如是一一异相，决定展转各各异相，是名一切异类可得相。善男子，若于此余同类可得相及譬喻中，有一切异类相者，由此因缘于所成立非决定故。是名非圆成实相。又于此余异类可得相及譬喻中，有一切同类相者，由此因缘于所成立不决定故，亦名非圆成实相，非圆成实故。非善观察清净道理，不清净故不应修习。若异类譬喻所引相，若非善清净言教相，当知体性皆不清净。"[①]

1. 同类可得

"若一切法意识所识性，是名一切同类可得相。"这是释第"三者一切同类可得相"。谓在一切法上，都可攫到他们的共同性，名为一切同类可得相。如一切法均为意识所识性，假使以这通于一切的意识所识性去成立什么法，如说声是无常，因为是意

---

① 玄奘译《解深密经》。

识所识性，但意识不但识声是无常，而且也能知了常住的无为。所以你说意识所识的这话，就不能决定声是无常还是常了。因为，色、香、味、触是无常，是意识所了知的，虚妄无为是常住，也是意识所了知的。如是，你所说的声，为如色、香、味、触是无常呢？还是如虚空无为是常住？因为意识所识性，是遍于色等无常及虚空常住的。所以声的常或无常，在这样的双征之下，就决定不能成立，而为一切同类可得的不清净相了。后来陈那《集量论》说："比度有理，狭证宽，不能以宽证狭，以有别德可比有总德（属性），以有德可比有实，以德依实，然不能比某一别实，除非是唯一所依之。"①这是说因法的外延必须狭于宗法，否则就会犯"共不定"的因过。

2. 异类可得

"若一切法相性业法因果异相，由随如是一一异相，决定辗转各各异相，是名一切异类可得相。"这是释第四一切异类可得相。宇宙一切法，各有他的法相，假使要以别的异相去成立什么，如说声是无常，所闻性故。但除了声外，再也找不到其他任何一法属所闻性。找不到同类的所闻性，就不能以所闻性去证成声是无常，如以此去证成，就名一切异类所得的不清净相了。在新因明中，这叫"不共不定因"过，是三支式中举不出同喻依前过失。

3. 非圆成实相

"善男子，若于此余同类可得相及譬喻中，有一切异类相者，由此因缘于所成立非决定故。是名非圆成实相。"这是释第六非圆成实相。谓前所说的，不论是同类可得相，异类可得相，都不能正确观察道理，所以是非圆成实相。

---

① 法尊译《集量论略解》，中国社会科学出版社，1982年，第31页。

4. 非善清净言教相

"非善观察清净道理,不清净故不应修习。若异类譬喻所引相,若非善清净言教相,当知体性皆不清净。"不论是同类可得相,异类可得相,都不能正确观察道理,使所要建立的道理,决定得以成立,所以不是清净无谬的,因为不是清净无谬的,所以诸有学习正确理论的不应去学习他,而应追求合法合理的正确理论。若异类譬喻所引相,若非善清净言教相,当知体性皆不清净,这是解释标中的第五及第七相。就第五相说,如立声是无常,无质碍故。这样,你所建立的理论,就唯有异类譬喻中的虚空相可得,而没有其他的事由可以证成你的声是无常的了,同时,你所说的无质碍的因,也就谬误不清净了。第五不清净相即"异类譬喻所得相",喻依"虚空"无质碍,但为"常",新因明中称之为"相违因"过。

至于第一种不清净相"余同类可得相"和第二类不净相"余异类可得相"可分别归入于第三、第四不清净相,故不另说明。

此五种清净和七种不清净在民国时期先后被谢蒙的《佛教论理学》和覃寿公的《哲学新因明论》等所引用,说明它们在汉传因明中仍是有影响的。

第十章

无著的古因明思想(上)

无著(约4、5世纪人),亦称"无着",印度大乘佛教瑜伽行派创始人之一,与其弟世亲同为唯识理论的奠基者。其所著的《瑜伽师地论》为唯识宗之本论,其中首次用"因明"术语代替了"尼夜耶",并且从七个方面讲因,史称"七因明",其他与知识论相关的著作有《显扬圣教论》《大乘阿毗达磨集论》《顺中论》等。《瑜伽师地论》假托弥勒所作,无著为记,实为无著所撰,全书一百卷,但以前五十卷为主体,论述瑜伽修行之十七地。《瑜伽师地论》是大乘瑜伽行宗的根本经典,也是唯识古因明的经典,本章先介绍《瑜伽师地论》的古因明思想。

第一节 "七因明"的辩学体系

因明词源何起?一般认为在《瑜伽师地论》第十五卷"闻何成地第十之二"中,首次使用"因明处"。但有学者引用巴宙从巴利文翻译的《南传弥兰王问经》中已提到1—2世纪的弥兰王已熟悉十九项技艺,其中包括"因明"。[①] 但我们迄今所见南传大藏经中

---

① 《因明》第2辑,甘肃民族出版社,2008年,第132页。

都只提"论事",未见有因明的提法。此或为译者所误。台湾学者林崇安也说在成文于1世纪的《大毗婆沙论》中已出现"因明"术语。[①] 但此论是由玄奘所译,文中且说"因明论者"非佛教学者,可能泛指古师逻辑,应是玄奘译语上的借用。

什么是因明呢? 无著云:"谓于观察义中诸所有事。""观察义"即是所立法,"诸所有事",则指能立法。前者是宗,后者是因。无著从七个方面讲因,形成了一个完整的辩学体系,其中也包含了知识论和逻辑论,史称"七因明"。

一、论体性

这是指论辩中所用语言的体性,分为六种:

1. 言论:即"一切言说、言音、言词",语言以声音为性,言说为体。

2. 尚论:就是所崇尚的议论,一方面是指大众所可崇敬的观点,"谓诸世间,随所应闻,所有言论",另一方面也指各宗各派各自所推尚的学说。

3. 诤论:即指不同意见,其起因有三种:

(1) 依诸欲所起的诤论:这是指利益不同引起的分歧。

(2) 依恶行所起的诤论:"重贪瞋痴所拘蔽者,因坚执故,因缚著故,因耽嗜故,因贪爱故。"这是指由于错误认知而导致意见分歧。

(3) 依诸见所起之诤论:这是指由于主观执见而引生的分歧,如"萨迦耶见、[②]断见、无因见、不平等因见、常见、雨众见等"。

4. 毁谤论:怀恨在心,出言不逊,或以奇言宣说恶法"谓怀愤

---

① 林崇安《印度因明源流略探》,《法光》1996年。
② 五见之一的身见,执着身体为真实之见。

发者,以染污心,振发威势,更相挍毁……"

5. 顺正论:"为诸有情宣说正法。"这是指佛教的弘法:"谓于善说法律中。为诸有情宣说正法。研究抉择。教授教诫。为断有情所疑惑故。为达甚深诸句义故。为令知见毕竟净故。随顺正行。随顺解脱。是故此论名顺正论。"

6. 教导论:"谓教修习增上心学,增上慧学。"指教导修行得到真智的言论。"所有言论。令彼觉悟真实智故。令彼开解真实智故。是故此论名教导论。"

本论认为最后二论"是真是实,能引义利,所应修习"。这里的第 1 论"言论"是指总体,而后面的五论则是其分类,2、5、6 的尚论、顺正论、教导论是对圣教的论证和弘发,"是真是实,能引义利,所应修习"。而 3、4 的诤论和毁谤论则是背离了圣教应予以摒弃。"若诸菩萨求因明时,为欲如实了知外道所造因论是恶言说,为欲降伏他诸异论,为欲于此真实圣教:未净信者,今其净信;已净信者,信令增广。"①因明作为论法的性质,诤论和毁谤论中即使有堕负处,也仍应是因明研究的对象,只是从解脱道而言,此二论才是应"摒弃"的。

二、论处所:即论辩的场所

分为六种,即于王者,于执理家,于大众,于圣贤,于沙门、婆罗门,于寻求真理者(于乐法义者)。

关于论处所,即论辩的对象,与《遮罗迦本集》只提到"辩论对手有三种,即比自己优秀者、比自己低劣者、与自己对等者"以及愚者或智者等听众不同,而这里首次提出论辩的六种处所,突出了与

---

① 《瑜伽师地论》卷三八卷,《大正藏》第三〇册,第 503 页。

说理者才可去辩论,否则是"秀才碰着兵,有理说不清"。

三、论所依

这是指论辩所依据的论式和知识,又称"能立八义"。这部分是"七因明"中逻辑论和知识论的集中表述,放在第二、三节专述。

四、论庄严

佛教中的"庄严"是指庄重严肃,这里是指论辩中的审美要求,也包括了论辩心理与辩德的内容。《地论》分为五种:

1. 善自他宗:即对敌我双方的学说和论旨都十分精通,知己知彼,才能百战百胜。

2. 言具圆满:即要有熟练的遣词、表达能力,具体来说,要具备"五德":"一、不鄙陋,二、轻易,三、雄朗,四、相应,五、义善。"不鄙陋者,即要在论辩中使用通俗的语言,不能用冷僻的土语、方言或者是粗俗的下层社会语言。轻易者,即语言简明好懂,不能故作深奥,掉书袋子。雄朗者,即口齿清楚,语调清亮,轻重适宜,有节奏变化,用词恰当,语词丰富等论辩学中的语言、音色等要求。相应者,即辩词前后要保持一致,不能自相矛盾或混淆概念。义善者,即辩词的含义不能颠三倒四,而要能表达真理。说声论的"言具圆满"更有九种相。

3. 无畏:这是指论辩心理和辩态,体现辩手的人格形象。无著云:"处在多众、杂众、大众、执众、谛众、善众等中,其心无有下劣忧惧。身无战汗,面无怖色,音无謇吃,语无怯懦。"这是种大无畏的辩态。多众,是指人多的场合;杂众,是指参加论辩的人很杂驳;执众,是指有偏执的论辩对手及旁听者;谛众、善众则是能通达事理,皈依真理的群众。无论面对何种场合和对象,辩者都要坚强自信,体态、表情自然,语言流畅,理直气壮。在佛教史上曾有众多大德高僧"抗诏而立说言,兴论以详正义",在论辩中具有这样一种一往无前、大义磅礴的气势。

4. 敦肃:这是指论辩中的一种礼貌:"待时方说,而不儳越。"即要让他人把话讲完,不可中途截断,这也是一种辩德的要求。

5. 应供:"为性调善,不恼于他,终不违越。诸调善者,调善之地,随顺他心,而起言说……言词柔软,如对善友,是名应供。"也就是要以对方的思路来应机说法,因势利导,而且要与人为善,语言柔和随顺,这些既是辩德要求,又是一种以柔克刚的论辩妙法。

体现这五种庄严,无著又提出了二十七种辩德:

1. 众所敬重。

2. 言必信受。

3. 处大众中都无所畏。

4. 于他宗旨深知过隙。

5. 于自宗旨知殊深德。

6. 无有僻执于所受论,情无偏党。

7. 于自正法及毗奈耶无能引夺。"毗奈耶"是指"根本说一切有部毗奈耶",即律藏。

8. 于他所说速能了悟。

9. 于他所说速能领受。

10. 于他所说速能酬对。

11. 具语言德令众爱乐。

12. 悦可信解此明论者。

13. 能善宣释义句文字。

14. 令身无倦。

15. 令心无倦。

16. 言不謇涩。

17. 辩才无尽。

18. 身不顿悴。

19. 念无忘失。

20. 心无损恼。

21. 咽喉无损。

22. 凡所宣吐分明易了。

23. 善护自心令无忿怒。

24. 善顺他心令无愤恚。

25. 对论者心生净信。

26. 凡有所行不招怨对。

27. 广大名称声流十方。

五、论堕负

堕负又叫负处,这里是指论辩中的失误,分为三类,即"一、舍言,二、言屈,三、言过"。

所谓舍言,就是舍弃自己的论点,其中又分为十三种,或是承认自己的言论不完善,或是自认不善于观察事理,或者承认己方词穷理屈,或是要求中止辩论等:"何等名为十三种词谓。立论者谢对论者曰。我论不善汝论为善。我不善观。汝为善观。我论无理汝论有理。我论无能汝论有能。我论屈伏汝论成立。我之辩才唯极于此。过此已上更善思量当为汝说。且置是事我不复言。以如是等十三种词。谢对论者舍所言论。舍所论故。当知。被破为他所胜。堕在他后。屈伏于彼。是故舍言名堕负处。"

所谓言屈,是指在论辩中或是借口退却,或是转移论题,或是以发脾气自我掩盖,或是表示为傲慢、沉默等,也有十三种表现:"言屈者。如立论者。为对论者之所屈伏。或托余事方便而退。或引外言。或现愤发。或现瞋恚。或现憍慢。或现所覆。或现恼害。或现不忍。或现不信。或复默然。或复忧戚。或竦肩伏面。或沉思词穷。假托余事方便而退者。谓舍前所立更托余宗。舍先因喻同类异类现量比量及正教量。更托余因乃至正教。引外言者。谓舍所论事。论说饮食王臣盗贼衢路倡秽等事。假托外缘舍本所立。以遣他难。现愤发者。谓以粗犷不逊等言。摈对论者。现瞋恚者。谓以怨报之言。责对论者。现憍慢者。谓以卑贱种族等言。毁对论者。现所覆者。谓以发他所覆恶行之言。举对论者。现恼害者。谓以害酷怨言。骂对论者。现不忍者。谓发怨言怖对论者。现不信者。谓以毁坏行言。谤对论者。或默然者。谓语业顿尽。或忧戚者。谓意业焦恼。竦肩伏面者。谓身业威严而顿萎瘁。沉思词穷者。谓才辩俱竭。由如是等十三种事。当知言屈。"

言过则分有九种:

1. 杂乱:转移论题,杂说到其他地方去。

2. 粗犷:耍态度、发脾气。

3. 不辩了:硬说对方或听众对某问题理解力差,不能进入辩论。

4. 无限量:辩词或是重复啰嗦,或是残缺不全。

5. 非义相应:也就是答非所问,辩不对题,其中又细分为十种:"非义相应者。当知有十种。一无义。二违义。三损理。四与所成等。五招集过难。六不得义利。七义无次序。八义不决定。九成立能成。十顺不称理诸邪恶论。"

6. 非时:辩词中前后次序颠倒。

7. 不决定：出尔反尔，反复无常。

8. 不显了：语义不明确。

9. 不相续：辩词有中断，前后不连贯。

六、论出离

出离，就其本意而言是指超越过失之义，此处则专指在参与论辩之前："先应以彼三种观察，观察论端，方兴言论，或不兴论，名论出离。"具体来说就是"观察得失""观察时众""观察善巧及不善巧"，也就是依据论题、对象、知识方面的条件而决定是否参与辩论。

1. 观察得失者

"谓立论者。方兴论端。先当观察。我立是论。将无自损损他及俱损耶。不生现法后法及俱罪耶。勿起身心诸忧苦耶。莫由此故执持刀杖斗骂。诤讼诸诳妄语而发起耶。将无种种恶不善法而生长耶。非不利益安乐若自若他及多众耶。非不怜愍诸世间耶。不因此故诸天世人无义无利不安乐耶。彼立论者如是观时。若自了知我所立论能为自损。便自思勉不应立论。若如是知我所立论不为自损。乃至能引天人义利及与安乐。便自思勉当立正论。是名第一或作不作论出离相。"

2. 观察时众者

"谓立论者方起论端。应善观察现前众会。为有僻执为无执耶。为有贤正为无有耶。为有善巧为无有耶。如是观时。若知众会唯有僻执非无僻执。唯不贤正无有贤正。唯不善巧无善巧者。便自思勉。于是众中不应立论。若知众会无所僻执非有僻执。唯有贤正无不贤正。唯有善巧无不善巧。便自思勉。于是众中应当立论。是名第二或作不作论出离相。"

3. 观察善巧不善巧者

"谓立论者。方起论端。应自观察善与不善。我于论体论处。论依论严。论负论出离等。为善巧耶。不善巧耶。我为有力能立自论摧他论耶。于论负处能解脱耶。如是观时。若自了知我无善巧非有善巧。我无力能非有力能。便自思勉。与对论者不应立论。若自了知我有善巧非无善巧。我有势力非无势力。便自思勉。与对论者当共立论。是名第三或作不作论出离相。"

七、论多所作法

这是指参加辩论者的资格条件:"一、善自他宗;二、勇猛无畏;三、辩才无竭。"

相对于《正理经》《遮罗迦本集》《方便心论》而言,《瑜伽师地论》的辩学体系更为系统和细密,当然在内容上也有交叉重复的地方,但仍应看作是佛教论辩学的集大成之作,其后的印度新因明转向以知识论为主导。

第二节 "能立八义"中的逻辑思想

在"七因明"中的第三"论所依",其中"能成立义"中分为八项,前五项中"立宗""辩因""引喻"是专讲论式的,"同类""异类"则是喻支的概念论,"比量"既是知识论又是逻辑的推理论,此为论辩的直接所依,由本节介绍。后二项"现量""正教量"则是知识论,是论辩的间接所依,由第三节专述。

一、所成立义

即论题,又分为"自性"与"差别",即主辞与宾词,由这二者构成论题,在梵文中没有谓词"是",而是由第五啭声来表示。

二、能成立义:这是指论辩的方法和手段,即"能立八义"

1. 立宗:无著云:"立宗者,谓依二种所成立义,各别摄受自品所许,或摄受论宗,若自辩才,若轻蔑他,若从他闻……"即依据于"自性"和"差别"二种所成立义,按照自己的意愿来构成一个论题。

立宗到底是能立还是所立,因明史上争论不休,其实,相对于敌者而言,宗是立论中的一部分,应该属能立。而相对于论式内部其他支分,宗的成立,要依赖于因、喻诸支分,这时宗又成了所立,而因、喻等才是能立。

2. 辩因:无著说:"辩因者,谓为成就所立宗义,依所引喻、同类、异类、现量、比量及与正教,建立顺益道理言论。"这是说,为了成就宗义,通过引喻和现、比、正教三量作为因,才能使宗确立。《瑜伽师地论》尚未涉及因三相,对因的认识还是比较表层的。

3. 引喻:喻是因所依据的具体事例,要求为世间所共许并易于为人理解。

4. 同类。

5. 异类:这是两种引喻:"同类者,谓随所有法,望所余法,其相展转少分相似"。"所有法"这是指宗有法,"同类"即指与宗有法具有相似属性的事物。这种相似又分为相状(外形)、自体(本质属性)、业用(功用)、法门(性质)、因果(展转)五种,在外延上大都可以转换成包含关系,由此,喻才能显现宗、因间的不相离关系。与此相反,"异类"即"所有法望所余法,其相展转,少不相似"。这种不相似也可分为五种相状:相状、自体、业用、法门、因果。同类和异类在外延上是什么关系呢?窥基《大疏》释云:"故瑜伽说同异喻云,少分相似及不相似,不说一切皆相似一切皆不相似。不尔,一切便无异品。"

对"少分"的理解,相似不相似仅在所诤之有法声是否具有"无常"上,不是与声全同,否则就无同品、异品。

同、异的概念,这是古代哲学中最早涉及的哲学范畴之一,古印度亦如此。就因明古师而言,较早提出同、异范畴的是胜论的六句义:实、德、业、同、异、和合。这里的同是指实德业三,有体是一,同一有故。异是指万有之间的相异关系。在数论派早期的《遮加罗本集》中把这六句义列为议论原则的第2—7目。《方便心论》作为外道的论法列在"明造论品"中。同品、异品在五支论式中即为同喻、异喻。在《方便心论》中已提到了具足喻和少分喻两种,许地山把其看作是同、异喻,但宇井百寿则认为具足喻和少分喻乃是喻与所喻的事物之间相似程度的不同:具足喻是在全体上相似,少分喻则只是部分相似而已。[①] 与此同时代的《正理经》中虽未明确同、异喻的名目,但已按此把喻分为二条:[Ⅰ-1-36]经云:"喻与所立同法,是具有(宗)的属性的实例。"[Ⅰ-1-37]经又云:"或者是与其(宗)相反(性质)的事例。""具有"和"相反"这至少是指相违关系。可以认为已提出了同、异喻。

从现有的资料看,最明确区分出同、异二种喻的是无著的《瑜伽师地论》,在其《显扬圣教论》中只提后四种相似。

6. 现量:即纯感觉。

7. 比量:这是指推理性知识。

相比量:如从"见幢故",比知"有车";如"见烟故",比知"有火"。共举了十六种实例。

体比量:"现见彼自体性故,比类彼物不现见体;或现见彼一分自体比类余分,如以现在比类过去,或以过去比类未来。"佛家认为

---

① 参见沈剑英《佛教逻辑研究》,第585页。

"过去""现在""未来"属于同一体性,合称为"三时",故可作比类推理,共举了六种实例。

业比量:"谓由作用比业所依。""业"即作用,如见此物无有动摇,鸟居其上,由是等比是杌(树杈)。"曳身行处,比知是蛇;若闻嘶声,比知是马;若闻哮吼,比知狮子;若闻咆勃,比知牛王。"这是由事物的功能特点来推知事物的存在,共举了二十五种实例。

法比量:"谓以相邻相属之法,比余相邻相属之法。"即由一事物所具有的某一"相邻相属"的性质,推知另一"相邻相属"的性质。这是对一事物所具有的两种制约性属性的类比推理,有九种实例。

因果比量:"谓以因果展转相比。"既可由因推果,亦可由果溯因,举了三类十八项实例。从以上五种比量来看,《地论》所述仍然属于五支类比的性质,但亦带有一定的演绎色彩,正是在此基础上,陈那进一步构成了演绎因明的体系。在后来法称把立物因分为自性因和果性因,是否有体比量、因果比量分类的影响。

8. 正教量(即圣教量):"正教量者,谓一切智所说言教,或从彼闻或随彼法。""一切智"即是佛陀、佛的言教,或听闻其教,或遵从佛法,都是正教量,即圣教量。复分为不违圣言、能治杂染、不违法相三种。无著又作了阐发,此仍是佛家的解脱道。

无著的"能立八义"和《方便心论》的"八种议论"比较如下:

无　著	方便心论
1. 立宗	1. 随所执
2. 辩因	2. 知因
	(现、比、喻、随经书)

续　表

无　著	方便心论
3. 现量	
4. 比量	
5. 正教量	
6. 引喻	3. 譬喻
7. 同类	具足喻
8. 异类	少分喻
	4. 语善
	5. 语失
	6. 应时语
	7. 论语难
	8. 似因

从上表中可知《瑜伽师地论》的能立八义只是对《方便心论》八能立中随所执、知因、譬喻三能立的展开，而且在量的分类中删略了譬喻量，在喻支中首次提出同类和异类两个概念。《方便心论》中的余五能立，主要是论辩中的语言及过失论，无著是在其他部分另述的。

"问为欲成就所成立义。何故先立宗耶。答为先显示自所爱乐宗义故。问何故次辩因耶。答为欲开显依现见事决定道理。令他摄受所立宗义故。问何故次引喻耶。答为欲显示能成道理之所依止现见事故。问何故后说同类异类。现量比量。正教等耶。答为欲开示因喻二种相违不相违智故。又相违者。由二因缘。一不决定故。二同所成故。不相违者。亦二因缘。一决定故。二异所成故。其相违者。于为成就所立宗义。不能为量故。不名量。不相违者。于为成就所立宗义。能为正量故名为量。"这是对八能立排列次序的说明,宗、因、喻是直接论证,同类、异类及三量是从知识论角度反面排除与能立宗相违的过失。

第三节 《瑜伽师地论》的知识论思想

《瑜伽师地论》的知识论思想,不仅集中体现在第十五卷中的"能立八义"中,亦散见于其他各卷中,现择要叙述之。

一、量有三种

1. 现量

"能立八义"中的第六是现量。

(1) 何为现量

"现量者,谓有三种:一、非不现见;二、非已思应思;三、非错乱境界。非不现见现量者,复有四种,谓诸根不坏,作意现前,相似生故、超越生故、无障碍故、非极远故。

相似生者,谓欲界诸根,于欲界境,上地诸根,于上地境,已生已等生,若生若起,是名相似生。

超越生者,谓上地诸根,于下地境,已生等如前说,是名超越生。

无障碍者,复有四种:一、非覆障所碍;二、非隐障所碍;三、非映障所碍;四、非惑障所碍⋯⋯

非已思应思现量者,复有二种:一、才取便成取所依境;二、建立境界取所依境⋯⋯

错乱境界现量者,谓或五种,或七种。五种者,谓非五种错乱境界。何等为五？一、想错乱;二、数错乱;三、形错乱;四、显错乱;五、业错乱。七种者,谓非七种错乱境界。何等为七？谓即前五,及余二种遍行错乱,合为七种。何等为二？一、心错乱;二、见错乱。想错乱者,谓于非彼相起彼相想,如于阳焰、鹿渴相中起于水想。数错乱者,谓于少数起多数增上慢,如医眩者于一月处见多月像。形错乱者,谓于余形色,起余形色增上慢,如于旋火,见彼轮形。显错乱者,谓于余显色,起余显色增上慢,如迦末罗病损坏眼根,于非黄色悉见黄相。业错乱者,谓于无业事起有业增上慢,如结拳驰走,见树奔流。心错乱者,谓即于五种所错乱义,心生喜乐。见错乱者,谓即于五种所错乱义,忍受显说,生吉祥想,坚执不舍。若非如是错乱境界,名为现量。"[①]

这里是对现量作界定,无著是从否定方面来界定的。即"一、非不现见;二、非已思应思;三、非错乱境界"。

"非不现见"成这种现量的基本条件是"诸根不坏,作意现前"。在这两项条件之下构成的非不现见现量有四种：一、相似生;二、超越生;三、无障碍;四、非极远。

"相似生"指根和境在同一界地生起的现量。

"超越生"指超越于根本身所属的界或地而对较低层次的界或地的境所起的现量。例如上地诸根对下地的境产生的认识。

"无障碍"可分为四种：一、非覆障所碍；二、非隐障所碍；三、非映障所碍；四、非惑障所碍。

覆障所碍指被黑暗、无明暗、不澄清色暗所覆障。黑暗和无明暗都是光线不足的情况。不澄清色暗指污浊的水或弥漫的烟雾

[①] 《大正藏》第30册,第357页 a–c。

等,这些东西能阻碍我们认识事物。

隐障所碍指被一些隐藏着的力量阻碍着,例如药草、咒术、神通等力量。

映障所碍指细小或少量的东西掺杂在庞大或大量的东西之中而不被认识。例如星、月的光被日光遮盖,众星的光被月光遮盖等情况。

惑障所碍指事物在虚幻当中,或被耀眼的对象相所迷惑。

"非极远"指根与境之间没有太远的距离阻碍着认识。引文列出三种距离,分别是:空间上的距离、时间上的距离和致令对象事物损减的距离。

第二个界定现量是非已思应思现量。这又可分为两种:一、才取便成取所依境;二、建立境界取所依境。

才取便成取所依境是指与对象事物接触时,实时取得的知觉,这些知觉一经取得,立刻就成为我们对于对象事物的认识的所依。例医生配药给病人,药的色、香、味、触是病人服药时立即、直接取得的知觉。这些知觉立刻就构成了该病人对于那药物的认识,这些认识包括药物的颜色、香气、味道和冷热等,这些于药物的功效,则不是直接从接触中认识到的,而是要从病人的病情来推断,即是要透过思考才能认识到,所以称为应思或已思。

"建立境界取所依境"指某种知觉,这知觉是建立境界的所依,无著以地界为对象,从对地界的思维而建立水、火、风等界。

总之,"非已思应思现量"都是指对于对象事物的直接的、实时的认识。而不是要经过思维才能达到的认识。

非错乱境界现量:又分为七种:即想错乱,如鹿见阳焰以为是水;数错乱(对事物的数量搞错了),如目眩,于一月处见多月;形错乱,如见旋火为轮;显错乱,如紧握双拳快奔,似见两旁树木在移动;此外还有业错乱、心错乱和见错乱。造成这些错乱,既有主观的、病理的原因如"迦末罗病（黄疸病）"，也有客观的、外部的原因。以上关于现量的论述相比于《正理经》简单的定义有更广泛深入的思考，后来新因明正是在此基础上概括为现量"无分别"。

（2）现量的分类

"问：如是现量，谁所有耶？答：略说四种所有：一、色根现量；二、意受现量；三、世间现量；四、清净现量。色根现量者，谓五色根所行境界，如先所说现量体相。意受现量者，谓诸意根所行境界，如先所说现量体相。世间现量者，谓即二种总说，为一世间现量。清净现量者，谓诸所有世间现量，亦得名为清净现量。或有清净现量非世间现量，谓出世智于所行境，有知为有，无知为无，有上知有上，无上知无上。如是等类，名不共世间清净现量。"[①]

量共分为四种：一、色根现量；二、意受现量；三、世间现量；四、清净现量。色根现量指通过五根取得的认识，这即是前五识所起的认识。但引文强调"如先所说现量体相"，这表示前五识所生的认识并非全属现量，必须符合前文所说的现量条件才能称为现量。如错乱境界不是正确的认识，所以不能称为现量。意受现量指透过意根取得的认识，即是意识所起的认识，但无著认为根识和意识是交替而起，故此二种现量是俱起。色根现量和意受现量总称为世间现量。所有世间现量亦可称为清净现量。因为此时认识没有善、恶之分，所以是清净的。而清净现量亦包括一些非世间现量。非世间现量是叫"不共世间清净现量"，这就是一种修定中的直觉，后来被称为瑜伽现量。在这四个分类，尚未有自证现量。把现量分为"世间"和"非世间"二类，这是与佛家的俗谛、真谛二谛论相一致的，也与外道婆罗门各派哲学中区分的"下梵""上梵"

---

① 《大正藏》第30册，第357页c。

二种知识的说法相似。

2. 比量

"能立八义"之七,分为五种,如前已述,这是属于逻辑推理的内容。

3. 正教量(即圣教量)

"能立八义"之七八:"正教量者:谓一切智所说言教,或从彼闻,或随彼法。"正教量应具备三个条件:"一、不违圣言,二、能治杂染,三、不违法相。"作为佛门的正教量又有六种类型,即:"增益损减门""决定非定门""差别无别门""因果相违门""染净相违门""假实相违门"。对圣教量的界定和分类比《方便心论》更明确和详细了。

在之前的因明古师中,大都承认有现量、比量、圣教量、譬喻量,但自此开始删略了譬喻量,只保留三种,其后陈那又归并为现、比二种,但无论是藏传因明还是汉传因明仍常常三量并举。

二、极微为假立——外境非实在

"色聚中,曾无极微生。若从自种生时,唯聚集生,或细、或中、或大。又非极微集成色聚,但由觉慧分析诸色极量边际,分别假立,以为极微。又色聚亦有方分,极微亦有方分。然色聚有分非极微,何以故?由极微即是分,此是聚色所有,非极微。"①

当时印度流行的观点认为物质是由极微或原子聚集而成的,而极微本身是实在的东西,所以由极微聚集而成的东西亦具有实在性。但无著认为物质性的东西是色聚,但这些色聚并不是由极微构成的。由"觉慧"对物质进行分析,设想物质被分析至最微小

---

① 《大正藏》第30册,第290页a。

的状态,对这种最微小的物质单位安立概念,称为极微。而"觉慧"是慧的分位,作用是对于对象进行判别。这个"觉慧"也属于识,觉慧生极微,也就是识生外境。

无著又认为一切实在的东西都有"方分"。"方分"指一件东西有其空间体形,有空间体形即又可分,但极微是最细小的物质单位,理论上不应可再分析为方分。如果说极微有方分,它就不是最细小的物质单位,这与极微本身的定义相违。如果说极微没有方分,它就不是实在的东西。所以,极微只可能是一个假立的概念。这里用的是一个二难推理,很厉害。正如西方哲学曾争论,原子是否可分,如可分就不是原子。现代科学已探索到比原子更小的基本粒子,且尚未再能分割,物质无限可分的说法已受到质疑。不可分割的基本粒子可以不称之为"基本",但不影响其实在性。有形体物理学称之为刚体,是物质。无形体者如场,只要是独立外在于我们意识之外的,也是客观存在的物质现象。从近代以来,就有用量子的测不准现象来否定其客观实在性,近来更是沸沸扬扬地说唯物主义灭亡了,其实,测不准只是认识中的某种局限,并不能否定量子的客观实在性。又有用暗物质、多重宇宙等论证独立的精神世界的存在,科学的每一进步,拓展了更多的未知领域,由此种种新说法也应运而生。

三、认识的主体——心和心所

《瑜伽师地论》卷一云:"由眼识生。三心可得。如其次第。谓率尔心。寻求心。决定心。初是眼识。二在意识。决定心后。方有染净。此后乃有等流眼识。善不善转。"从心、识关系而言,心识觉知外境(对象)时,顺次而起之五种心即:卒尔、寻求、决定、染净、等流五心。

（1）卒尔心。"卒"有急迫、仓促之意，又作率尔堕心。率尔，即突然之意。谓眼识初对外境时，于一刹那所起之心；此心卒然任运而起，故尚未有善恶之分别，这是指未生起判别的纯感觉。

（2）寻求心。谓欲审知明了外境，即推寻求觅而生起分别见解，这是指知有意识、有动机、有目的认知活动。

（3）决定心。谓既已分别所缘之境法，则能审知决定善恶，这是对认知对象善恶等的判别。

（4）染净心。由此对于外境生起好恶等情感之心。

（5）等流心。等，平等之义；流，流续之义。谓于善恶之法既已分别染净，则各随其类而相续不已；于善法则持续净想，于恶法则持续染想，念念相续，前后无异。五心之中，率尔心多为一念，其余四心则每每多念相续。

"五心"体现的是一个认识深化的过程。

"时意识名率尔堕心，唯缘过去境。五识无间所生意识，或寻求、决定，唯应说缘现在境，若此即缘彼境生。又识能了别事之总相。即此所未了别所了境相，能了别者说名作意。即此可意、不可意俱相违相，由触了别。即此摄受、损害俱相违相，由受了别。即此言说因相，由想了别。即此邪、正俱相违行因相，由思了别。是故说彼作意等，思为后边，名心所有法，遍一切处、一切地、一切时、一切生。"①

这是说率尔堕心唯缘过去境。意识所缘的都是过去境，因为现前的境由前识缘取，而随着生起的意识所缘的已是前刹那的境。但一般情况下，意识的寻求心和决定心紧接着前五识生起，而所缘的境相跟五识直接缘取的现前境相无异，所以在这种角度，也可以

---

① 《大正藏》第30册，第291页b。

说意识缘现在境。

意识和五种相应的心所的了别作用。意识能了别作为对象的事物的总相。总相是相对于别相来说。事物的整体相状是总相，而事物的各方面特性，例如颜色、大小、形状等就是它的别相。任何事物必有总相，亦必有别相。作意只是令心警觉，从而引出其他心所，所以真正了别事物别相的是其他心所，而不是作意本身。一件对象事物有很多方面的特性，其中，这件事物对于主体是可意乐或不可意乐方面的特性，由触了别。这事物对于主体是能够接受或有所损害的，由受了别。这事物作为引意识生起种种概念的原因，它的特性如何，由想了别。这件事物作为引发主体作出邪、正行为的原因，它的特性如何，由思了别。由作意至思称为心所有法。这五种心所有法遍于一切处、一切地、一切时、一切生。

四、认识发生的机制

1. 根识的发生

"云何眼识自性？谓依眼了别色。彼所依者，俱有依谓眼，等无间依谓意，种子依谓即此一切种子执受所依，异熟所摄阿赖耶识。如是略说二种所依，谓色、非色。眼是色，余非色。眼谓四大种所造，眼识所依净色，无见有对。意谓眼识无间过去识。一切种子识谓无始时来，乐着戏论，熏习为因，所生一切种子异熟识。彼所缘者，谓色，有见有对。此复多种，略说有三，谓显色、形色、表色……如是一切显、形、表色……彼助伴者，谓彼俱有相应诸心所有法，所谓作意、触、受、想、思，及余眼识俱有相应诸心所有法。又彼诸法同一所缘，非一行相，俱有相应，一一而转。又彼一切各各从自种子而生。彼作业者，当知有六种，谓唯了别自境所缘，是名初业；唯了别自相；唯了别现在；唯一刹那了别。复有二业，谓随意识转,随善、染转,随发业转。又复能取爱、非爱果,是第六业。"①

这段文字分析眼识的自性就是依于眼根而对色境进行了别。

眼识的所依是什么呢?所依表示构成的因素。构成眼识的因素有三种,为俱有依、等无间依和种子依。

眼识的俱有依指眼识须依赖而生起的因素,而这因素与眼识是同时存在的。这因素就是眼根。

等无间依是指眼识的生起必定紧随着前识,在前识灭去时,眼识就紧随着而生起,两识之间毫无间罅。此前识就是眼识的等无间依。引文说,眼识的等无间依是"意"这是指意识。前五识中必须待此意识灭后,才能生起其他识。所以眼识不可能紧随耳、鼻、舌、身等识,而只能随着意识的灭去而生起。

种子是事物在现起之前的依据。这种子就是阿赖耶识亦称为异熟识。此阿赖耶识不单为眼识的种子依,亦为其余所有事物的种子依。

以上所说的眼识的所依有三种,亦可简单地分为两类,一类是色,另一类是非色。

眼识的俱有依,即眼根属于色,等无间依和种子依属于非色。色指物质性的东西,眼根由四大种所造,是眼识所依的净色根。它不可见,有质碍,即是不能与其他东西共享同一空间。这不是指眼球,眼球称为扶尘根。眼根应是指眼球以外的视觉系统,故此一般不能见到的,精神性的细扶根尘。

意和一切种子识都是非物质性的东西,这是非色。意即意识,即有眼识之前,为眼识所紧随的识。一切种子识摄持一切种子,这些种子是从无始以来,由于主体作业,执着世间事物为实在,业所

---

① 《大正藏》第30册,第279页a-b。

熏习而成的。

眼识的所缘是色。这个色，能够见到，亦有质碍。色分为三种：显色、形色和表色。显色指对境的不同程度的光暗、深浅、清浊等。形色构成的形状，即方、圆、长等方面说，表色就是不同的颜色，如青、红、黄、白等。这三种色是眼识以对象为缘而生起的表象所具有的三方面性质。例如远处的一座山作为我们的眼识的所缘，它被雾笼罩着，所以在显色而言是蒙眬的，形色是近乎三角形，而表色方面则是褐色。

眼识的助伴指伴随着眼识一同生起的五十一种心所，实际上是指各种心理活动。这些心所是构成以某种认识为中心的心理作用的能力，它们包括作意、触、受、想、思和其他与眼识相应的心所。其他四十六种心所则就着个别认识而生起，例如当对象是顺适的，就会生起欲，甚至贪等心所。

眼识的作业有六种。第一种特征是"唯了别自境所缘"，这表示眼识只了别本身的所缘境，即是色境，而不会了别其他识的境，例如声境、香境等。

第二种是"唯了别自相"。眼识只了别对境的自相，意思是它只会认识对境本身，而不会把对境的某些性质抽象出来，成为与其他事物共有的相状。

第三种是"唯了别现在"，这表示眼识只了别现前的境，而不会追忆过去或预测未来的事物。

第四种是"唯一刹那了别"。唯识宗对于事物存在的形态采取刹那生灭的看法，以他们会认为眼识的生起亦只是一刹那之事。

第五种是"随意识转"。这表示眼识在德性方面跟随着俱起的意识，意识能够决定发善业或染业，当意识发善业，相应的眼识就是善性；当意识发染业，相应的眼识亦随之为染。

第六种特征是能缘取可爱的或非可爱的对境。唯识宗认为，对境是从种子生起，而种子是潜藏着过去的业力，所以对境就是从前作业的果报。这些果报有可爱的，有非可爱的，两种果报都能为眼识所缘取。

分析了眼识产生的机理，耳、鼻、舌、身其他四根识同理，下面就要说第六意识形成的机制。

2. 意识的发生

"云何意地？比亦五相应知，谓自性故、彼所依故、彼所缘故、彼助伴故、彼作业故。

云何意自性？谓心、意、识。心谓一切种子所随依止性、所随性，体能执受，异熟所摄阿赖耶识。意谓恒行意及六识身无间灭意。识谓现前了别所缘境界。

彼所依者，等无间依谓意，种子依谓如前说一切种子阿赖耶识。

彼所缘者，谓一切法如其所应，若不共者所缘，即受、想、行蕴、无为、无见无对色、六内处及一切种子。

彼助伴者，谓作意、触、受……如是等辈，俱有相应心所有法，是名助伴。同一所缘，非同一行相，一时俱有，一一而转，各自种子所生，更互相应，有行相，有所缘，有所依。

彼作业者，谓能了别自境所缘，是名初业。复能了别自相、共相。复能了别去、来、今世。复刹那了别，或相续了别。复为转随转发净、不净一切法业。复能取爱、非爱果。复能引余识身。又能为因发起等流识身。又诸意识望余识身，有胜作业，谓分别所缘、审虑所缘。"①

---

① 《大正藏》第30册，第280页。

前面介绍的五识身相应地对应于前五识，而前五识都是以物质性的东西为对象，所以五识身相应地是物质性的境界。而"意地"则是指精神性的境界。此与五根识不同，这里没有俱有依和等无间依。意地亦有自性、所依、所缘、助伴和作业等五相。

首先是意地自性，这包括心、意、识。意地包括了三个基本上是独立的，即各自由本身的种子生起的自体。

心指一切种子所随依止性和所随性，此心体能执持这一切种子。按照唯识学所说，种子可分为有漏种子和无漏种子两大类。有这心体本身亦为种子生起的异熟果体，称为阿赖耶识。

"意"只是意地的一部分，所指的是"恒行意"及六识身无间灭意。恒行意表示此意不间断，一般而言第六意识在沉睡中不起作用，但恒行意只有在修行者进入极深沉的禅定时，才不起作用。

六识身无间灭意表示这意是第六识的无间过去识，就是第七末那识。

与前五识只能缘取当下不同，意识能缘三时，过去为我们所认识的留存了下来，在我们忆念时，这些认识以概念的形式生起，成为意识的所缘境，所以意识能了别过去的东西。未来的东西，则以表象概念的形式呈现在意识的现前，也能成为意识所缘境。

"彼所依"指意识的所依。意识的所依有两种：等无间依即末那识，种子依为阿赖耶识。

第六意识缘一切法。

意识的助伴包括一切心所法。这些心所法与上文提到的五识相应的心所法无什么分别，但五识并不与全部五十一种心所法相应。

意识作业的范围包含了前五识的所有范围，而且超出很多。意识能分别事物的自相和共相，前五识没有这种抽象作用，意识则具有。现在的境为具体的事物,前五识能够了别,而过去和未来的境都是抽象的东西,只有意识才能了别。前五识只能一刹那生起,不能连续生起,所以只能刹那了别。意识却能接连地生起,所以能相续了别。前五识没有分别作用,不能自行转生,只能随意识转生净、不净业,意识有分别作用,能起决定心,故能自行转生净、不净业,亦能随前识转生净、不净意识为五识的等无间依,故能引生五识身。另外,意识能决定认识的善、不善性格,随之生起的意识同于这种德性生起,成为跟意识等流的识身。故意识能作为因,发起等流识身。意识又具有分别所缘和审虑所缘的作用。

五、意识的七种分别作用

"云何分别所缘?由七种分别,谓有相分别、无相分别、任运分别、寻求分别、伺察分别、染污分别、不染污分别。有相分别者,谓于先所受义,诸根成就善名言者所起分别。无相分别者,谓随先所引,及婴儿等不善名言者所有分别。任运分别者,谓于现前境界,随境势力,任运而转,所有分别。寻求分别者,谓于诸法观察、寻求所起分别。伺察分别者,谓于已所寻求、已所观察,伺察安立所起分别。染污分别者,谓于过去顾恋俱行,于未来希乐俱行,于现在执着俱行所有分别,若欲分别,若恚分别,若害分别,或随与一烦恼、随烦恼相应所起分别。不染污分别者,若善,若无记,谓出离分别、无恚分别、无害分别,或随与一信等善法相应,或威仪路工巧处及诸变化所有分别。如是等类,名分别所缘。"[①]

分别所缘是意识对于所缘境进行分别,这里分为七种:有相分别、无相分别、任运分别、寻求分别、伺察分别、染污分别、不染污

---

① 《大正藏》第30册,第280页c。

分别。七种分别可归为三类：

1. 有相和无相分别

意识的分别在最初阶段会以有相或无相的方式进行。有相表示带着记忆中的名言的相状。在这种分别中，意识把刚从识得来的境相联系到本身既有的一些概念上去。

无相则表示不带着记忆中的名言的相状。举例来说，在幽暗的环境中，地上放了一条绳，当一个对蛇有深刻印象的人看到，这一刹那间，他很可能会误认为地上的是一条蛇。这是由于他带着记忆中的蛇的相状来分别这境相。换着另一个人，如果他对蛇、绳均无记忆，但他仍能作出分别。又如果是一个婴儿看到这同一境相，他就只知有这样的东西，而不能把境相联系到记忆中的概念。这是一种无相分别。

无相分别实际上是指在概念形成前，以表象为依据的分别，属于感性认识，但已高于纯感觉。

2. 任运分别、寻求分别和伺察分别

这是以主体是否有意识去进行分别而作的分析。

任运分别是意识为境相所牵引，随顺境相而转生，没有自主性。例如见到很美丽的境相，意识会很被动地追随着但不会主动地去进一步了解。

相反，寻求分别和伺察分别是意识主动地对境相进行思考。寻求分别是对境相较初步的、粗略的思考。伺察分别则是进一步的、细致的思考，而且进行"安立"。"安立"是对境相施设概念，这关系到境相的一般和独特的性质。例如我们见到一张桌子，经过初步的观察，将这境相与我们意识中所具有的桌子的概念的一般性质，即共通的性质加以比较，我们可以确定这是一张桌子。但要将它的独特性包括起来，就要为它安立名，例如说，这是一张三角形的桌子。这是一个有别于既有的概念的新概念,把一个新概念赋予对象才能称为安立。

3. 染污分别和不染污分别

染污分别是指意识的分别中对于过去的东西顾恋,于未来的东西希乐,于现在的东西执着,总括来说都是执着所缘的对象为实有。这样的分别作用与烦恼或随烦恼心所相应而起。

当意识的分别与善心所或只与无记心所相应,就是不染污分别。例如"威仪路":佛法指合乎法则规范的行为;"工巧处":是建设性的、善巧的心念;"诸变化":指菩萨度化众生的种种法门。这是指意识分别中的价值取向,恶与不恶,并以佛法为区别标准。

意识就会按照不同情况,采取上述某些分别方式,但同类中相违的分别方式不能同时出现。

此三类七种分别考察了意识在认识中的初始阶段和成形阶段,意识分别的自主性和价值导向,在知识论研究中是有价值的。

六、关于"作意"

"根不坏,境界现前,能生作意正起。尔时从彼,识乃得生……云何能生作意正起?由四因故,一由欲力,二由念力,三由境界力,四由数习力。"[1]作意是指认识发生的动因,《正理经》十六谛中称之为动机,《广破论》中译为"所为",后文另释。

七、根识和意识的交替生起

"非五识身有二刹那相随俱生,亦无展转无间更互而生。"[2]这是说,前五识不能连续地生起,即是说,眼识生起后,不能紧接地又

---

[1] 《大正藏》第30册,第291页a。
[2] 《大正藏》第30册,第291页b。

生起眼识。五识亦不能辗转无间更互而生,这表示眼识生起后,不能紧接地生起耳识、鼻识等。中间须以意识为过渡。后来陈那因明讲"现现别转"亦近此意。

这是说由一种感知形成一种意识分别判断,不存在无判断的连续性的一串的感知,这或许可以成立。但五根在缘取外境时是可以同时发生的,如我们可同时感知一个苹果的形状、颜色、香味、触感,是由眼、鼻、身三根同时缘取,进而综合成一个苹果的整体表象,而非各自一一别转。意识的分别也是在多根共缘后的判别。

第十一章

无著的古因明思想(下)

无著的因明著作尚有：《大乘阿毗达摩集论》，亦为唯识宗十支论之一。由师子觉加以注释，安慧把二者合并，称为《大乘阿毗达摩杂集论》。《显扬圣教论》二十卷，唯识宗十支论之一。又有《顺中论》，相传为龙树著，无著释，实际上亦是无著所撰。本章专述此三论中的因明思想。

第一节 《阿毗达摩集论》中的因明思想

"阿毗达磨"译曰对法。梵语 Abhidharma，"摩"同"磨"，"对"为对观、对向之义，"法"为四谛涅槃之法。以无漏圣道之智慧，对观四谛之理，故名对法。何为"集论"？《阿毗达摩集论》云："何故此论名为大乘阿毗达磨集。略有三义。谓等所集故。遍所集故。正所集故。"《阿毗达摩杂集论》释云："等所集者。谓证真现观诸大菩萨共结集故。遍所集者。谓遍摄一切大乘阿毗达磨经中诸思择处故。正所集者。谓由无倒结集方便。乃至证得佛菩提故。"这是说本论是对佛法诸论的集成。

《阿毗达摩集论》(以下简称《集论》)不过四万多字，但安慧糅合师子觉的注释后则达十多万字，且安慧持无相唯识，其中或掺杂其个人的观点。故本节以无著《集论》为主，只是在需要时才参考《杂集论》之说。

《集论》中的因明思想集中于其最后的"抉译分中论品第四之二"。

一、"七因明"的辩学体系

这是《集论》最后的"抉择分中论议品第四"的最后部分"论轨抉择"。"何等论轨决择。略有七种。一论体。二论处。三论依。四论庄严。五论负。六论出离。七论多所作法。"把"七因明"称之为"论轨"，"轨"者规则也，这是明确其论辩学的归属。《杂集论》云："于此七门方便善巧名论轨抉择。"

"第一论体复有六种。一言论。二尚论。三诤论。四毁论。五顺论。六教论。"

"第二论处。谓或于王家。或于执理家。或对淳质堪为量者。或对善伴。或对善解法义沙门婆罗门等而起论端。"与《瑜伽师地论》不同，这里缺"于大众中"。

"第三论依。谓依此立论略有二种。一所成立。二能成立。所成立有二种。一自性。二差别。能成立有八种。一立宗二立因。三立喻四合。五结六现量。七比量八圣教量。"这也是"能立八义"，与《瑜伽师地论》不同的是"四合""五结"而不是同类、异类，过去以为是无著对论式认识的深化。此说不确，古师遍用合、结二支，故谈不上认识深化。相反，如前章《瑜伽师地论》所述提出"同类""异类"才是深化，而且由此是否可推测《集论》著作在前，《瑜伽师地论》在后。

"第四论庄严。谓依论正理而发论端。深为善美名论庄严。此复六种。一善自他宗。二言音圆满。三无畏。四辩才。五敦肃。六应供。"

"第五论负。谓舍言言屈言过。"

"第六论出离。谓观察德失令论出离或复不作。若知敌论非正法器时众无德自无善巧不应兴论。若知敌论是正法器时众有德自有善巧方可兴论。"未有《瑜伽师地论》提出的"三观察"。但提出了是否"兴论"的十二条标准:"当正观察十二处法。不应与他共兴诤论。何等十二。一者宣说证无上义微妙法时。其信解者甚为难得。二者作受教心而请问者甚为难得。三者时众贤善观察德失甚为难得。四者凡所兴论能离六失甚为难得。何等为六。谓执着邪宗失。矫乱语失。所作语言不应时失。言退屈失。粗恶语失。心恚怒失。五者凡兴论时不怀犷毒甚为难得。六者凡兴论时善护他心甚为难得。七者凡兴论时善护定心甚为难得。八者凡兴论时欲令己劣他得胜心甚为难得。九者己劣他胜心不烦恼甚为难得。十者心已烦恼得安稳住甚为难得。十一者既不安住常修善法甚为难得。十二者于诸善法既不恒修。心未得定能速得定。心已得定能速解脱甚为难得。"可归纳如下:

1."一者宣说证无上义微妙法时。其信解者甚为难得。"这是说虽说妙法,但难得信受的对象。

2."二者作受教心而请问者甚为难得。"听众中难有受教心并积极请教的。

3."三者时众贤善观察德失甚为难得。"能观察得失的"贤善"难得。

4."四者凡所兴论能离六失甚为难得。"在论辩中难以避免"六失"如下:

(1)执着邪宗失。

（2）矫乱语失。

（3）作语言不应时失。

（4）言退屈失。

（5）粗恶语失。

（6）心恚怒失。

5．"五者凡兴论时不怀犷毒甚为难得。"难得不怀犷毒的参加辩论者。

6．"六者凡兴论时善护他心甚为难得。"这个"善护他心"应是指不伤害他人。

7．"七者凡兴论时善护定心甚为难得。"这个"定心"应指"散心"的对立面，是在"禅定"状态下的直观认知。

8．"八者凡兴论时欲令己劣他得胜心甚为难得。"难得有参加辩论时有服从正理，有认输心理准备的人。

9．"九者己劣他胜心不烦恼甚为难得。"遇见辩才比自己优秀的人而不恼怒的人难得。

10．"十者心已烦恼得安稳住甚为难得。"能克服烦恼心情的人难得。

11．"十一者既不安住常修善法甚为难得。"虽然不能克服烦恼但能常修善法的人难得。

12．"十二者于诸善法既不恒修。心未得定能速得定。心已得定能速解脱甚为难得。"虽不能坚持修善法，但能在心意烦乱时很快镇定，得到定心后能尽快求得解脱的人难得。

《瑜伽师地论》虽未提这"十二处法"，但也有专述："三种观察者。一观察得失。二观察时众。三观察善巧及不善巧观察得失者。"

综上所述，可知《集论》对"七因明"的表述较为简略，《瑜伽师地论》应是其进一步的发展和充实。

二、五支式的逻辑论

第三"论依"中"能立八义",前五义这对五支式的分析。"立宗者。谓以所应成自所许义。宣示于他令彼解了。立因者。谓即于所成未显了义。正说现量可得不可得等信解之相。立喻者。谓以所见边与未所见边和会正说。合者。为引所余此种类义。令就此法正说理趣。结者。谓到究竟趣所有正说。"

三、知识论思想

1. 外境的实有、假有

"本事分中三法品第一之二":"蕴界处中云何实有。几是实有。为何义故观实有耶。谓不待名言此余根境。是实有义。一切皆是实有。为舍执着实有我故。观察实有。云何假有。几是假有。为何义故观假有耶。谓待名言此余根境。是假有义一切皆是假有。为舍执着实有我故。观察假有。"这是说五蕴十界十色处中,凡不待名言而由根所缘境皆是实有。而待名言而起之余境皆为假有。《杂集论》释云:"谓不待此所余义而觉自所觉境。非如于瓶等事要待名言及色香等方起瓶等觉。"也就是说待名言而起的对"瓶"的觉知,此瓶为假有,而不待名言而缘取的外境才是实有。

《集论》又区分了"世俗有"和"胜义有":"诸法无我性是名真如。"这里的"我"是指自性、自体,一切法都无自性才是胜义有。

由此"有"分为:

```
         ┌─ 世俗有 ┬─ 实有
    有 ──┤        └─ 假有
         └─ 胜义有
```

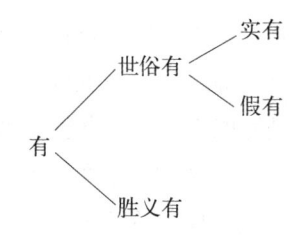

外境实有只是俗谛上的有。

2. 三空性

"抉择分中谛品第一之一"："复有三种空性。谓自性空性。如性空性。真性空性。初依遍计所执自性观。第二依依他起自性观。第三依圆成实自性观。"这是唯识的"三性"说，也是指认识三阶段，初为"遍计所执"的自性观，第二认识此自性"依他起"，最后了知"空"为圆成实观。

3. 假立主体"补特伽罗"

"抉择分中得品第三之一"："云何建立补特伽罗。略有七种。谓病行差别故。出离差别故。任持差别故。方便差别故。果差别故。界差别故。修行差别故。应知建立补特伽罗。"这七种差别都是佛修证中的不同情况，"差别"须是有主体的差别，故须"建立补特伽罗"，"补特伽罗"即是"我"，但这种建立只是假立而已。

4. 能取与所取的认识主、客体论

这也就是认识主体和认识对象。

(1) 能取

"云何能取。几是能取。为何义故观能取耶。谓诸色根及心心所是能取义。三蕴全色行蕴一分。十二界六处全。及法界法处一分是能取。为舍执着能受用我故。观察能取。又能取有四种。谓不至能取。至能取。自相现在各别境界能取。自相共相一切时一切境界能取。又由和合识等生故。假立能取。"

《杂集论》释云："云何能取。几是能取。为何义故观能取耶。谓诸色根及心心法。是能取义。三蕴全色行蕴一分。根相及相应相。如其次第十二界六处全及法界法处一分相应自体。是能取。为舍执着能受用我故。观察能取受用我者。计我能得爱不爱境。又能取有四种。谓不至能取。至能取。自相现在各别境界能取。自相共相一切时一切境界能取。不至能取者。谓眼耳意根。至能取者。谓余根。自相现在各别境界能取者。谓五根所生。自相共相一切时一切境界能取者。谓第六根所生又由和合识等生故。假立能取性。所以者何。以依众缘和合所生识等。假说能取。不由真实义诸法无作用故。"

这里说了几点：

第一，能取是诸色根、心、心法这三样东西，心法即心所，概括地说就是感觉器官和"心"是认识主体。

第二，能取有四种：

不至能取：这是指眼、耳、意不直接接触对象而能取。

至能取：舌、鼻、身必须直接接触对象而取。

自相现在各别境界能取：此为谓五根所生。

自相共相一切时一切境界能取：谓第六根（意根）所生又由和合识等生故。

这里区别了缘取的直接和间接、五根和意根、自相和共相、当下和一切时一切境、单一与和合的五类不同取法。

瑜伽行派以注重名相分析而被称为法相宗，这是在知识论中引入自相、共相之说，影响到了整个后来佛教因明的发展。

第三，"假说能取。不由真实义诸法无作用故。"能取只是"假说"并无自性，不立能取就不能说明诸法（心识等）的作用。

（2）所取

《集论》云："云何所取。几是所取。为何义故观所取耶。谓诸能取亦是所取。或有所取非能取。谓唯是取所行义。一切皆是所取。为舍执着境界我故。观察所取。"一切皆是所取。诸能取亦是所取。这是说甚至作为认识主体的感官和心识也可成为认识对象。

5."三量"的认识方式分类

第三"论依"中"能立八义"，后三义这对三种量的分析，这是知识论。

"现量者。谓自正明了无迷乱义。比量者。谓现余信解。圣教量者。谓不违二量之教。"

论中对现量的界说："现量者，谓自正、明了、无迷乱。"这里"自"是亲义，"正"是当下，指当下直接的感知，"明了"是指排除种种障碍。"无迷乱"是指无错乱，这与陈那、法称后来所强调的无分别、不错乱在实质上是一致的。

又说："比量者，谓现余信解。"明确了比量对现量的依赖："先见成就，今现见彼一分时，于所余分，正信解生。"

关于圣教量，《瑜伽师地论》提出"三不违"："一不违圣言。二能治杂染。三不违法相。何等名为违法相耶。谓于无相增为有相。如执有我有情命者生者等类。或常或断。有色无色。如是等类。或于有相减为无相。或于决定立为不定。"

《集论》只讲"谓不违二量之教"，强调圣教量仍须以现、比二量为标准。这已隐含着可归并于现、比二量的可能性。

6.四缘的认识发生论

《集论》"本事分中三法品第一之三"中："云何缘。几是缘。为何义故观缘耶。谓因故、等无间故、所缘故、增上故。是缘义。"

这是佛教缘起论中的"四缘"。

（1）因缘

"观察缘何等因缘。谓阿赖耶识及善习气。又自性故、差别故、助伴故、等行故、增益故、障碍故、摄受故。是因缘义。"

"自性者。谓能作因。自性差别者。谓能作因差别。略有二十种。"

这里的"自性"是指阿赖耶识的熏习能生作用，具体分为二十种，由种子熏生万物，其中也包含了认识的发生，如：

"九显了能作。谓宗因喻望所成义。"这是指依宗、因、喻而成就能立。

"十一随说能作。谓名想见。"这是由"说"名而得见。由名言缘见共相。

"十八同事能作。谓和合缘。如根不坏境界现前。作意正起望所生识。"这是由根境、意和合而生识。以三种都是认识发生的不同机制。

（2）等无间缘

"何等等无间缘。谓中无间隔。等无间故。同分异分心心所生。等无间故。是等无间缘义。"如第一刹即根识缘境，第二刹那意识缘之，二刹那间无无隔。

（3）所缘缘

这是指对象缘起认识但此处未作释义，只是从外延上分为有无分齐境、有无异行相事境、有无分别、有无颠倒、有无碍所缘共十种。

（4）增上缘

即指助因，未作释义，只列举九种："谓住持增上故。引发增上故。俱有增上故。境界增上故。产生增上故。住持增上故。受用果增上故。世间清净离欲增上故。出世清净离欲增上故。"

第二节 《圣扬圣教论》的因明思想

《显扬圣教论》二十卷。印度无著造,唐玄奘译。收在《大正藏》第三十一册。现仅存汉译本,其内容主要在显扬《瑜伽师地论》之要义,分〈摄事〉、〈摄净义〉、〈成善巧〉、〈成无常〉、〈成苦〉、〈成空〉、〈成无性〉、〈成现观〉、〈成瑜伽〉、〈成不思议〉、〈摄胜抉择〉等十一品,总计有二百五十二颂半。有谓颂系无著所作,论则为世亲所作。法相宗以此论为瑜伽十支论之一。其注释书有唐窥基著《显扬疏》等,今皆不传。吕澂著有《显扬圣教论大意》,收于《内学》第一辑(1924年)。《法音》1998年第6期有如吉的《印度佛教瑜伽学之纲要——〈显扬圣教论〉的结构试析》。欧阳竟无《瑜伽师地论叙》云:"《显扬论》者,错综《瑜伽地》要,而以显教为宗。"这是说《显扬圣教论》是综合叙述《瑜伽师地论》的要义,成书于其后。全文共分为十一部分:"有染有净,然后有教,以染净事摄《瑜伽地》,《摄事》第一。既有教事必有教义,《摄净义》第二。教以四谛为根本,但是苦集而非是染,但是灭道而非是净,染净是假,谛之为实,增谛而七,《成善巧》第三。教以四法印为观行,综瑜伽义,诠染净事,《成无常》《成苦》《成空》《成无性》第四至第七。教为闻熏,必极见道,《成现观》第八。现观资粮,要先思议,《成瑜伽》第九。不可思议尤应远离,《成不思议》第十。最胜十相,抉择九事,《成摄胜抉择》第十一。"

如吉《印度佛教瑜伽学之纲要》说:"《显扬论》共二十卷十一品。此十一品所说,不外乎圣教之教、理、行、果四者。其中第一摄事品是谈'教';第二摄净义品、第十成不思议品、第十一摄胜抉择品等三品是明'理';第三成善巧品、第四成无常品、第五成苦品、第六成空品、第七成无性品、第九成瑜伽品等六品是说'行';第八成现观品是说'果'。"

又说:"第二摄净义品(卷五至十三),此品大意,品末自解云:'今此品中,显示此论有四种相:一最胜相,二自体相,三清净相,四辩教相。'"

"四辩教相,分三:一、辩破十六种异论,并随时显示佛法之正理;二、七种论法,介绍因明之结构,使读者明了佛教论理之方法或工具。三、从文、义两方面谈佛经之内涵,释经之要义,说法技巧,明学修之胜利。"① 此处"二、七种论法"即"七因明",于第十一卷"摄净义品第二之七"。《摄事品第一》归敬颂中云:"今当错综《地》中要,显扬圣教慈悲故,义周文约而易晓。"所以《显扬圣教论》只是《瑜伽师地论》的节略本,所述完全与《瑜伽师地论》一致,故不另重复。

第三节 《顺中论》的因明思想

《顺中论》二卷,相传为龙树造,无著释,实际上是无著所著。据《婆薮槃豆法师传》等所载,无著初学空观,后转瑜伽宗,如此,本书当为无著早期之作品。元魏般若流支译。全称《顺中论义入大般若波罗蜜经初品法门》。收于《大正藏》第三十册。全书旨在解释龙树《中论》所说'八不'之意趣。其中引用了外道的因三相说,是汉传佛典中最早提及因三相的。

---

① 均引自如吉《印度佛教瑜伽学之纲要——〈显扬圣教论〉的结构试析》,《法音》1998年第6期。

一、《顺中论》中的逻辑思想

1. 关于论式

如前所述,在《阿毗达摩集论》中无著有对合、结支的专论,但在《瑜伽师地论》和《显现圣教论》的"能立八义"中已用"同类""异类"取代了合、结二支。在《顺中论》中有五支式,也大量地使用三支式。许地山认为:"恐怕合、结二支在宗、因、喻三支之外没有独立的价值,所以不被重视。自《瑜伽论》以来,佛教的论理有置重三支的倾向,即如数论师的五分作法究竟也以三支为主。《顺中论》并非与数论师实际辩论的记录,不过是无著假立数论师的理论来往复地辩难,所以这用三支的倾向想是无著的习惯所使然。"[①]具体例式如下:

反驳数论的"有胜"观点,"胜"即"最胜",即数论二十五谛中之"自性":"实无此胜。见坏相故。犹如兔角。兔角是有见坏相故。如树皮等。"实际上是两个三支式:

(1) 宗　无胜。
　　因　见相坏故。
　　喻　犹如兔角。
(2) 宗　有兔角。
　　因　见相坏故。
　　喻　如树皮等。

也有用五支式的,如:"如声无常。以造作故。因缘坏故。作已生故。如是等故。若法造作。皆是无常。譬如瓶等。声亦如是。作故无常。诸如是等。一切诸法。作故无常。"此式可分

---

① 许地山《道教、因明及其他》,中国社会科学出版社,1994 年,第 115 页。

列为：

宗　声无常。

因　所作故。

喻　若法造作皆是无常,譬如瓶等。

合　声亦如是,作故无常。

结　一切诸法,作故无常。

这个五支式也是引用外道的,但与古师的一般五支式不同,在喻和结中都出现了普遍命题,已孕育着从类比向演绎的飞跃。

2. 关于因三相

有说古因明中推理的基础是概念间的"遍转""遍充"关系,许地山说:"般若尸诃(Pnacasikha)与频阇诃婆娑(Vindhyavasin)都曾说过遍充关系(Vyapti)。"[①]频阇诃婆娑即是数论派的自在黑,耆那教也提出过遍充的问题,但我们在相关著作中未能找到出处。在类比推理中不可能真正解决这一问题。只有演绎推理才需要宗、因之间的"遍转""遍充"关系。因三相是新因明演绎推理的重要规则,《顺中论》首次提及因三相,但是作为批驳而引用的外道论。《顺中论》引用的因三相是:"朋中之法,相对朋无,复自朋成。""朋"是梵语"博叉"的音译,意思是"主张",这里是指宗有法。"法"指因法。"朋中之法",即说因法包含宗有法,这是第一相。"相对朋无"即在与宗有法异类例中不存在因法属性,"相对"梵文 Vi,即分离之意,这是第三相。"复自朋成"即因法属性只在同品中存在,这是第二相。

那么是哪个外道创立了因三相呢? 有说是胜论派的赞足,有说是数论派,也有说是正理派,在《顺中论》中也确有体现,在批驳

---

① 许地山《道教、因明及其他》,第 121 页。

因三相部分,无著针对"若耶须摩",这是指正理派门徒,"迦比罗"即劫比罗,此为数论派,也提到过胜论,但从全文看,处处以"摩醯首罗"为反驳对象,此"摩醯首罗"是指大自在天,一体三分为梵天、那罗延和摩醯首罗,摩醯首罗是万物之生因。大自在天为婆罗门教派所持。

二、《顺中论》的知识论思想

1."第一义谛"亦无自性

佛教习惯上把真理分为世谛和真谛,后者又称第一义谛。外道认为"第一义谛"是无生无灭的。《顺中论》"义入大般若波罗蜜经初品法门卷下"云:"如来说法时 依二谛而说 谓一是世谛 二第一义谛"

"有世谛法。真如一法。真如尚不可得。何处当有二法真如。而可得也。若说二谛。此如是说。不异世谛。而更别有第一义谛。以一相故。谓无相故。"

这是说"真如"尚不可得,说"真如"的二谛更不可得,在这一点上,第一义谛和世谛是一样的。

"一切如来皆无所依。不依世谛。亦复不依第一义谛。如来说法。心无所依。何用多语。但说所论。旧所谛者。如前所说。第一义谛。若灭若生。二皆无者。""一切诸法。无始来灭。本性不生。无自体耶"。第一义谛亦如此。

传统的说法是世谛假立,真谛得真如,把知识二元化,现在真如、真谛和世谛一样都无自性,都无实体,这是中观的究竟性空。

2. 缘起、和合皆空

事物和认识的形成靠因缘和合而起,此处同龙树《中论》所说,缘起性空,和合亦空,都非实有:"若汝意谓。彼实有体。有自体者。云何知有。因缘生故。犹如瓶者。此我今释。如是因缘。分别无义。若法自体。何用因缘。先自有故。若无自体。何用因缘。以无法故。以是义故。分别因缘。则无义理。若说体者。应如是知。彼无体者。无自体故。是故如来如是说言。须菩提。一切和合。皆无自体。以因缘故。一切和合。和合皆空如是一切。体不成就。"这是有人用缘起而生,论证有实体。无著反驳道:"若法自体。何用因缘。先自有故。若无自体。何用因缘。以无法故。以是义故。"如先有自体,何必依因缘而生,如无自体,因缘亦不能生。因缘、和合本身亦无自体:"一切和合。皆无自体。以因缘故。一切和合。和合皆空如是一切。体不成就。"这和后来大乘有宗的种子熏生的说法是不同的。

3. 遮为断过

有外人问:"问曰此义云何。为唯遮灭。若有若无。为复遮余一切法体。"

无著答曰:"取一切体。若有若无。此取皆遮。非唯遮灭。问曰。何义故遮。答曰。断过过故。"中观取一切皆遮,不是去遮其生、灭,而是遮其实体为有的过失。这说明遮法是只破不立。

4. 现量和比量不可知世间

"眼则不见色　识则不知法　此第一隐密　世间不能知"

"如汝说言。一切现见有行去来。此义不然。现不成故。问曰。云何不成。答曰。此现者名或知或物。此我今释。若知应说。何者是知。是谁之现。若六境界。是可得者。境界无故。云何可得知是现耶。有念念者。彼则无现。乃至不疑。有现无现。是则为胜。知现之知。此知非现知境界故。知不成故。"这是说现量不成立,现见者即是"知"或"物",六境界"无",何以能得现见之

"知"。"意念"者也无"现"，所以现量所得的知非现对境界的认知，现知不成立。

"如汝说言。一切现见。有去来者。此义不然。去来非色。云何言现。非眼所得。非意所念。彼不成有。岂可现见。"外道又说，现见的是何来、去者，但此不是色境，非眼可缘，非意识可念，这是否定现量的认识作用。

"若汝意谓。以有比故。知是有者。比亦不成。前有现故。比之与现。俱不成故。比者名知。是意分别。如是比者。唯意能取。意所摄故。是故此义则不如是。意亦无故"。这是否定比量的认识作用。总之现量、比量俱不可认知世间。但这是无著早期所持中观说，在《瑜伽师地论》中都已改变，不能代表无著的最终观点。

第十二章

世亲的古因明思想(上)

世亲主要的因明论著有《论轨》《论心》《论式》《如实论》。前三部著作俱已佚亡，只在陈那以及汉传因明的注疏中被零星提到。世亲《俱舍论》中有有部和经部义，故学界有人认为大、小乘各有一个世亲，甚至认为有三个世亲，分别持有部、经部和唯识之说。如前所述，我们认为世亲的思想经历了一个从小乘到大乘，从有部到经部再到唯识的转变过程，所以其不同阶段的著作会有不同取向。世亲在唯识义理方面的著作主要有《百法明门论》《辩中边论》《二十唯识论》和《唯识三十颂》，此四著俱为唯识宗十支论之一。《唯识二十颂》，又名《唯识二十论》，亦名《二十唯识论》，全文一卷，是《唯识三十颂》的姊妹作，而出于《三十颂》之前。世亲建立唯识宗，是以《百法明门论》总其宏纲，以《唯识三十颂》完成组织体系。《唯识二十论》重在破斥邪说，以明唯识无境之理。传统的汉传因明偏重论辩逻辑，只列现存的《如实论》为其因明著作，但其《唯识二十论》《唯识三十颂》《辩中边论》中有丰富的知识论思想，故现一并列入研究。本章专论《如实论》"反质难品"。

《如实论》大部已佚，现存的是最后一小部分，主要是误难论。《如实论》的最大贡献是在佛家因明中首次吸取了因三相说。《如实论》云："因有三，谓是根本法，同类所摄，异类相离。"在此之前，外道讲因三相都是从"体"而言的,特别是后二相,都是以喻依是否与宗有法同体而论。从世亲的定义才开始从"义"上着眼,强调喻依是否具有"均等义",这种提法更合理一些。唐代诸师以为陈那才取"义",其实应源于世亲。

现在的《如实论》仅存"反质难品",从品名上看,似为专讲断诤问题,而实际上也包括了反驳中的过类等。本品又分为三小品,即"无道理难品一""道理难品第二""堕负处品第三"。

第一节 《如实论》无道理难品一

"无道理难"是反驳对方诉我方"无道理"的责难,属于对诤,但从论式看,大部分却是自方诡辩,是一种过失。本品分为9个论点。

一、对"无道理"的辩难

1."汝称我言说无道理。若如此者,汝言说亦无道理,若汝言说无道理,我言说则有道理。若汝言说有道理,称我言说无道理者,是义不然。"

这论式分列如下:

反驳:若汝言说有道理,称我言说无道理。

归谬:如果我言说无道理,若如此者,汝言说亦无道理。

推演:若汝言说无道理,我言说则有道理。

结论:是义不然。

这一段断诤中有两个毛病:

第一,为什么如果我言说无道理,你言说也就一定无道理呢?这里隐含了一个大前提"凡言说皆无道理",而对此论辩双方并未共许,犯了因不成的过失。

第二，从我言说无道理推出你言说无道理，再推出因为你言说无道理，故而我言说有道理，犯了循环论证的过失。

2."无道理者，自体中有道理，是故无有无道理。若自体中无道理者，无道理亦应无，是故汝说我无道理，是义不然。"

言说自体中有道理，所以无所谓无道理。

3."若汝称我言说无道理，自显汝无智。何以故？无道理则无所有。言说者，与无道理为一为异？若一者，言说亦无，汝云何称我言说无道理？若异者，言说有道理，汝复何故称我言说无道理耶？"

"言说"和"无道理"二者为一为异，都不能说我无道理，是对方自显无智。

4."汝难言说共我言说，为同时？为不同时？同时者，则不能破我言说，譬如牛角马耳同时生故，不能相破。若不同者，汝难在前，我言在后，我言不出，汝何所难……若我言在前，汝难在后，我言复何所难？"

这里用了一个两难推理的组合式：如果同时，则不能破我言说，如果不同时……复何所难？汝难言与我言要么同时，要么不同时，都不能难我言说。

这里的毛病是，作为两难推理中的两个假言前提本身都未被共许而成立，故结论自然也是不能成立的。"立言和难言同时"不可类比为"牛角马耳并生"。同理，"我言在前"，也不等同于"我言已成"，除非这个"成"解释为已成功地说出了我言，这又偷换了概念。

5."又汝难，为难自义，为不难自义？若难自义，自义自坏，我言自成。若不难自义，难则不成就。何以故？于自义中不成就难故。若成就者，自义则坏，他义则成。"

这是说敌者所难的是不是难自义？若难自义，自义自坏；若不难自义，则不成难。

6."汝称我言无道理者,非是言说。若是言说,不得无道理……譬如童女有儿,若是童女,不得有儿。"

此例中仍是偷换了"道理"概念的含义,所作类比,亦是不确当的。

7."与智证相违故。汝闻我言说而称无道理者,若汝已闻,则为证智所成就,证智力大,汝言则坏。譬如有人说'声不为耳识得',耳识既得声为证智所成就,证智力大,此言则坏。"

8."与比智相违故。若汝称我有言说比智所得,则知有道理。若无道理,言说亦无。若有言说,知有道理。""譬如有人说'声常住,从因生故',一切从因生者则无常住。譬如瓦器。"这里已出现了普遍命题喻体"一切从因生者则无常住",已使论式成为演绎,虽然还不是规范论式,但已预示着陈那三支式改革的前兆。

9."与世间相违故。汝称我言说无道理,是语与世间相违,何以故?于世间中,立四种道理:一、因果道理,二、相待道理,三、成就道理,四、如如道理。……言说为果,道理为因。世间中,若见果,则知有因,若见言说,则知有道理。"

以上三种若敌者称立者所说为无道理就与智证相违,与比智相违和与世间相违。这三种相违与《瑜伽师地论》所举自语、现量、比量、世间四种相违的后三种相同。

二、敌者责难立者的言说异不相应

1."若人说异,则有过失。若汝义异我,自说则异,过失在汝,不关于我。汝自立义,与我义异,则是自说,则是异说,是故汝得过失。若不异,汝则同我,则无有异,汝说我异,此是邪语。"

敌者立论说与我论异,那是你自己的异说,自己的过失,不关我事。若敌论实际上不异于我,与我论相同,则此说异是邪语。因此敌方的说异,是否真与我异,都是过失。这个二难推理中,第一个选言肢"汝自立义,与我义异,则是自说,则是异说,是故汝得过失"并不成立,反而是一个自身断诤的过失。

2."异与异无异,是故无异。若异与异异,则不是异。譬如人与牛异,人不是牛。若异与异无异,则是一,若一,则无有异,汝何故说我为异?"

是说若异与异无异,本是无异,如说人与牛异,人不是牛,人和牛本是无异。若异与异无异,则不是异。这个二难推理中第一个选言肢"人和牛无异"并不成立。

3."是道理者,我于汝道理中共诤故,我说有异。若汝与我不异者,则不与汝共诤,我说汝义故。若一切所说异者,汝亦有所说,是故汝说异,过失在汝。若汝说不说异者,我亦说不说异,汝言我说异,是义不然,汝是邪语。"

是说立者所说与敌者不异,则不成就论诤。

三、于敌者说立者所说义不成就

"汝称我说义不成就,我今共汝辩决是处。"以下的具体诤式繁而不再一一引用和分析,实际上都是己方的断诤式有过失。

四、对于敌者所说若不诵立者所难,就不能得着立者的意思,因此也不能相难的论辩

"汝说不诵我难,则不得我意,若不得我意,则不得难我,我今共汝辩决是处。"这分为五条,不再赘述。

五、对于敌者难立者所说为语前破后的三条辩论

"说我语前破后,我今共汝辩决是处。

若我说前破后,是道理。何以故?我语前,汝语后,若我语破

后语,我义则胜,汝语则坏。

复次,若汝说一切语前破后,汝亦出语前应破后。若汝语前不破后,我出语前亦不破后。

复次,前破后者,于自体无前破后。若于自体有前破后,则前后俱无。是故汝说前破后,是语不然。若于自体无前破后,无有因故,前破后亦是无,汝说我语前破后,是邪思维。"

六、对于敌者说立者说别因的三条辩难

"汝说我说别因,我今共汝辩决是处。"分为三条。

七、于敌者说立者说别义的三条辩难

"汝说我说别义,我今共汝辩决是处。"分为三条。

八、敌者对于立者所说今语犹是前语,无有异语的无道理

"汝说我今语犹是前语,无异语者,我今共汝辩决是处。"分为三条。

九、敌者对于立者一切所说皆不许的无道理

"汝言一切所说我皆不许,我今共汝辩决是处。"

第二节 《如实论》道理难品第二

《道理难品二》的内容与《正理经》的二十四种误难相当,但与它们的分类不同。陈那的十四过类也与此品的内容相当。

"难有三种过失,一、颠倒难,二、不实义难,三、相违难。若难有此三种过失,则堕负处。"

一、颠倒难

"难不与正义相应",分为十种。

1. 同相难

同相难者,对物同相立难,是名同相难。

论曰:声无常,因功力生,无中间生故。譬如瓦器,因功力生,生已破灭,声亦如是,故声无常。是义已立。

复归:若声无常,与器同相者,声即常住,与空同相故。是故如空,声亦常住。同相者,同无身故。

论曰:复次,声无常,因功力生,无中间生故。若物常住,不因功力生,譬如虚空常住,不因功力生,声不如此,故声无常。此义已去。

外曰:若声与常住空不同相故,是故声无常,则何所至?若与空同相,声即是常。同相者,是无身,是故常。

论曰:此两难悉是颠倒,不成难。何以故?决定一味法,立为因,显一切物因功力生,故无常。是显无常因,决定一味,是故无常不动,欲显其同类故,说瓦器等譬。

外依不决定一味立难云:若汝依同相立声无常义,我亦依同相立声常义。若汝义成就,我义亦成就。

论曰:汝难不如。何以故?汝立因不决定,常,无常遍显故。我立因三种相,是根本法,同类所摄,异类相离,是故立因成就不动。汝因不如是,故汝难颠倒。若汝立因同我因者,汝难则成正难。若无常玄义难常义,是难成就。何以故?立常因难立无常因,极不能显无常颠倒过失,常因不决定一味故,无常因决定一味故。

这是佛教因明首次应用了因三相:"我立因三种相,是根本法,同类所摄,异类相离"。意大利的杜耆曾从汉文还原译为梵文,第一相为 paksadharma,即"宗法",真谛译为"根本法",或许是认为第一相在因三相中最重要。因三相是从因法出发去看与宗有法、宗法的关系的,此句是省略,补全应为:

第一相　因法是宗有法的根本法。何为"根本法",应是指因法外延包含宗有法在内。

第二相　因法为宗法的同类所摄,即宗法的同类(同品)外延包含因法在内。

第三相　因法与宗法的异类相离。这就是因法和宗法的异类(异品)在外延上不相容。

这里所立论式:

宗　声无常。

因　功力生,无中间生(即是"勤勇无间所发")。

同喻　如瓶。

合　因功力生,生已破灭,声亦如是。

结　声无常。

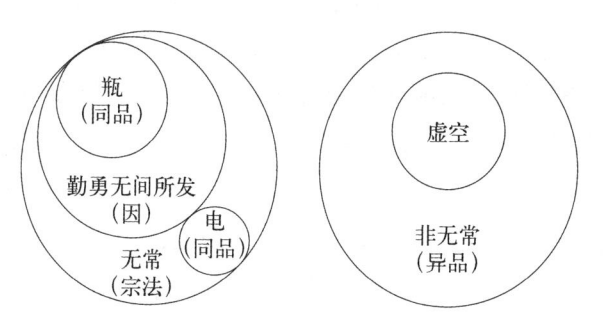

外人以"无身"(即无质碍、无形体)为因,以"空"为同喻,成立相反的声常之宗。

世亲反驳说:"虚空常住,不因功力生,声不如此,故声无常。"

这里的同相是指外人用"无身"为同相,外人复以一个声与空同相、不同相的二难推理说声即是常。

世亲用因三相而反驳道:我立的"功力生,无中间生"因义可决定声无常,而你立的"无身"可兼通常、无常一切物体,故不能证成声常还是无常。"汝立因不决定,常,无常遍显故。"此对应于《正理经》的"同法相似",后来陈那《因明正理门论》把此过列为似能破十四过类的第一种,认为难破者把异喻"虚空"强加为立论者的同喻,再加以破斥,反而自陷过失,称之为"同法相似"。

2. 异相难

"对物不同相立难,是名异相难。"外人说这个"异相"是"声无身,瓦器有身,是故瓦器无常,声则是常"。与前例相同,外人还是用"无身"因去证声常或无常,此因不决定,不能证宗。此即《正理经》的"异法相似",后来陈那《因明正理门论》把此过列为似能破十四过类的第二种"异法相似"。在此难中,世亲立量:"声无常。何以故?因缘所生故。若有物依因缘生,即是无常。譬如虚空。虚空者,常住,不依因缘生,声不如是,是故声无常。"这里的喻是:"若有物依因缘生,即是无常。譬如虚空。"喻体是一个充分条件言判断,可以直接转接成全称肯定判断"所生依因缘生的物都是无常"。这又是一个普遍命题的喻体,此类实例甚多,说明到了世亲这里,这已经不是偶然现象,只不过还没有上升到自觉的理论概括而已。所以,许地山曾说:"从现在所知世亲的因明说看来,世亲像是只奉宗因喻三支而不取五分作法的人。"又说:"能断定。"①

---

① 许地山《道教、因明及其他》,中国社会科学出版社,1994年,第133页。

3. 长相难

于同相显别相,是名长相难。

外曰:汝之声与瓦器同相,因功力生故,别有所以。一、可烧熟,不可烧熟;二、为眼所见,不为眼所见;等。如是别声与瓦器,各有所以。声因功力生,常住;瓦器因功力生,无常;是故声常住。

立者言"声"只取声的总相,而外人则取其"不可烧""不为眼见"的属性为因,此因亦不能决定证成常、无常。此对应于《正理经》的"分别相似",后来陈那《因明正理门论》把此过列为似能破十四过类的第三种"分别相似"。

4. 无异难

外曰:若依同相,瓦器等无常,声亦如是者,则一切物与一切物无异。何以故?一切与异物有同相故。何者同相?有一可知等,是名同相。若有同相,一切物与别物异者,声亦如是,与瓦器等有同相,声是常,瓦器等无常。何以故?一切于有等同相中有自性异故。如灯、声、人、马,若依同相比知,则不成就。

难破者的意思是说同喻依"瓦器"应与宗主词"声"完全同一,不这样的话,就可以出现差别义,不能证成宗,分别难是从正面提出差别义,这里是从反面要求不存在差别义。其实,难破者的要求是荒谬的,如果同喻依"瓦器"与宗主词"声"完全同一,那么就成了"循环论证"。此对应于《正理经》的"无异相似",陈那《因明正理门论》把此过列为似能破十四过类的第四种"无异相似"。

5. 至不至难

为至所立义,为不至所立义?若因至,所立义则不成因;

因若不至,所立义亦不成因。是名至不至难。

外曰:若因至,所立义共所立义杂,则不成立义。譬如江水入海水,无复江水,因亦如是,故不成因。若所立义未成就,因不能至;若至,所立义已成就,用因何为?是故因不成就。若因不至,所立义者,则同余物不能成因,是故因不成就。若因不至,则无所能,譬如火不至不能烧,刀不至不能斫。

世亲反驳说,所说的因不是为显所立义,乃是为他得信显所立义的不相离的缘故,所以立义既然存在,只因义智未起,故说能显的因。譬如用灯来照既已存在的物(色),灯的用处在将物体显现出来,不是将物体产生出来。况且从事物实体而言,江水和海水固然都可以汇合成水,但二者在未汇合前,在质、量上都是有明显区别的,故不能完全画等号。此对应于《正理经》的"到相似"和"不到相似",陈那《因明正理门论》把此过列为似能破十四过类的第八种"至非至相似"。

6. 无因难

于三世说无因,是名无因难。

外人责难:"因为在所立义前世,为在后世,为在同世耶?若因在前世,立义在后世者,立义未有,因何所因?若在后世,立义在前世者,立义已成就,复何用因为?若同世俱生,则非是因。譬如牛角、种芽等,一时而有,不得言左右相生。是故是同时则无因。"

世亲认为:"是难颠倒。何以故?前世已生,依因而生,譬如然灯,为显已有物,不为生未有物。汝以生因,难我显因,是难颠倒不成就……若说因前事后,则无过失。"

此对应于《正理经》的"非因相似",陈那《因明正理门论》把此过列为似能破十四过类的第九种"无因相似"。

7. 显别因难

依别因无常法显故,此则非因,是名显别因难。

世亲答曰:"是难颠倒。我说不如此。不说依功力生,是因能显一切无常,余因不能。若有别因能显无常,我则欢喜,我事成故。我立因亦能显,余因亦能显,我立义成就。……依功力生,能显无常,若别有因,能显无常,无常义亦成就。是故汝难颠倒,不如我意难故。"

难者说如果在因法之外,尚可找出其他的因,那么就有过失。根据充足理由律,前提和结论之间只要是充分条件即可,完全可能有多因证成同一宗,例如对声无常宗,既可用"所作性因",也可用"勤勇所发性因"各自来证成。难破者排斥余因,实际上是要求宗因之间必须是一种充要条件,本身违背了充足理由律,在逻辑上这叫"要求过多"。

此对应于《正理经》的"果相似",陈那《因明正理门论》把此过列为似能破十四过类的第五种"可得相似"。

8. 疑难

立者立声无常,以依功力生(勤勇)为因,不以依功力得力得显。敌者以功力有生与显二种,声是功力事,是故起常与无常的疑。

立者以敌者所说根、水等为显了功力事,不能成难,因为显了未生,依功力生,所以功力事是一种,同是无常。又敌者所疑的功力事有二种无常也不成就。如以瓦器生是无常,瓦器灭是常,声也是如此,那么,瓦器灭,是有于灭中有,因为有的缘故,灭的意义便没有,如果在灭里没有,便是没有灭。

此对应于《正理经》的"疑惑相似",陈那《因明正理门论》把此过列为似能破十四过类的第六种"犹豫相似"。陈那进一步认为其实立者比量中并不一定需要析取因的"生起"之义来证成宗的无常,或生或显均可证成无常,故不存在此过:"由于此中不欲唯生成立灭坏,若生、若显悉皆灭坏,非不定故。"

9. 未说难

敌者说在未说依功力生之前,声是常,是前世声已是常,为什么现在说过以后成为无常?立者回答说立因是为显义,不为生,也不为灭,若以坏灭因相难即是颠倒。

此对应于《正理经》的"无生相似",陈那《因明正理门论》把此过列为似能破十四过类的第十种"无说相似"。

10. 事异难

> 外曰:"声事异,瓦器事异,在事既异,不得同是无常。"
>
> 论曰:"是难颠倒。何以故?我不说与器同事,故声无常,我说一切物同依因得生,故无常,不关同事。"

陈那《因明正理门论》把此过列为似能破十四过类的第十二种"所作相似"。

二、不实义难

> 妄语故不实,妄语者,不如义,无有义,是名不实义难。不实义难有三种:一、显不许义难,二、显义至难,三、显对譬义难。

1. 显不许义难

> 外曰:"我见瓦器依因缘生,何因令其无常?若无因立瓦器无常者,声亦应不依常因得常。"
>
> 论曰:"是难不实。何以故?已了知,不须更以因成就。

现见瓦器有,因非恒有,何须更觅无常因?是故此难不实。"

外人在现在证见的事物上更觅他因,世亲说以所立的喻在现见上已经知了,不须更以因成就,所以所难不实。

此对应于《正理经》的"所立相似""无穷相似"。

2. 显义至难

这里的"义至"即"义准",所谓义准,是指一个命题的语义中可以推出另一个命题。而义准相似,是把命题间推不出来这种错误强加给立者。

世亲说无我,因为不可显,像石女的儿子的缘故。

敌者反驳他说这意义义至,如果可显定有,不可显定无,那么,火轮、阳焰、乾闼婆城(海市蜃楼)等都可显,却不能立为有。

世亲答曰,可显物有二种:一是义至,二是非义至。如见雨必见有云,但有云不定有雨,这是义至。又如由烟知火,此中不必有义至,但如说见有烟便知有火,无烟便知无火即是非义至。因为赤铁、赤炭等都是有火无烟,所以显物的义至难是不成立。

此对应于《正理经》的"义准相似",陈那《因明正理门论》把此过列为似能破十四过类的第七种"义准相似"。

3. 显对譬义难

外人提出相反的譬喻责难,如立者说"声无常",外人以"虚空"为喻证常,本处分别从空、常,器、常,根、无常,牛、蛇耳,海水滴量和雪山斤两五个方面进行论诤。

此对应于《正理经》的"反喻相似""问题相似"。

三、相违难

义不并立,名为相违,譬如明暗、坐起等,不并立,是名相违难。相违难有三种：一、未生难，二、常难，三、自义相违难。

1. 未生难

前世未生时，不关功力，则应是常，是未生难。

外难曰："若依功力，声无常者，未生时，未依功力，声应是常。"

世亲破云："是唯相违。何以故？未生时，声未有，未有云何常？若有人说，石女男儿黑，女儿白，此义亦应成就。若不有，不得常，若常，不得不有，不有而常，则自相违。"

这难是相违，因为未生时候，声未有，未有便不能说常。如人说"石女的儿子是黑的，她的女儿是白的"，石女本不能生子女，现在还将其子女的颜色说出来，这事不会有。若不有就不得常，若常就不得不有，所以未生时为常，其义相违，不应道理。

此对应于《正理经》的"无生相似"，陈那《因明正理门论》把此过列为似能破十四过类的第十一种"无生相似"。

2. 常难

外曰："于无常处常有无常，一切法不舍性故，无常中有常，依无常故得常。"

难破者说：如前面所立的"声无常"，这应该是常和无常并存，因为事物（声音）和属性（无常）总是联系在一起的，所以这本身也是一种"常"，因此不说声是无常。难破者在这里也是转移了论题。

"常者，无别体。若物未生得生，已生而灭，名为无常。若无常不实，依无常立常，常亦不实。"世亲以为无常没有何等别体，物未生得生，已生还灭，便是无常，更无别法名无常者，是故所难不实。

此对应于《正理经》的"常住相似",陈那《因明正理门论》把此过列为似能破十四过类的第十四种"常住相似"。

3. 自义相违难

若难他义,而自义坏,是名自义相违难。

外人难曰:"若因至无常,则同无常,若不至无常,不能成就无常,此因则不成因。"

世亲破曰:"汝难若至我立义,与我立义同,则不能破我义;若不至我玄义,亦不能破我玄义,汝难则还破汝义。"

外人又难曰:"若因在前,立义在后,立义未有,此是何因?若立义在前,因在后,立义已在,因何所用?此亦不成因。"

世亲破曰:"汝难在前,我立义在后,我义未有,汝何所难?若我立义在前,汝难在后,我义已立,汝难复何用?"

以外人之言破外人之难,世亲的破斥是机智的。《正理经》和陈那《因明正理门论》均未立此过。

四、五种正难

正难有五种:一、破所乐义,二、显不乐义,三、显倒义,四、显不同义,五、显一切无道理得成就义。

1. 破所乐义

外曰:"有我,何以故?聚集为他故,譬如卧具等为他聚集,眼等根亦如是为他聚集,他者我故,知有我。"

世亲的驳斥是"无我,何以故?定不可显故,若有物定不可显,是物则无……"此是佛家破数论的"有我"之宗,陈那把此量列为"法差别相违因"过,佛家的破斥是针对数论的"所乐义",故称之为"破所乐义"。

2. 显不乐义

是指"有法自相相违"的过失,立者自己的因与宗有法相违。如数论立:"我相不可分别而是有者,第二头不可分别亦应是有,若汝不信第二头是有,我亦如是。"这里的因"不信第二头是有"与宗中的"我"之"有"相违,故而进一步与"我"亦相违。

3. 显倒义

立者强说"我是有",却不说与此相同的"第二头是有";而我方则不说"我是有",而强调说"第二头是有",这是用逆推来反驳的方法。

4. 显不同义

"我与第二头同不可分别而不同,无不同过失,堕汝顶上。"我与第二头既然都是不可分别显现的,又何来不同,故此宗支自语相违。

5. 显一切无道理成就义

"若汝言,不依道理定有我,不依道理定无第二头,此言得成就者,一切颠狂、小儿、无道理语亦应成就。譬如'虚空可见''火冷''风可执'等,并是颠狂之言,不依道理,如汝所立亦得成就,若不成就,汝义亦如是。是名显一切无道理得成就义。"是指对种种强词夺理者的反驳。

以上五种正难在逻辑上都是别具一格的,新因明著作中尚少见有阐发。

第三节 《如实论》堕负处品第三

所谓"负处"是指在论辩中导致失败的种种过失,有逻辑的,也有语言使用等方面的,但在古因明中把其中的似破"误难"另单列一类,把"似因"等也另单列。

最早《遮罗迦本集》设十五种负处,《方便心论》为十七种,《瑜伽师地论》分为舍言、言屈、言过三类三十五种。沈剑英认为:"其中'以十三种词谢对论者,舍所言论',实际上并不能说是有十三种舍言,而只是论辩时可能会说的一些认输的话,因此所谓的舍言,其实只是一种负处,而不是一类负处。言屈十三种是关于论辩术的,多有重复枝蔓之处,只有言过九种才与《方便心论》及《正理经》的堕负论较为契合,但其中仍不免芜杂,如有时与言屈的负处重复等,因此它在分类上显得相当粗疏。"①《正理经》分列了二十二种,世亲沿袭了《正理经》对负处的分类,从文本上,不但在译名上有所不同,并且在内容上作了较为具体的诠解,并且在诠解中还时时提出一些不同于《正理经》和富差耶那《正理疏》的解释,进一步发展了堕负论,以下对照《正理经》文本进行介绍和比较。

陈那《正理门论》云:"又于负处,旧因明师诸有所说,或有堕在能破中摄,或有极粗,或有非理如说语类,故此不录。"故新因明对堕负论阐发较少。②

一、坏自立义

《正理经》称之为"坏宗",[Ⅴ-2-2]云:"把反对者提出的反喻的性质放到自己的实例上加以承认时,就是坏宗。"富差耶那的《正理经疏》[Ⅴ-2-2]疏 b 释云:"由于在所开立(宗)的谓辞同与其相矛盾的谓辞发生对立的场合,有人却把反对的譬喻的谓辞放到自己的实例上加以承认,这种对自宗的破坏,就是坏宗。"但并未举实例。

---

① 沈剑英《佛教逻辑研究》,第 516 页。
② 这一部分,沈剑英《佛家逻辑》(北京开明出版社,1992 年),有专述。萨班《量理宝藏论》亦有专论,可参阅之。

《如实论》概括定义云:"于自立义许对(立)义,是名坏自立义。"并举例诠释:

外人立:"声常。何以故?无身故,譬如虚空。"

世亲反驳:"若声与空同相故是常者,若不同相则应无常。不同相者,声有因,空无因,声根所执,空非根所执,是故声无常。"这是说如果声音与虚空有同样的性质就证明它是常住的话,那么与声音有不同性质的话,就是无常的了?从不同性质上来看,声音是造作出来的,而虚空是非造作的;声音是感官所能觉知的,而虚空不是感官所能觉知的,由此倒可以证明声音是无常的。

外人又说:"若同相,若不同相,我悉不检。我说常同相,若有常相,则定常。"我说的是与常住同性质者,只要是与常住同性质的事物自然是常住的。

世亲反驳道:"常同相,不定无身物亦有无常,如苦、乐心等,是故汝因不成就。不同相者,定显一切无常与常相离,是故能立无常。"这是说以与常住同性质者为因,是不定之因,因为无形相者也有与无常同性质的,如烦恼与欢乐心绪等,所以你用"无形相"作为"声常住"的理由是不能成立的,而如果在性质上完全不相同的话,就一定能显示出所有无常的东西与常住的东西均相分离,所以我从声与空的相分离来成主"声是无常"的命题。这里外人将敌论所持的反喻的性质(即瓶子的性质,瓶上有所作性)放到自己的实例(虚空)上来加以承认(即承认有所作性),这样就必然破坏了自立义,因于是堕入了负处。

二、取异自立义

《正理经》称之为"异宗","原先陈述的理由遭到否定时,则通过对(实例和反对的譬喻的)性质的分别来加以说明,这就是(2)

异宗(即主张的变更)。"

世亲说:"自义已为他义所破,更思惟立异法为义,是名取异自玄义。"并举例说明。

三、因与立义相违

《正理经》称之为"矛盾宗",世亲说:"与立义不得同,是名因与立义相违。"

外人曰:"声常住,何以故?一切无常故,譬如虚空。是义已立。"

世亲破曰:"汝说一切无常,是故声常者,声为是一切所摄,为非一切所摄?若是一切所摄,一切无常,声应无常。若非一切所摄;一切则不成就。何以故?不摄声故。若汝说因,立义则坏;若说义,因则坏;是故汝义不成就。"这是说既包摄在"一切"之中,就应是无常的了;如果不在这"一切"之中,此因就不能用来证成宗。因此,因与宗法相矛盾,堕入负处。

四、舍自立义

《正理经》称为"舍宗",世亲说:"他已破自所立义,舍而不救,是名舍自立义。"如外人立:"声常,根所执故,譬如同异性者。"被对方破斥后立即舍而不救,反而装聋作哑:"谁立此义?"

五、立异因义

异因即改变理由,又称"转移理由",《正理经》称作"异因"。《正理经》[V-2-6]云:"说出没有差别的理由而被对方否定时,又想要(找些理由来)使之差别,这就是异因。"富差耶那疏云:"当没有差别的那些理由被否定时,如果说到它有差别的话,那就是立异因。而如果存在其他差别的理由,那么原先所说的理由就没有证明性,所以是堕。"世亲《如实论》定义云:"已立同相因义,后时说异因,是名立异因义。"

例如外人立:"声常住。何以故?不两时显故。一切常住皆一时显,譬如虚空等,声亦如是。是义已立。"

世亲反驳:"汝说声常住,不两时显,譬如虚空等,是因不然。何以故?不两时显者,不定常住,譬如风与触一时显,而风无常,声亦如是。"你所持的因不对,因为"一时显"者不一定就"常住",譬如风是一时显的,但它却是无常的,声也是如此。

外人赶紧改变理由,又立一个新的因:"声与风不同相。风身根所执,声耳根如执,是故声与风不同相。"这说声与风由于为不同的感官所感知而不同,即舍弃了前因而立异因。

六、异义

与《正理经》名目相同,[Ⅴ-2-7]云:"具有会产生与(本来的)目的无关的其他目的(的论证),就是异义。"什么"本来的"目的,什么是"其他"目的,富差耶那曾费力解释了半天。而《如实论》的定义更为明确:"说证义与立义不相关,是名异义。"证义就是理由,立义就是论题,二者不相关就堕入负处异义,并举例说明。

七、无义

与《正理经》立名相同,《正理经》未下定义,《如实论》也如此,因为无义的意思很清楚,无须多加说明了,所以它只是说:"欲论议时诵咒,是名无义。"这是一个举例性的说明。

八、有义不可解

《正理经》名为"不可解义"。世亲说:"若三说,听众及对人不解,是名有义不可解。若人说法,听众及对人欲得解,三说而悉不解。"富差耶那《正理疏》[Ⅴ-2-10]疏云:"某一主张即使讲了三次仍不为听众及对手了解,而且讲话的声音带有双重的意思,它的实际用法得不到肯定……此举的目的是为掩盖无能。"

九、无道理义

《正理经》称之为"缺义"。世亲说:"有义前后不摄,是名无道理义。譬如有人说言,食十种果,三种毡,一种饮食,是名无道理。"其中"毡"是不可食之物,与"十种果""一种饮食"并列作"食",没有统一的义旨。

十、不至时

与《正理经》立名相同,但含义不同,《正理经》是指"把论式颠倒过来说",即是指颠倒论式的次序而失去了时态。但《如实论》是指:"立义已被破,后时立因,是名不至时。"立论时如论式缺因支,经论敌难诘后再补说,好比"屋被烧竟,更求水救之",这叫马后炮!

十一、不具足分

《正理经》称之为"缺减",这是缺支的过失,世亲说:"不具足分。"又云:"五分义中一分不具,是名不具足分。"

十二、长分

《正理经》称之为"增多"。此缺减正好相反,就是立论时理由说得太啰嗦,故又称"说得太多"。《如实论》进一步分为"长因"和"长譬",分别说因支、喻支的增多,并指出:"汝说多因、多譬,若一因不能证义,何用说一因？若能证义,何用说多因？多譬亦如是,多说则无用。"

十三、重说

《正理经》为"重言",《正理经》[Ⅴ-2-14]云："声音和意义的重复,与复说不同,因此是重言。"这里重言分为声音的重复和意义的重复两种。"复说"与重说不同。在语言交际中,人们有时需要对一些概念下定义,或对一些语词作出解释,如五支式中的"结"就是对"宗"的复说。《如实论》在重声和重义外,又分第三种"重义至",如说：" '生死实苦,涅槃实乐。' 初语应说,第二语不须说。何以故？前语已显义故。若前语已显义,后语何所显？若无所显,后语则无用。是名重说。"

十四、不能诵

此与《正理经》立名相同。"若说立义,大众已领解,三说,有人不能诵持,是名不能诵。"立方所立论,大众都能理解再三宣说,而敌方仍不能应答。

十五、不解义

《正理经》立名"不知"。此过和前过的区别,前为不能应答,此为不能理解立方立论之含义,故而不能应答。

十六、不解难

《正理经》立名"不能难",《正理经》[Ⅴ-2-18]定义云："不知道如何答难就是不能难。"《如实论》进一步明确："见他如理立义不能破,是名不能难。"所谓"如理立义"就是立论合乎实际,所谓"不能破"就是不能难破,"不能诵"的要害在于不能回答,"不能难"的要害在于不能破斥。二者的相同点是因为愚钝而丧失了与人论辩的资格。

十七、立方便避

《正理经》立名"避遁"。《如实论》云:"方便避难者,知自立义有过失,方便隐避说余事相,或言我自有疾,或言欲看他疾,此时不去事则不办,遮他立难。"立方面临败局,遂以种种借口来逃避论辩。

十八、信许他难

《正理经》立名"认许他难"。这不是重复前述的第四种"舍自之义",《如实论》说:"若有人已信许自义过失,信许他难,如我过失,汝过失亦如是。是名信许他难。"在承认自己宗上的过失的情况下,强说对方宗上也存在同样的过失。

十九、于堕负处不显堕负

《正理经》立名为"忽视应可责难处"。《正理经》[Ⅴ-2-21]云:"堕入负处的人没有败北,就是忽视应可责难处。"这一定义意谓,有人已经堕入负处,却被难破者忽视了,以致负者不负,反令难破者堕入"忽视应可责难处"的负处。《如实论》里说得更为直接:"若有人已堕负处,而不显其堕负。"但却又画蛇添足:"更立难欲难之。彼义已坏,何用难为?此难不成就。"这是说有人自己已堕入负处,就不必要再去出难了,这算什么逻辑!

二十、非处说堕负

《正理经》立名为"责难不可责难处"。《正理经》云:"不是负处而指责为负,就是责难不可责难处。"富差耶那《正理经疏》[V-2-22]的解释是:"根据对负处的特征的虚妄的认识,对手本来没有堕负,他却指责说:'你输了。'由于责难了不可责难处,反倒使他自己堕入负处。"《如实论》又新加了一层含义:"复次,他堕坏自立义处,若取自立异义显他堕负而非其处,是名非处说堕负处。"这是说对方立论虽有堕负处,但难破者未击中其要害,反致自身堕负处。

二十一、为悉檀多所违

《正理经》立名"离宗义"。"悉檀多"即宗义。世亲说:"先已共摄持四种悉檀多,后不如悉檀多理而说,是名为悉檀多所违。"指有人不按彼此共许的四种宗义论议,以致使论议溢出了论旨而堕入负处。

二十二、似因

《正理经》立名相同。《正理经》十六义谛中已先立有"似因",故只简单地说:"如同已叙述的那样,(22)似因也是堕负处。"《如实论》也说:"似因者,如前说有三种:一、不成就,二、不定,三、相违。是名相违。"这个"如前说"应是指"反质难品"之前的佚文中所说。《正理经》把似因分为五种,《方便心论》分为八种,《如实论》首次归为不成、不定、相违此三种,并各举了实例。此分类为陈那新因明所承续。

第十三章

世亲的古因明思想(下)

世亲也是瑜伽行宗的重要创始人,有说无著创法相,世亲成唯识,世亲的唯识理论中有丰富的知识论思想,也应是古因明的重要内容,以往的研究在这方面尚缺乏,本章仅对世亲的《二十唯识论》《唯识三十颂》《辨中边论》的知识论思想作一分析。

第一节 《二十唯识论》的古因明思想

本论二十颂的中心是破外境实有,而立"内识外显为似境",并从不同角度破立:

一、破胜论和小乘的外境极微实有

第十颂:"以彼境非一,亦非多极微又非和合等,极微不成立。"①

世亲论曰:"此何所说?谓若实有外色等处,与色等识各别为境。如是外境或应是一,如胜论者执有分色。或应是多,如执实有众多极微各别为境。或应多极微和合及和集,如执

---

① 世亲《二十唯识论》。

实有众多极微,皆共和合集为境。且彼外境,理应非一,有分色体,异诸分色不可取故。理亦非多,极微各别,不可取故。又理非和合,或和集为境,一实极微理不成故。"[①]

此外境是以一、或多、或以和合的方式存在。若是以一的话,它的存在是如胜论师所说的方式存在(说外境是一的说法很多,这里的取材是胜论师的说法),之后再加以推翻。若是如胜论师所说的就不对了,因为……若是异的话,它的存在就如有部所说的方式存在,如此就不对了,因为……若是和合的话,它的存在方式就如经部所说的方式存在。

胜论派学者认为极微实有,永久不灭,极微的集合体称为"有分色",世界由无量数的极微集合而成,这是"多",但成立之后,便成为一个单位——"其体是一"。世亲用"以彼境非一"破之。因为多不是一,如何能集合起来成为一个"大一"呢?

颂文第二句曰:"亦非多极微。"破说一切有部认为众多极微集合成为"聚色"。

颂文第三句曰:"又非和合等。"破经量部众多极微和合成为"粗色",才是五识所缘的境界。同时也批判了顺正理论师的极微"和集"相。

后来陈那《观所缘缘论》也类似地批判三种极微论,但第三种"和集"说,欧阳竟无《观所缘缘论释解》[②]把其归之为正理派,其实《顺正理论》属小乘有部。

第十一颂:极微为什么不是实体。

颂文:"极微与六和(合),一应分成六,若与六同处,聚应

---

① 世亲《二十唯识论》。
② 《佛学丛报·学理三》1914年第11期,第1页。

如极微。"①

世亲论曰："若一极微六方各与一极微合。应成六分。一处无容有余处故。一极微处若有六微。应诸聚色如极微量。展转相望不过量故。则应聚色亦不可见。"②

"极微与六和(合),一应分成六。"这是世亲的质疑:顾名思义,极微应是物质分析到不可再分析的最后单元,极微有没有方分,如何可与六方相合? 如果有方分,可与六方相合,那么一个极微仍可分成六分,分后的极微仍可再分下去,如果是这样,则所谓极微者,是但有其名,并无此物,因为它根本不可能存在。以极微能否有方分而来否定极微的实在性,前述的无著《瑜伽师地论》中已有叙。

又颂文说:"若与六同处,聚应如极微。"如果说极微没有方分(即以其邻乎太虚,没有体积而言),则即使七极微合而为一,合后其量并没有加大,仍然是没有体积。如果是这样,则聚极微集合成六处的理论就不能成立(如果极微是零,聚多少零仍然是零)。

此时"加湿弥罗国毗婆沙师言。非诸极微有相合义。无方分故离如前失。但诸聚色有相合理有方分故"。外人又以有部毗婆娑师的理论来转救说:和合的东西要有方分,极微没有方分,不能和合,这一点我们承认。但由极微成为各种"聚色",聚色是有方分的,可以相合。

第十二颂:破有部毗婆娑师的聚色有和合义。

颂:"极微既无合,聚有合者谁,或相合不成,不由无

---

① 世亲《二十唯识论》。
② 世亲《二十唯识论》。

方分。"①

论曰:"今应诘彼所说理趣,既异极微别聚色,极微无合聚合者谁。若转救言:聚色展转亦无合义。则不应言极微无合无方分故。聚有分亦不许合,故极微无合不由无方分。是故一实极微不成。又许极微合与不合其过且尔,若许极微有分无分俱为大失。"

问难者转救说:由于极微无合,所以聚色也没有合的意义。唯识家立刻质问对方:你说极微无方分,所以无合,但聚色有方分,也没有合的意义。由此可见能合或不能合,并不是由于有无方分的关系。纵使极微有方分,同样也不能合。颂文后二句的意思:"或相合不成,不由无方分。"

第十三颂继续批驳极微有无方分,第十四颂说明执外境为一是过失,不再赘述。

二、反驳对唯识"内识生时,似外境生"的四种责难

"安立大乘三界唯识。以契经说三界唯心。心意识了。名之差别。此中说心。意兼心所。唯遮外境。不遣相应。内识生时。似外境现。如有眩翳。见发蝇等。此中都无少分实义。"

第一颂曰:"若识无实境,即处时决定,相续不决定,作用不应成。"

论曰。此说何义。若离识实有色等外法。色等识生。不缘色等。何因此识有处得生。非一切处。何故此处有时识起。非一切时。同一处时有多相续。何不决定随一识生。如

---

① 世亲《二十唯识论》。

眩翳人。见发蝇等。非无眩翳有此识生。复有何因。诸眩翳者所见发等。无发等用。梦中所得饮食刀杖毒药衣等。无饮等用。寻香城等。无城等用。余发等物。其用非无。若实同无色等外境。唯有内识似外境生。定处定时。不定相续。有作用物。皆不应成。①

外人质疑：即说如果境随心变，则现实中有四事（现见世间事物处所一定、时间一定、众多有情同见一境、外境有作用）都不能成立。

第二颂：世亲用三个譬喻回答，非皆不成。颂曰："处时定如梦，身不定如鬼，同见脓河等，如梦损有用。"②

论曰：如梦：意说如梦所见。谓如梦中虽无实境，而或有处见有村园男女等物。非一切处，即于是处。或时见有彼村园等，非一切时。由此虽无离识实境，而处时定非不得成。说如鬼言：显如饿鬼。河中脓满，故名脓河。如说酥瓶，其中酥满。谓如饿鬼同业异熟，多身共集，皆见脓河，非于此中定唯一见等言。显示或见粪等。及见有情。执持刀杖。遮捍守护。不令得食。由此虽无离识实境，而多相续不定义成。又如梦中境虽无实。而有损失精血等用。由此虽无离识实境。而有虚妄作用义成。如是且依别别譬喻。显处定等四义得成。

第三颂："一切如地狱，同见狱卒等，能为逼害事，故四义皆成。"

论曰：应知此中一地狱喻。显处定等一切皆成。如地狱

---

① 世亲《二十唯识论》。
② 世亲《二十唯识论》。

言。显在地狱受逼害苦诸有情类。谓地狱中虽无真实有情数摄狱卒等事。而彼有情同业异熟增上力故。同处同时众多相续。皆共见有狱卒狗乌铁山等物。来至其所。为逼害事。由此虽无离识实境。而处定等四义皆成。何缘不许狱卒等类是实有情。不应理故。且此不应捺落迦摄。不受如彼所受苦故。互相逼害。应不可立彼捺落迦此狱卒等。形量力既等。应不极相怖。应自不能忍受铁地炎热猛焰恒烧燃苦。云何于彼能逼害他。非捺落迦。不应生彼。如何天上现有傍生。地狱亦然。有傍生鬼为狱卒等。[1]

这里,首先以梦喻释三难:梦境唯心所现是大家公认的,梦中所缘境界也有一定的时间、处所,在梦中遇到恐怖景象或男女交合,也能产生惊怖或滑精等,可见所缘境界仍然有处、有时、有作用,并不违背唯识。

其次,以饿鬼、脓河喻释第三难:脓河是不实的,然共业同感的饿鬼却同见脓河,说明处境虽然不实,不妨所见相同。

再次,以狱卒喻释四难:唯识家认为狱卒非实有情,但犯罪者共业所感,因而举出以解四事。作为非实有情的狱卒,只出现在地狱(落迦)中,不出现在任何处;只在地狱时出现,不在其他时间出现;众多犯者所见相同,共为逼害。由此可见,心变境界也是有处、有时,所缘不异,作用得成。

三、内外十处皆从自种生

外人责疑说:"佛在经典常说十有色处(就是眼、耳、鼻、舌、身、意内五根处;和色、声、香、味、触外五境处)。佛既然说十有色

---

[1] 世亲《二十唯识论》。

处,你们唯识家为什么说唯有内在的心识,没有实在的外境(即色、声、香、味、触等五境非实有)呢?"①

第八颂:"显从自种生,似境相而转,为成内外处,佛说彼为十。"

> 世亲论曰:"此说何义。似色现识从自种子缘合转变差别而生。佛依彼种及所现色。如次说为眼处色处。如是乃至似触现识从自种子缘合转变差别而生。佛依彼种及所现触。如次说为身处触处。依斯密意说色等十。此密意说有何胜利。"

这里"显识从自种生"一句,是说明心识生起之所依。世尊所说的色等十处——五根、五境,前者为五识之所依,后者为五识之所缘。前五识的生起,一定要有其所依及其所缘,否若有根无境,识不得生。而小乘论师,特别是经量师,认为五根、五境是独立的、实有的。但在唯识学,认为五根五境,都是心识之所变现,离开了能变的识,也就没有根境的存在了,故"为成内外处,佛说彼为十"。"似境相"三字,是显示其似有非有,不是实有,以此"似"字,否定了境相的客观存在性。

四、破妄执现量以成外境

第十五颂:"现觉如梦等,已起现觉时,见及境已无,宁许有现量。"②

> 论云:"如梦等时,虽无外境,而亦得有如是现觉,余时现觉,应无不尔,故彼引此为证不成。又若尔时有此现觉义,我今现证如是色等;尔时于境能见已无。要在意识能分别故,时眼等识,必已谢故。刹那论者,有此觉时,色等现境亦皆已灭;

---

① 世亲《二十唯识论》。
② 世亲《二十唯识论》。

如何此时,许有现量。要曾现受意识能忆,是故决定有曾受境,见此境者许为现量。由斯外境实有义成。如是要由先受后忆,证有外境理亦不成。"①

首句颂文"现觉如梦等",现觉就是现量的觉知。外人以为用直觉了解现前之境,在现量的直觉下,觉其为有,就应该是实境了。唯识家却说,现觉如梦一样,梦中并没有实有的境界,但却有梦中的现觉。"如梦等",等字下面包括眩翳者"现觉"的空华、第二月等。由此可见,现觉并不能够证明外境的实有。

现量的形成这是根、境初接触一刹那的事。到了你生起"我见此物"之念时,能见的眼识及所见的外境已成过去,已堕入第六意识的"比量"了,这时只是第六识就六尘缘影加以追忆及虚妄分别而已。已没有现量了,既然没有现量,何来的外在实境?故颂后三句说:"已起现觉时,见及境已无,宁许有现量?"

外人又质疑:就是因为有过去的眼等五识现觉的境,现在的意识才能对先所见境生起忆念,现在既有所忆,可知过去必有所见。而此能见,即是现量。既有现量,所以外境实有仍是可以成立的。

世亲在第十六颂前两句答云:"如说似境识,从此生忆念。"我们内识生时,"似外境现",作为自己心识的所缘。因此,我所见的外境,都是自己心识变现的幻境,而不是实境。

五、以识生境——众有情皆有识,自识现自境

第十七颂下半颂:"辗转增上力,二识成决定。"②

---

① 世亲《二十唯识论》。
② 世亲《二十唯识论》。

世亲云:"以诸有情自他相续诸识辗转为增上缘,随其所应二识决定,为余相续识差别故,令余相续差别识生各成决定不由外境。"①

此有两种意义:一者,所谓唯识,是"自他相续诸识",并不是唯我有识,他人无识,而是无量有情,皆有其八识。另一种意义,所谓唯识,并不是说自己的识之外全无外境,他人识之所变,对自识来说亦名外境。但是诸识缘此境时,并不是直接亲缘此境,亲缘的境,只是自识所变的相分境,他识所变的,但于自识作增上缘。例如你我对话,我听到你的声音,好像是听到外面的声尘之境,其实你的声音,只能作我耳识的疏所缘缘,我的耳识仗此疏所缘缘为本质,再从我自己的识上,变出一个相分声境为亲所缘缘。所以一切有情,虽然受到善知识或恶知识的言教,但他们亲所受的,仍是自识之所变。

六、认识的主客体均非实在——人、法无我

外人又责问,佛的内外十处说法,又有什么作用?

第九颂:"依此教能入,数取趣无我,所执法无我,复依余教入。"②

世亲论曰:"依此所说十二处教受化者。能入数取趣无我。谓若了知从六二法有六识转。都无见者乃至知者。应受有情无我教者。便能悟入有情无我。复依此余说唯识教受化者。能入所执法无我。谓若了知唯识现似色等法起。此中都无色等相法。应受诸法无我教者。便能悟入诸法无我。若知

---

① 世亲《二十唯识论》。
② 世亲《二十唯识论》。

诸法一切种无。入法无我。是则唯识亦毕竟无。何所安立。非知诸法一切种无。乃得名为入法无我。然达愚夫遍计所执自性差别诸法无我。如是乃名入法无我。非诸佛境离言法性亦都无故。名法无我。余识所执此唯识性。其体亦无。名法无我。不尔。余识所执境有。则唯识理应不得成。许诸余识有实境故。由此道理。说立唯识教。普令悟入一切法无我。非一切种拨有性故。"①

这里的"数取趣"即主体"补特伽罗",佛陀为破除众生的"人我执",方便说有色等十二处。此即第七颂所述,先说有十二处,然后再对十二处加以分析,说出十二处色等诸法,是因缘和合的假有,此中并无"我"的成分。此颂的首二句,就令听者"依此"十二处教,能悟"入数取趣无我"之理,这就是说十二处的利益。

人我执已空,但法我执仍然存在。如何能使有情悟入"法无我"呢?那要"复依"此内外处教之"余教",而去悟入。

第二节 《唯识三十颂》的"三能变"

世亲的《唯识三十颂》,也称《三十唯识论》或《唯识三十论颂》。《唯识三十颂》以三十首偈颂诠释唯识教义,从第一到第十九颂说三能变,由主体"识"变现为万物,有客体的境相,也有主体的见分,第七识显生主体的意识力,前六识显生出主体的感知力,八识心王和五十一心所又属认识主体,最终归结为"一切唯识"。从二十颂到二十五颂讲三自性和三无性取消客体的实在性,同时也虚化主体的实在性,从遍计所执到圆成实相,认识才能达到佛教

---

① 世亲《二十唯识论》。

的终极真理。最后五颂明唯识之行位,即唯识修行的诸阶段。此书先后有十大印度论师为之注释,玄奘以十大论师中的护法论师的注释为主,糅译其他论师的注释,编译成《成唯识论》。由于《解深密经》中已阐述了唯识三性、三无性,而最后五颂讲修行位,也不属知识论,故本节只介绍论中的"三能变"思想。

第一颂前二句:"由假说我法,有种种相转。"①

有人问:"如果按唯识学所说的只有识存在,那么为什么世人以及各种佛教典籍都说有自我,有各种事物?"②

第一颂后二句:"彼依识所变,此能变唯三。"③

第二颂:"谓异熟思量,及了别境识。"④

世亲回答说:"这些与'我''法'相应的现象都是由识所变现,能变现。"

第三、四颂:"初阿赖耶识,异熟一切种。不可知执受,处了常与触,作意受想思;相应唯舍受;是无覆无记。触等亦如是。恒转如暴流,阿罗汉位舍。"⑤

这是讲第一能变识即阿赖耶识,也称为异熟识和一切种识。"异熟识"是阿赖耶识的果相(作为果的性状),"一切种识"是因相(作为因的性状)。《成唯识论》云:"阿赖耶识因缘力故,自体生时,内变为种及有根身,外变为器。"这是说第八阿赖耶识作为识,"内变为"种和根身,这是指主体,"外变"为器,即外部世界。其现行活动的作用也就是认识作用,其认识对象是"执受"和"处"。"执受"指种子与"有根身"(即众生具有各种感觉机制的身体)。

---

① 世亲《唯识三十颂》。
② 世亲《唯识三十颂》。
③ 世亲《唯识三十颂》。
④ 世亲《唯识三十颂》。
⑤ 世亲《唯识三十颂》。

"处"指处所，也称器世间，即物质世界。唯识学认为，"执受"和"处"都是由第八识变现。第八识正是以自己变现出的上述对象作为认识对象。颂中说第八识的现行活动作用和认识对象都具有"不可知"性，这是因为：第八识的认识活动和认识作用极其细微，难以了知；此外，在第八识的认识对象中，其在内所执受的种子、感觉机制是极其细微难知，其在外所变现的物质世界是极其广大难测，所以总的说是"不可知"。

与第八识相应的心所只有遍行心所。遍行心所有五种：触、作意、受、想、思，而与第八识相应的只是舍受，其原因有多种，其中的一个原因如下文所说，第八识是无覆无记性。第八识非善非恶，所以称作"无记"。阿赖耶识如暴流，始终不断地生起而又前后不同地转变，只有到阿罗汉位才舍弃。

第五颂："次第二能变，是识名末那。依彼转缘彼，思量为性相。"①

《成唯识论释》云："初异熟能变识，后应辩思量能变识相。是识圣教别名末那，恒审思量胜余识故吹。……诸圣教恐此滥彼，故于第七，但立意名。又标意名，为简心识，积集了别，劣余识故。或欲显此与彼意识，为近所依，故但名意。"②

台湾学者吴汝钧解释道："'圣教'指瑜伽行派早期最重要的典籍，一般认为是《瑜伽师地论》。此论称第七识为'末那'，是思量之意。《成唯识论》则称此识为'恒审思量'，目的是要区别于第八识和第六识。较宽松地说，第六、七、八识皆具有思量的作用。第八识的思量在于执持种子；第六识对外境进行分别，有很明显的思量作用。第七识则是恒审地思量，有别于其余二识。恒指无间

---

① 世亲《唯识三十颂》。
② 《大正藏》第31册，第19页b。

断,第七识基于这点而简别于第六识。第六识是有间断的,例如在昏睡当中,第六识便会停止作用。审是精细的分别,这简别于第八识。第八识不能对种子进行精细的思量。所以恒审思量就只有第七识。"①

第六、七颂:"四烦恼常俱,谓我痴我见,并我慢我爱,及余触等俱。有覆无记摄,随所生所系,阿罗汉灭定、出世道无有。"②

上面的引文是说,其次是第二能变识,此识名末那识,"末那"的意思是"污染意"。"依彼转缘彼"此识依赖第八识而生起,并以第八识为认取对象。"思量为性相"思量为其本性和现行活动的作用。此识始终与四种烦恼共存,即我痴与我见,还有我慢与我爱;还始终与触等其余的心所共存。此识属于有覆无记性,与这第七识相应的四种根本烦恼,是污染性的,能障碍圣道、隐蔽自心,所以称为有覆;这四种烦恼不是善也不是不善,所以称为无记。随第八识所生地而生起并被系缚在该地,只是在阿罗汉位、灭尽定与出世道中才不存在。

第八颂曰:"次第三能变,差别有六种,了境为性相,善不善俱非。"③

第九至十六颂则是展开:

> 此心所遍行,别境善烦恼,随烦恼不定。三受共相应,初遍行触等,次别境谓欲,胜解念定慧,所缘事不同。善为信惭愧,无贪等三根,勤安不放逸,行舍及不害。烦恼谓贪瞋,痴慢疑恶见。随烦恼谓忿,恨覆恼嫉悭,诳谄与害骄,无惭及无愧,掉举与昏沉,不信并懈怠,放逸及失念,散乱不正知。不定谓

---

① 吴汝钧《唯识现象学》(一),台湾学生书局,2002年,第74页。
② 世亲《唯识三十颂》。
③ 世亲《唯识三十颂》。

悔眠,寻伺二各二。依止根本识,五识随缘现,或俱或不俱,如涛波依水。意识常现起,除生无想天,及无心二定,睡眠与闷绝。①

其次是第三能变识,共包括六种不同的识,"了境为性相"六识的本性和现行活动作用都是"了境",即认识辨别六境。这也就是六识称为"了境能变识"的原因。

"善不善俱非。"六境认识它们可以是善性的、不善性的和非善非不善性的。

"此心所遍行,别境、善、烦恼、随烦恼、不定。三受共相应。"与六识相应的心所,有遍行心所、别境心所、善心所、烦恼心所、随烦恼心所与不定心所。受心所中,苦、乐、舍三种受都能与六识相应。

"初遍行触等,次别境谓欲。"首先是遍行触等心所,其次是别境心所,即欲、胜解、念、定、慧,它们各自的认取对象和主体都不同。

"善为信、惭、愧,无贪等三根,勤安不放逸,行舍及不害。"善心所包括信,惭,愧,无贪、无瞋、无痴三善根,勤,安,不放逸,行舍以及不害。

"烦恼谓贪瞋,痴慢疑恶见。随烦恼谓忿,恨覆恼嫉悭,诳谄与害骄,无惭及无愧,掉举与昏沉,不信并懈怠,放逸及失念,散乱不正知。"烦恼心所是指贪、瞋、痴、慢、疑、恶见。随烦恼即忿、恨、覆、恼、嫉、悭、诳、谄、害、骄、无惭、无愧、掉举、昏沉、不信、懈怠、放逸、失念、散乱、不正知。

"不定谓悔眠,寻伺二各二。"不定心所指悔、眠、寻、伺,二类

---

① 世亲《唯识三十颂》。

各二种。

"依止根本识,五识随缘现,或俱或不俱,如涛波依水。"以第八识为根本依托,前五识根据各种条件的和合而现行生起,此五识或是共同生起,或不是共同生起,就像波涛依赖水一样。

"意识常现起,除生无想天,及无心二定,睡眠与闷绝。"意识则能经常现行生起,除非是生到无想天,或是处在二种无心定、极重睡眠或严重昏迷中。

六识中,五识的生起需依赖众多的条件,由于这些条件并不总是具备,总是五识经常间断。第六识自己就能思维,能向内、外两方面活动,不需依赖众多的条件,所以除五种状态不能生起,其他状态下始终能现行生起。这五种状态是无想天(色界天之一。即修无想定所感之异熟果报。生此天者,念想灭尽,仅存色身及不相应行蕴,故称无想天)、无想定、灭尽定、极重睡眠、严重昏迷。

第十七颂曰:"是诸识转变,分别所分别,由此彼皆无,故一切唯识。"[1]

识都能变现出似乎实在的见分和相分。所变现的见分,称为"分别";所变现的相分,称为"所分别"。因此那所谓的实我实法都不存在,只有识真实存在。但"唯识"的说法,只是要否定脱离识的所谓真实的东西,并不否定不脱离识的各种现象。即心所、见分、相分、物质、真如等现象,如果认为它们是心外真实存在的事物(即外境),唯识学认为这是错误的观点;如果认为它们是不脱离识而存在的现象(即内境),唯识学认为这是正确的观点。

---

[1] 世亲《唯识三十颂》。

第三节 《辩中边论》第一品"辩相品"的非知识论

《辩中边论》共分七品,除第一辩相品外,其余六品的主旨皆为修行和证果,所以从知识论的角度来说,只有第一品有所涉及。然而,即使是第一品,其主旨亦在于从佛家胜义谛的视角指出世俗认识的虚妄性格,从而否定对认识的执着,可称之为"非知识论",这也体现了唯识知识论的一个根本出发点。

一、认识的主体和客体都是"空"

> 虚妄分别有,于此二都无,此中唯有空,于彼亦有此。
>
> 论曰:虚妄分别有者,谓有所取、能取分别。于此二都无者,谓即于此虚妄分别,永无所取、能取二性。此中唯有空者,谓虚妄分别中,但有离所取及能取空性。于彼亦有此者,谓即于彼二空性中,亦但有此虚妄分别。若于此非有,由彼观为空,所余非无故,如实知为有。[①]

"虚妄分别有"指有所取和能取的分别。但有的只是"分别",当中的所取和能取,即"二取"则是无。"此"表示虚妄分别,在虚妄分别中,只有离所取和能取后的空性。"彼"表示空性,这包括离所取空和离能取空,即是长行中所说的"二空",以上既然否定了二取的真实性,亦就是否定了认识中的能知主体和所知对象的真实性。

二、境、识皆非实有

> 生变似义,有情我及了,此境实非有,境无故识无。

---

① 《大正藏》第31册,第464页b。

论曰：变似义者,谓似色等诸境性现。变似有情者,谓似自他身五根性现。变似我者,谓染末那与我痴等恒相应故。变似了者,谓余六识了相麁故。此境实非有者,谓似义,似根无行相故。似我、似了,非真现故,皆非实有。境无故识无者,谓所取义等四境无故,能取诸识亦非实有。①

八识的现行有四方面的作用：变似义、变似有情、变似我及变似了。变似义指似有一个物质的世界出现,唯识学派称之为器世间。"似"表示这个世间为非真实,只是看上去好像有种种东西存在,但不能作实体看。似有情表示似乎有自、他有情的五根躯体出现。变似我指似有一个内在自我出现。根身是各各有情的物质躯体,而这个内自我是末那识所执持的一种自我意识。变似了指似有前六识所认识的境相出现。在这些识转变当中,识为能取,而以上四种境皆为所取。论由于四种境都非实有,所以诸识亦非实有。

一般的唯识讲境空识有,这里更彻底,境空识亦无。

此外,世亲《佛性论》说:"证量不成,比喻、圣言背失。"这里的证量即是现量、比喻当指比量和譬喻量,圣言为圣教量,说明世亲是持三种或四种量,并以现量为基础。②

世亲的学说中已引入因三相并常常使用三支式,故从逻辑学角度出发,有学者认为："世亲不仅是古因明的最后学者,在另一方面也是新因明的开拓性论师,更为准确地说,是处于过渡期间的逻辑学者。"③

---

① 《大正藏》第 31 册,第 464 页 c。
② 转引自梁漱溟《印度哲学概论》,第 169 页。
③ [日]宇井伯寿著,慧观等译《佛教逻辑学》,宗教文化出版社,2024 年,第 139 页。

第十四章

陈那《集量论》破异执中的古因明诸说（上）

陈那是印度新因明的创始者，但这不是无中生有，而是站在古因明的"肩膀"上的一次新飞跃。陈那对古因明有继承也有批判，更有创新。总体来说在知识论上与正理派有较多的联系，又以唯识论批判胜论和小乘的外境实有论，但在量的种类、量的形成机制等方面直接承续了无著、世亲的学说。

在逻辑论上以三支式取代古因明的五支式，把因三相和三支式相结合，并以九句因诠释因三相。从古因明的类比推理上升到归纳与演绎的结合。

在过失论方面，除了《正理门论》中的"十四过类"仍沿袭了古师的提法外，陈那已力图把各种过失概括纳入似宗、似因、似喻的过误中，但其是否能包容尚可商榷。

陈那的《集量论》标志着中古印度的因明已剥离辩学的外壳而进入知识论为主导的发展时期，故陈那"因明八论"无辩学专论，但在法称"因明七论"中仍有专论论辩的《诤正理论》，在藏传因明的传承中仍有丰富的辩学思想，承续了古因明的辩学理论。

陈那的《集量论》中每一品都有"破异执"部分，引用了大量的古因明材料，吕澂《集量论释略抄》以附录"集量所破义"，本书现整理为十四、十五两章,虽是陈那的引用,亦可作为古因明的重要资料,以资参鉴。法尊法师有《集量论略解》,韩镜清亦有《集量论》的汉译手稿。刚晓法师的《〈集量论〉解说》(甘肃民族出版社,2008年)把这三个译本进行了对照和释解,可供借鉴。

奥地利的弗劳瓦尔纳(1898—1974)研究论辩法后期的发展及从有价值的断简残章中重构了世亲在《论轨》中的所有根本论点。据弗劳瓦尔纳说,《论轨》在很多地方都颇为近似陈那的《正理门论》。其实这里的"论轨"残章就是《集量论》中所破的"成质难论"。陈那《集量论》第一品现量品后半部,在破斥外道时,先破"论轨",陈那说:"论轨非师造,意谓无定要,余应说有分,故我当观察。"法尊《集量论略解》释云:"《论轨》非是世亲论师所作。论师意谓彼论无决定心要义,故未辨说。余者若有心要,则应分析辨说也。"[①]这里的"论师"当指世亲,这是说当时人都认为此《论轨》是世亲所造,而世亲自己却觉得此论无要义,故亦未作辩解。但陈那要说明非世亲造,并对其中的一些观点进行辨析。吕澂的对勘本《集量论释略抄》却把此论译为《成难论》或《成质难论》,并在"附录集量所破义"中专列其义,并论证其即是《如实论》(韩镜清译本称之为《立诤》)。

吕澂说:

> 上举《成质难论》,大体已具。寻其原典,梵藏均缺,独我国真谛旧译《如实论》文颇与符。
> 其一、《如实论》旧传是世亲所作,与"成质难论"之传说恰合。
> 其二、《如实论》各品皆题反质难品,又与成质难题相同。
> 其三、《如实论》中精要之义为道理难,分颠倒不实相违三类,又与《成质难论》全合。(上列一〇至一四则)

[①] 引自法尊译编《集量论略解》,中国社会科学出版社,1982年,第8—9页。

其四、《如实论》说堕负义与正理派立异者,如声常一切无常故为因过。不成不定相违为似因,皆与《成质难论》全同。(上列六、八两则)

有此数证,《成质难论》与《如实论》之符合已无可疑。至其立名两异者,真谛译籍每喜易题,如观所缘论译作思尘本已义尽,而真谛以说唯识,复名之无相思尘。今《如实论》者,安知不本为反质难,而真谛益其题号为《如实论反质难品》乎。

又《长房录》依次著录真谛译籍,皆有如实论一卷,反质论一卷,堕负论一卷。今但存《如实论》,又安知非本为反质堕负,而冒《如实》之名乎。审如是,如实本为成质难论,亦未可知也。[①]

在这里,吕澂主要讲了二层意思:第一,"有此数证,《成质难论》与《如实论》之符合已无可疑。"第二,汉译本《如实论》又"安知非本为反质堕负,而冒《如实》之名乎。"日本学者宇井百寿对此有不同意见:"由于《如实论》只不过残存了尾部的一部分,所以也只限于说明前文所提到的'相似过类'在名称上的相似性,因此这个结论也不能说是确凿无疑的。此外,正如吕氏本人所提到的,陈那为了回避当时世人皆认为《成净论》乃世亲所著这一点,而在引用《成净论》内容的基础上做了评判,由于这与其反驳正理派、胜论派、数论派、弥漫蹉派的情况一样,因此与《因明正理门论》中将《如实论》作为基础的态度是完全相偏离的。从这一点来看,《成净论》与《如实论》乃为一本书的说法并不可信。"但又认为:"我们仍不得不承认《成净论》为世亲所著的事实。"[②]这里的《成净论》即《成质难论》,但陈在明确说此论"非师造"。

当然,吕澂最后仍说要"诚足郑重"。但不管《成质难论》能否

[①] 沈剑英编《民国因明文献研究丛刊》第4辑,第126—127页。
[②] 均引自宇井伯寿著,慧观等译《佛教逻辑学》,第125页。

定为世亲所作,但观点确属古因明无疑,故下文略作分析之。

以下以吕澂《集量论释略抄》中"破异执"部分为标题,分析陈那对古因明思想的批判和继承、吸取。

第一节 《集量论》现量品中的破异执

一、破《成质难论》(法尊译为"《论轨》")

1. 由彼境义生识是为现量①

法尊译本:"此说从彼义,生识为现量。"②

刚晓说:

陈那论师说这个定义是不妥当的,为什么呢?可以从两个角度来解释:

(1)如果"从彼义"是遍说词,则任何识于任何境生都可以是现量了,并不是说只从彼生者才能叫现量,因为佛教中说心、心所法是得四缘而生,不可能只是你说的"彼义"(彼义就是那事物,它只是所缘缘)而生。

(2)如果"从彼义"不是一个遍说词,而是指"识定从所缘义生者",这也不行,比如说像忆念、推理、憍求之类的认识,它根本就不观待你所说的"彼义"呀。③

2. 五识所缘自相境,不施假名④

从法尊的《集量论略解》中看,是陈那对《成质难论》现量定义

---

① 沈剑英编《民国因明文献研究丛刊》第4辑,第125页。
② 法尊译编《集量论略解》,第9页。
③ 刚晓《〈集量论〉解说》,第83页。
④ 沈剑英编《民国因明文献研究丛刊》第4辑,第125页。

的进一步批驳:"故五识境,即以彼共性相安立名言,名为色等。非以自性相安立名言。故说五识境不能安立名言也。"①这是说五根所缘的色、声、香等外境是其自相,但是以共相给其取名为"色"等,而不是以它们的自相来安立名言的。陈那又以桌子为例,说桌子不是自相,是集聚假相,又以蛇、绳为例。但这一条看不出是反驳。

二、破正理论

吕澂说:"集量征破正理之说多出于《正理经》。"②现作对勘比较,并与法尊《集量论略解》对照。

根境相合生智,不设假名,无所迷乱,确实为性,是为现量③

法尊译:"根义和合所生识,非作名言,无有迷乱,耽著为体,是为现量。"④

《正理经》:"现量是感官与对象接触而产生的认识,它是不可言说的,没有谬误的,且是以实在性为其本质的。"⑤

"耽著"是指决定,此"确实"与"实在性"有区别。姚卫群也译为"确定"。⑥

陈那是从四个方面进行反驳的:

(1)"设立名言之境者是由比量心。其诸根觉绝无名言之境。不须简滥。"⑦

---

① 法尊译编《集量论略解》,第10页。
② 沈剑英编《民国因明文献研究丛刊》第4辑,第127页。
③ 沈剑英编《民国因明文献研究丛刊》第4辑,第127页。
④ 法尊译编《集量论略解》,第10页。
⑤ 沈剑英《因明学研究》,第255页。
⑥ 姚卫群《古印度六派哲学经典》,第64页。
⑦ 法尊译编《集量论略解》,第11页。

(2) 根觉亦无迷乱之差别,迷乱唯在意识。"①

根觉无分别,故亦谈不上迷乱。陈那现量定义中只讲无分别,不讲无错乱,认为已是无分别的题中之义。但法称是分立不错乱要求的。在古因明中《瑜伽师地论》也专设"错乱",并分为:"一、心错乱;二、见错乱。想错乱者,谓于非彼相起彼相想,如于阳焰、鹿渴相中起于水想。数错乱者,谓于少数起多数增上慢,如医眩者于一月处见多月像。形错乱者,谓于余形色,起余形色增上慢,如于旋火,见彼轮形。显错乱者,谓于余显色,起余显色增上慢,如迦末罗病损坏眼根,于非黄色悉见黄相。业错乱者,谓于无业事起有业增上慢,如结拳驰走,见树奔流。心错乱者,谓即于五种所错乱义,心生喜乐。见错乱者,谓即于五种所错乱义,忍受显说,生吉祥想,坚执不舍。若非如是错乱境界,名为现量。"②

(3) "耽著是决定。以于具足总等之相等,都不分别,无所见,故亦非有。"③现量无分别,故无决定。

(4) "此破根义一切相合生识为现量者,如于山等境,应根境无间。然现见是有间而取。"④这里关键是对"和合"的含义如何界定,如果一定是根境无间相合,则不成立,如眼根与大山之间。但如以"缘取"义则可成立。

三、破胜论

1. 经说唯由相合而成者为实现量。由我根及义相合而成者为

---

① 法尊译编《集量论略解》,第11页。
② 《大正藏》第30册,第357页a-c。
③ 法尊译编《集量论略解》,第11页。
④ 法尊译编《集量论略解》,第11页。

彼余法。有依量而说余义。谓根与义相合为量,以是不共因故。又复有说我及意合为量,以是殊胜义故①

法尊译:"由我、根、意、义、和合所成,彼是余法。""由我、根、义、和合所成,彼是余法。""且唯由系属所成,彼于实为现量。"②

胜论讲认识产生有根和境义的"二合"体,这里是我、根、义的三合体和我、根、意、义的四合体。"和合"是胜论六句义之一,又作无障碍谛,是实、德、业、同、异等前五谛相互摄属而不相离。佛家《大乘百法明门论解》说:"言和合性者,谓于诸法不相乖反。"所以"和合"是指诸因素间不排斥,乃至可以结合为一体。但其中并无前文所说的有无障碍的含义。

陈那的反驳主要是对"和合",分两个角度:

(1) 破多根所取,和合成一实

"'有见境义故,不合诸差别。'以诸根觉,唯能取自义故,与诸差别同时和合,不应道理。"③

胜论说:"是一实法,多根所取故。"④就是说,根现量是只取自义,不和其他的相合,比如眼看色,就只有言眼根、色境,根本就不会有声境、香境等来搅和。不能是诸根同时取各种义而合成对一个认识对象认识。

(2) 破"我意"相合者

胜论的四合说中又加入了"意",陈那反驳道:"其说我意相合者,于各异境,亦应于别境为量,于别境为果。无有此事"。⑤ "意"即有观察而抉择,现量无分别,亦无抉择:"以抉择者是以观察为先

---

① 沈剑英编《民国因明文献研究丛刊》第4辑,第131页。
② 法尊译编《集量论略解》,第14页。
③ 法尊译编《集量论略解》,第15页。
④ 法尊译编《集量论略解》,第15页。
⑤ 法尊译编《集量论略解》,第14页。

行故。现量者是唯见境故。""言唯见境者,谓四法和合所生。彼中何有观察。"①所以,以我、意相合为现量也是不对的。

陈那最终的结论是:"于境生不异之觉者,一切皆是意识。"②这是说我们的根识变现出了色、香、味诸境界,意识就来对变现出来的境界进行虚构,形成所谓真的色境。这也就唯识的内识外显,外境为假立的观点。

2. 说由犹豫及决了智所成者为现量及有相智(比量)但决了智以视察为先,现量唯见境③

法尊译本无相同文句。

3. 吕澂译:待同及异,又待实德业者为现量④

法尊译本无相同文句,不再赘述。

四、破数论

耳等所转为现量。谓耳等五,由意增上,如次取声等五境,说为现量⑤

法尊译:"耳、皮、眼、舌、鼻等,由意加持,能于境转,谓于现在之声、触、色、味、香等如此缘取,是为现量。"⑥

陈那的反驳择要如下:

(1)"无穷,或一根。"

按数论观点:"于自境转,即许为根。"⑦在自境上生起认识的,就对应一根。照此说法,"唯由三德增减有异,许声等成为异类。

---

① 法尊译编《集量论略解》,第14页。
② 法尊译编《集量论略解》,第14页;第17页。
③ 沈剑英《民国因明文献研究丛刊》第4辑,第131页。
④ 沈剑英《民国因明文献研究丛刊》第4辑,第131页。
⑤ 沈剑英《民国因明文献研究丛刊》第4辑,第134页。
⑥ 法尊译编《集量论略解》,第19页。
⑦ 法尊译编《集量论略解》,第19页。

即一声境,亦由功德增减各异无穷尽故,应许有无量根缘取"。① "三德"即数论的一萨埵,二罗阇,三多磨,即善、忧、闇,又译作乐、苦、舍。三德"增减"可构成"有异"万物。按数论的"于境"转,单就声境就可区分无穷种,那么应该对应有很多根了,但实际上与声对应的只有耳根一种。

"若彼三德无有差异,是一种类者,如是如取异声,亦应取触等,故应成一根。以一切中三德无异故。"② 如果三德一样的话,比如说耳朵不但可以听见,而且耳朵还可以认取触、色、香等。要是这样的话,还要什么眼、鼻、舌、身诸根,只要耳根就可以了。

其实,在数论的定义中只讲五根分别于五境缘取转。并未在每一境中再细分,亦未说一根可缘多境。

(2)"二取、非三根。"③

"以形是二根所取,如山等形是眼及触识所见故,此即遣说唯于自境转。"④

这里用桌子为例更好懂。桌子的形状既可眼见,亦可触觉,由此陈那说根唯取自境不成立。其实这里眼缘桌子的形色,身缘取桌子的触,乃是各取其境。至于"形非三根所行境故。由形非耳、鼻、舌诸根所取"。⑤ 更是说明根"唯于自境取"。

(3)"得一境无别""彼非取自性""不取义差别。"⑥

"应于一境,得多种形",⑦ 比如眼根,眼根对应的境界有多少?

---

① 法尊译编《集量论略解》,第19页。
② 法尊译编《集量论略解》,第19—20页。
③ 法尊译编《集量论略解》,第20页。
④ 法尊译编《集量论略解》,第20页。
⑤ 法尊译编《集量论略解》,第20页。
⑥ 法尊译编《集量论略解》,第20页。
⑦ 法尊译编《集量论略解》,第20页。

无数！青、黄、赤、白、长、短、方、圆、动、静之类的都是眼根所对应的境界。因为一根所对应的境界有无数，所以就应该一境有多形。陈那问：那么"又诸根转，为唯取自种类？抑取乐等所差别之种类耶？"①这里是两种可能，第一种"唯取自种类"，则"彼非取自性"。只取对象种类，亦即共相，而不能取"自性"。其实这种情况是不存在，现量所缘的对象都是当下实在的个体，而不是抽象的"类"，数论所讲的"境"也是如此。由此得出"不取义差别"倒是正确的，因现量"无分别"。

至于第二种"取乐等所差别之种类"，陈那说："彼应成彼分位，非是萨埵等。"②这里的"分位"，是指"乐等是识上生起，不是根识"。"非是萨埵等"是说诸根所取境是萨埵的合成物，而非萨埵等本身，所以"非是他性故"。③

其后，又批古劫比罗派等说，因繁不述。总之，否定数论所指境为"自性"是陈那反驳的中心。

五、破弥曼差派

凡人诸根以与有法相合而生觉者是为现量④

法尊译："与'有'正结合所生士夫之根觉，是为现量。"⑤

这里的"有"法尊本中释为："和合何取，为显彼义，故言有者。"⑥而吕澂直接译为"有法"则是指境义。而"正结合"的"正"也是显示"和合所取"。《胜宗十句义论》云："何者为有性？谓与一切实、德、业句义和合，一切根所取，于实、德、业有诠智因，是谓

---

① 法尊译编《集量论略解》，第20页。
② 法尊译编《集量论略解》，第21页。
③ 法尊译编《集量论略解》，第21页。
④ 沈剑英编《民国因明文献研究丛刊》第4辑，第136页。
⑤ 法尊译编《集量论略解》，第24页。
⑥ 法尊译编《集量论略解》，第25页。

有性。"①此"有"即是实、德、业实存的原因。

首先,批"此中亦有说与意等结合,故以总声说"。②

陈那说:"为显诸根差别故,理应各各结合而说也。"③要说清诸根的差别,就应该各各结合而说。"各各结合而说"的意思是眼根与色结合、耳根与声结合等。观行派(即弥曼差派)说:"阳焰等非有,是似现量,有者与彼亦相结合(为简别彼,故言有者)。"④陈那反驳说:"若根于何事,许融会吉祥。"⑤这是说根在特殊情况下形成阳焰等错觉,此与"总声"无关。接下来陈那又说极微也可与诸根融会,不一定集聚成境界等。

综上所述,陈那强调的是现量只缘自相境,与名言无关,五根缘境现现别转,不是诸根同时缘取,现量中无意识分别、决定,不存在错乱过失。现量的生起除境义外还需要诸缘。

第二节 《集量论》为自比量品中的破异执

一、破《成质难论》

观不相离境义所知,是为比量⑥

法尊译本:"见无则不生义,了知彼义,即是比量。"⑦

韩镜清译为:"观见无则不生之义觉知彼者是为比量。"⑧

---

① 《大正藏》第54册,第1263页下。
② 法尊译编《集量论略解》,第25页。
③ 法尊译编《集量论略解》,第25页。
④ 法尊译编《集量论略解》,第25—26页。
⑤ 法尊译编《集量论略解》,第26页。
⑥ 沈剑英编《民国因明文献研究丛刊》第4辑,第125页。
⑦ 法尊译编《集量论略解》,第42页。
⑧ 《韩镜清翻译手稿》第四辑,甘肃民族出版社,2012年,第58页。

"无则不生"是指因,如以"烟"因知"火",但加了个"义",则成了此因的"义境"即是"火","了知彼义"即了知"火",此定义成了由火知火。此处文义较难解,且引陈那的定义来比较:"谓由具足三相之因,观见所欲比度之义。"①此"具足三相之因"即因法"烟",此"此度之义"即所立宗支,如"此山有火"。因法可说"观见",但宗所立义还只是"所欲"观见,未成已了知。故陈批评说:

(1)"若谓见无则不生,许唯见无则不生者,则不应说了知彼。若谓此说了知彼,亦说于余者,则如何说,于何见,均未说明也。若谓于余处见无则不生义者,则当说见此。"②

韩镜清译为:"若唯许观见只是无则不生之无则不生者则所谓不说觉彼者此中插在后边。又若由此所谓觉知彼若他处者则云何于何?若许无则不生于他处见者则云何当说观见此耶?于何处此义说为所成立。"③

说只见"无则不生"者,则不能在其后说"了知彼"。同样说"了知彼"那么又和其他处有什么关系!如是在其他处亦见有"无则不生",则应在定义中明确"见此"。

(2)"'若于所成义'若增说义字,由是所成立时,故见所成立何义,即许彼是比量者。如是则'何须无不生',谓前说无则不生,后亦有彼。前说无则不生义,后了知彼比度彼故(意谓前后不须都说也)。"④

括号内是法尊所注,意思是后半句"了知彼义"增加了一个"义"字,就与前半句"无则不生义"重复了。

---

① 法尊译编《集量论略解》,第29页。
② 法尊译编《集量论略解》,第42页。
③ 《韩镜清翻译手稿》第四辑,第59页。
④ 法尊译编《集量论略解》,第42页。

（3）"'见烟等火等，了余何所比。'所比度性，除于火等见烟等譬喻外，复说余何所比义，由无则不生，而了知彼耶？'法义有众多，了彼如何说。'法之义既有众多，何者是烟所了分？烟亦由何令其显了？皆未宣说也。"①

韩镜清译为："'离火等见烟等，其他所比何觉知？'离举比量性喻中于火等见烟等外其他所比之义云何由彼无则不生故能说觉知此耶？'于法之众多义中云何说言觉知此？'于法之众多义中由烟所了悟之部分为何？未显示所谓烟又由何者部分能显明。"

这是陈那的设问，照你的说法，除了以烟比知火的比量，还有其他的比度。说有多种法义，但何者是由烟而了知者，何者是能使烟所显了者，都未说明。

二、破正理论

1. 比量有先行法，凡三类：一有前、二有余、三共见②

法尊译："彼前行之比量有三种，谓具前者、具余者、见总者。"③

《正理经》："所谓比量是基于现量而来的，比量分三种：（1）有前比量，（2）有余比量；（3）平等比量。"④

姚卫群译为："比量以此（现量）为先。"⑤

看来，正理派是承认比量以现量为基础的。

陈那云："此中且说：现量前行，不应正理。何以故？曰：'系属非根取'。谓因与有因之系属，非根识境。因与有因亦非现量。

---

① 法尊译编《集量论略解》，第42页。
② 沈剑英编《民国因明文献研究丛刊》第4辑，第127页。
③ 法尊译编《集量论略解》，第42页。
④ 沈剑英《因明学研究》，第255页。
⑤ 姚卫群《古印度六派哲学经典》，第64页。

如何能说彼前行者,是为比量?"①

这里是破正理派"有前"比量,把前时的现量作为后时比量形成的依据,强调宗因不相离之系属关系才是比量成立的前提。

见总即平等比量。陈那说:"见总亦如是,不得其余果。"②"以是由因果系属比度极不现境故。"③

2. 有前者,与前者相似,或有前者法。有余例知,或有余果为有余。共见者,以因果相随性比度境义④

法尊译:"谓如余。若如彼者,则与后现量其境相同之识,亦应如余。"⑤这是讲有余比量,陈那破斥道:"若由因具余果故为具余者,则彼之智亦应成具余。如是若未取果,则不能取无则不生之系而比度其因者,然亦见彼。如足由所作等亦应不能比度无常等。"⑥还是说现在的因和以后的果不成系属关系,不能作比度。法尊解释说:"正理派之三种比量,以前因比后果,以后果比前因,以因果比不现事……皆成过失。"⑦

《正理经》只有[Ⅱ-1-8]至[Ⅱ-1-15]批判中观否定三种时态的量在时涉及"在前""在后""同时"三种情况。

3. 唯有前比量有三种取三时故⑧

法尊译本:"唯具前比量成为三种,缘三世境故。"⑨

陈那反驳道:"此决定词(唯字)不应道理,一切比量皆于三世

---

① 法尊译编《集量论略解》,第43页。
② 法尊译编《集量论略解》,第43页。
③ 法尊译编《集量论略解》,第44页。
④ 沈剑英编《民国因明文献研究丛刊》第4辑,第128页。
⑤ 法尊译编《集量论略解》,第43页。
⑥ 法尊译编《集量论略解》,第43—44页。
⑦ 法尊译编《集量论略解》,第44页。
⑧ 沈剑英编《民国因明文献研究丛刊》第4辑,第128页。
⑨ 法尊译编《集量论略解》,第44页。

境转,以说:三世者故。"①

法尊最后概括说:"正理派之三种比量,即以前因比后果,以后果比前因,以因果比不现事。若计比智为能量,则无量果。若计因智为能量,则二智异境,皆成过失。"②

三、破胜论

1. 比量不必为共相境,如由所触比知不可见风。此触亦不可见③

法尊译:"不应说一切比量皆是共相境(皆缘共相)。""谓所见风等自性,由触等比度也。"④

胜论以皮肤感知风,而说比量也可缘风之自相。陈那反驳道:"'非尔,表总故。'非是比度彼风等。以是表示为触等功德之所依故。或非比度,风等自性差别,仅是于彼实之总,表示为触等之所依实故。"⑤这是说,触风并不是比度了知风。"彼实之总"即风的实体,是"触"所依据的,这种实体不是共相,仍是自相,故触风而不能比度风。

2. 说此是此因果相属,有一义和合,及有相违者,是等为有相者⑥

法尊译:"此是此之果,因、系属,集于一义,及相违者,彼等皆从因生。"⑦

---

① 法尊译编《集量论略解》,第44页。
② 法尊译编《集量论略解》,第44页。
③ 沈剑英编《民国因明文献研究丛刊》第4辑,第131页。
④ 法尊译编《集量论略解》,第31页。
⑤ 法尊译编《集量论略解》,第31页。
⑥ 沈剑英编《民国因明文献研究丛刊》第4辑,第131页。
⑦ 法尊译编《集量论略解》,第44—45页。

这是胜论对比量的界定,陈那一一反驳。

3. 因果比量,如正理有前有余说①

法尊译:"如前破正理派具前、具余之比量时所说之理,亦破此中所说之因果比量也。"②这是把因、果关系等同于比量的破斥,陈那在破真理派时已说。此非胜论之言,应为陈那破斥之语。

4. 相属二类,成就和合,如烟与火,及角与羊③

法尊译:"系属有二,谓相应与和合。此复如火与烟,及牛与角也。"④

这是对胜论"系属"的破斥。系属分二类,一是"相应"。"相应知不成","若谓相应是比度之因者,则火亦应成烟智之因……于热铁丸与红火灰位,亦见有无烟之火。"⑤

5. 一义和合亦二类,果与余果,因与余因,如色所触,又手与足⑥

法尊译:"外计集于一义,亦有二种,谓果与余果,因与余因。此亦喻如色与触、手与足等。"⑦

"谓计和合为系属亦有过失。牛与有角,亦非能比、所比。或黄牛等别相亦应是所比,有角之总等亦应是能比也。"⑧这是驳和合论。

"集于一义",陈即批曰:其一:"纵有系属,'不能了知因'。

---

① 沈剑英编《民国因明文献研究丛刊》第4辑,第132页。
② 法尊译编《集量论略解》,第45页。
③ 沈剑英编《民国因明文献研究丛刊》第4辑,第132页。
④ 法尊译编《集量论略解》,第45页。
⑤ 法尊译编《集量论略解》,第45页。
⑥ 沈剑英编《民国因明文献研究丛刊》第4辑,第132页。
⑦ 法尊译编《集量论略解》,第48页。
⑧ 法尊译编《集量论略解》,第46页。

集于一义者,任于何处都不现见也。"这是说宗、因一义,即使有系属,但不能显见因。其二:"由集于一义性,无有差别。如由一说其错乱,则由系属,亦应非因也。"①宗、因集一义,宗、因无区别,其中有一错乱,由于系属,则因亦不成。

6. 相违四类,未成已成等,如云风合于降雨等②

法尊译:"相违有四种,谓现见与不现见如是等。"③

陈那说:"此等一切'相违则非因'。如云风和合与降雨相违,此中降雨非因。然彼是无。不降雨与云风和合,相违非有。"④

7. 显示相与有相之相属,故又说'此是此之'。此是者,谓相⑤

法尊译:"无系非因觉。""此是此之因。"⑥

8. 论中说一相属性为比量因。如说因果相故,又如是有中非因故,以为无常及常之因。但经无明文⑦

法尊译:"诸论中说云:因性、果性、变易性故。如是说云:于有非是因故。说为无常性与常性之因(能了)。非经所表。则由彼等中,果等随一皆非有也。"⑧

这里前半句是胜论所立,而后半句"非经所表。则由彼等中,果等随一皆非有也。"是陈那的反驳。

韩镜清译为:"彼等于论中说因性、果性及变异性故,并说如是于有性中非因法故,如是虽说为无常性及常性之因相,然非总所

---

① 均引自法尊译编《集量论略解》,第48页。
② 沈剑英编《民国因明文献研究丛刊》第4辑,第132页。
③ 法尊译编《集量论略解》,第48页。
④ 法尊译编《集量论略解》,第48页。
⑤ 沈剑英编《民国因明文献研究丛刊》第4辑,第132页。
⑥ 法尊译编《集量论略解》,第48页。
⑦ 沈剑英编《民国因明文献研究丛刊》第4辑,第132页。
⑧ 法尊译编《集量论略解》,第49页。

表。如其不可有者即此成就所显明及能显明是因事与果事！如是若为彼唯以能显明许为因之先者,'最后不成能显明'诸因法之最后所有相俱等不成为能显明,与因法不同故。"①这是说胜论所说的因性、果性、变异性不能显明故非是因法。

四、破数论

1. 随由一种相属现量而成所余法,是为比量。相属有七随应为比量因②

法尊译:"且从一系属现量,增上成就者,是为比量。其系属有七种,彼等随一现量义上义。"③这是正面表述。

法尊译本中随后数论还说:"非现量决定成就之因,是为比量。因智少有不定,不如其义。为简别故转越后者。从现量之总中,由显其未决定之别义,而生起差别了解,一切皆是比量。"④这是从反面排除"非现量决定成就之因""少(许)有不定""不如其义(增上义)",所以只能"从现量之总中,由显其未决定之别义"。

陈那反驳道:"谓现量'唯观自义故。'以牛等之总别,俱无耳等转故(现量唯缘自相)。若言许者,亦非尔。一切耳等转皆非现量。非如其义故。"

韩镜清译为:"于牛等共相及差别二者中耳等亦无转起。又若说许者,非是,耳等之一切转起非是现量,非如其义故。"⑤"耳等"是指五根,五根不缘取共相及其差别,"许"指意许,也无言许。如耳等中转起"一切"差别,那就不是现量了。

---

① 《韩镜清翻译手稿》第四辑,第70页。
② 沈剑英编《民国因明文献研究丛刊》第4辑,第134页。
③ 法尊译编《集量论略解》,第50页。
④ 法尊译编《集量论略解》,第50页。
⑤ 《韩镜清翻译手稿》第四辑,第71页。

数论又以"现量之果转趣为现量"。陈那亦再作批驳。

2. 相属有七者,谓实与有实,如烟与火[1]

数论的比量七种相属:"一、财与有财事,如王与奴,如最胜与神我;二、自性与转变事,如酪与乳,如自性与大等;三、果与因事,如车与支,如萨埵等转变为声等;四、因相与有因相事,如陶师与瓶,如神我与最胜转;五、支与有支事,如枝等与树,如声等与大种;六、俱行事,如鸳鸯,如萨埵等;七、所害与能害事,如蛇与鼬,如支与有支之萨埵等。""萨埵等"即数论之三德。以下是第一种。

法尊,韩镜清都译为"财与有财"和烟、火。

数论说:"一有系属现量","由财等者。"[2]数论的意思是"财"与现量有系属关系。

陈那反驳道:"非尔。彼与有财相系属故。财与财主有系属故。财等随生之念应无义。若由余行相者,未宣说也。"[3]这是说财和财主(有财)才有系属,好比烟与火有系属,财与现量无关,若说还有其他行相,你也未说出。

数论解辩说:"缘因相同者。"[4]等等,陈那又逐一批驳。

"要先取所比上所有之因烟等,后方念彼无火等叫不生也。"[5]

3. 又所害与能害,如蛇与食蛇兽[6]

法尊译:"其能害所害,如鼬与蛇。"[7]

陈那反驳道:"彼等非因与有因。即使蛇胜鼬败,亦无相

---

[1] 沈剑英编《民国因明文献研究丛刊》第4辑,第134页。
[2] 法尊译编《集量论略解》,第51页。
[3] 法尊译编《集量论略解》,第51页。
[4] 法尊译编《集量论略解》,第51页。
[5] 法尊译编《集量论略解》,第51页。
[6] 沈剑英编《民国因明文献研究丛刊》第4辑,第134页。
[7] 法尊译编《集量论略解》,第52页。

违。"①鼬可食蛇,但鼬与蛇不是因和有因(即比量中的能立和所立)。即使偶尔蛇胜了鼬,也是可能的。

4. 又因与有因,如自性与异分②

法尊译:"是因与有因者。""以有因是异性(即三十三谛),因是最胜!"③应指数论自性、神我之外的其他二十三谛。数论以自性、神我为因,以派生的其他二十三谛为有,以成立比度。

5. 又能生与所生,能显与所显等④

陈那反驳说:"'最胜等一等,诸异随行等,由何而摄持,故此非能显。'(最胜等之一性等,是由诸异之随行等而摄持了知。故非以此能生所生之系属而为显了。)何以故?以由诸异之随行体量等,能了知最胜与士夫(神我)。由彼即成立顶髻者之十义。故彼即能了达最胜有性等之因,非能生所生事也。"⑤

"顶髻者"应指数论派人,持十义:"一、有性。二、一性。三、有义性。四、他义性,即为他所用。五、他性。六、非作者。七、合。八、离。九、多士夫。十、住。"⑥这是说"最胜"(自性和神我)是由其显示的"诸异之随行"(余二十三谛)而得以了知,这是数论派了达最胜的途径,但最胜和诸异不是因和有因的比度关系。

6. 比量有二:一观差别,二观共。观差别者,云此是此,观共又二,谓因与果⑦

法尊译:"比量有二种,谓见别与见总。"⑧

---

① 法尊译编《集量论略解》,第52页。
② 沈剑英编《民国因明文献研究丛刊》第4辑,第135页。
③ 法尊译编《集量论略解》,第52页。
④ 沈剑英编《民国因明文献研究丛刊》第4辑,第135页。
⑤ 法尊译编《集量论略解》,第52—53页。
⑥ 法尊译编《集量论略解》,第56页。
⑦ 沈剑英编《民国因明文献研究丛刊》第4辑,第135页。
⑧ 法尊译编《集量论略解》,第53页。

先驳比量"见别",陈那说:"'非比许是念',且不许见别者为比量。何以故?许彼是念故。以舍忆先所领受之念,余识不谓此即是彼,故非比量。"①这是说"见别者"是忆念,而不是比量。如立:"此山有火,以有烟故,如灶。"此"灶"是"别",但不是比知,而是领受于忆念中。

驳"见总":"见总唯有二种者,则财与有财同行,能害所害等系属,彼等初起应非比量。以彼等非因果初起,亦非取别故。"②数论二种"见总"以"财与有财同行,能害所害"为例,陈那认为这二例中都不是因果初起,或分别为能取、所取,故非为比量。"若谓财主是作者(因),财是所作(果),以是能取所取性故者,非尔。应无余系属故。"③

其后陈那又从"无果"、错乱"则非因"等进行了批驳。

五、弥曼差派

1. 现量为先而起者,是为比量④

法尊译:"比量等以现量为前行故。"⑤这是说因为比量以现量为前行,所以与现量相同,因此造语者未另立比量等。

陈那破曰:"'宣说比量等,非现量前行者'……不应道理。""诸根是缘不共境者如前已说。系属依于多法,如何成无分别根觉之境?有系属者,亦要取系属性,方为比量等所需。现量则非如是。"⑥这里的"系属"应指形成比量的"无则不生"的忆念,这是形成比量的必要条件,却非现量"无分别根觉之境"所能提供的。

---

① 法尊译编《集量论略解》,第53—54页。
② 法尊译编《集量论略解》,第54页。
③ 法尊译编《集量论略解》,第54页。
④ 沈剑英编《民国因明文献研究丛刊》第4辑,第136页。
⑤ 法尊译编《集量论略解》,第57页。
⑥ 法尊译编《集量论略解》,第57—58页。

2. 义准量有二类：一向及非一向。一向者，比量决定，如由烧者等所作知取瓶等。非一向者，比量不定，如以勤发故无常而知非勤发故常①

法尊译："义二种，一定、比量，余虚妄。"②并解释道："一向决定了解者，如由煮熟，了知同器等食亦熟。彼由煮熟之因，能了知故，不异比量。'余虚妄'者，谓非一向决定之义了解者，非是定量，是疑因故。如云：勤勇所发故无常。若说：非勤勇所发故常者，即不决定。"③

3. 无体量者，如妇不在舍，知其在外④

法尊译："黑者家中无，不表于外有，然由家声艾，了知此外有。"⑤

综上所述，在比量观上，强调由具三相而欲知所比义为比量，宗因之间是"无则不生"关系，非互为因果的相应关系及数论的七种系属关系。反对正理派等提的有前、有余、平等三种比量，特别反对从现量可以推出比量，认为这是"二智异境"。在现量和比量的关系中，古因明确有现量为前，为基础的观点，但陈那是反对的。

第三节 《集量论》为他比量品中的破异执

一、破《成质难论》

1. 说所立言为宗。此同正理⑥

法尊译本："对于说所立为宗者，如为正理派所说过失，《论

---

① 沈剑英编《民国因明文献研究丛刊》第 4 辑，第 136 页。
② 法尊译编《集量论略解》，第 58 页。
③ 法尊译编《集量论略解》，第 58—59 页。
④ 沈剑英编《民国因明文献研究丛刊》第 4 辑，第 136 页。
⑤ 法尊译编《集量论略解》，第 59 页。
⑥ 沈剑英编《民国因明文献研究丛刊》第 4 辑，第 125 页。

轨》中亦尔。"①

陈那反驳："以所当立之因及所说似喻亦应成宗也。"②这是说，如立者的因尚需成立，或举似喻，都是"所立"，那么都成宗了。

2. 说宗亦取意许品类③

法尊译本："宗字显所乐观义。"④

"《论轨》者说：非唯言所立便成为宗，谓余所立，宗字显所乐观义。由彼是宗，故无其唯所立，则不极成之因等亦应成宗之过失也。"《论轨》退一步，在所立前加一宗字，成"宗所立"，便可避免把不极成的因、喻当成宗。

陈那反驳："如何无过？则此观察所乐，唯返所不乐。以彼唯返所不乐事，如何能了所立差别？所乐观察者，如眼所取，亦能观察此是因非因故。亦应说彼为宗也。"⑤这里有二层意思，一是说加上"宗"字，说明是我所乐的，这只是排除我所不乐的观点，但并不能显示所立的差别，陈那立宗是"随所乐成立法所差别之有法"。⑥其意，只是所"乐"，那么由眼缘取，也能了解此是因（如烟）非因（如雾），也应把此说为宗（如此山有火）。

3. 因与宗违，如说声常一切无常故是相违似因⑦

法尊译本列为正理派之说，非吕澂说的《成质难论》："正理派者说：'若宗与因相违，名宗违过，是宗过失。如说声常，一切皆无常故。"⑧并

---

① 法尊译编《集量论略解》，第63页。
② 法尊译编《集量论略解》，第63页。
③ 沈剑英《民国因明文献研究丛刊》第4辑，第125页。
④ 法尊译编《集量论略解》，第63页。
⑤ 法尊译编《集量论略解》，第63页。
⑥ 法尊译编《集量论略解》，第61页。
⑦ 沈剑英《民国因明文献研究丛刊》第4辑，第125页。
⑧ 法尊译编《集量论略解》，第63页。

说明:"《论轨》说此摄在相违似因中。"①韩镜清译本亦如此。②

宗"声常",因"一切皆无常",故正理派认为宗因相违。陈那认为正理派"此是以异法喻方便而说也""由非一切,则无有故。如是以异法喻,显无所立,则无因法。"其实,这里的"一切皆无常"是同喻,而非因支,相应的异喻应"非无常(即常)非一切"。简略为"由非一切"。如是"以异法喻,显无所立,则无因法"。

故陈那反驳道:"'此非以其因,量度其所立。'言量度者,此中于声言是一切。故非说非一切为因。以彼为因则不极成。声亦摄在一切中故。或是宗之一分故。"此例中"非一切"不是因法,因为声也包摄在一切中,所以此因不极成,所以是因过。

正理派又举:"如云诸积聚者必为他用,是积聚故;又如去有为无常,是有为故。"陈那逐一作了破斥。

4. 显示不相离法,是为因③

法尊译本未找到相应提法。在"破所说因"部分,破《论轨》的"若显异品无,便说为因者。若异品唯无,不共应成因"。④

5. 不成、不定、及相违义,是为似因。如说眼所见故声无常,是不成。无碍故常,是不定。胜论者说根所转故无常,是与所立义相违。数论者说能生故因中有果,是与能立边相违⑤

法尊译本:"不成、不定、相违之义,名为似因。其中仅说不成等例喻,未说其相。如云:眼所取故无常,是不成因;无质碍故常,是不定因。胜论派说:从根生故无常。是第一相违。数论派说:

---

① 法尊译编《集量论略解》,第64页。
② 《韩镜清翻译手稿》第四辑,第90页。
③ 沈剑英编《民国因明文献研究丛刊》第4辑,第125页。
④ 法尊译编《集量论略解》,第79—80页。
⑤ 沈剑英编《民国因明文献研究丛刊》第4辑,第125页。

因中有果,有乃生故。是第二相违。"①

对《论轨》的说法,陈那反驳道:"其中'未说不成别'者,谓随一不成等,有多种差别,皆未宣说。'亦未说错乱',亦未说其差别(共不定等)'彼亦有不共,亦相违决定。'当如吾等所说(有六种不定)。"②

对胜论派所说,陈那反驳道:"胜论派说总同与从根生是常。于常、无常俱可见故。此是不定,非相违因(总同即共不定)。"③

陈那驳数论曰:"谓第二相违。不成与不共因。何以故?谓先已生而更生者则非是有。此是成立一切(果法)于先已生中有。非从先已生中生也。纵然许彼亦唯彼有(是不共因),此非相违。以不成立相反义故。"④

二、破正理论

1. 非能立者,是为所立⑤

法尊译为:"谓显示所立,义不成者。由言所立,即显非已极成,安住非所立之差别。"⑥

陈那反驳道:"若如是者,则不极成之因喻,亦应成为所立也。"⑦并举例进行了论证。

2. 说所立言是为宗⑧

法尊译:"对于说所立为宗者,如为正理派所说过失。"⑨此已

---

① 法尊译编《集量论略解》,第91页。
② 法尊译编《集量论略解》,第91页。
③ 法尊译编《集量论略解》,第91页。
④ 法尊译编《集量论略解》,第91—92页。
⑤ 沈剑英编《民国因明文献研究丛刊》第4辑,第128页。
⑥ 法尊译编《集量论略解》,第62页。
⑦ 法尊译编《集量论略解》,第62页。
⑧ 沈剑英编《民国因明文献研究丛刊》第4辑,第128页。
⑨ 法尊译编《集量论略解》,第63页。

在上节《成质难论》说中叙述过。

3. 宗与因违说名宗违,是为宗过,如说声常,一切无常故①

法尊译:"若宗与因相违,名宗违过,是宗过失。如说声常,一切皆无常故。"②此已在上节《成质难论》说中叙述过。

4. 由与喻同法而成立者是为因③

法尊译:"从同法说喻,彼即成立所立之因。"④

这是把同喻等同于因支,陈那指出:"谓若说同法即是能立所立之因者,则语支分应非是因。各异转故。"⑤因支连接宗法,新因明的同喻体连接因法和宗法,至于古因明只有同喻依,这种联系更只是意蕴的。"若即同法之喻说成立所立者,亦非彼法从彼为因,亦未见能别所别等,各异说故。"⑥"彼法"即指"所立",同喻是去成立所立的,但所立并不以同喻为因,同喻中也不直接显示出"能别""所别"也就是能立和所立。陈那又从"从亲""从疏","彼时""应时",第五转声(从)、第六转声(属)等进行分析。

5. 由同法并异法为因,而与似因有别,但同法为因者,所闻故如声性,应立声常。但异法为因者,勤发故不如瓶,应立声常。合二无过或以能立义简别是因⑦

法尊译:"若由似因所空(即非似因)之同法异法,皆是因者。则说声常,所闻性故,如声性。彼量之喻及同法,诸似因中应皆非有。彼量式中瓶等异法,及成余法。如是说异法亦尔。彼等同法

---

① 沈剑英编《民国因明文献研究丛刊》第4辑,第128页。
② 法尊译编《集量论略解》,第63页。
③ 沈剑英编《民国因明文献研究丛刊》第4辑,第128页。
④ 法尊译编《集量论略解》,第81页。
⑤ 法尊译编《集量论略解》,第82页。
⑥ 法尊译编《集量论略解》,第82页。
⑦ 沈剑英编《民国因明文献研究丛刊》第4辑,第128页。

异法,诸似因中皆应非有也。余者有说:即能立所立,由前简别。"①

此仍是陈那对正理派把同喻作因的批驳:"所说因相,不应道理。"②从同喻说:"声常,所闻性故,如声性。"佛家也可立:"声是无常,所作性故,譬如瓶等。"此成相违决定,非是正因。从异喻说:"声常,勤勇无间所发性故,如瓶等异品。"瓶虽非常,却为勤勇无间所作,不符合异喻的要求,故仍非正因。

6. 有错乱、相违、方便相似、所立相似,及过时,为似因③

法尊译:"有错乱、相违、与时相同、所立相同、超过时等,是名似因。"④

《正理经》[Ⅰ-2-4]:"因就是:(1)不确实,(2)相违,(3)原因相似,(4)所立相似,(5)过时。"⑤

正理派把似因分为5类,以下分别驳斥。

7. 有错乱者,谓不定⑥

法尊译:"有错乱者,即是不定。非有差别。"⑦

《正理经》[Ⅰ-2-5]:"不确实就是两端不确定。"⑧

法尊译本云:"为从何不定?或简别他,或应时者,非有。如说声之总别所有,是二者之德。若谓:此总非声,是障一定故。若彼应是所立种类,彼亦是障此一定也。曰:如是亦无差别。当知如是亦于若无所立,若彼所余,若彼相违而转。以义了知,非一切种

---

① 法尊译编《集量论略解》,第84页。
② 法尊译编《集量论略解》,第84页。
③ 沈剑英编《民国因明文献研究丛刊》第4辑,第128页。
④ 法尊译编《集量论略解》,第92页。
⑤ 沈剑英《因明学研究》,第259页。
⑥ 沈剑英编《民国因明文献研究丛刊》第4辑,第128页。
⑦ 法尊译编《集量论略解》,第92页。
⑧ 沈剑英《因明学研究》,第259页。

皆是错乱。如前已说。"①

韩镜清译本为："何处不决定耶？与其他差别或当时非有,谓如说言声之共相及差别中有者即二者之功能,若谓如是此共相非声,由一向为决定障碍者,若如是者亦非有差别,即使如是亦当知依义了悟于无所成立,与彼相依及与彼相违中亦转起。先前已说,非遍一切种具有错乱。"②

这里涉及总声（共相）、别声（差别相），所谓总声,是取声的一般含义,如所作性,所闻性等。可立："声无常,所作性故,如瓶。"也可立："声常,所闻性故,如声性。"这样就成了相违决定,"所闻性"因有不共不定过,缺第二相,但"所作性"是正因。别声则是指某一特定属性,如"无质碍性",当不取总声时,"若彼应是所立种类,彼亦是障此一定也"。可以说："声常,无质碍故,同喻如空,异喻如瓶。"也还可以说："声无常,无质碍故,同喻如乐,异喻如极微。"这里前一个比量中无质碍因于宗同品虚空上有,但于极微上无。从因与异品的关系来看也是这样,瓶是有质碍的,而乐却无质碍。这样,因就兼通同异二品,这是九句因中"同品有非有,异品有非有"的过失,成"不定"之因。但后一个比量却是正因。所以陈那最后说："非一切种皆是错乱。"

8. 与所取宗义相违,为相违。如胜论说极微无碍故非能造者③

法尊译："违宗所许是为相违。余相违,非他。""若谓由违自宗所许名相违者,如胜论派说；无质碍故非是能造,如诸极微。如

---

① 法尊译编《集量论略解》,第92页。
② 《韩镜清翻译手稿》第四辑,第138—139页。
③ 沈剑英编《民国因明文献研究丛刊》第4辑,第128页。

是观察违其所宗而说者,是能立之过失。"① 这是说"违宗"是"能立(因)之过失。"

胜论说:"'余相违'。谓亦获余相违过,非唯似因。""非是能造,亦是宗过,违先许故。"② 胜论立:"声非能造,无质碍故,如极微。"这是与自宗相违背的,即自宗相违。

但陈那认为:"然'非他',谓彼唯是能立之相违,以成立相反故。非是自宗相违。"此例只是因过,而不是宗过。

《正理经》[Ⅰ-1-2-6]:"相违就是违反所提出的宗义。"③

9. 于彼审思所由方便,为决了而说者,是为方便相似。如说我常,与身异故④

法尊译:"说为抉择应时义故而列之因,名时相同。如说我是常,不异身故(应是:异于身故。如信慧本)。"⑤

但陈那认为此是不定因过:"'此应成不定'。何以故?谓常如虚空等,或无常如瓶等,以于二者俱见不异身(异于身)故。为此是常,抑是无常?而观察之。故此非异不定也。"⑥ "异于身"指的与"身无常异"(即身"常"),这样因法是"常",宗法也是"常",即有以宗一分为因之过,故为不定似因。

《正理经》[Ⅰ-1-2-7]:"问题相似就是由于要作出决定而提示出来的问题,它实际上并未成其决定。"⑦

这类过失,三文译名不同。

---

① 法尊译编《集量论略解》,第92—93页。
② 法尊译编《集量论略解》,第93页。
③ 沈剑英《因明学研究》,第259页。
④ 沈剑英编《民国因明文献研究丛刊》第4辑,第128页。
⑤ 法尊译编《集量论略解》,第93页。
⑥ 法尊译编《集量论略解》,第93页。
⑦ 沈剑英《因明学研究》,第259页。

10. 如与所立无异，须成立故，是为所立相似。如说声常。无有触故，如觉①

法尊译："说能立与所立无差别故，说名同所立。如说：声常，非所触故，如觉。"②

正理派的意思是"非所触"因与"常"法，二者之间到底有没有不相离的关系呢？这还没有确定，所以是似因。

陈那辩破道："如何为不成？若法说为因，而于有法不成，或立敌随一不成，或犹豫不成。"③

《正理经》[Ⅰ-2-8]："所立相似就是同所要论证的东西（所立）不能区别，原因在—于所立性[的理由]。"④

11. 过时方说者，是为过时。如说声无常，如瓶，不举其因，待时方说⑤

法尊译："说延时而说名过时者，如说：声是无常，如瓶……此是不完全说，或为决定而后时说，俱不说为似因。"⑥

陈那认为此非是似因："是不完全说，或为决定而后时说，俱不说为似因。何以故？'不完全，成立所立故。'且若是不完全说者，由缺少故是不完全（缺少因支）。以非有故，非是似因。若为决定后时说者，如是因相应理，能成所立，非是似因。如因处而有，彼非似因之相故，此非是似因也。"⑦

《正理经》[Ⅰ-2-9]："过时[的理由]就是时间过去以后再提

---

① 沈剑英编《民国因明文献研究丛刊》第4辑，第129页。
② 法尊译编《集量论略解》，第93页。
③ 法尊译编《集量论略解》，第94页。
④ 沈剑英《因明学研究》，第259页。
⑤ 沈剑英编《民国因明文献研究丛刊》第4辑，第129页。
⑥ 法尊译编《集量论略解》，第94页。
⑦ 法尊译编《集量论略解》，第94页。

出来。"①

三、破胜论

1. 彼所成就之法为因,彼谓所立②

法尊译:"彼相应之法是因。"③

陈那反驳说:"此所言彼声显然是与说所立相属。即应是说唯所立与彼相应。此复为说总聚? 为说法? 抑说有法? 若说总聚者,'总性应成法'。此中如言声是无常,其总之无常法应说为因。以总之余法非有也。如言以有角故是马。此中亦有角是总之法,应成为因。若谓是法者,彼之所作性等非有(无常上更无所作性等)。若谓是有法者,亦不应理,已极成故。若谓无常性是所立者,非尔。总义是所立故。或言无常性之声,或言声无常性,或言声无常。此等总义,皆是简择之果故。故唯总义乃是所立。'法有法非宗'彼等非是所立,有过失故。"④

这里的"总聚"韩镜清译为"共相","总性"译为"共相体"。⑤ "要是与总聚相应者是因的话,那么比如'声无常','无常的法体'就是因。再比如'马有角','有角性'就该是因。所以说与总聚相应者是因是说不过去的(以'马有角'为例来说,既然存在'有角性'这样一个因,有因之处果必随逐,所以'马有角'就应该是正确的,但实际上'马有角'是有宗过的,所以说'与总聚相应者的因'是不对的)。要是与法相应者是因的话呢? 比如说'声无

---

① 沈剑英《因明学研究》,第 259 页。
② 沈剑英编《民国因明文献研究丛刊》第 4 辑,第 132 页。
③ 法尊译编《集量论略解》,第 84 页。
④ 法尊译编《集量论略解》,第 84—85 页。
⑤ 《韩镜清翻译手稿》第四辑,第 124 页。

常,所作性故'这个式子,因是'所作性故',这个因到底对不对呢?不对!为啥?因为'与法相应者是因',而所作性与'无常性'根本是没有关系的,它们没有相应的关系,因为二者都是性质,一个事物是有性质相应的,事物可以与性质相应,性质与性质没什么相应不相应的。所以'所作性故'就是不对的。……要是与有法相应者是因的话呢?比如说'声常,所闻性故'这个式子,有法'声'具有'所闻性'这根本是极成的,有什么好讨论的?"①

胜论又解辩说:"总亦非是,有前所说过失,故唯声之功德乃属所立。其中总或有法,无他相应之法,故应许唯无常法乃是所立。其次乃说:唯声与彼相应,彼声之法乃是因也。"②陈那复作批驳。

2. 似因有三：不成不可说,非有,及犹豫③

法尊译为:"似因有三种,谓不成、未显示,怀疑非有之因。"④

以下分述。

3. 不成者,似因⑤

陈那反驳:"所说不成,且非似因。谓或于喻无,或不极成义。"⑥胜论派说的不成因,一个是没有喻,一个是(喻)不共许,应该是似喻而不是似因。

4. 非有犹豫者,如说有角者为马或牛⑦

法尊译:"非有者谓无,则非疑惑。有角是已成故,既极成已于

---

① 刚晓《〈集量论〉解说》,第317页。
② 法尊译编《集量论略解》,第85页。
③ 沈剑英编《民国因明文献研究丛刊》第4辑,第132页。
④ 法尊译编《集量论略解》,第94页。
⑤ 沈剑英编《民国因明文献研究丛刊》第4辑,第132页。
⑥ 法尊译编《集量论略解》,第94页。
⑦ 沈剑英编《民国因明文献研究丛刊》第4辑,第132页。

彼说喻。如云：若是有角，则是马或牛也。"①

这是说"未显示"就是非有，是无，不属于疑惑。"然是'相反'，其中由于有角、非马智生，而非彼智。由成立相反故，是相违性。有疑惑之因，当说为疑。'说不全'，如说是有角故，是牛。"②这是说以"有角"成立是马，有角则非马，故是相违因。因，但成立是牛则有疑惑，因为羊等也有角，所以"说不全"。

陈那又举了"六句义是耳所取性"等例说明："如是胜论派之似因难以成立。"③

四、破数论

1. 悟他比量以具相及遮显，分别为二。具相者，由宗等差别言辞五类。如云自性是有，见异分中一类相属故，如檀片等④

法尊译："为他显示由相应与反破差别，分二种比量。其中相应语之事境有五种，由宗等别故。"⑤

陈那破曰："其相应比量与及破比量，皆当联系所量而观察之。"⑥这是说相应比量也好、反破比量也好，得联系具体的所量来讨论才行。"且如有说：最胜为有，现见别物有总类故……若谓此中以最胜有性为所立者，非尔'不知量境故'，非共相境，则无比量。"⑦数论派说有二十五谛，"最胜"就是二十五谛的"自性"，就是说：自性是存在的，因为其他二十三谛都是自性所有的。这"最胜

---

① 法尊译编《集量论略解》，第94—95页。
② 法尊译编《集量论略解》，第95页。
③ 法尊译编《集量论略解》，第95页。
④ 沈剑英编《民国因明文献研究丛刊》第4辑，第135页。
⑤ 法尊译编《集量论略解》，第86页。
⑥ 法尊译编《集量论略解》，第86页。
⑦ 法尊译编《集量论略解》，第86页。

为有,现见别物有总类故",其实是说,"别物定有因",这只是说二十三谛有来源,数论派就把这来源取了个名字叫自性。这根本就称不上是一个论式,不是以因法二十三谛来证明宗法"自性"。

"'所立法能立。'所立之法即能立之总类,无别异故。若不尔者,言是能烧故,亦应能成声无常也。"①这是说所立法与能立因法应具有一致性,譬如"所作性"因和所立"声无常"是一致的,反之"能烧性"与"声无常"就不成立。陈那随后又破斥了以喻来成立宗、无譬喻等过失。并随后说数论的反破论式。前文中说相应论式有五种,反破也有五种,但均未具体分列出。

2. 若能遮余宗而取自宗,依所余说,是名遮显。此又二门:一遮譬喻,二遣所乐。如遮冰解因而知有雨因②

法尊译:"谓各别破除之方便有二:谓譬喻相违,及所许相违。""如某河涨满,各各破除雪山融化等原因,降雨原因者。"③

3. 有时具相遮显合说,如前合中为遮显云:若非依所显一性而起者,无共依处故应成异法④

法尊译:"若从无而生,无生处应成别异。"⑤

综上所述,陈那批评了把宗简单说为"所立"言等过失,批评把因定为"不相离性"的说法,认为"宗因相违"非宗过,而是因过。在对似因的分类,批评了正理派的五类分法,对《成质难论》的不成、不定、相违的三类分法,认为"未说其差别"。

---

① 法尊译编《集量论略解》,第86页。
② 沈剑英编《民国因明文献研究丛刊》第4辑,第135页。
③ 法尊译编《集量论略解》,第89页。
④ 沈剑英编《民国因明文献研究丛刊》第4辑,第135页。
⑤ 法尊译编《集量论略解》,第89页。

第十五章

陈那《集量论》破异执中的古因明诸说（下）

第一节 《集量论》观喻似喻品中的破异执

一、破《成质难论》

显示宗因相随，是为喻。譬说如瓶①

法尊译本为："决定显示彼等系属者，是为譬喻。如说瓶等。"②

陈那批评说："为不显示系属者？如云：诸云勤勇所发，彼即无常。如是言如瓶等，亦不应理。以所显示非譬喻故，唯以尔许，不能显示无则不生故。"③因为在论式中，喻应该显示出"说因宗所随，宗无因不有"才正确、才完善，现在你的"凡勤勇无间所发者皆无常，如瓶"根本就没有显示出宗无因不有。

"复次，'不应说彼等'。何以故？'非互所立故'。若二俱有

---

① 沈剑英编《民国因明文献研究丛刊》第4辑，第126页。
② 法尊译编《集量论略解》，第104页。
③ 法尊译编《集量论略解》，第104页。

无则不生等之系属者,如说勤勇所发故无常。如是亦应说,无常故勤勇所发。是故应说,是显示因系属于宗。"①因明的系属是单向的,只是宗系属于因,而不是双向的,不是"彼等"显示因也系属于宗。

由同喻"凡勤勇无间所发者皆无常"的表诠,表亦遮可义准得出异喻"凡常者皆非勤勇无间所发",但反之,异喻只遮不表,不能推为同喻。

"如说常故非勤勇所发,如是亦应说非勤勇所发故常……如是亦非的乐。"②全称否定判断可以换位,但所得之"非勤勇所发故"并非所立之宗。

二、破正理论

若有譬喻与所立同法而分别彼法者,是为喻。又由此相违而彼相违,亦为喻③

法尊译:"由所立同法,通达彼法之喻,是为说喻。由彼相违,是颠倒喻。"④

"总"是指概念的一般含义或总括的含义,以"声无常,所作性故,如瓶"为例,"声"为"内声"即有情勤勇所发,取其总义是"所作性",但瓶的总义,除所作性外,尚有可烧性、可看性等,二者并非能一一对应"结合":"言声之有系属故。喻与所立非是一义。"⑤而即便以"别"相而言,喻和所立也不对应:"瓶之

---

① 法尊译编《集量论略解》,第104页。
② 法尊译编《集量论略解》,第105页。
③ 沈剑英编《民国因明文献研究丛刊》第4辑,第129页。
④ 法尊译编《集量论略解》,第105页。
⑤ 法尊译编《集量论略解》,第105页。

所作与声之所作不同。瓶是从泥团等生,声是从颚齿等生,各依自转。"①

最后,陈那又对正理派的异喻说法作了批驳。

三、破胜论

两俱极成者为喻②

法尊译:"二俱极成者为喻。"③

"言俱极成者,若谓宗因于虚空极成,以是彼德故。则一切皆虚空成喻。"④胜论此举例:"声常,非所作性故,如虚空。"这里的宗法"常"、因法"非所作性"对于虚空来说,都是有的,所以是"二俱极成"。

但陈那反驳道:"若不显示因与所立之随行,彼即似喻。二者之喻如前配说。"⑤如果你不能够显示出因与所立之间的随行关系(即说因宗所随),那么仍只是一个似喻。"若喻是自续(即自在义)者,则应说非因义之一分也。由是则能立非有。亦非结合之义。如前已说。"⑥

喻其实仍属比量的一部分,只是陈那单独分为一品,强调喻不离因义,但也不能取代因义,同异喻分别应是说因宗所随,宗无因不有,违反者即是似因。但陈那所破的尚是古师的五支式,喻体尚未明显,只是意蕴在喻依中,故也未能借此展开新因明的似喻过失。

---

① 法尊译编《集量论略解》,第 105 页。
② 沈剑英编《民国因明文献研究丛刊》第 4 辑,第 132 页。
③ 法尊译编《集量论略解》,第 109 页。
④ 法尊译编《集量论略解》,第 109 页。
⑤ 法尊译编《集量论略解》,第 109 页。
⑥ 法尊译编《集量论略解》,第 110 页。

第二节 《集量论》观遮遣品中的破异执

一、破胜论

1. 如说首背脐手等声,皆以各自所依,分别能显,此即于诸总中亦有自性差别①

法尊译:"诸总由自性,有诸差别,以依各自之总即是能显。此如云:头、背、腹、手等,由此等差别。"②胜论的意思是说"总"亦具有自性,为能显,各种差别(别)是其所显。

陈那反驳道:"如彼所计:能显所显异 当得互相依。"③按胜论的说法,总相是能显,别相是所显,二者互相依存。但实际上"言显多者,由是众多之能显,及由众多所显。……此中于一切种,由功德系属各异故,由功能各异故,由能诠各异故,虽是一事,应许为众多体性……共同所依非有"。④ 比如说桌子是四大和合而成的,那么,桌子就该有地的自性、水的自性、火的自性、风的自性,这就是"多自性"。"此中于一切种,由功德系属各异故,由功能各异故,由能诠各异故,虽是一事,应许为众多性。"⑤所以"别"不是限于共同的一个"总"。

"如是总别诸声,于自义总转故,随二或多于彼所差别之余义亦能诠说,极为应理。"⑥

"于自义总转故"的"总"是指声取总义。也就是说,对于这张

---

① 沈剑英编《民国因明文献研究丛刊》第4辑,第133页。
② 法尊译编《集量论略解》,第121页。
③ 法尊译编《集量论略解》,第121页。
④ 法尊译编《集量论略解》,第121页。
⑤ 法尊译编《集量论略解》,第121页。
⑥ 法尊译编《集量论略解》,第122页。

具体的讲桌来说,我用总声桌子表示也好,用别声讲桌表示也好,一直都是指其总义(共相)。"随二或多","二"就是总与别,"多"是指相对的总别关相别有多层次。

2. 声量待习惯所熏而能解义①

法尊译:"如由串习语,无义亦生心。由自缘相属,各了多种相。""由观待串习外义习气之语,如能作义而生了解,如说常等,及彼无别,虽无外义,由与自缘相属,能生种种分别。"②

韩镜清译本与法尊译本同,并未列为胜论之说,而说是陈那的观点。

二、破弥曼差派

1. 声量异于现比③

法尊译:"有许声起亦是量者。"④

陈那说:"声于何境,由无则不生之系属,即由此分。如所作性等,由遮余义而显示自义,故非异比量(说声量亦是比量所摄)。"⑤这是说声量是以语声来了达其所"无则不生"的境义,这种了达是以遮诠余义的方式未显示自义,如"所作性"的共相。这与比量是一致的,所以也就是比量。

2. 一切"种"声各自为异,于决定义说差别声定相属故,如说实德业等⑥

法尊译:"种类之声,是从各自差别而成。为于所说起决定故,

---

① 沈剑英编《民国因明文献研究丛刊》第4辑,第133页。
② 法尊译编《集量论略解》,第132页。
③ 沈剑英编《民国因明文献研究丛刊》第4辑,第137页。
④ 法尊译编《集量论略解》,第110页。
⑤ 法尊译编《集量论略解》,第110页。
⑥ 沈剑英编《民国因明文献研究丛刊》第4辑,第137页。

是差别声。""如有声,既于实转,如是亦于德等转。"①

声论的意思是说由说种类的声可以直接决定了达对象的差别,如声既可诠表"实"也可诠表"德"等,以此区别于比量。陈那反驳说:"声谓能诠。且如有等种类声,非是实等之能诠。以无边故。言无边者,谓诸异法不能与声系属。无系属之声,诠义亦非理,仅能了知声自体性(如闻异方之言,仅闻其声,不能了解其所诠义)。"②这是说特定的种类声只能诠说特定的对象,诠了"实",就不诠"德等",除此外与其他无联系(无边)。况且,从声音只能了知其自体,并不能了知它诠表的义境。好比你不懂外语,听到一句外语,也不能了知其语义。

3. 诸差别声同依故。相属故,决定故说"有种类",如说优昙花与青华③

法尊译本中讨论了"青"和"莲花"的声音表达:"若青功德,与莲之种类。于一实转故,则共同所依与能别所别,皆成非有。青德非具莲之种类,莲之种类亦非具青德。"④这里的"莲花"可能就指"优昙花"。

"于一实转故",这个一实"就是颂文中的"义",就是具体的青莲。"共同所依与能别所别,皆成非有",⑤因为实、德都是在具体的青莲之上而生起的,所以共同所依也好,能别、所别都没有。一个是青声,一个是莲声,当然没有"共同能别"。一个的事实是青色,一个的事实是莲形,当然"共同所别"也没有了。青是德,莲是

---

① 法尊译编《集量论略解》,第110页。
② 法尊译编《集量论略解》,第110页。
③ 沈剑英编《民国因明文献研究丛刊》第4辑,第137页。
④ 法尊译编《集量论略解》,第118页。
⑤ 法尊译编《集量论略解》,第118页。

实,德不是实,实也不是德。

4. 总中摄别,以差别义自体相似而摄总中,但立名各别,是为同依①

法尊译本中尚未发现。

5. 诠牛马等声以起能诠意乐中有各别所诠故,以是有别②

法尊译:"且作为牛等能诠之声。彼等随欲之声,各各声之所诠即彼差别。"③

"牛等能诠之声"就是指给牛取的这个名字,"随欲之声"是指你高兴给取的名字,具体的牛等,这就是差别。

陈那反驳道:"如是总别唯声异者。非彼自性。"④你说总相只是你说的总相,根本就不是总相本身,你说的别相也只是说的别相而已,根本就不是真的别相。

声论又问:"若谓无差别事,由别声假立为异者。"⑤外人说,那么,是不是根本就没有差别事,只是有差别声,我们根据差别声而假立了差别事?

陈那回答说:"不应作是说。以诸差别,是能显总之因故。"⑥本质的差别是有的,这本质的差别是显总之因。没有的只是你给它们作的差别。

声论又问:"若谓如歌罗等,由能诠异故者。"⑦这里的"歌罗"是指一种微小的度量单位,好比一大群牛与一只牛,一只牛、半只牛的区别,还是有区别的。

---

① 沈剑英编《民国因明文献研究丛刊》第4辑,第137页。
② 沈剑英编《民国因明文献研究丛刊》第4辑,第137页。
③ 法尊译编《集量论略解》,第120页。
④ 法尊译编《集量论略解》,第120页。
⑤ 法尊译编《集量论略解》,第120页。
⑥ 法尊译编《集量论略解》,第120页。
⑦ 法尊译编《集量论略解》,第120页。

"不尔,彼应思择故。以于一法,亦由多异门声所诠说故。此中是说,如实声自无差别。于声中,如牛等虽亦自无差别,然由总,则作为差别。于中即如是安立。"①虽然实际中并没有你说的这种差别,但因为你说的"总",也就是牛性,那么你说的这种差别就出来了,就是这样安立的,根本就没有自性可言。

声论复问:"若谓现事岂非牛声等之差别耶?"②我们目下的具体的牛、马,难道不是牛声、马声的差别吗?

陈那答云:"曰:现事中纵有差别,然彼非所诠,非与义俱见故。"③目下具体的事的差别,根本就不是所诠。因为从唯识说,所诠唯共相,是心识所现,比量不能缘取境义自相差别。

6. 譬喻量,如家牛野牛相似而成了别④

法尊译:"且比喻量,如为了解黄牛与青牛相同故。"⑤

法尊译本这一句也没说是外论。陈那说:"且比喻量,如为了解黄牛与青牛相同故,或从他闻而解,即是声量。或自了解谓先以余量了解二声义,次以意了解彼相同,故彼亦非是余量。"⑥通过别人所说使得你这样的了解,是声量。或也可以先用其他的量(比量)了解了什么是黄牛,什么是青牛,然后进行比较,发现其同属牛,由此也不能说是比量之外的其他量。

比量外另立声量,这是弥曼差派的观点,这里只涉及弥曼差和胜论二家。陈那说声量即是比量,比量只缘共相,共相只是心识所

---

① 法尊译编《集量论略解》,第120—121页。
② 法尊译编《集量论略解》,第121页。
③ 法尊译编《集量论略解》,第121页。
④ 沈剑英编《民国因明文献研究丛刊》第4辑,第137页。
⑤ 法尊译编《集量论略解》,第134页。
⑥ 法尊译编《集量论略解》,第134页。

显,不能缘取境义自相差别。这些都是承续了古因明中唯识的说法,声量只遮不表。

第三节 《集量论》观反断品中的破异执

一、破《成质难论》

1. 诸有过难分三类说:颠倒、不实,及相违①

法尊译本为:"有颠倒性、不真实性,及相违性答说过失。"②

这三类的分法与世亲《如实论》相同,《如实论》云:"难有三种过失,一、颠倒难,二、不实义难,三、相违难。若难有此三种过失,则堕负处。"

陈那不同意这种分类:"论轨说反断　颠倒与虚妄　相违性三过　非表三各异"③"反断"即"颠倒",陈认为"颠倒"中秉有不实和相违,反之亦然,从现代逻辑看这叫"子项相容"的错误。如:"其中四种颠倒性者,谓于一向决定因所比而言不定者,谓由同法等说相违性。一向决定者,如与不定成颠倒,亦是相违,是不共住故。如一向决定量,虽是真实,而言不定,则是虚妄。"④这里的"四种颠倒性"是指同法相似、异法相似、分别相似、无异相似。"一向决定因所比"是指立论者所立的比量论式是一个决定论式。而难破者把立论者所说的决定论式说成不,自己犯了与立论者的论式相违的错误,同理犯了虚妄的错误。

---

① 沈剑英编《民国因明文献研究丛刊》第4辑,第126页。
② 法尊译编《集量论略解》,第147页。
③ 法尊译编《集量论略解》,第147页。
④ 法尊译编《集量论略解》,第147页。

2. 颠倒难者：同法、异法、分别、无异、无因、至不至、可得、犹豫、无说、果相似等①

法尊译本为："其中'颠倒'者，谓同法、异法、分别、无差别，会与不会等中，有因可得。果相同等，说为犹豫。"②

这是对第一类负处的分类，可与《如实论》的分类对照。

《成质难论》	《如实论》
同法	同相难
异法	异相难
分别	长相难
无异	无异难
无因	无因难
至不至	至不至难
可得	显别因难
犹豫	疑难
无说	未说难
果相似	（事异难）

除最后一种尚有疑外，基本可以确定二者相同。

3. 同法等由相似者，于决定因所成量中，以不定同法等相难，故成颠倒③

法尊译本为："谓于一向决定因所比而言不足者，谓由同法等

---

① 沈剑英编《民国因明文献研究丛刊》第4辑，第126页。
② 法尊译编《集量论略解》，第147页。
③ 沈剑英编《民国因明文献研究丛刊》第4辑，第126页。

说相违性。"①

这是说同法相似为什么是颠倒。

4. 不实义难者,应成义准相似等②

法尊译本为:"'非真实'者,谓应成相同与义解相同等。"③

《如实论》分为"显不许义难""显义至难""显对譬义难"三种,本论未作细分,但陈那主要说明此类过失:"此中亦能说为颠倒与相违,以是未见言见之颠倒与相违故。如是义解相同亦尔。如未缘所立无,而得缘无,即非真实。如是亦是颠倒与相违。"④

5. 相违难者:无生、常住相似⑤

法尊译本为:"'相违'者,谓未生相同与常相同等。"⑥

《如实论》:"相违难有三种:一、未生难,二、常难,三、自义相违难。"

"等"中亦可包括"自义相违",陈那只是明确:"其中由无先生声性,故成相违。若言无亦无常,亦是相违。如是亦非真实。有是常故,无则常性,无故,亦是颠倒故。常常相同亦知其相违,亦能说是颠倒与虚妄,以无常与常相违故。"最终的结论是:"是故诸反断中,颠倒、非真实、及相违性,皆相合杂,故不能说无有过失。"⑦

二、破正理论

1. 由同法或异法以相难者是为过类⑧

法尊译本中无。

---

① 法尊译编《集量论略解》,第147页。
② 沈剑英编《民国因明文献研究丛刊》第4辑,第126页。
③ 法尊译编《集量论略解》,第148页。
④ 法尊译编《集量论略解》,第148—149页。
⑤ 沈剑英编《民国因明文献研究丛刊》第4辑,第126页。
⑥ 法尊译编《集量论略解》,第149页。
⑦ 法尊译编《集量论略解》,第149页。
⑧ 沈剑英编《民国因明文献研究丛刊》第4辑,第129页。

《正理经》[Ⅴ-Ⅰ-1]同法相似,[Ⅴ-Ⅰ-2]异法相似。①

2. 因至不至不生等过类流漫而说②

法尊译:"若此因与所立会合,能成立者,则与所立应无差别,如河水与海会合。非未成就。若与已成会合者,所立已成,此是谁因?若不会者,由不会合,则与诸非因无差别故,亦非能立。如是会与不会相同。于三时中亦说非乐。若于所立前,因能立者(因在宗前),所立未成,此是谁因?若于后成者(因在宗前),所立未成,此是谁因?若于后成者(因在宗后),未成就故,则非是因。若谓同时是因者(因宗同时),如因已有则不须成,如牛左右二角。如是非因相同。"③

《正理经》[Ⅴ-1-7]到相似,[Ⅴ-1-8]不到到相似,[Ⅴ-1-18]无因相似。④

这是涉及似能破的"误难",古因明中,正理派最先形成体系,后世亲《如实论》承续之,这里《成质难论》对误难的分类和叙述正如昌师所说:"《如实论》中精要之义为道理难,分颠倒不实相违三类,又与《成质难论》全合。"陈那不同意其分为颠倒、不实、相违三大类,故陈那只分为14过类,未再划分。

综上所述,陈那在《集量论》"破异执"中对外道和小乘的古因明思想作了系统的批判,留下了古因明宝贵的资料,同时也有助于我们更正确深入理解陈那的新因明思想。

---

① 沈剑英《因明学研究》,第289页。
② 沈剑英编《民国因明文献研究丛刊》第4辑,第129页。
③ 法尊译编《集量论略解》,第136页。
④ 沈剑英《因明学研究》,第290—291页。

第十六章

陈那对古因明思想的批评和继承(上)

陈那对古因明有批判但更有继承和发展,本章专述陈那的知识论思想,按现代知识论,分别认识对象、认识主体、认识发生、认识形式等诸方面加以分析。

第一节 内色外显、外境假立

一、《观所缘缘论》对外境实在性的否定

《观所缘缘论》是陈那因明中专讲知识论的著作。所缘缘,即所缘之缘。四缘之一。所谓"所缘",即指心及心作用之对象(认识作用之对象);若心、心作用之对象成为原因,而令心、心作用产生结果之时,心及心作用之对象即称为"所缘缘"。

1. 破极微等外境实有论

外人说:"诸有欲令眼等五,识以外色,所作缘缘者,或执极微,许有实体,能生识故。"[①]

这里的"诸",是指小乘有部、经部及外道,都认可五根所缘的

---

① 陈那《观所缘缘论》,引文标点均由作者校标,下同。

外境是实有有在的极微。"等"是泛指外执诸宗,这是第一种外执。

"或执和合,以识生时带彼故。"这里的"和合"即是极微的"总聚",第二种外执是把极微的总聚看作是能缘生识的外部实境。

陈那破曰:"二俱非理,所以者何?"①

破第一种外执:

"(颂)极微于五识,设缘非所缘,彼相识无故,犹如眼根等。(奘译)所缘缘者,谓能缘,识带彼相起,及有实体,令能缘,识托彼而生。色等极微设有实体能生五识容有缘义,然所缘,如眼根等识无彼相故。如是极微于眼等识无所缘义。"②此处所破的是小乘说一切有部,这是说,"所缘缘者"是能生之实体,识带变它的行相而起了别。极微对于五识而言,只是能引生的"缘",但并非为"所缘",因为在识中并无其行相,比如在眼根中无极微的行相。

破第二种外执:

"(颂)和合于五识,设所缘非缘,彼体实无故,犹如第二月。(奘译)色等和合于眼识等,有彼相故,设作所缘。然无缘义,如眼根错乱见第二月,彼无实体,不能生故。如是和合于眼等识无有缘义。故外二事于所缘缘,互阙一支,俱不应理。"③此处所破的是小乘经部,这是说,极微之和合,它可以是所缘,但不是能生之缘,因为它不是实体,如虚现的第二个月亮。极微之和合如声,在眼根中有其行相,可作为所缘,但其不是实体,不能引生"缘"。所以,以上二外执,要么不是所缘,要么无缘,各缺一支,故都不是所缘缘。

破第三种外执:

---

① 陈那《观所缘缘论》。
② 陈那《观所缘缘论》。
③ 陈那《观所缘缘论》。

欧阳竟无说这是破正理派的。于凌波在《〈唯识二十论〉讲记》说是指《顺正理论》,这是有部反驳《俱舍论》的著作。

"有执色等各有多相,于中一分是现量境。故诸极微相资各有一和集相,此相实有,各能发生,似已相识,故与五识作所缘缘。"①这是说,色等极微各有多种相状,其中某一种也可单独成为现量所缘境。是一类极微相互作用构成一"和集相",此相实有,各各引生识,故为五识之所缘缘。

"集相"与前述的"和合极微"的区别,集相是指极微和合的构成物。陈那破曰:"此亦非理,所以何者?(颂)和集如坚等,设与眼等识,是缘非所缘,许极微相故。如坚等相,虽是实有,于眼等识容有缘义,而非所缘。眼等识上,无彼相故,色等极微诸和集相,理亦应尔,彼俱执为极微相故。"②这是说,"坚"等极微的集相有"缘"义,但非"所缘",境中其他集相也如此。这是因为"眼等识上,无彼相故",但为什么无彼相呢?护法释中说:"根之功能各决定故。"眼根是不能缘取"坚",但身触可以啊!

陈那复说:"执眼等识能缘极微诸和集相,复有别失。(颂)瓶、瓯等觉相,执彼应无别,非别形故别,形别非实故。瓶、瓯等物大小等者,能成极微多少同故,缘彼觉相应无差别。若谓彼物形相别故觉相别者,理亦不然。项等别形,唯在瓶等假法上有,非极微故。"③这是说,把极微的集相作为眼等识所缘,还有其他过失。如瓶、瓯等物有大、小之别,是由构成其极微的多少而成。但在现量缘取时是无此大小多少之差别的,此类差别只在瓶等假有事物上才存在,因为瓶等不是极微,总之不会因物体形状不同而生不同的

---

① 陈那《观所缘缘论》。
② 陈那《观所缘缘论》。
③ 陈那《观所缘缘论》。

觉识。

敌者又质疑："彼不应执极微亦有差别形相者何？"为什么不应认定极微也有形相的区别？

陈那答曰："非瓶等能成极微有形量别舍微相，故知别形在假非实。又形别物析至极微，彼觉定舍非青等物，析至极微，彼觉可舍，此形别唯世俗有，非如青等，亦在实物。是故五识所缘缘，体非外色等，其理极成。"① 不能从瓶等有形量差别而确定构成瓶等物的极微也有形相差别，极微是圆相无别的，所以可知形状之别是假立非实体。对有形物的缘取，只是取其青等极微，而排除非青等属性，形别只是世俗假有，不像青等，有实在的自性。所以五识的所缘缘，实体不是外部色境等（如色中一分的极微集相），这个道理是可以成立的。

2. 正面阐述"内色外显"为境

陈那云："（颂）内色如外现，为识所缘缘，许彼相在识，及能生识故。"② 这是说，由识变现出相分为外现的色境，成为识的认知对象。因为相分为识所缘，并能引生识缘。

所以"外境虽无，而有内识，似外境现，为所缘缘。许眼等识带彼相起，及从彼生，具二义故"。③ 所以，并无独立的外境，只有内在的识，这种内识变现成假有的外境成为所缘缘。因为眼识带彼相起，以及眼识从彼生，由此具备所缘和缘二个条件。

有难曰："此内境相既不离识，如何俱起能作识缘？"④

陈那答云："（颂）决定相随故，俱时亦作缘，或前为后缘，引彼

---

① 陈那《观所缘缘论》。
② 陈那《观所缘缘论》。
③ 陈那《观所缘缘论》。
④ 陈那《观所缘缘论》。

功能故。(奘译)境相与识定相随故,虽俱时起亦作识缘。因明者说,若此与彼有无相随,虽俱时生,而亦得有因果相故。或前识相为后识缘,引本识中生似自果功能令生,不违理故。"这是说境相虽与识俱起,但不论是同时,还是分先后,只要境相具有生识缘的功能,那么就能成为识之所缘缘。

有人又问:"若五识生唯缘内色,如何亦说眼等为缘?"

陈那答:"(颂)识上识功能,名五根应理,功能与境色,无始互为因。"①

又说:"以能发识,比知有根,此但功能,非外所造。前颂云识上应理,当此。功能发识理无别故,在识在余虽不可说。而外诸法,理非有故,定应许此,在识非余。此根功能与前境色境从无始际展转为因,谓此功能成熟位生现识上五内境色,此内境识复能引起异熟识上五根功能。根境二色与识一异或非一异,随乐应说。"②这一段话说明,五根只是识上能引生识的一种功能。此五根和境都是以识为因的果报,二者又互为因果,即境引生五根功能,五根缘境生识,境与根俱为色,二者由识变现,因此与识同一又不同一,视角不同。总之,"如是诸识唯内境相为所缘缘,理善成立"。③

二、《掌中论》中外境论

《掌中论》全一卷。陈那著,唐代义净译。全书共六颂,又有长行论述,主张宇宙间之一切万法皆为心识所变现,实无外境。择要介绍如下:

---

① 陈那《观所缘缘论》。
② 陈那《观所缘缘论》。
③ 陈那《观所缘缘论》。

1. 外境实有是双重妄执

"谓于三界但有假名,实无外境,由妄执故。今欲为彼未证真者,决择诸法自性之门,令无倒解,故造斯论。"[①]在这三界之中,其实所有的只是假名,并无实在的外境可得,但是人们死死地执着,所以就起惑造业,现在我对这些不知道这个道理的人们来说一说,明确万物自性在何处,消除颠倒的认识,所以造此论。

论中的"三界",就是欲界、色界、无色界,欲界是指深受各种欲望支配和煎熬的有情者所居住的地方。色界是指粗俗的欲望已经断绝,只是这些众生仍有身体,有精神活动。无色界则既无欲望又无形体,此界没有任何物质性的东西,只有精神活动。

"外境",就是我们的眼、耳、鼻、舌、身、意这些感官,所攀缘、所要认识的色、声、香、味、触之类的东西。

"妄执","妄"就是不合理、不正确,"执"就是虚妄分别,并在心中牢牢不舍。

"门",门径、通达,以此正确的、不颠倒的议论为门径,使得众生来抉择诸法的自性。

"性",就是常说的本体,一切法实际上是没有自体的,都是因缘所生,但是我们都说它有自体,所以,本论就是要破除人们有自体的观念。

"倒解",颠倒的见解。

第一颂:"于绳作蛇解,见绳知境无。若了彼分时,知如蛇解谬。"[②]论曰:"如于非远不分明处,唯见绳蛇相似之事,未能了彼差别自性,被惑乱故,定执为蛇。后时了彼差别法已,知由妄执诳乱生故,但是错解无有实事。复于绳处支分差别,善观察时,绳之自

[①] 陈那《掌中论》。
[②] 陈那《掌中论》。

体,亦不可得。如是知已,所有绳解,犹如蛇觉,唯有妄识。如于绳处有惑乱识。亦于彼分毫厘等处,知相假借,无实可得。是故缘绳及分等心,所有相状,但唯妄识。"①

"于绳作蛇解,见绳知境无",这是说我猛然看见前边不远处有一条蛇,一下子吓了一跳,就仔细一看,哪里是什么蛇,只是一段绳子而已。"差别"就是彼此不一样,是说绳的自性(自体)与蛇的自性(自体),绳与蛇根本就是两码事。这是一个比喻,是说,我们现在所觉察的东西都是虚妄的、荒唐的,没有搞清那条蛇其实只是一段绳子而已。

"若了彼分时,知如蛇解谬","复于绳处支分差别","支分差别"是说,绳也是由一缕缕的麻编结成的,这一缕缕的麻就是"支分",把绳仔细研究,分成一缕缕的麻,这一缕缕的麻也是各不相同,这个就叫"支分差别"。"不可得",是说本来认为是蛇,仔细一看,只是一段绳子而已,这就是根本没有蛇这回事儿,"蛇不可得",但把这绳子再一仔细推究,只是一缕缕的麻而已,绳也不可得!"彼分",是把绳分成一缕缕的以后,成了一一支分。"毫厘等处",是把绳分析成一缕缕的麻,把一缕缕的麻再分析下去,分析到很细微很细微,这时候你会发现,连这一缕缕的麻也不知道到哪儿了。本来的蛇,是妄执,其实是一段绳子,本来的一段绳子,是整体"一",把它往下边再分,绳子没了,成了麻,再往下分,如分到"极微",连麻也没了。

这样来看,这个颂的前两句是第一重虚妄,蛇根本就没有,有的只是绳,后两句是第二重虚妄,连绳也是无实体可得。

2. 极微非实在

第三颂:"无分非见故,至极同非有,但由惑乱心,智者不应

---

① 陈那《掌中论》。

执。"①论曰:"若复执云,诸有假事,至极微位不可分析,复无方分是实有者,此即犹如空花,及兔角等,不可见故,无力能生缘彼识故,所执极微,定非实有。所以须说不可见因,由彼不能安立极微,成实有故。所以者何?由有方分事差别故。犹如现见有瓶、衣物,东、西、北等方分别故,斯皆现有支分可得。若言极微是现有者,必有方分,别异性故。是则应许东、西、北等支分别故,此实极微理不成就。亦非一体,多分成故,见事别故。一实极微,定不可得。如是应舍极微之论。是故智者,了知三界咸是妄情,欲求妙理,不应执实。"②

此为反驳极微实在说,如把组成绳子的麻、组成瓶的泥、组成衣的线等进一步分,一直分到小得不能再小,到那时候成了极微,颂句中的"无分",在世亲《唯识二十论》中,"分"是方位,就是东、西、南、北等方位,那么"无分"就是没有方位,什么东西才没有方位?只有小到极微的程度才没有方位。"非见"就是不可见(闻、觉、知)。第二句中的"至极",就是分析到极微位。

在长行中说,"诸有假事",如绳、瓶、衣等物,可以往小处分解,因为它们可以往小处分解,所以说绳、瓶、衣等物是不实在的,只有假名,这还能说得过去,但是,我们把它们往下分,一直分个不停,分析到最后,分析到不可再分的时候,就没有了可分性,这时候就是极微,既然到这时候不能够再分了,那就应该是实有的了。但又如空花、兔角等"不可见",所以非实有。

假如说可见的话,那么就一定有"方分事差别",什么叫方分事差别?方就是方向,就是上、下、东、西、南、北等方位,也就是物体占

---

① 陈那《掌中论》。
② 陈那《掌中论》。

有空间,具有广延性。但没有方分,那就不是极微,所以极微不实有。

"一实极微,定不可得。如是应舍极微之论。是故智者,了知三界咸是妄情,欲求妙理,不应执实。"就是说,从不可见与可见两方面来推,得出的结论是一样的:极微不实!

上述论证在世亲《唯识二十论》中,以及陈那的《观所缘缘论》中都已有述。

无著《瑜伽师地论》对极微是从其可分与不可分的角度进行批驳,如果说极微有方分,它就不是最细小的物质单位,这与极微本身的定义相违。如果说极微没有方分,它就不是实在的东西。

世亲《唯识二十颂》批判胜论多极微合为一个"有分色",认为多不能合为一,有部也持多极微合为"轻色",经部讲极微和合成"粗色",顺正论师讲"和集"相。世亲的批判除了前述无著之说外,又新增如果极微无方分,但体积是零,聚多少零仍然是零。

陈那《观所缘缘论》则是从认识论角度,从是否能生缘和是否为所缘二个条件来分析的,极微对于五识而言,只是能引生的"缘",但并非为"所缘",至于极微之和合,它可以是所缘,但不是能生之缘,因为它不是实体,而"坚"等极微的集相有"缘"义,但非"所缘"。

而《掌中论》的分析,既讲方分,又讲是否可见(即是否能缘取),可以看出陈那对极微实在论的批判正从存在论向认识论的过渡。

三、自相与共相

自相与共相是古因明各家通用的范畴,在内涵上与识不同,一般只指共性和个性,又称之为总别。

内色外现,假立为境,这个境相是个什么东西?小乘经部曾有"带相"说,所带的是对外境感知形成的主观影像,"他们认为心法生时必定变带所缘境界的表象,成为心法的相分","此说原与经部根境为先,后方识了的理论相照应(因为境在过去,所以识了之时须有变带行相为媒介)"。① 对此,世亲在《俱舍论》的"破我品"中介绍说:"……如是识生,虽无所作,而似境故,说名了境,如何似境,谓带彼相。"②但经部是承认外境实在的。大乘有宗又称法相宗,把外境看作识变生的相分。相者,相状或形相。有宗解析诸法形相或缘生相,其旨在于析相以见性。析诸法相而知其无自性。这里的法相就是由名言假立的共相。世亲《摄大乘论释》卷四载,眼根、耳根等有为法皆由言说熏习而生;言说以"名"为体,"名"又分为言说名与思维名二种;此二种"名"皆以音声为本,即以音声呼召诸法之名者,称为言说名,而后心缘上述之音声加以分别者,称为思维名。第六意识即随此名言而变似诸法,并数习之而熏附于第八阿赖耶识中,以熏成其自类各别之法的亲因缘种子,此种子因系由名言熏习而成,故称名言种子。

关于自相,佛教中又称之为自性、自体,是不能为名言表达,只能现见的相分。但尚未见古因明对自相、共相的明确界说,这一工作是由陈那开始,并由汉传、藏传因明完成的。

陈那《正理门论》说:"唯有二量。由此能了自、共相故。"《集量论·现量品》云:"所量唯有自相、共相,更无其余。当知以自相为境者是现,共相为境者是比量。"③这里只讲了自相、共相分别为现量、比量的认识对象,并未明确自相、共相各自的特性。

顺真《印度陈那、法称量论因明学比量观探微》认为:"不言而喻,比量乃现量之余,原因在现、比二量的'所行境'亦即所量相分

---

① 法尊译编《集量论略解》,第26页。
② 吕澂《印度佛学源流略讲》,上海人民出版社,1979年,第317—318页。
③ 吕澂《集量论释略抄》,《内学》第四辑,1928年,第6页。

是二非一,而且作为能量其所量相分的共相有其根源,这一根源即是作为现量能量之所量相分的自相。因此,比量必然是随现量的'随量'。"①《探微》由此得出结论:"共相源于自相。"②《探微》的主要论据是陈那《集量论》中的一段话:"'自相非所显,所取异是余。'问:何故比量分二,非现量耶?曰:此亦由所取境各异故。现量之境是自相,'自相非所显'。故不可分为二也。若现量之境义,能施设名言,即由彼声,应成比量。故现量之自相境,不可以名言也。或曰:于现量之境义,亦见有比量转。如由色比所触也。曰:虽有见此,然比量趣彼义,非如现量。'是余'。是由先见为因,乃比度所触。谓于彼色,舍离现量行相,由色之总比度触之总。其现触之差别,非可显示故。是故二量之所行境,非是一也。"

但这种论断是难以成立的。

首先,《集量论》在这里并没有说共相源于自相。有人说:"于现量之境义,亦见有比量转。如由色比所触也。"陈那答云:"虽有见此,然比量趣彼义,非如现量。"这里的"现量之境义"是指"色"外境,非单指自相,故亦可见比量转,但比量所缘取的"义",不是现量所取的"义"。比量所取的"彼义"是指缘"色"境中假立之"触"的"共相"。这里并不能得出"共相源于自相"的结论,产生共相的根本来源还是意识中的名言种子。

至于:"是由先见为因,乃比度所触。谓于彼色,舍离现量行相,由色之总比度触之总。其现触之差别,非可显示故。是故二量之所行境,非是一也。"这段话。其中"先见为因",即前一现量可

---

① 以上均引自顺真《印度陈那、法称量论因明学比量观探微》,《中山大学学报》2019年第6期,第120、121页。
② 顺真《印度陈那、法称量论因明学比量观探微》,《中山大学学报》2019年第6期,第121、123页。

以作为引生后一比量的一种助缘,但在这一过程中要"舍离现量行相",不是以自相为基础,而是"舍离"、排除自相,"二量之所行境,非是一也"。这一点,在信慧的《集量论》译文中讲得更明确:现量比量"虽同缘一色,但眼识现量是缘其自相,意识比量是由名了知,但缘共相"。① 这里说得很明确,面对同一色境,而不是说同缘自相。《集量论》说得很明白,一个自相"不可分为二也"。说比量"所取异是余",不是取自相中的余下部分,而是境相中除自相之后所余的共相。眼识缘自相,意识由名言缘共相,各有其能缘、所缘,所以何来"共相源于自相"之说!

第二节　自证分为认识主体

日僧善珠云:"谓佛圣教多说一分,未分相、见。如契经说三界唯心,从此已后至九百年。无著、世亲等开为二分,谓相及见,见者见照,能缘为义,心性明了能照前境,故名为见。相者相貌,所缘为义,相貌差别为心所缘,故名为相。然此二分犹未尽理,是故陈那造集量论等立三分义,于前二分加自证分。见分体用非他名自,此第三分能知彼,故名为自证。从此已后至一百年,护法菩萨依厚严经造成假论立四分义,于前三分加证自证分。前三体用,名为自证,此第四分能知彼,故名证自证分。"②

世亲《摄大乘论释》说:"但立见相以为依他。不在此二分以外更说三分四分。"

陈那新创三分说,《因明正理门论》只简单地说到过自证分现量。《集量论》方有细说,在"现量品"说量果时云:"心之相分为所

---

① 法尊译编《集量论略解》,第 30 页。
② 善珠《分量决》,收于《大正藏》第 2321 页。

量,见分为能量……其自证分从二相生,谓自相与境。境相为所量,自相为能量,自证为量果。"①这里是从认识获得的过程而言,是"自证分从二相生",而如果从唯识的认识发生角度,如前所说,应是自证分化生见、相二分,再由见分缘取相分,其方向正相反。

善珠又说:"然相、见二分中,内外诸宗所立不同,分为四句:一见不立相,如正量部师,心等缘彼青等境时,离青等外无别衍相。二相不立见,如清辩师,彼计,若依胜义,见、相俱无,若依世俗,二种俱有。然随相说,有相无见。且如眼识缘青等时,青即是心,离青等外,无别能缘,故立唯境。三俱立相见,如萨婆多等,或大乘中如世亲等。四二分俱无,如拨无外道等。"②这是说,关于相分和见分,佛家与外道是不同的,有四种观点:一种是正量部,只承认有见分,不立相分,外境直接是缘取对象。第二种是清辩,认为依佛家真谛,见、相都不存在。但按俗谛,可承认二者存在。但把见分归并在相分中,如缘青等境相时,青就是心,离开认识对象,也就不存在认识主体。第三种相、见俱立,如小乘萨婆多派(即有部),大乘中的世亲等。第二四是见、相二者不认可,如拨无外道。

自证分理论,简要地说,就是关于心如何自认知的理论。它是印度瑜伽行派知识论的核心理论之一。月称曾指出:自证分是瑜伽行派存有论的最后一道证明。

陈那后护法又提出"证自证分",这是对自证的自我感知,共为四分,汉传因明中以相分为外一分,后三分为内三分,也有以相分、见分为外二分,自证分、证自证分为内二分。"外"即认识对象,"内"似认识主体。这四分中又可相待而分为主、客体。

法称的《释量论》现量品中用125颂建立自证分理论,这也是

---

① 法尊译编《集量论略解》,第7页。
② 善珠《分量决》。

其重要性的一个见证,用二相及回忆证明自证分。

第三节 认识发生论

陈那的认识发生论还是前面引《观所缘缘论》那段话:"(颂)内色如外现,为识所缘缘,许彼相在识,及能生识故。"①这是说,由识变现出相分为外现的色境,成为识的认知对象。因为相分为识所缘,并能引生识缘。所缘和缘都具备了,认识就可以产生了。认识实际上是由识分为相分和见分,由见分认识相分,得到自证分,严格而言,认识只是识的自我认识,这与古因明唯识宗的认识发生论相一致的。陈那的新贡献是对外道的和合发生论作了详细的破斥。《集量论》对和合说的批驳,前文"破异执"中已述,本节再作梳理:②

一、批驳真理派的"根义和合所生识"

如果是"和合",那么根和境应该是"一切相合","如于山等境,应根境无间。然现见是有间而取"。③ 所以说根境是有区别的。也不能说是根脱离了它所依的"身"而去取外境:"非离身外,而取有间及增上之境。"④总之,陈那不同意正理派所持的能量与所量不可分割、互为因果的观点,而认为能量是独立于所量的,如前所述,龙树也认为"灯无暗",看来这一点上中观和瑜伽行两派是一致的。

---

① 陈那《观所缘缘论》。
② 本节内容初刊于拙著《因明学说史纲要》第81—82页,上海三联书店,2000年。
③ 法尊译编《集量论略解》,第12页。
④ 法尊译编《集量论略解》,第12页。

二、破斥胜论的现量"由我、根、意、义和合所成"①

陈那认为这种提法过于笼统,这是因为一方面由于意识的参与而形成的不仅仅是现量,更多的是比量,"现量者是唯见境",比量才"是以观察为先行"。② 但陈那此处承认现量为比量之先行,又与其反对"现量在先"相矛盾。另一方面,每一根只能取特定境义,胜论也未讲清。

三、破斥声论(法尊译为观行派)的现量定义:"凡人诸根以与有法和合而生觉者是为现量"③

陈那作了如下破斥:

其一,讲了和合就意味着存在着"有":"以言和合,即显示决定是有故。"④佛家认为外部世界只是一种假有,"有"为佛家所不许。

其二,有法与诸根和合者未必都能形成现量:"微尘等亦能与诸根融会,非唯义境与根融会……眼药、涂足等亦能使眼根吉祥明利。"⑤意思是说在眼根上抹药,或在脚上涂药,这种"和合"能使眼睛明亮,足疾好转,但并不产生现量。

最后,"觉"不是和合所生之果,和合本身就是觉,也就是现量,不应再作区分。

四、破斥"成质难论"的现量定义

"成质难论"是吕澂《集量论释略抄》中对小乘学说的简称,法

---

① 法尊译编《集量论略解》,第14页。
② 法尊译编《集量论略解》,第14页。
③ 吕澂译《集量论释略抄》第68页,刊于《内学》第四辑,1928年。
④ 法尊译编《集量论略解》,第25页。
⑤ 法尊译编《集量论略解》,第26页。

尊《集量论略解》中译为《论轨》，但"非师造"，不是世亲的《论轨》。"成质难论"云："由彼境义生识是为现量。"乍一看，这提法似乎也没什么问题，但看陈那是如何给现量下定义的："缘自相之有境心即现量，现量以自相为所现境故。"①

这里关键的区别点在"境义"上，陈那破曰："若从彼义之语，在文法中是遍说词者，则任何识于任何境生者，即立彼名（现量），非唯从所缘缘生识，乃名现量也。"②这是说按此界定，一切识于一境所生的都可以说为现量，而没有限定只有缘所缘时生识，才是现量。"成质难论"在逻辑上犯了定义过宽之过。

陈那又说："'从彼义'是说识定从所缘义生者。是亦不然。'而忆念等识，非观待于他。'谓忆念、比量、悕求等识生，并不观待有他所缘境。"③又说："彼义，为说如心所现耶？为如其实体耶？若如所现者，所现相非实有，是集聚相故。若指实体者，实体胜义，心不现彼相，不能说是彼现量名言也。"④这是一个二难推理。你说的"义"，是说心所现，还是为实体？如是心所现者，现相非实有，因为其只是极微之集聚，而非极微之本身，如是指实体，实体胜义有，心不能现彼相，因此不管是说心所现，还是为实体，都不能说这是现量。

五、认识唯有二量

《正理经》立四种量，无著、世亲立三种，陈那归并为现、比二量。《正理门论》又云："唯有现量及与比量，彼声、喻等摄在此中，

---

① 法尊译编《集量论略解》，第2页。
② 法尊译编《集量论略解》，第9页。
③ 法尊译编《集量论略解》，第9页。
④ 法尊译编《集量论略解》，第10页。

故唯二量。由此能了自、共相故。"这里界定五根现量缘取的对象是"自相",而比量缘取的是"共相"。量只有此两种,其他的都可归并其中。

《集量论》:"量唯二种,唯现、比二量。圣教量与譬喻等皆假名量,非真实量。何故量唯二种耶?由所量唯有二相,谓自相与共相。缘自相之有境心即现量,现量以自相为所现境故。缘共相之有境心即比量,比量以共相为所现境故。除自相共相外,更无余相为所量故。"①《集量论·观遮诠品第五》:"声起非离比,而是其他量。"这里的"声"是指"声量"即圣教量,陈那反对把其圣教归作为量而别立,声量即比量。

但陈那以后新因明中仍有三量并立的,后文另述。

"成质难论"又云:"观不相离境义所知,是为比量。"《集量论略解》的表述为:"见无则不生义,了知彼义,即是比量。"②

这里是讲因明的推理论,陈那的定义是:"谓由具足三相之因,观见所欲比度之义。""比量之境,谓共相。"③陈那的定义与《成质难论》有二点区别:

(1)陈那是由因去"观见",而"成质难论"是由"见"因而"知"义。对此,陈那批判说:"若谓见无则不生,许唯见无则不生者,则不应说了知彼。……由是所成立时,故见所成立何义,即许彼是比量者。如是则'何须无不生'。"④这是说"见无则不生",就谈不上"了知彼义",说了已"了知彼义",又何须前说"无则不生"。比量是从已知推知未知,应明确后者还只是"欲比度"之义,尚属

---

① 法尊译编《集量论略解》,第2页。
② 法尊译编《集量论略解》,第42页。
③ 法尊译编《集量论略解》,第29、30页。
④ 法尊译编《集量论略解》,第42页。

未知之义。

（2）从定义上看，"成质难论"讲"不相离""无则不生"只涉及宗法与因法，而陈那讲因三相则涵盖了宗有法、因法、宗法三概念间的遍转关系。陈那说："成质难论"的定义中"法之义既有众多，何者是烟所了分？烟亦何分令其显了？皆未宣说也"。[①] 这里的"法"是指因法，"法之义"是指去比度成立之义，如由有烟了知有火，"烟"也有同喻"灶等"令其显了，但"成质难论"的定义都未能说明这些。

第四节 以遮遣明总、别

如前所述，古因明开创了遮诠的认识方法，陈那《集量论》专设"观遣他品"加以阐发。

一、声唯遮诠

1. 什么是遮诠

本品主要讲声量，外道另立有声量，陈那把其归入比量中，声量的特点是用遮余义的方法返显自义，如以非"非所作性"来返显"所作性"：

> 前说量有二种。有许声起亦是量者。（即所谓声量。谓由发语声为因，了达其所说义。故名声量。）
>
> 声起非离比　而是其他量　由遣他门显　自义如所作
>
> 声于何境，由无则不生之系属，即由此分。如所作性等，由

---

① 法尊译编《集量论略解》，第42页。

遮余义而显示自义。故非异比量(说声量亦是比量所摄)。①

2. 为什么要遮诠

就一般意义而言佛教认为世界是假有的,言语只能说它不是什么而不能说它是什么。但本品中陈那还提出了一个具体的理由:

(颂)于何义疑一　于多义亦疑　不见余声义　显自义分故　声系属性易　错乱亦非有

(论)随行与回返者,由声诠义门,于彼等相同处则转,于彼不同处则不转。其中于相同处,不说决定遍转。以于无边义中容有一类未说故。于不同处,纵然是有,于无边处非能遍转。不说者唯由不见故(不同者虽有无边,然由不见故,能说不转也),故除与自相系属者,余不见故。遮彼之比量,即能诠自义也。②

"随行"就是顺着说,就是表诠;"回返"就是倒回来说,也就是遮诠。"声诠义门"就是用声来诠表义,如我表诠说"桌子"声,虽然从道理上应该指所有的桌子,但在事实上我还是只指某一特定的桌子,到底指哪一个桌子？使人生疑。而遮诠可以把一切非桌子的事物都排除了。反过来可以显示出我声"桌子"的含义,就不会有上述的生疑过失。

3. 遮了什么

(颂)所诠虽众多　声非皆能了　与自随系义　是遮遣之果　声亦非能于　众多法义转　唯于所结合　非由声德等③

是说所诠的对象有许许多多,但声并不是一下子都能表达得了。

---

① 法尊译编《集量论略解》,第110页。括号内是法尊的释文。
② 法尊译编《集量论略解》,第125页。
③ 法尊译编《集量论略解》,第115页。

"唯于所结合"是说,发声、取名的原则是：只要表达出所要表达的意思。

> 无违故积聚　亦能诠余义①
> （论）如是总别诸声,于自义总转故,随二或多于彼所差别之余义亦能诠说,极为应理。②

"于自义总转故"的"总"是指声取总义。也就是说,对于这张具体的讲桌来说,我用总声桌子表示也好,用别声讲桌表示也好,一直都是指其总义。"随二或多","二"就是总与别,"多"是指相对的总别关相别有多层次,如下《总别关系表》这都是合理的。③

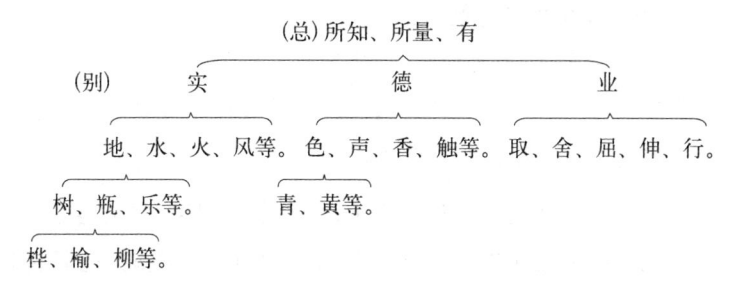

```
              （总）所知、所量、有
         ┌──────────┬──────────┬──────────┐
（别）    实          德          业
      ┌───┴───┐   ┌───┴───┐   ┌───┴───┐
      地、水、火、风等。 色、声、香、触等。 取、舍、屈、伸、行。
      ┌───┴───┐   ┌───┴───┐
      树、瓶、乐等。   青、黄等。
      ┌───┴───┐
      桦、榆、柳等。
```

这里其实是一个概念的属种关系图,上面最上位概念所知、所量、有是绝对的总,桦、榆、柳等是最下位概念,是绝对的别。而中间的概念对上是别,对下是总,一身二任。相对可区分总声、别声,但声只是遮这一层次的义总。如总声"树"遮一切非树,但别声"桦树",除遮一切非树外,还要遮一切非桦树。

> （颂）余总诸异义　自总等相违　彼非彼亲遣
> （论）如桦树声,非亲能遣瓶等。何以故？

---

① 法尊译编《集量论略解》,第122页。
② 法尊译编《集量论略解》,第122页。
③ 法尊译编《集量论略解》,第126页。

（颂）总非相同

（论）若是亲能遣者，则与树声义应相同也。①

这是说每一层中的声所直接遮遣的对象是不同的，如"桦树"声亲遣非桦树，而不能亲遣"瓶"。这是因为所遣之总义不同，"亲"：直接。总声"树"，不能遮"非桦树"。

二、总和别

1. 总分为总声、总义、总相、总类、总聚
2. 声分为总声、别声，但二者都遮总义

（颂）疑故非遣他

见由总声，于差别声，生犹豫故。由何生疑？则以彼诠说不应正理。若谓虽如是，然由差别声，义即了知总，无错乱故。应作是说：于差别中亦摄其总。②

意思就是说，依总相、共相之声，来界定差别声，这是会生起疑惑的。比如我说总声"树"，但不能去表达具体是松树、还是柳树等，这就叫生犹豫。虽然以总声不可诠表别声，那反过来，用别声来界定总，则是无错乱的。如说别声"这是一棵松树"，这也同时意为"这是一棵树"。

3. 声为约定俗成，从世俗之名

（颂）由此种类声　诠说不应理　无自在非具　假设非有故③

只要你给假设的名字得到大家认可、大家认为好用就行了。

---

① 法尊译编《集量论略解》，第123页。
② 法尊译编《集量论略解》，第117页。
③ 法尊译编《集量论略解》，第111页。

就是说,名字本身也是假设。还有一个是种类,说种类也是假设。种类的假设其实就是抽象。

4. 总义即总相、共相,别即自相、自性,具体的个体

前者意识假立,后者由识派生的实在。但陈那总别表中只示上、下位概念,并无真正的实有个体,这是另一种含义。

5. 两种差别

(颂)异由能诠异　声自无差别①

外人说:"若谓无差别事,由差别声假立为异者。"陈那论师说不行:"不应作是说。以诸差别,是能显总之因故。"②

这是说有两种差别,一种是事物本身的差别,一种是声假立的差别。差别本身就是差别,不是我们给做出来的差别……差别是本来就有的差别,没有的只是你给作的那一种差别。本质的差别是有的,这本质的差别是显总之因。自相是本质的差别,总相、共相则是意识自立的差别。假立也是有道理的"假立于彼转及具有彼"。③

(颂)若何从何生　种种分别识　彼亦是自证　非异于现量
(论)分别是自证故,即是现量。不应分为余量。④

我们所讲的现量"离分别"只是指声所假立的名言分别,而对自相的本质差别,自证现量即可分别。

6. 假立也是有功用的

(颂)假设非有故

假立于彼转及具有彼若何于何所假立义,即说彼为非真

---

① 法尊译编《集量论略解》,第120—121页。
② 法尊译编《集量论略解》,第120—121页。
③ 法尊译编《集量论略解》,第111页。
④ 法尊译编《集量论略解》,第132页。

实义。相曰,亦非有故。言具彼者,为由功德相同,而智转移,此同非有。为由功德饶益相同;亦非有故。①

声音表达的义总,只是假立,但与自性"功德相同",比如椅子自性的作用之一是可以坐;椅子这个名字、这个声音的作用就是让我们明白它是可以坐,的,但不可以吃的。这个叫"功德相同"。这也算是名言假立的功用吧!

7. 总义又分为二种

一种是种类,对应是类中分子,另一是集合体,对应是其部分。集合体应是个体。

三、从现量到声量的认识过程

(颂)彼由余语义　许为所遮义　知系属语义　非异于比量

(论)如实各别现,亦是异于他语,由了知系属而生,故非异于比量(即是比量摄)。②

"各别现"是指眼只能看色,耳只能听声,根本就不能混淆,"异于他语"是指经过语言加工一番之后是不一样的。"系属而生"、是说眼看见是现量认识,然后经过一番语言加工进入意识范畴,这进入意识范畴得依眼看见而有。

陈那的上述论述最重要的是开创了遮遣在总、别概念界定中的特殊作用,后来在汉传因明中有进一步的发挥。

---

① 法尊译编《集量论略解》,第111页。
② 法尊译编《集量论略解》,第132页。

第十七章

陈那对古因明的批评和继承（下）

本章主要分析陈那在逻辑论和过失论上对古因明的批评、继承和创新。

第一节 陈那对古因明逻辑论的创新

一、创立与因三相结合的三支推理

如前所述，古因明是以五支类比为特征的，正理派、数论都持五支作法。龙树《方便心论》的"八种议论"和无著的《阿毗达磨集论》的"能立八义"都分列了宗、因、喻、合、结。但在无著的《瑜伽师地论》和其节本《显扬圣教论》中的"能立八义"中却用同类、异类取代了合、结二支，在其《顺中论》中又引用了外道的因三相。这都是出现新因明三支推理的前兆。

到了世亲的《如实论》已习惯用三支式，并已结合了因三相，有时在例式中还使用了普遍命题的喻体，实际上在古因明的喻支中，往往已蕴含着喻体，但只是意许而不是言陈，我们仿佛看到三支推理已在母腹中躁动。

到了陈那则改造喻支，明确新设立了普遍命题喻体，并把因三相作为推理的基本规则,明确删除了合、结二支。《正理门论》云:"又比量中唯见此理:若所比此相审定,于余同类念此定有,于彼无处、念此遍无,是故,由此生决定解。"这是对因三相的完整表述,并明确"由此生决定解"。又说:"为于所比显宗法性,故说因言;为显于此不相离性,故说喻言;为显所比,故说宗言。于所比中,除此更无其余支分,由是遮遣余审察等及与合、结。"所谓审察支,窥基《大疏》(卷四页十九左)说:"诸外道等立审察支,立、敌皆于未立论前,先生审察,问定宗徒,以为方便言申宗致。"后来在藏传因明中也强调须由量先审定因三相。《集量论》又说:"观待于说喻　言如是结合于所立如是　结合不应理"[①]"结由重言,非是余支,故结非理。"[②]

但在外道,如前所述,陈那以后的新正理派仍使用五支式,只不过也改造了喻支,形成了普遍命题喻体。新正理虽然坚持采取五支作法,但只是认为以"结"形式在论辩中重复"宗",可以加强论证力。

又张家龙《逻辑学思想史》中认为后期耆那教也仍坚持用五支论式如立:

宗:声(小项)是无常(大项)

因:所作性(因或中项)故

同喻:凡所作皆无常,如瓶

合:声是所作

结:故声是无常

或:

异喻:凡非无常皆非所作,如石女之乳汁

合:而声是所作(合)

---

① 法等译编《集量论略解》,第105页。
② 法尊译编《集量论略解》,第108页。

结：声是无常①

　　这里的结是宗的重复，而合也补上了主项"声"，也是一种重复。

　　而且，耆那教中也有人认为："中项与大项的联系存在与否可以通过内在的不可分割的联系而显示。构成外在的不可分割的联系的喻是无用的。……喻……不是比量的必要部分。"②不知这与法称只立宗、因二支，而省略喻支的做法，二者何者为先？

　　综上所述，可知陈那发展和确立了世亲的宗、因、喻三支式，并以因三相作为推理规则。而外道则继续使用改造后的五支式，甚至出现更为简略的宗因二支式。但不管是陈那的三支式还是后期外道的五支式都已从古因明的类比推理上升为带有归纳成分的演绎推理。

二、创立九句因

　　就因法和宗法的关系有"九句因"，根据因法的属性在宗法的同品、异品上有（外延全同）、有非有（外延部分重合）、无（外延全异），3×3 得九句因。如图：

第一句因 同品有 异品有	第二句因 同品有 异品无	第三句因 同品有 异品有非有
第四句因 同品无 异品有	第五句因 同品无 异品无	第六句因 同品无 异品有非有
第七句因 同品有非有 异品有	第八句因 同品有非有 异品无	第九句因 同品有非有 异品有非有

---

① 张家龙《逻辑学思想史》，湖南教育出版社，2004 年，第 175—176 页。
② 张家龙《逻辑学思想史》，第 176—177 页。

这里的"有",即是因法属性在该品上全部具备,"非有"即是因法属性在该品上全部不具备,"有非有"即是因法属性在该品上部分具备、部分不具备。九句因结合实例分析如下:

第一句因:同品有、异品有。

如声论立"声常"宗,"所量性故"因,以"虚空"为同品,以"瓶"为异品。"所量"者,即所认识的对象。世上一切无不是认识的对象,故"所量"因的外延极大,它不仅与宗同品有联系,而且遍及于异品,以"所量"为因,违背第三相,本句因为似因。

第二句因:同品有、异品非有。

陈那举例立:"声无常"宗,"所作性故"因,以"瓶"为同品,以"虚空"为异品。此"所作性"因于同品定有,于异品遍无,是为正因。但此例所体现的情况并非"同品遍有",因为"所作性"只是与宗的一部分同品有联系而已,属"有非有"的情况,"所作性因"虽与宗同品"瓶"等有包含关系,却与宗同品"雷""电"等的外延排斥,因而并不遍有,而只是定有罢了。正确的例子可立"树均有死"宗,"生物故"因,以"草"为同品,"石"为异品,则符合第本句"同品有"的要求。同时满足二、三相,为正因。

第三句因:同品有、异品有非有。

如声生论对声显论立:"声是勤勇无间(意志的不断努力)所发"宗,"无常性"因,以"瓶"等为同品,以"电""空"等为异品。此"无常性因"的外延大于宗法"勤勇间所发性",因此于宗同品遍有,从异品这方面看,"无常性"因虽与"空"不相关涉,却通向了"电",这就未能做到异品遍无,违背第三相,为似因。

第四句因:同品非有、异品有。

陈那用例是声论立:"声为常,所作性故。"以"虚空"为同品,以"瓶"为异品。此"所作性"因于同品"虚空"等遍无,于异品"瓶"等定有。此例在异品定有这一点上,与本句的"异品有(即遍有)"有出入,因为凡非常住者皆为"常"的异品,而非常住者即无常的外延包含"所作性"因,这就决定了有一部分无常之品不能被"所作性"包含,因而"所作性"只是定有于异品而不是遍有于异品。按本句所说的情况,另设新例说明如下:如立树皆非有死,生物故,以石为同品,以草为异品。"生物"与"有死物"外延同一,互遍于对方,故凡异品"有死"物均为因法所有(遍有),符合本句因之"异品有",违背第三相,为似因。

第五句因:同品非有、异品非有。

如声论派立:"声为常,所闻性故。"以"虚空"为同品,以"瓶"为异品。其"所闻性"因与有法"声"外延同一,因为唯有"声"具有"可闻性"。这样,此因便既无同品,亦无异品。无异品不违反第三相,无同品却不能满足第二相,为似因。

第六句因:同品非有、异品非有。

如声生论对声显论立:"声是常,勤勇无间所发性故。"以"虚空"为同品,以"电""瓶"为异品。此"勤勇无间所发性"因与宗法"常"的外延相排斥,因为凡勤发者必无常,这样,此因与宗的同品就遍无联系,违反了因的第二相。从因与宗异品的关系来看亦有问题,异品"电"虽有"勤勇无间所发"因的性质,而另一异品"瓶"上却有勤发性,这又违反第三相异品遍无的原则。故此,此句为似因。

第七句因:同品有非有、异品有。

如声显论对声生论立:"声非勤勇无间所发,无常性故。"以"电""空"为同品,以"瓶"为异品。此无常性因于宗同品"电"上有,于"空"上无,合乎第二相同品定有的规则,但其因与宗异品

"瓶"却具有包含关系,亦即遍有于宗异品,这就违反了第三相,为似因。

第八句因:同品有非有、异品非有。

如立"声无常,勤勇无间所发故",以"电""瓶"为同品,以"虚空"为异品。此"勤勇无间所发"因于同品"电"上无,于"瓶"上有,合乎第二相同品定有的规则,于宗的异品"虚空"等则遍无,合乎第三相异品遍无的规则,故为正因。

第九句因:同品有非有、异品有非有。

如立:"声为常,无触对故。"以虚空和极微(原子)为同品,以"瓶"和"乐"为异品。此"无触对"因即是指"无质碍",指人的感官不能感知者。此因于同品"虚空"有,于"极微"无,因为极微,如阳光照射下可见到的微尘,仍是有质碍的。这合乎第二相同品定有的规则。但从异品来看,此因于"瓶"非有,因为瓶有质碍,但于"乐"却非有,因为乐是一种精神现象,是无触无碍的,故此句为似因。

以上九句因中只有二、八两句是正因。从因明史上看,先有因三相,后有九句因,九句因是对因后二相中因法和宗法外延关系的诠释,而不宜把九句因说成是因三相的基础,把因三相说成是从九句因中概括而成,因为,九句因中还未涉及第一相,不可能从中概括出因三相。近代以来学界一度误以为是足目提出九句因,后经吕澂考证,证明系陈那所创,陈那因明八论中《因轮抉择论》有专述,《正理门论》《集量论》也有专述。

三、对能立、所立的界定

1. 关于所立

《正理经》[I-1-33]:"宗就是提出来加以论证的命题(即所

立)。""成质难论"亦云:"说所立言为宗。"①《论轨》者说:非唯言所立便成为宗,谓宗所立。宗字显所乐观义。由彼是宗,故无其唯所立,则不极成之因等亦应成宗之过失也。"陈那反驳道:"如何无过? 则此观察所乐,唯返所不乐。以彼唯返所不乐事,如何能了所立差别? 于乐观察者,如眼所取,亦能观察此是因非因故。知应说彼为宗也。"②这里的意思是说,所立就是宗支上的自性差别义,不能简单说为宗言。

2. 关于能立

无著的著作中有"能立八义",把宗、因、喻、合、结、现量、比量、圣教量都列为能立,其实狭义的能立,只是指立者所立的论式,而现量等只是其认识论前提"立具"。窥基《大疏》卷一说:"古师又有说四能立,谓宗及因、同喻异喻。世亲菩萨《论轨》等说能立有三:一宗、二因、三喻。"世亲及其以前的古因明家尽管在能立的说法上逐渐趋向简洁,但他们有一点是共同的,即仍然把宗视为能立,这反映了古因明关于能立的说法还是不成熟的。迨及陈那,关于能立的说法才臻于完善。《大疏》卷一曰:"世亲以前,宗为能立,陈那但以……因、同、异喻而为能立。"我的理解,"能立"应有二重含义,第一,在立敌对诤时,立者的立为能立,敌者的反驳为能破,此时的能立应为整个论式,包括宗支在内。第二,就立者论式内部而言,宗支是所待成立的论题,因、喻等才是论据,此时宗为所立,因、喻为能立。陈那的贡献是阐明了这第二重含义。

四、同、异品界定

同品、异品是因明逻辑中的重要范畴,同、异的概念,这是古代

---

① 沈剑英编《民国因明文献研究丛刊》第4辑,第125页。
② 法尊译编《集量论略解》,第63页。

哲学中最早涉及的哲学范畴之一,古印度亦如此。就因明古师而言,较早提出同、异范畴的是胜论的六句义:实、德、业、同、异、和合。但古因明对其的外延关系的划分是不明确的。如《正理经》把喻分为二条:[Ⅰ-1-36]经云:"喻与所立同法,是具有(宗)的属性的实例。"[Ⅰ-1-37]经又云:"或者是与其(宗)相反(性质)的事例。""具有"和"相反"这至少是指相违关系,但不一定是矛盾关系。无著的《瑜伽师地论》中对同喻、异喻分为五种相似和不相似,在其《显扬圣教论》中对此五种相似和不相似又作了具体的说明。但仅以"相似"和"不相似"来界定同、异品仍然是十分模糊的。

神泰《理门述记》云:"初师(即相违论者)云:'如立声是无常,以瓶等为同品,空等为异品,其空等上能违害宗及同品上无常,说名相违。'此相违说名异品,犹如怨家相害名为相违。及至暖为宗,则以冷为相违,为异品。"①窥基《大疏》也说:"如立善宗,不善违害,故名相违;苦乐、明暗、冷热、大小、常无常等一切皆尔。要别有体,违害于宗,方名异品。"②

文轨《庄严疏》又说更一师(别异论者)云:"如立声是无常,但异无常即是异品。"③从神泰、文轨和窥基所述,可知古因明是以"相违"界定同、异品,也就是一种反对的外延关系以及以"别异"界定同、异品,这是一种相容的外延关系。

为此,陈那《正理门论》作了明确界定:"此中若品与所立法邻近均等,说名同品,以一切义皆名品故。若所立无,说名异品。非与同品相违或异:若相违者,应唯简别;若别异者,应无有因。"相

---

① 《理门论述记》卷三页十一右,内院本,1923年。
② 《大疏》卷三页十三左,金陵本,光绪二十二年(1896)。
③ 《庄严疏》卷一页十九左,内院本,1934年。

违：此指以与同品属性相违者为异品，亦即以反对概念为异品。如说："火有暖触，由彼得知无暖、冷触以为异品。"其非冷不一定即是暖，还有非冷非热的中容之品。别异：此指以不同于宗法的概念为异品，而可不问其外延与宗法是否相容。如立"声是无常"，但异无常即是异品。则异于宗法"无常"的"无我"，可作为异法。但异品"无我"与宗法"无常"及因法"所作性"虽为不同的概念，然在外延上却不相排斥。这样，由异品返显的"所作性故"就成了不定之因。总之，同、异品之间的外延关系不能是相容的，也不能只是反对关系，一定要是有、无，是、非等矛盾关系。

第二节 把过失分为似能立和似能破两大类

在陈那的因明过失论中是删略了负处过类的，《正理门论》说："又于堕负处，旧因明师诸有所说，或有堕在能破中摄，或有极粗，或有非理如诡语类，故此不录。……又此类过失言词，我自朋属论式等中，多已制伏。"陈那只按似能立、似能破（即误破）分为两类。

一、似能立过失

沈剑英说："小乘等古因明家提出的谬误表是：似宗六种，似因十一种，似喻十种，共二十七种过失。陈那在此基础上加以增删，提出有似宗五种，似因十四种，似喻十种，共二十九过。"[①]

1. 宗五过[②]

在《方便心论》和《正理经》中都专列有似因之过，但未列出

---

① 沈剑英《佛教逻辑研究》，第390页。
② 宗五过举例于《正理门论》。

"似宗",但在《遮罗迦本集》第 40 目为"坏宗",《方便心论》负处中有"违本宗",《正理经》负处中有坏宗、舍宗、异宗、矛盾宗的过失,这些都属宗的过失。沈剑英说:"正理派是不主张有宗过的,但佛教及耆那教等都认为有宗过。小乘等古因明家所说的似宗是:1. 现量相违;2. 比量相违;3. 世间相违;4. 自教相违;5. 自语相违;6. 宗因相违。陈那认为其中'宗因相违'不是宗过,而是喻过或因过。因此陈那只取前面的五种相违为宗过。"①

(1) 现量相违

如立:宗:声非所闻。论题与现量(纯感觉)相矛盾。声是所闻,这是世人知觉可以证明的;现在说声非所闻,是违背实际的。

(2) 比量相违

如立:宗:瓶等是常。此论题与推理知识相矛盾。任何事物都是变化无常的,瓶等不会万古长存;现在说瓶等是常,是违反一般推理知识的。

(3) 自教相违

如胜论师立:声是常。此论题是违背胜论派自己教义的。因为胜论"六句义"中,第二德句有二十四德,"声"乃二十四中之一,属所作性,有生有灭,皆是无常。胜论派本来主张声是无常,而反对声论师主张声是常住,今却顺从声论立声是常,岂不违背自教?

(4) 世间相违

如立:宗:怀兔非月(月亮里没有玉兔)。

佛教认为有二种世间:(一)学者世间,即各教派教义范围。(二)非学世间,即非各教派教义范围,即世间俗意见。今此所说

---

① 宗五过举例于《正理门论》。

"世间"，即非学世间，乃世间俗意见。认为月亮怀里有一只兔子。今若立宗说："怀兔非月，以有体故，如日、星等。"这个论题，因"有体故"，说是真实存在的，以日、星为同喻依，因、喻是正，但是宗违世俗意见，故说为过。

（5）自语自违

如古印度有人立："一切言即是妄。"那么你这句话是不是"妄"呢？如果此句不妄，那么"一切言即是妄"也不能成立。

中国古代《墨经》中也有："一切言皆悖。""悖"就是"妄"，也是一种自语相违。古希腊有说谎者悖论："我在说谎。"如果这句话是真的，那么你不在说谎，如果这句话是假的，那么你也不在说谎。按照罗素的语言层次论，在同一语言层次内，这类命题只能是自相矛盾。又如理发师悖论："我给凡是不给自己理发的理发。"那么，理发师能否给自己理发呢？

自语相违与自教相违有密切的关系，因为从逻辑上看，自语相违与自教相违都是违反矛盾律的，因明对一般叙述中的矛盾归为自语相违，以与自宗的学说相矛盾称为自教相违罢了，其实自教相违与自语相违并无实质性的差别。

2. 因十四过

《遮罗迦本集》把似因亦称非因，未作界定，只划分为三种："非因是指（1）问题相似，（2）疑惑相似，（3）所证相似而言的。"

《方便心论》把似因分为八种，其中已有不成、不定、相违因。

《正理经》[Ⅰ-2-4]："似因就是：（1）不确实，（2）相违，（3）原因相似，（4）所立相似，（5）过时。"

小乘《成质难论》说："不成、不定、及相违义，是为似因。如说眼所见故声无常，是不成。无碍故常，是不定。胜论者说根所转故无常，是与所立义相违。数论者说能生故因中有果，是与能立边相违。"①

沈剑英认为：

佛教古因明家和其他古因明师将似因分为三类十一种，即：

（一）不成（缺因第一相的过失）：

（1）两俱不成（立敌均不承认此因能证明宗）。

（2）随一不成（立敌有一方不承认此因能证明宗）。

（二）不定（缺因第二或第三相的过失）：

（1）共不定（因于同异二品均有）。

（2）同品一分转、异品遍转（因于同品有非有，于异品遍有）。

（3）异品一分转、同品遍转（因于异品有非有，于同品遍有）。

（4）俱品一分转（因于同异二品均为有非有）。

（5）相违决定（一因证明宗之成立，同时有另一因却证明相反的结果）。

（三）相违（同时缺失第二和第三相的过失，此相违因所成立的不是本宗，而是他宗）：

（1）法自相相违（因与宗法的自相相违）。

（2）法差别相违（因与宗法的差别义相违）。

（3）有法自相相违（因与有法的自相相违）。

（4）有法差别相违（因与有法的差别义相违）。

后来，陈那又在此基础上增补，于'不成'中别开'犹豫不成'和'所依不成'二过，又在'不定'中另设'不共不定'一过，这样，就成了三类十四种似。②

这里所要注意的是古因明的因过是指五支式，但尚未见其具体论

---

① 沈剑英编《民国因明文献研究丛刊》第4辑，第125页。
② 沈剑英《佛教逻辑研究》，第409—410页。

述。而陈那是指三支式,在内容上应有质的区别。

(1) 四不成因①

"不成"有两层意思:一是因的自身得不到立敌双方的共许极成,或者是犹豫而无有法可依,因此不能证成宗法;二是因法与宗法在外延上无属种关系,因此不成其为因法,凡立因兼有上述两方面或有其中一方面弊病的,即犯"不成"过。"不成"过就是包括违反因第一相的四种过失,分列如下:

① 两俱不成

立论者与敌论者都不同意此因能包含其有法的过失。如立"声是非永恒的"宗,以"眼所见"为因,声并非由眼所见,故立、敌双方都不同意"眼所见"因与有法"声"有包含关系。

② 随一不成

立论者或敌论者有一方不同意此因能包含其宗有法的过失。如佛家对声显论立"声无常"宗,以"所作性"为因。佛家认为"所作性"与"声"有包含关系,声显论却认为声音非生灭,故亦非所作。

③ 犹豫不成

即立论者或敌论者对于所说的因与宗上有法是否具有包含关系有所疑惑的过失。例如有人凭着不甚可靠的目测说:远处有火,因为看到远处有烟。其实远处或尘、或雾、或烟,还难以肯定,因此说的人或听的人不免心存疑惑。

④ 所依不成

宗上的有法没有得到立论者和敌论者的共同认可,从而令因法失去所依。例如:"空中莲花香,以似他莲花故。"其中有法"空

---

① 实例用《正理门论》所举。

中莲花"是空类,立、敌双方都不承认它为实有之物,当然也就难以用因法来证明它是否为香的了。

（2）六不定过

不定因是包括违反因第二相或第三相的六种过失,分列如下：

① 共不定

即因法的外延大于宗法,从而容纳了异品的过失。例如声论对佛家立"声常,所量性故",此因于同异二品遍有,因而是共不定因。"量"就是人的意识对客观外界的量度,"所量性"就是反映到人脑中来的客观事物。可见这个因的范围是很大的,它简直可以囊括一切同品、异品；这种由于同、异品共存于因而造成的不定过,称之为共不定。

② 不共不定

亦称"不共"。由于因法的外延与宗上有法的外延为重合关系,容纳不了同品（当然也不能容纳异品）的过失。此过与共不定正好相反,共不定,是同异全有,不共不定则是同异双无,除宗有法后有找不出同品来作例证的过失。例如立"声是永恒的"宗,以"所闻性"为因,"所闻性"因与宗上有法"声"外延同一,因此无法找出同品来作为例证,这就缺了第二相。

③ 同品一分转、异品遍转

简称"同分异全过"。因法具有部分宗同品和全部宗异品的；如立"声非勤勇无间所发"宗,以"无常性故"为因。"非勤勇无间所发"宗的同品有"电"和"空"等,"无常性"因能包含电等,但不能包含空等,这就是同品一分转（同分）；同品一分转符合第二相同品定有的规定。"非勤勇无间所发"宗的异品是瓶等,按第三相的规定因法应该于异品遍无,但"无常性"因却把"瓶"等异品全部包括进来了,这就是异品遍转（异全）；异品遍转与第三相异品遍无恰好相反。因法"无常"既然把部分宗同品(电等)和全部宗异品瓶等列为自己的同品,在下述两方面就陷入了不定;即究竟像瓶那样由于有无常性而可证成声是勤勇所发的,还是像电那样也由于有无常性从而又可证成声非勤勇无间所发呢?由无"无常性"因可以通向同、异二品,所以无法作出明确的断定。

④ 异品一分转同品遍转

简称"异分同全"过。因法具有一部分宗异品和全部宗同品的过失。异分同全过与同分异全过在表现形式上恰好相反,它是因法涉及异品的一部分并概括了全部同品的过失。如立"声是勤勇无间所发"宗,以"无常性故"为因,就有同全异分之过。"勤勇无间所发"宗的同品如瓶等全部为因法"无常性"所包含,这就是同品遍转(同全);另一方面,宗的异品如"电"等亦在因法的范围之内,宗的其他一些异品如"空"等则与因法无所关涉,这就是异品一分转(异分)。又如立"细菌是动物"宗,以"会活动"为因,此因不仅与宗法"动物"全部同品即各种动物有联系,而且与其异品之一部分即一些"会活动"的植物有联系,正合九句中第三句所说的情况,违反因第三相"异品遍无性"的规定。

此过一般按自比、他比、共比的角度分为三种。

⑤ 俱品一分转

又译"同异俱分"。即因法与宗同品和宗异品的一部分均有联系。例如立"声常"宗,以"无质碍"为因,此因与宗法"常"的一部分同品如"虚空"等有联系,与其一部分异品如无常的"痛苦""欢乐"等无质碍的心理活动等也有联系。

⑥ 相违决定

如胜论派立论说:"声无常,所作性故,譬如瓶子。"而声论派则论证说:"声常,所闻性故,譬如声性。"这两个论证各自都符合"同品定有""异品遍无"的要求,但二者合在一起,以抗衡的形态出现,会令人疑惑不定,故亦属于不定过。但它不同于其他的不定过,其他的不定过或违反第二相,或违反第三相,相违决定则并不违反三相。因明规定,从决胜负的角度考虑,"如杀迟棋",以后下者为胜。或以"现、教力胜",即以现量与圣教量来判别。实际各派各有其圣教量,现量也不能作出判定。从现代逻辑要求理论系统一致性的角度来看,相违决定因过是立方胜论的理论系统不一致,即有内在矛盾,也承认有"声性"存在,被敌方抓住,在立方系统内找到另一个正因,从而成立相反的宗。

(3) 四相违过

包括同时违反第二相和第三相的四种过,分列如下:

① 法自相相违

因法与宗法相矛盾的过失所谓"自相",即宗法语言所直陈的意义。例如声生论云:声常,(宗)所作性故。(因)声显论云:声常,(宗)勤勇无间所发性故。(因)这两个例子中的因,都与宗法的自相相违。"所作"因和"勤勇"因原是"声无常"宗的正因,现在用来成立"声常",当然是同品无而异品有,与宗法相违。又如立:"水是冷的"宗,以"放在火上故"为因,此因与宗法"冷的"从字面意义即可见其矛盾。

② 法差别相违

因法与宗法暗含的意思相矛盾的过失,所谓"差别",即宗法言陈中暗含意许的意思。那么为什么有时立论者不愿直截了当地把意思讲出来,而要用影射和意许的方法来表达呢?这大多是由于在某个问题上,如果明说对方就不能接受,因此就只好借重这种迂回曲折、旁敲侧击的手法了。如数论说"我",佛家不许,有时数论便用"他"来代替。例如数论派对佛家立"眼等必为他用"宗,以"积聚性故"为因,以"卧具"等为同喻,这宗法"他用"暗指的是"我用"。数论派认为"神我"常住不灭,享用一切,大者如山河大地,小者如床席卧具、眼耳鼻舌身等均为"神我"所受用。但佛家却不同意"神我"为实有,于是数论派采用曲语,将"我用"说为"他用",意中暗许的实为非积聚性的"神我"所用。因此,这个论证中的"积聚性"因与暗含的宗法"神我"存在矛盾。

③ 有法自相相违

因法与宗上有法相矛盾的过失,自相即语言所直陈的意义。此过也自古来难解,主要原因在例句的费解,我们另设新例来说明。如立"金刚石是最坚硬的碳素物"宗,以"不可燃故"为因,此因与宗上有法相矛盾,因为金刚石既然是"最坚硬的碳素物",那么就不是"不可燃的"。

④ 有法差别相违

因法与宗上有法暗含的意思相矛盾,如立"第一次推动使世界运转"宗,以"自在之物故"为因,此因与有法相矛盾,因为"第一次推动"暗含的意思即上帝,上帝即非自在之物。

3. 喻十过

沈剑英认为,陈那前的佛教古因明已分列有十种喻过。[①]

同喻五过:

在因上缺第二、第三相者,必同时犯有喻过,但二者又有不同:似因属于"少相缺",是从三相门上来衡的;而似喻属于"义少缺",是从三支门上来检查的。同喻五过如下:

[①] 沈剑英《佛教逻辑研究》,第451页。

（1）能立法不成

同喻依（同喻例）没有包含于因法的过失。例如声论派对胜论派立"声常"宗，以"无质碍"为因，以"极微（原子）"为同喻。此喻例"极微（原子）"立敌双方都同意是"常"，但并不同意是"无质碍"的，"极微"即原子，它虽然细微到不为肉眼所见，但却仍然是有质碍的，故此同喻依"极微"虽与宗法相合却与因法不合。再如立：

鲸鱼是脊椎动物；（宗）有脊椎故；（因）凡有脊椎者均系脊椎动物，如文昌鱼。（同喻）

在这个例子中，同喻依只有宗的性质而无因的性质，因为文昌鱼被发现是一种具有未分化的中央神经索并且没有脊椎骨的脊椎动物。能立法不成可划分为两俱能立法不成、随一能立法不成、犹豫能立法不成、所依能立法不成四种。

（2）所立法不成

同喻依（同喻例）虽与因法相合，但却没有包含于宗法而产生的过失。例如立"声常"宗，以"无质碍"为因，以"觉"为同喻例。"觉"即精神现象的总称，为"无质碍"者，但并非"常"，故虽与因法相合却与宗法不合。所立法不成也分两俱、随一、犹豫、所依四种。

（3）俱不成

同喻依（喻例）与因法和宗法都无真包含于关系的过失。例如声论派立"声常"宗，以"无质碍"为因，以"瓶子"为同喻例。"瓶子"既非"无质碍"之物，又非"常"者，故与因法和宗法均不合。俱不成又有两俱、随一、犹豫、所依四种，其中随一又分自、他两种，合计五种。

（4）无合

即同喻未能以普遍命题为喻体的过失，此过专指古因明而言。

如古因明论证说:"声无常(宗),所作性故(因),犹如瓶子,于瓶子可见所作与无常(同喻)……"这同喻便以"瓶子"为同喻体,而且只是指出瓶子上有"所作"与"无常"方面的属性,而并没有揭示出二者的普遍因果性:凡所作的均无常。新因明改普遍命题为喻体,并以"瓶子"为同喻依,避免了此种过失。

(5)倒合

不按先因同后宗同的次序组织同喻体,而是倒按先宗同后因同的次序来组织同喻体。如本应说为"凡所作皆无常"的,却倒过来说成"凡无常的皆所作",达不到证宗"声无常"的目的。

异喻五过:

(1)所立不遣

异喻依(异喻例)不能与宗法(所立)的外延相排斥的过失。如声论派对胜论派立:"声是常(宗),无质碍故(因),如极微(异喻依)。"立敌双方均认为"极微"有质碍,可与因法相排斥;但它却是"常"的,与宗法不相排斥。违反了异喻依必须远离宗法的规定。

所立不遣可分为两俱所立不遣、随一所立不遣、犹豫所立不遣三种。

(2)能立不遣

即异喻依(异喻例)不能与因法(能立)的延相排斥的过失。如立:"声常(宗),无质碍故(因),如业(异喻依)。""业"意为造作,泛指一切身心活动。它虽然是非永恒的,可与宗法相排斥,却是"无质碍"的,与因法不相排斥。这违反因明关于异喻依必须远离因法的规定。又如:

鲸鱼非鱼;(宗)以是用肺呼吸故;(因)凡鱼均非用肺呼吸,如肺鱼。(异喻)

一般总以为鱼的特点之一是用鳃呼吸,可是出现了一些动物,它们有鱼的特征,但是他们除去有鳃,还有发达的肺。肺鱼就是这样的一种鱼,因此用"肺鱼"作异品,虽遣所立,却不遣能立,有能立不遣之失。

能立不遣可分为两俱能立不遣、随一能立不遣、犹豫能立不遣三种。

（3）俱不遣

异喻依(异喻例)不能与宗法和因法的外延相排斥的过失。例如声论对小乘萨婆多部立:"声常(宗),无质碍故(因),如虚空(异喻依)。""虚空"在立敌双方看来是"遍常无质碍"的,它与宗法因法正好有包含于关系,根本不相排斥。从此例可知,犯"俱不遣"过的是错将同喻依当作了异喻依。

俱不遣亦可划分为两俱、随一、犹豫三种。

（4）不离

异喻没能以否定的普遍命题作喻体的过失,此过专指古因明而言。例如古因明论证说:"声无常(宗),所作性故(因),犹如虚空,于虚空可见其常和非所作(异喻)……"此异喻以"虚空"为异喻体,并且只是指出"虚空"有不同于宗法和因法的两方面属性,而并未揭示这两个属性之间的普遍联系;新因明则以"凡常的事物均非所作"这一普遍命题为上述论证的异喻体,而以"虚空"为异喻依,避免了此种过失。

（5）倒离

不按先宗离后因离的次序组织异喻体,而是倒过来以先因离后宗离的次序来组织异喻体。如本应说为"凡常的皆非所做",却颠倒说为"凡非所做的皆常",不能达到证宗的目的。

沈剑英说:"似喻与似因有一定的联系,因为在因上如缺第二、三相,也必同时犯喻过。但二者亦颇有不同:似因属于'少相缺',

即从三相门上来检查,缺第一相者犯不成过,缺第二相或第三相之一者犯不定过,同时缺第二、三相者犯相违过。而似喻则属于'义少缺',即从三支门上来检查其过失,缺同喻者就是俱不成,缺异喻者就是俱不遣。固然,似因与似喻有重复的部分,如下所述,因缺第二、三相必同时犯'义少缺';但有义少缺者,则不必定同时有少相缺,如无合、倒合,不离、倒离等过就纯属义少缺,也就是说从三相门上看,并不缺相,但从三支门上看,'虽陈其体,义少名缺'。可见,在陈那的过失论中,是先从三相门上来检查似因,然后又从三支门上来检查似喻的,这种反复考核的方法,似比单从似因一方面来考虑要周到细密一些。"①

二、似能破十四过类

似能破是指错误的驳论。指从破斥的意图出发组织论式,但结果未能显示对方过失。又可分为两种。一是"敌者量圆,妄生弹诘",即对方论式本来圆满无过,却妄加破斥,以致自己陷入过失。二是"亦有于他有过量中不知其过,而更妄作余过类推",即对方论式确有过失,但破者不知过失之所在,而于无过之处妄加指责。这种错误的责难又称之为"误难"。误难的论述始于小乘古师,《方便心论》的"相应品"中列有"问答相应"二十种,这当是最初的误难论。小乘论师所概括的二十相应法后来为正理派采取,约于3世纪时演进成为《正理经》[Ⅴ-1]所阐发的二十四种误难。世亲《如实论》又归并为颠倒、不实、相违三大类十六种,陈那认为这三大类的划分子项相容,故予以取消,在十六种的基础上又加删订,约为十四种过类。所谓"过类"即是与能破相类而实有过误

---

① 沈剑英《佛教逻辑研究》,第453页。

之意。

1. 同法相似

这是说,由于同喻颠倒成立,所以称之为同法相似,如立"声无常,勤勇无间所发性故",佛家以虚空为异喻依,而声显论却把虚空作为同喻依,用"无质碍故"来成立"声为常"。这样立者本是以瓶为同品,以虚空为异品,而难破者却无中生有地说立者是以虚空为同品,并指责立者犯了过失,实际上是难破者自身的过失,所以称之为"相似"。这是属于"强加于人"的似能破。

2. 异法相似

即在异法喻中,用同品来颠倒成立,如成立"声是无常,勤勇无间所发性故",此应以虚空为异法喻。以瓶为同法喻。但敌者把"瓶"强加给"声无常"宗为异喻依,并由此而难破立者有过。

3. 分别相似

这是说,佛家立:"声无常,所作性故,如瓶。"难破者反驳说:这个同喻依"瓶"与声虽然在所作性上相同,但在是否可烧上不同,瓶可烧而声不可烧,可烧者是无常,不可烧者应该是常,以此来进行难破。为什么会形成这种责难呢?陈那《正理门论》说:"同法相似等这前四种过类中的论式不是我所创的三支式,而是古师或外道的五支式,立者的论式中虽没有提出全称命题的喻体,但其中已隐含有全称命题。而正因为没有把全称命题显现在论式中,故使难破者可以从中抽取某一含义来进行诡辩。"从陈那的这一段话中我们可以联想到这么两点:

第一,"分别相似"实际上敌者是在论式中增添一个新的含义"可烧性",也就是犯了三段论中的"四名词"错误。

第二,陈那认为,佛家的五支式中,已经内含着一个全称命题("体"),所以这种类比已经在向演绎过渡,只不过是"不显"而已。

俄国学者舍尔巴茨基亦有此说,但国内因明学界尚有不同意见。

4. 无异相似

难破者的意思是说同喻依应与宗主词完全同一,不这样的话,就可以从中出现"差别义",从而不能证成宗。分别相似是从正面提出差别义,这里是从反面要求不存在差别义。其实,难破者的要求是荒谬的,如果同喻依与宗主词完全同一,那么就成了"循环论证"。无异相似又细分为三种。

5. 可得相似

难破者说如果在因法之外,尚可找出其他的因,那么就有过失。比如说用"所作性"因、"勤勇无间所发"因都可证成"声无常"宗。其实根据充足理由律,前提和结论之间只要是充分条件即可,完全可能有多因证成同一宗,难破者排斥余因,实际上是要求宗因之间必须是一种充要条件,本身违背了充足理由律,在逻辑上这叫"要求过多"。可得相似又分为第一可得相似和第二可得相似。

6. 犹豫相似

这是说,把"声无常"的含义区分为生起无常和灭坏无常,这样,"勤勇无间所发性"到底属"生发"还是"显发",不能肯定,所以成为犹豫因。其实立者比量中并不一定需要析取因的"生起"之义来证成宗的无常,或生或显均可证成无常,故不存在此过,难破者把"所发"分成"生发"和"显发",亦是犯了三段论中的四名词错误。

7. 义准相似

所谓义准,是指从一个命题的语义中可以推出另一个命题,二者等值。而义准相似,是把命题间推不出来这种错误强加给立者。例如,立者云:"声无常,勤勇无间所发故,凡勤勇无间所发,皆无常。"而难破者强加给立者以"若非勤勇无间所发皆应是常(非无常,如电、光等)"为喻,并责难说"凡勤勇无间所发皆无常"与"非勤勇无间所发皆常"二者不等值。其实,这不是立者的过错,恰恰是难破者自己的过错,是一种"推不出来"的逻辑过失。

8. 至非至相似

难破者强加给立者"如果因能够包含于宗而证成宗,那么因和宗就不存在差别,宗就不成为宗,好比池水和海水都可合为一样的水,但如果因不包含于宗,那么这个宗就没有因了,这样也不能证成宗"。

这里,难破者自身有三点错误:

第一,就概念间的外延关系来分析,"至"不等于"全同、重合",其中还可有真包含关系,因明的宗因包含关系正是兼容于真包含在内。

第二,从事物实体而言,池水和海水固然都可以汇合成水,但二者在未汇合前,在质、量上都是有明显区别的,故不能完全画等号。

第三,"至非至相似"立者本身并不认为有这种至与非至的二难问题,只是难破者自己的想象并进而强加给立者。

9. 无因相似

难破者强加给立者说:"如果因在宗之前存在,没有宗,又何以有宗之因? 而如果因在宗之后,宗已成,又何须有因? 如二者同时并存,因与宗也不能互相证成,好比牛有两角,各管各。"

对此,可作如下破斥:

第一,就客观世界的因果联系而言,一般应该是因在果前,但也有因果俱时共存的,如电闪和雷鸣,这是放电时同时共生的两种现象,只是由于光的传播速度比声快,故人们常把电闪误作雷鸣的原因,错以为时间上有先后。

第二，就逻辑意义的先后而言，我们习惯把因排列在前，果排列在后，但这并不体现客观时间上的先后，作为逻辑推理，一般是理由在前，结论在后，而因明属于论证式，也可说是宗在前，因（论据）在后。

第三，无论是因在果前，或在后，或同时，都是可以证成宗的，只要宗因之间其有"不相离"的必然联系即可。

总之，难破者的责难是不成立的。

10. 无说相似

难破者硬说立者没有把因说出来。没有因，当然宗也不能成立。这实际上是难破者的无中生有，本身属"虚假理由"之过。

11. 无生相似

难破者（声显论）硬说立者宗上的因"勤勇无间所发"虽然存在，但没有"显生"出来，这样也就成了"无因"，这是第一无生相似。

难破者又责难说，既然不存在勤勇因，所以也不能证成"无常"，反而可以成立"声常"，这是第二无生相似。这一过类同样是犯了"虚假理由"的逻辑错误。

12. 所作相似

难破者质疑，如果瓶的所作性与声的所作性不同，那么又何以能用瓶的无常来证成声的无常呢？在古印度，认为瓶（指陶器）是由"绳轮所作"，而声是"咽脐所作"，两种所作是不同的。

所作相似复分为三种：

第一所作相似：说瓶上的所作性在声上不具有。

第二所作相似：说声上的所作性在瓶上不具有。

第三所作相似：从异喻依上看，声的这种所作性也不具有。

其实立者只是"吸取总法建立比量，不取别故"。立者只取

"所作性"的一般含义,并未再作区分,难破者硬作区分,并强加于立者,是难破者自己犯了"四名词"和"虚假理由"的逻辑错误。

13. 生过相似

本来同喻依"瓶"的无常,作为能立是立敌共许的,现在难破者却要求再作证明,这实际上会引向无穷追索,或者说是犯了转移论题的过失。

14. 常住相似

难破者说如前面所立的"声无常",这应该是常和无常并存,因为事物(声音)和属性(无常)总是联系在一起的,所以这本身也是一种"常",因此不能说声是无常。难破者在这里是转移了论题。

此十四过类中,无异相似又分三种,无生相似分二种,所作相似分三种,故实际上共十九种,沈剑英又把此十九种分为似因缺过破、似宗过破、似不成因破、似不定因破、似相违因破、似喻过破六类。

世亲《如实论》的十六类误难是用五支式表达,只是偶尔不自觉出现普遍命题,而陈那的十四过类用的是三支式,喻支已是普遍命题,这应该是二者的区别之一。

陈那的过失论以逻辑立破为中心,分为似能立和似能破两大类,更为规整和系统,但却又丢失了论辩中的其他过失。在藏传因明中既继承了陈那的过失论,又相当多地保留了古因明辩学中的过类,后文另述。

第十八章

法称对古因明思想的吸取和创新(上)

法称因明是陈那因明的直接传承,如《释量论》是释陈那《集量论》,故随《集量论》之"破异执",但"法称七论"中又同时吸取了许多古因明的思想,并有自己的发展和创新。本章专述法称的知识论中对古因明思想的吸取和创新。

第一节 认识对象

一、外境是否为实在

古因明中小乘有部、经部和大多数外道派别都是承认外境实在的,但大乘瑜伽行宗持唯识说,内识外显,假立为境,否认外境的实在性。陈那持唯识说,但法称却是游移于二者之间。

1. 唯识的"自相胜义有"

《正理滴论》云:"自相者,谓从近或远之境物所生之认识,各照自境,现见各异。此种境物之所以名为胜义有,谓是因为彼为物之实相,唯表彼之功能故。"这是说自相是反映外境的一种认识,也就是客观对象的主观影像,唯识称之为"行相",说自相胜义有实际是说自境胜义有,自境之所以胜义有,是因为它是"实相""唯表彼功能故"。这里讲"实相""唯表功能故"。例如说"火"为实在,因为它有烧灼的功能。这种"能作义"不是识的显生义,从根本上讲,唯识讲阿赖耶识种子为实有,也不是说是有实体,而只是有一种"熏生"功能。唯识是一种功能实有论,在其他著作中,法称反复强调自相具有"能作义"也就是这个意思。但把这种能作义的自相看作"胜义有"则是经部之义了。

但《释量论》又说:"心续彼堪能,习气为心要,现烟觉明显,故从火生烟。智者有此说。依止于外义,说二相、彼复,由定俱受成。"①僧成释云:"是从火生烟,以心相续中,堪能现火之习气为心要者现为火觉,由此而显现为烟觉故。……依于外义宣说二相,有所为义,是为引导说外义者(经、有二部),入真实义故。"②我们说有火、有烟,进而有火的认识、有烟的认识,其实是随顺小乘部派而说的,我们是为了度小乘……其实是方便说。

"如义体,彼安住于识,如是能决定,谓此如是住。"僧成释云:"以如彼义体之行相安住于识,如是决是此义即如是住故。"③这是说像有体的外境似的行相其实是安住在识体这儿的,于是决定说了外境的存在。

"是了自体性。故许彼了义。非现义体性。"④这是说现义识并不是现出了义的体性,只是由后识执着你了知义而已。所以并不是真有外境,而是识现出了似外境的行相,于是说这是真的外境、就执着于这是真的外境。

---

① 法尊编译《释量论·释量论释》,中国佛教协会1982年印行,第237页。
② 法尊编译《释量论·释量论释》,第237—238页。
③ 均引自法尊编译《释量论·释量论释》,第230页。
④ 法尊编译《释量论·释量论释》,第230页。

"彼能立于觉,住义彼所作,如彼义安住,如是彼极显。"①这"能立"就是安住在觉上的行相,心识里头显现出来的这个行相,被意识给执为外境"彼极显"。

"能所取了知,虽非有、而住,能所量及果。如随现而作。"②僧成释云:"以能取所取了别,虽无异体,然此安住能量、所量及果,是如于觉中所随现而作故。"③这是说能量、所量、量果实际上是觉中建立的、是在我们的分别念里头建立的。

"彼决断为觉,许为能取相,彼体故,了我。故是彼能立。如领受贪等。"④颂中的"了我"就是自己知道自己的活动情况,就是自证。比如说领受贪,贪是所量,领受贪的能取相就是能量,了知自己在领受贪的自证就是量果。这就是在心法上建立了能量、所量、量果。

上面法称说了这么多,无非是说所量外境不过是觉识建立,非真实的义境,认识只是识的自我认识,最终又回到了唯识说。

2. 识随境及对唯识的批评

法称《量抉择论》云:"根智由义之力势,乃如实而生起故。"根智就是由境的力量,而使根的现量认识如实生起的。唯识是刚好反过来:境随识,陈那是识是第一性,而法称随顺经部是境是第一性。

"何以故?此依义之功能而生起时由唯能随逐彼之自体故。"为什么呢?因为根智、根现量在依境而起现行的时候,它只能随境自体而现行。

---

① 法尊编译《释量论·释量论释》,第230页。
② 法尊编译《释量论·释量论释》,第231页。
③ 法尊编译《释量论·释量论释》,第231页。
④ 法尊编译《释量论·释量论释》,第232页。

"由此显现彼时即彼亦当显现,非是于义中声为有或彼之自体。"①"显现彼时"是指认识到境的时候,"即彼亦当显现"是境应该是显现的,也就是真的有,"非是于义中声为有或彼之自体"不是说只是境的名言(声)为有,这个"彼之自体"是指量识的自体(义境自相)。

"此觉知之法者亦非于义中不具有触,彼恒常与义相应故,亦成依此不了知诸义过故。"②"此觉知之法者亦非于义中不具有触",就是说它是可被缘取的。而且知觉与义境常紧密相连,由此产生了只见知觉不知义境的过失。这是对唯识的批评。

法称还认为自相非识行所生:"此前非慧之能生,由构成无差别故;彼后时亦成。由体性无有不同功能无有差别故,同一性于一不成为能作及不能作。"③"此"指自相,"彼"指共相。自相非识行所生,无差别。共相其后生。"体性"即自相,无差别故不具有不同的功能,同一个体不能同时具有能作和不能作两种相反的功能。

持唯识说的多出自《释量论》,而否定唯识的多出自《量抉择论》,《量抉择论》成书在后,此或许是法称思想的前后变化。

二、自相、共相四种区别

《释量论》云:"能否作义故,发影等非义,胜解义无故。同不同性故。声境非境故,若有余因由,有无觉心故。"④

---

① 均引自方广锠《藏外佛教文献》总第十四辑第二编,中国人民大学出版社,2010年,第12页。
② 方广锠《藏外佛教文献》总第十四辑第二编,第13页。
③ 方广锠《藏外佛教文献》总第十四辑第二编,第13—14页。
④ 法尊编译《释量论·释量论释》,第171页。

僧成释:"曰:所量唯有自共二相决定,以所量有能作义与不能作义二法决定故。又以共同性为所现境之觉前,现为随余法(认识对象)转,与以不同不共性为所现境之觉前,现为不随余法转之二法决定故。又以自为现境(对象自身)之觉前,如其所现即能诠声(名言)之境(共相),与如其所现非即声境(声境即共相),要由自体成就乃为现境(自相)之二法决定故。除所取义外,若有余因由,如名言、功力等,亦能有缘自之觉心者,与仅有名言等不能起缘自之觉心,要由自体成就乃能生缘自之觉心者,二种现境决定故。故(前者为分别心之现境共相,后者为无分别心之现境自相)。"[1]

这里的第一个区别是自相具有"能作义",共相不具有能作义。法称又说:"胜义能作义,是此胜义有。"[2]把自相看作胜义有这是经部的外境实有论。第二个区别是讲识与自相相符并与外境转。而共相与识不相符,并不随境转。第三个区别是自相不能由名言决定,共相可由名言决定。第四个区别是自相由无分别心决定,共相有分别心决定。这里的"分别"仅指名言、种类分别。现量缘自相尚有自性分别、任运分别等十种分别。

舍尔巴茨基认为佛家与外道的"朴素实在论"不同:"存在、真实的存在或终极的存在不是别的,只是效能而已。"[3]舍尔巴茨基认为因明知识论中有"两种真实",自相是"根本的或直接的真实","还有另一种真实,即间接的真实,或者可以这么说,一种第二级的真实,一种假借的真实。一个意象可以被具体化并且与外在真实中的某一点结成一个同一体,这时候它就具有一种外附的真实性了。从这个特殊的观点看来,事物可以区分为真实的实体

---

[1] 法尊编译《释量论·释量论释》,第171—172页。
[2] 法尊编译《释量论·释量论释》,第172页。
[3] 转引自《因明论文集》,第348页。

和非真实的实体,与真实的属性和非真实的属性。"①显而易见,这里是指"共相"及真比量。故法称不厌其烦地说比量虽有误但仍为无欺智。如下表:

真实性	直接的真实	间接的真实	非真实
认识对象	自相	共相	虚妄相
认识形式	现量	比量	非量
实例	具体的一棵树	"树"的名言	二月、怀兔等

第二节 认识主体

古因明中外道大都承认有认识主体"神我""我""补特伽罗"等,佛教主张"人我无",但实际上把"心""意""识"作为认识主体,唯识是以心识为认识主体。法称的《成他相续论》则专述认识主体,不但认可"我"有相续的心识,而且他人也都有相续的心识,从而说明众有情都有相续的心识,自识和他识有可沟通性,避免了主观唯心的唯我论,从而形成了唯识因明知识论中完整的主、客体理论。

《成他相续论》的中心思想是说万法唯识,他人的心智和立者的心智都统一于识,在其"首颂"中说:"见自身智先行事,随后于他缘彼故,倘若乃智成识体,唯识说法亦同此。"②这是说,自身的识智先于行,他人也如此。

---

① 转引自《因明论文集》,第348—349页。
② 郑堆主编《藏传因明研究》,中国藏学出版社,2014年,第238页。

《成他相续论》全文是以对诤的形式来论证这一观点的,正方是唯识宗,舍尔巴茨基称之为"观念论",敌方则是"实在论者",其论证十分繁复,现只能择要介绍如下。

一、他心续是存在的

"若谓:他识之能作(前心相续)未缘到故,不容随他(识)之后度量。"①

外人说:你不能缘到他人能作之前相续心识,所以不能确定他人亦心识在先。

"曰:间断亦唯是行为差别之显现,射箭、投石、放炮、幻化及其他之疾驰等诸行为差别显现者,虽显现为境间断,然变动是先行者故;由其他者所作变动(如候鸟不断振翅飞翔)等虽是非间断,然彼(振翅)非是先行者故。是故,仅由此中行为差别即宜了知变动。于此,有人(以为)若有些是'非先行者',便丝毫不成先行者,无差别故。由此可见,'行为差别之"总"'是能了'变动总'者(智)。缘到了于彼之如何造作,却未缘到于自身之变动故。同样,如同于他了知变动,缘到了行为显相。为何不许对方与他人之诸所说、诸所作均无因,此与彼同。因此,毫无疑问,彼二者是变动之因具有者故,当说'无彼则不生'。对方亦成'诸显为彼中,与彼相似'论者,是故此等互无差别。"②

法称反驳道,观察到他人移动等动作差别者显现地方间断亦具有以心冲动摇为先行者故。由如是故此中理应唯由动作差别了知冲动摇。也就是说他心续是他行为之因,能观察了知他人"行为差别之'总'"必然可以能了"变动总"者(智)。所以我们可以了

---

① 郑堆主编《藏传因明研究》,第238页。
② 郑堆主编《藏传因明研究》,第239页。

知有"他心续"存在。

"不动不摇"就是指"亲冥自体"不离开、不动摇。"冲动摇"是指心念缘境的第一刹那之初动,有此心动,才能缘境,而缘境中又亲冥自体而不动。

二、梦中的言行也是以心续为先

"若谓:既说显为彼等者唯是变动之因具有者,却为何不说梦中之处(为何不说显为梦中之处是变动之因具有者呢)?"①

外人问,为什么对于梦中的行为却不说有相续心在先。

外人说,按你们唯识论者说来,外部实在仅为梦幻。外部世界仅由表象组成而无相应的实在性。外部的他人言行好比是梦幻。

"曰:一切皆相同。对方亦为何不说梦中所缘到他人之诸行为、语言等是变动之因具有者?"②

法称破斥云,尽管清醒时与昏睡不同,但行为以自续心为因应相同:

> 是故,于一切分位,由行为等之有表(身语之业)所生心理活动,唯是所比。若由行为晓了变动,应成睡眠时、于他处晓了。或者永不成就(晓了),他之变动不有时却生出"所缘行为"故。所缘会生出,然非行为。若由行为能证了变动,而于错乱分位行为却乌有。③

所以,一切分位中由动作之能表,唯当比知心之冲动摇。若由动作能了知冲动摇者则于昏睡相异中当了知。

---

① 郑堆主编《藏传因明研究》,第239页。
② 郑堆主编《藏传因明研究》,第239页。
③ 郑堆主编《藏传因明研究》,第240—241页。

三、由比量了知他心续的存在

"若谓：无论如何，若由他心现知自性，则彼之所持应是他义；若不知，彼等如何是现知；无论如何，亦成现量义自性不能缘取。然若不能缘取，如何是量呢？"①

外人质疑：由他相续心所现的境义才可知心，你不能缘取他人的现量义境，又怎能去认知呢？

"曰：未成为'处'（分位）故，所持、能持分别尚未断除之诸瑜伽师了知他心（他心智）——亦像由名言无欺相而见到色等那样——亦唯是量相。以瑜伽之力了知彼等，他心行相差别之能随者即明白显现出来，犹如由业、天等之加持力见到梦境真实。而（计）于彼等之处生出他心具境相之识者，非是；彼等亦即彼自心显现，唯行相等同本身是识，而'他心智'则决定由所持而安立名言（《俱舍论》二十六卷八页云：诸他心智有决定相，谓唯能取欲色界系及非所系，他相续中，现在同类心、心所法，一实自相，为所缘境）。而于现量，彼之行相之能随者明白显现故，许为'不欺之量'。"②

法称反驳说，"未成为'处'（分位）"我心、他心在观念上具有一致性。"瑜伽师"指唯识论者，"像由名言无欺相而见到色等那样"是指比量认知，他相续之心会通过他相显现出来，唯识师可通过比量来认识。此比量亦是"不欺之智"。

所以说，尽管直接的现量认识要认识别人的心智的存在是不可能的，但比量可以引导我们的目的性行为涉及别的有生的存在者。从而他便是证明他人心智存在的间接知识手段，而这样一来，

---

① 郑堆主编《藏传因明研究》，第 243 页。
② 郑堆主编《藏传因明研究》，第 243 页。

它是正当的认识来源之一了。

从自有相续心到他人亦有相续心识,进而是一切有情即有相续心识。可以相互沟通。

第三节 认识方法

一、量为新生无欺智

古师因明中内、外道都未给量下过定义,约定俗成只是宽泛地把量看作是知识、认识。陈那则已提到过量为"无欺":"如无新知则不是量。"①

法称也说:"量谓无欺智。"②"显不知义尔。"③这二层意思合起来,就是说量是新生无欺之智。故僧成释云:"量之总相谓新生无欺智。如说:见青根识是量,以是新生无欺智故。"④

在唯识宗看来,"三时"中,过去、未来都非实在,只有当下现在才是真实的。符合这一条件的只能是现量,无著《瑜伽师地论》中规定现量须"才取便成取所"。而比量是上一刹那的"已决智","忆念"等也是过去的认识,都不是当下"新生"。所以在承续陈那、天主的汉传因明中只把现量看作是新生无欺之智。但在法称这里把比量也看作是新生无欺之智,这是因为从三相正因所得之知识也是一种新知,能"显不知义尔"。比量也能间接地显示自相"从珠光处可寻珠",所以"无欺"。藏传因明承续了此说。

---

① 法尊译编《集量论略解》,第3页。
② 法尊编译《释量论·释量论释》,第121页。
③ 法尊编译《释量论·释量论释》,第122页。
④ 法尊编译《释量论·释量论释》,第121页。

二、量的种类

古因明中正理派持现量、比量、譬喻量、圣教量四类,无著、世亲持现量、比量、圣教量三种量,陈那新因明把圣教量并入比量,只讲现、比二量。法称承续陈那也讲现、比二量,并认为归根结底只有现量一种。

1. 二量说

《释量论》云:

> 所量有二故,能量唯二种。
> 问:若新生不欺诳是量之相,其量差别有几耶?
> 曰:现比二量决定,以有自共二种所量决定故。以自相为所现境之量,必是现量。以共相为所现境之量,必是比量故。①

《量抉择论》曰:

> 此正智者谓二种:所谓现量及比量。
> 由此等遍分辨义而悟入时,于所作义中无有虚妄故。②

这里的"遍分辨义"是指现、比二量为能量,"所作义"为所量,无有虚妄。唯有自、共二相:"义者,唯二行相性:现前及隐秘。此中若有量智所显现、能随顺体性之随行及相反者,即此为现量。此者谓以不共同事体为自性,即自相。"③

义体或义境,有现前和隐秘两种行相。"行相"是唯识的说法,"现前"是自相,"隐秘"指共相,这是法称的新提法,并为藏传

---

① 法尊编译《释量论·释量论释》,第171页。
② 方广锠《藏外佛教文献》总第十四辑第二编,第8页。
③ 方广锠《藏外佛教文献》总第十四辑第二编,第9页。

因明所承续。

"随顺"为显现,"相反"是指未缘到,不是指"隐秘",应分指可得因和不可得因两种现量所缘取。

2. 一量说

但另一方面又提出能量唯现量,所量唯自相,《释量论》云:

> 自相一所量,观有无求义,由彼成办故。彼由自他性,之所通达故,许所量为二。非如所著故,许第二为误。能作义之所量决定唯一自相,以诸观察有无取舍之果者,其所求义唯由自相所成办故。

> 问:若尔,论师如何说自共二种所量耶?

> 曰:论师许所量为自共二种者,谓自相法现量以自体性为体现境,比量以余共相体为体现境而通达故。①

> 顺世派言:共相非所量,是无事故。以是所量决定唯一自相,故能量亦决定唯一现量。

> 辛二、答吾亦许。顺世派对佛弟子不须成立能作义所量唯一自相。吾亦如是许故。②

总之,真正的所量唯有自相,现量能直接缘取自相,比量虽误执共相,但也可间接得自相。

三、四种现量中的认识深化

陈那与法称都把现量分为四类,其中第二类即是意识现量,陈那称之为俱意现量。关于意识现量,因明经典中所述不多。

《阿毗达摩大毗婆娑论》说:"身识及意识。此中身识唯了彼

---

① 法尊编译《释量论·释量论释》,第182页。
② 法尊编译《释量论·释量论释》,第183—184页。

自相，意识了彼自相及共相。"①这是说进行认识的识有两种，分别是身识和意识。身识（即五根之识）只能认识触境的自相，意识则同时可以认识此境的自相和共相。小乘有部认为主体缘境不能有二种识同时生起，所以意识应不能与身识同时生起。如果意识在身识之后才生起，即表示意识所认识的并不是现前的境，而是在前一瞬间与身根接触的境。意识所认识的既然不是现前的境，它怎能认识事物的自相呢？

无著《瑜伽师地论》只说："意受现量者，谓诸意根所行境界，如先所说现量体性。"②这"先所说现量体性"即是根现量所行体性。

陈那《正理门论》云："意地亦有离诸分别，唯证行转。"《集量论》只云："意亦义""是说意识现量。谓第六意识，亦缘色等义境，以领受行相而转，亦唯无分别，故是现量。"③法尊又释云："陈那菩萨对意现量所说甚略。法称论师说意现量唯是根识最后念、续起、缘色之一念意识，乃是现量……又亦不许：同缘一境作一行相之二心俱生。故亦无有与五识同时俱转之五俱意识。"④

法称的后学法上进一步提出，这是两个紧接的连续的瞬间所起的认识，前一个是外在的知觉，后一个是内在的知觉，是主体同一认识活动并存的两方面。

在《释量论》"现量品"中法称是作如下阐述的："若缘前领受，意则非为量，若缘未见者，盲等应见义？"⑤这是外道设问：要是意

---

① 《大正藏》第27册，第154页c。
② 《大正藏》第30册，第357页c。
③ 法尊译《集量论略解》，第4页。
④ 法尊译《集量论略解》，第4—5页。
⑤ 法尊编译《释量论·释量论释》，第212页。

识是缘取先前根识已经领受过的东西,那么,意识成了前一刹那的根识的重复,要是意识能够缘取先前根识没有见到的东西,这岂不成了盲人能看、聋子能听?

法称释云:"是缘根现量已取者。"①

外人进一步质疑:"是刹那性故,非见过去义。若非刹那性,应说相差别。所作已办业,不作少差别,有根或若余者,如何许能立?彼事所生觉,一切应顿起。若余无别作,待彼相违故。"②这是说认识对象是刹那生灭的,所以你根本不可能见到过去的东西。要是说认识对象不是刹那生灭的,那么已经被前量认取过了的,然后又被后量重新认了一回,你得简别一下到底是指哪一个?前量已经认识过了,不需要再作认识。后起意现量吧,它又怎能是量呢?意现量与根觉两者应顿然同时而起。如果认识对象是恒常就该不受任何缘的影响,否则就是自相矛盾。

法称答曰:"是故诸根识,无间缘所生,意能缘余境,故盲者不见。"③

僧成释云:"意现是除根现境外,而缘余境,以能缘瓶而不缘根之境故。虽则如是,然无盲人能见色之过失。"根现境应是瓶之自相,那么这里僧成说意现量缘瓶之余境,有人说为瓶之共相,这是不对的,因为那样的话就是意识比量而不是意识现量了。

又云:"待随自义者,根生觉是因,故此虽缘余,许缘境决定。"

僧成释云:"(外)问:若离根现境外,缘余境者,则所缘境应不决定?比虽缘余境,然许缘境决定,以随自义行而观待自义之根生

---

① 法尊编译《释量论·释量论释》,第213页。
② 法尊编译《释量论·释量论释》,第213页。
③ 均引自法尊编译《释量论·释量论释》,第213页。

觉(即根识)是汝之因故。"意识要生起现行,也是有自己观待的缘、随顺的缘的,"根生觉是因"则是说,根识是它的因。

最后一句"许缘境决定"是回复外人的质疑:前眼识缘取的是瓶之色,排除此色的余境,那么盲人也可见了。因意现量非缘境色,故不存在盲人见色之过。

外人又问:"与彼无同时,自识时诸义,如何为根识,而作俱生缘?"外人说当下的意识现量所对应境,根本就不能作根识引生意现量的俱有缘,因为一个是当下这念意识现量的所对应境,一个是前念根识,根本不同时的!

法称回答说:"无前无能故,后亦不合故,一切因先有,非俱自觉义。"① 这是说,有前因才能有后果,意识现量所取境于先,"自觉"知道了它是意识现量,则是后一刹那了,这"非是同时"的。

外人又问:"彼如何缘异?"意识现量应该是不能缘取的,意识现量与缘取对象是异时。

法称答曰:"由理智了知,能立识行相,因性为所取。"②

僧成释云:"彼意果虽有众多因,然能安立彼色行相之体性者,说彼是所取,以是随顺色之行相而生故。此因决定,以理智了知,能安立识行相之因性,是所取故。"③因虽有众多,我们只是把其中的"能够安立彼色行相"的东西,叫成是意识现量的所取,因为意识现量就是随顺于色的行相而生起来的。

从上述对诤中,我们可以把法称意现量的观点归纳如下:

1. 意现量与根现量非同时,而是在根现量之后的一念,这与陈那不同。2. 意现量是以根现量为亲因不间断地缘取同一对象。

---

① 均引自法尊编译《释量论·释量论释》,第213页。
② 均引自法尊编译《释量论·释量论释》,第213页。
③ 法尊编译《释量论·释量论释》,第214页。

3. 意现量和根现量所缘同一对象的不同义境。

但上述的论述中还未讲清意现量所缘何境,但其论述已比陈那更为详细、丰富,并启迪了后学的研究,如舍尔巴茨基曾说:"第一刹那之现量可以说是'感性的感觉活动,'而第二刹那之现量则是'理智的感觉'。为了给修瑜伽者(yogi)的神秘能力保留理智的直觉一语,我们可以称第一瞬间为纯的感觉刹那,第二瞬间为意识的感觉刹那,因为这第二刹那的意识是介于纯感觉与知性之间的中间步骤。"①但这里的表述还是不够严密的,如果意现量是直觉,那么就不是纯感觉和知性之间的中间步骤,而属于理性认识或潜意识。在藏传因明中则说:"依自之不共增上缘意根生起之离分别不错乱且新起而非欺诳之了别,为意现量之性相,如神通第一刹那。这里以'神通第一刹那'为意现量的相依,其原因《心明论》认为现识'四分法'中的意现量只有圣者心续中存在,在一切凡夫心续中无意现量。凡夫心续之意现识是一种现而不定识。关于凡夫心续中有无意现量,贾曹杰则说:'唯于凡夫心续的特别量识,虽只有一时边际刹那,然而,此与有意现量不相违。'说明凡夫心续中可以有意现量。"②此处把意现量看作一神通,这应该是法称后学的另一种解释。

法称分四类现量,《正理滴论》云:"此智分为四种,其中五根现量者,谓各取现境之等无间俱缘境识。意现量者,谓与五根认识相应之等无间缘所生之意识。自证现量者,谓由心及心所所生之诸自证分。瑜伽现量者,谓修习正确境物最终所生之瑜

---

① [俄]舍尔巴茨基著,宋立道、舒晓炜译《佛教逻辑》,商务印书馆,1997年,第188页。
② 祁顺来《藏传因明学通论》,青海民族出版社,2006年,第188页,此处《心明论》是指金巴达尔杰所著,贾曹杰文出自其《正理滴论释妙言心要宝库》,甘肃民族出版社,1995年,第24页。

伽识。"

　　法称又认为四类现量间有递进关系,法称在讲量果关系时说:"立义、彼体故,自了、许了义。"这是说,譬如眼识能够证明了达义,眼识是所证明的了达义的体性,但是,只有观待后识(意识)了,才能说你眼识了知义了,因为是意识对眼识所了知义产生了执着。

　　又说:"观察自体性,说自证是果。"

　　外人:"问:若观待后识安立为了知义者,则何以说自证为果耶?"就是说,既然眼识看见了,得由意识来确立,这样才能成就看见的是桌子,那么,为啥还要说自证是量果呢?

　　这两句颂文就是回答,僧成解释说:"曰:以观察现义识自体性时,说自证为果。"① 就是说,在我们单独观察现义识自体的时候,就可以说自证是量果。

　　由此从根现量到意现量再到自证现量,在逻辑上是一个不断深化的过程,而出世间的瑜伽现量应是最高层次的认识。

四、比量的认识作用

1. 比量的"决定"作用

　　法称云:"义自性是一,体性是现事,有何未见分,为余量所观。"②

　　僧成释:"陈那论师书中有云:'声与诸因,以遮通达,非唯由表知法自性。云何了知?曰:有余量及余声转故。'为显此义,故造此文。义之自性如一声体,有何缘声耳识所未见分,要诸余后量所观察,必无此分,以是缘声耳识所现量事,其缘声分别由表相于

---

① 均引自法尊编译《释量论·释量论释》,第230页。
② 法尊编译《释量论·释量论释》,第71页。

汝转故。然缘声分别,非由表诠于声决定,以于汝后,量声是无常之量有作用故。"①这里的"声分别"是指"无常""所作""勤勇所发"等一切差别,现量可缘取,但须比量来决定。

法尊释:"如现量等无分别心以表相缘境,比量等诸分别心以遮相缘境。在奘师所译之论中,似未提及。但在法称论师之因明论中,则作为一重要问题提出。"②

2. 有错乱故须比量

法称云:"由见色法同,蚌壳误为银。若不由乱缘,而计余功德,故由见于法,见一切功德。由错不决定,故当善成立。"③

僧成释:"无错乱因缘于声增益余功德,则后量无用。然缘声是无常之比量,实有作用,为除执声常之增益而转故。"④

这是说只看到蚌壳的光泽如银,就以为蚌壳是银子。如果没有错乱因的增益,就不需要之后的比量。而正因为增益了"声常"的错乱因,才须立"声无常"之比量。

3. 比量非遮一切法,故能决定

法称云:"比量亦缘法,决定一法时,应缘一切法,遮遣无此过。"⑤

僧成释云:"比量智若以表相缘法者……亦应普缘声上一切法,以由表相门于一法得决定故。而佛弟子则无此后心无用之过。……由表相转则有过失,由遮相转则无过失。"⑥

这是说比量缘取时并不现量哪样缘取一切法而无决定,因为

---

① 法尊编译《释量论·释量论释》,第71页。
② 法尊编译《释量论·释量论释》,第71页。
③ 法尊编译《释量论·释量论释》,第71页。
④ 法尊编译《释量论·释量论释》,第72页。
⑤ 法尊编译《释量论·释量论释》,第72页。
⑥ 法尊编译《释量论·释量论释》,第72页。

比量只是遮遣，只是排除余法，故而能作决定一义。总之，现量诠一切差别，比量遮返成特定系属。从否定性得肯定，这是法称新说，陈那《集量论》中也已有此意，汉传因明则不同，汉传中肯定"表诠"，而且"表亦遮"，而遮诠则只遮不表。

4. 比量亦是不欺智

外人曰："若不欺智是量相者，则不遍比量，以比量不以自相为所取境故。"

法称答云："安住能作义，不欺。声亦尔，显示所欲故。"

僧成释云："如通达烟山上有火之比量，是不欺诳，以是通达安住能烧煮作用之觉故。"

外人又问："若不欺智为量相者，不应道理，以不能遍声起量故。"

僧成释云："声所起量亦是不欺，以显示所欲趣境故。此之理由，如说瓶之声，是说者自身中能作之境，即是瓶义，使其行相于觉中明显，对彼是量（即说瓶时，说者心中瓶相明显，于彼瓶相，瓶声无误，即不欺义）。然说瓶之声，非成立某处有瓶义体性之果法正因，以非瓶义之有因（有因即果）故。"

说比量为无欺智有两个实例：一是如比量从烟知火，能通达"火"的烧煮功能。二是说瓶之声，能在说者心中显现瓶之共相无误。声义与共相符，故不欺，但此共相本身为假立，故又有误。所以是虽有误而不欺。

五、共相与自相，比量与现量的关系

古因明中外道有"自性""自体"概念，佛家则提出了自相、共相，陈那把二相作为两种认识对象，分列产生现量、比量。在陈那那里，二者都是由阿赖耶识种子显生，各各独立，但法称所述有所不同。

1. 比量不依现量

《释量论》云："不观待外义,由念名结合,如是不待名,由事能眼觉。"①比量的"合名分别"是不观待外义的,"由念名结合",因为合名分别是从心念里对名的忆念而生起来的,由此说明尽管在认识实践中,比量可随现量后而生,但比量并非以现量缘取外境为基础。

2. 共相与自相有"相属"关系

《量抉择论》云："当观见其他时,而了知另外者,非应道理。由当成大过故。若此为无则不生性者则可成。"②一般而言,从现见不能比知隐秘事,但二者如有"无则不生"的系属关系则可成,如见"烟"而推知"有火"即比量推理中的"说因宗所随,宗无因不有"关系,这是"可成"的。

"此者谓如其所有行相与自体成就相属,即能了知为如是之行相邻近性而依相属了知为共相道理,亦即比量故。"③这是说此共相与自相有"相属"关系,并与自相有"相邻近性"而成就比量,如由某一棵具体的树,得出"树"的一般概念。

3. 比量可从现量生

"由依领受诸观见,又现见性力所生。忆念故由现所许,语言得极善转起。现量虽即唯见义,但依接连相续领纳依领受力所生起者所忆念,于诸观见不观见彼性中由所许及另外等即成为语言。"④现量认识是直接认识到的义境,接着起来的认识,以及忆念

---

① 法尊编译《释量论·释量论释》,第204页。
② 方广锠《藏外佛教文献》总第十四辑第二编,第9页。
③ 方广锠《藏外佛教文献》总第十四辑第二编,第9页。
④ 方广锠《藏外佛教文献》总第十四辑第二编,第21页。

等,这是不能直接认识。现量、比量(或似量)认识的,因为有些是所许,有些不是所许,所以就有了语言描述、表达。

"若依显明领受树立于忆念之种子即此为事之法体,依观见与相似此醒转故,所许之习气转起并亦为依彼转起。"①由现量而领受到的,"树立"就是建立起来了、直接领受而成就种子,现见的东西与内心里头的印象相似,看见的这个东西,把内心里头的印象给叫醒了。"习气转起"就是种子生起现行。"事之法体"应指义境本身。

第四节　遮遣和总、别

佛教否定世界实在性和名言的可表达性,认为只有用否定、排除的方式才能去诠释对象,古因明中典型的就是龙树的"八不"中道。龙树坚持其"缘起性空""一切法空"的哲学基本立场,推知量亦为空性,但并未完全否定量的认识功能,比量以遮法缘境仍能起到立、破的作用。陈那《集量论》承续了这一思想,专设立"观遣他品",并进一步引进总别概念,把遮诠看作是明确概念的一种方法。如总概念为"树",下位的别概念为"桦树",那么在"桦树"这个概念中遮遣了"非桦树"的部分,从反面明确了"桦树"的自性。法称及其后学进一步阐发了"总别"论。

关于总、别关系,针对外道的实在论观点,法称破中有立,基本上是持唯识说。

一、离开个别无总法,总义即是共相,共相为常

法称云:"若声诠总故,不许犯过者,非尔。单独总,无说故。

---

① 方广锠《藏外佛教文献》总第十四辑第二编,第 21 页。

即说彼非同、非显,故应常可缘,以是常性故。"①

僧成释云:"云:非由声诠单独总,便无诸根无义之过失。以无单独总可诠说故。即使可说,亦应非于差别同有,及非由差别所显,以不待差别,单独由声诠说故(总法必遍于别法,及由别法所显。如瓶必为各种瓶所共有,而且是由各种瓶所显现。若离开各种瓶器,则无独立之瓶也②)。又彼总应常可得,以是不待差别之常住性故(外道各派皆计总是常③)。"④

二、总法无自体,破总、别一体说

法称云:"有类非类故,不依余显性。"⑤僧成释云:"具有种类之金瓶(瓶是总,是种类,金瓶、瓦瓶等是别,是有种类。即别法必具有总义也)。应非别瓶之种类,以于余瓦瓶等别,显体性不随转依止故(显即别之名)。(若总别一体,则总所遍处,别亦应遍。瓶是总,金瓶是别。瓶所遍处,金瓶亦遍。然实不尔,故总别一体,不应道理。)"⑥这是说,如果总别一体,金瓶别兼有总,总兼有瓦瓶别,则金瓶别亦兼有瓦瓶别,实际上是不可能的。

三、破总、别异体说

法称释云:"若谓成异者,待故、说为果。"⑦

---

① 法尊编译《释量论·释量论释》,第175页。
② 法尊编译《释量论·释量论释》,第176页。
③ 法尊编译《释量论·释量论释》,第176页。
④ 法尊编译《释量论·释量论释》,第176页。
⑤ 法尊编译《释量论·释量论释》,第176页。
⑥ 法尊编译《释量论·释量论释》,第177页。
⑦ 法尊编译《释量论·释量论释》,第176页。

僧成释云:"胜论者说:总别异体。

破曰:瓶总应说是别瓶之果性,以与彼异体而观待彼故。若非因果之总别,如何有胜义联系?应无系属,如因果关系之种芽,尚无胜义系属故。以果芽完成之后,尚不依仗于种子,仅由分别使联系故(若是胜义联系,则任何时皆应联系。既不如是,则非胜义,仅由分别计为联系耳)。"①

总之"瓶总于事自性中已成为无,以与别瓶物体若一若异皆不成故"。②

法称云:"诸义所有总,以遣余为相,此诸声所说,彼无少体性。于无体总……彼中无实义,故非有体性。"③

僧成释云:"诸义之总(如瓶之总)是从余遮为相(从余非瓶而遮,反显是瓶)。此诸声所诠说者,都无少许实事体性,是由分别所增益。"④

这是说所有事物的总相,都是以遣他来表示的,它们都是没有自性的,其实只是我们的分别念给增益出来的而已。

四、总、别无系属

法称云:"若彼共同事,而异于彼等,说为彼等总,则成无系属。"⑤

僧成释云:"说彼总是彼等别法之总,应无系属,以与别法是异物故。于遮非瓶所现相,观察一异,不能破,以许为无事故。此别

---

① 法尊编译《释量论·释量论释》,第177页。
② 法尊编译《释量论·释量论释》,第177页。
③ 法尊编译《释量论·释量论释》,第177页。
④ 法尊编译《释量论·释量论释》,第178页。
⑤ 法尊编译《释量论·释量论释》,第179页。

法共同之总,是以无事为相,是共相故。"①这是与前述共相、自相有系属之说不一致的。

五、总非别之果

法称云:"若彼是果者,应成多、与坏。然亦不许彼。坏唯事相连,故非是常性。种类非果故,应无系、无事。"②

僧成释云:"然彼亦非所许,以计常一故。彼总应非是常,是有事故。此因决定,以坏灭唯与有事相联系故。若非果者,则彼种类应于别法胜义无系属,应成无事,以非果故。"③

是说"别"是"有事""灭坏",不能产生"常"的"无事"为总。总、别不具有因果系属。

综上所述,可知法称的总别范畴完全是一种知识论角度,总是由名言假立的共相,无实体。别则是现量所缘的自相,总、别间并无因果系属关系,既非一体,亦非异体。总别分类如下:

$$
总\begin{cases}总义\\(总相)\\总声(总名)\end{cases}\begin{cases}总类——别类\\总聚——别聚\\———(别名)\end{cases}\begin{matrix}别义\\(别相)\\别声\end{matrix}\Bigg\}别
$$

这其中真正的"别"是指当下的某物,如"这一棵桦树",这就是"别相""别聚",也就是自相,至于"别类"、总类、总聚、总义、总相都是不同层次上的共相。至于"声",不论总、别都是以遮遣缘取共相。这是因明特有的一种语言表达方法,也是一种概念明确方法,广义上说也是一种认识方法。但在汉传因明中遮遣侧重于

---

① 法尊编译《释量论·释量论释》,第179—180页。
② 法尊编译《释量论·释量论释》,第180页。
③ 法尊编译《释量论·释量论释》,第180页。

概念的明确,也无细密的总别论。

六、两种遮诠

因明中的"遮"和立理论可分为二种含义:

1. 认识论上的遮止、遮遣、排除

佛教否定世界的实在性,用否定判断来表达,如龙树的"八不"中道。法称进一步发展了这一思想,不仅否定判断为遮遣,一切比量那里,不管是肯定还是否定,都是遮诠。《释量论》云:"义之自性如一声体,有何缘声耳识所未见分,要诸余后量所观察,必无此分,以是缘声耳识所现量事,其缘声分别由表相于汝转故。然缘声分别,非由表诠于声决定,以于汝后,量声是无常之量有作用故。"

法尊释云:"如现量等无分别心以表相缘境,比量等诸分别心以遮相缘境。在奘师所译之论中,似未提及。但在法称论师之因明论中,则作为一重要问题提出。"① 这里的"声分别"是指"无常""所作""勤勇所发"等一切差别,现量可缘取,但须比量来决定。"声唯遮诠",一切名言都只是遮诠,这是符合大乘空宗教义的,

为什么比量要遮诠?遮诠在认识中有何作用?前文"比量的认识作用"中已述。

2. 语言表达上的"遮诠"

"诠"即言说诠表,与遮诠对应的是表诠。

在因明史上,首次对遮诠理论上作出系统阐发的是陈那的《集量论》,其中第五品为"观遣他品",吕澂译为"观遮诠品",这里"遮遣""遮诠"为同义。

---

① 法尊编译《释量论·释量论释》,第71页。

这是说一个名称言或一个声音但含义只能由排除的方式来指称对象,如名言"树"由排除一切非树,名言"桦树",排除一切非树外,还要排除一切非桦树。首先,就一般意义而言佛教认为世界是假有的,言语只能说它不是什么而不能说它是什么,但陈那还提出了一个具体的理由:

(颂)于何义疑一　于多义亦疑　不见余声义　显自义分故　声系属性易　错乱亦非有

(论)随行与回返者,由声诠义门,于彼等相同处则转,于彼不同处则不转。其中于相同处,不说决定遍转。以于无边义中容有一类未说故。于不同处,纵然是有,于无边处非能遍转。不说者唯由不见故(不同者虽有无边,然由不见故,能说不转也),故除与自相系属者,余不见故。遮彼之比量,即能诠自义也。①

"随行"就是顺着说,就是表诠;"回返"就是倒回来说,也就是遮诠。"声诠义门"就是用声来诠表义,如我表诠说"桌子"声,虽然从道理上应该指所有的桌子,但在事实上我还是只指某一特定的桌子,到底指哪一个桌子? 使人生疑。而遮诠可以把一切非桌子的事物都排除了。反过来可以显示出我声"桌子"的含义,就不会有上述的生疑过失。

在汉传因明中这种否定判断称之为"只遮不表",而陈那的遮诠之称为"表亦遮",即在肯定的表述中也包含了否定。

判断中的遮、表,否定判断为遮诠,肯定判断为表诠。如说"声非非所作性",这里第一个"非"是谓项否定词,第二个"非"则是连接"所作性"成为负概念,按照德摩根的双重否定律,否定之否定

---

① 法尊译编《集量论略解》,第125页。

即是肯定成"声是所作"。又在黑格尔的"反思"含义中,在矛盾对立的双方中,一方的本质要在对方中反映出来,肯定的本质要在否定中表达出来。故遮诠又称之为"遮回",是否定中重回肯定,这叫遮亦表。

新因明在喻支中形成一种遮诠句式,如《集量论》:"彼等说喻时……于彼异法中为非遮比度","以非遮而遮"。① 这是说异喻是一种否定性的遮诠判断。

那么同喻呢?陈那《正理门论》说:"同法者,谓立'声无常,勤勇无间所发性故,以诸勤勇无间所发皆见无常,犹如瓶等';异法者,谓'诸有常住,见非勤勇无间所发,如虚空等'。前是遮、诠,后唯止滥。"这里的"前"是指同喻,沈剑英把"遮""诠"二字点开,认为是"亦遮亦表",但吕澂认为"不可分读"。宇井百寿也认为此"遮诠"不是简单的否定,但不管如何,都认为同喻支也有遮诠是无疑的,也就是肯定判断中也含有遮诠,这叫表亦遮。②

在汉传因明中,更明确提出了"遮亦表"的观点。窥基《大疏》卷八云:"立宗法略有二种:一者但遮非表,如言'我无',但欲遮'我',不别立'无'……二者亦遮亦表,如说'我常',非但遮'无常',亦表有'常'体。"

这是指立宗说"我无","无"否定"我",但不是去肯定有一个"无",这叫"只遮不表",但在"我常"中肯定"我"具有"常",也就否定了"我"具有"无常"的性质,这叫"表亦遮"。所以在汉传因明中否定判断为遮诠,肯定判断为表诠。

藏传因明在遮诠义中又区分遮无和遮非。遮非,指在直接否定和破除之后,可能会引出其余的肯定,如说:"法座上没有宝

---

① 法尊译编《集量论略解》,第97页。
② 参见沈剑英《佛家逻辑》,第357—359页。

瓶。"否定宝瓶存在,但可能有其他物。又如"胖天授白天不进食",只是否定白天不进食,其后可引出"胖天授夜间进食"("天授",是人名,印度斛饭王之子提婆达多的译名)。

遮无,是指在破除中并没有间接地引生其余的肯定,如说:"虚空中无石女",石女是指不能生育的女子。中观宗认为世界上一切事物都是空、假,这是对"有"的否定,但并不由此要去肯定存在一种"空"的实体。

3.《量抉择论》中的遮诠

(1) 不可得因是遮无

"此中亦除不可得外无所了知而其他安立之所依任何亦无。"①

"所谓无事亦即遮止事,因此由说言依无事生起故,即所谓依事不生起当做为遮止因法。"②

(2) 遮亦表

"遮止者谓以违反成立为自体故。"③

"所作是非非所作,所闻是非非所闻。"④

"以遮止遮止彼为体性者即以能成立为自体故。"⑤第一个遮止是名词,第二个是动词,即"排除是排除后成立相反者"这是遮非。

总之,"遮"既是一种语言表达法又是一种认识方法,新、古因明、陈那、法称、汉传、藏传都有不同说法,尚需作进一步研究。

---

① 转引自刚晓《定量论释义》(上册),宗教文化出版社,2013年,第581页。
② 转引自刚晓《定量论释义》(上册),第653页。
③ 转引自刚晓《定量论释义》(上册),第704页。
④ 转引自刚晓《定量论释义》(上册),第785页。
⑤ 转引自刚晓《定量论释义》(上册),第857页。

第十九章

法称对古因明思想的吸取和创新(下)

本章分析法称在逻辑论、辩学和过失论方面对古因明思想的吸取和创新。

第一节 逻 辑 论

一、同、异品界定

如前所述,同品、异品是因明推理中的重要范畴,在古因明中二者的外延关系是不够明确的。

前文已述,《方便心论》说:"一具足喻,二少分喻。""具足"是相同还是相似,"少分"是缺少具足?《正理经》[Ⅰ-1-36]经云:"喻与所立同法,是具有(宗)的属性的实例。"[Ⅰ-1-37]经又云:"或者是与其(宗)相反(性质)的事例。""具有"和"相反"这至少是指相违关系。

无著的《显扬圣教论》中又作了具体的说明。"同类者,谓随所有法,望所余法,其相展转少分相似。"与此相反,"异类"即"所有法望所余法,其相展转,少不相似"。"少分相似"和"少不相似"

二者正相反,各自的内涵、外延是什么？无著没有明确。

陈那《正理门论》把古因明同、异品的外延关系归为二种,即相违、相异,并指出异品:"非与同品相违或异：若相违者,应唯简别,若别异者,应无有因。"《集量论》进一步解释道:"若与同品相违为异品者,应唯所立相简别者知其为异。如说'火有暖触,由彼得知无暖冷触以为异品',其非冷、暖,即不可知。"这是说在冷暖之间尚有非冷非暖的中容之品,因此从非冷非热之品不能返成有暖触之火。其次,如把"相异"者作为异品,尽管与同品有异,但二者在外延上却可能是相容的。如立"声无常",用"无我"为异喻依,"无我"虽与"无常"有异,但二者在外延上并无排斥关系,异喻更不能进行返显了。只有异品和同品是矛盾关系时,其外延互补,才可以分别用 p 和 -p 表示,异喻才能返显因。

法称在这个问题上游移于古师和陈那之间。《正理滴论》曰:"言同品者,谓所立法均等义品。若非同品,说名异品,谓此与彼,相异、相违,或于此中,无彼同义。"这里的"相异"相当于逻辑上的相容交叉的外延关系,"相违"则是反对关系,"有"和"无"才是矛盾关系。法称的这一界说又倒退到了古因明的水准。按照法称的界说,同品为 p,异品未必一定是 -p,也可能是 r、h 等,由此二、三相不能等值,同、异喻也不能分开单独立式,法称的整个因明体系可能因此而崩塌。[①]

法称《定量论》(又名《量抉择论》)在解释《集量论》中因第三相"于无性为无"时说:"于无有中为无性者说,当决定说唯无有中为无性,而亦非于其他中,且亦非于相违中。"[②]这又与陈那意相

[①] 在藏传因明中,实际上对此有所补救,对异品单独立式有限制。
[②] 法称《量抉择论》,见《韩镜清翻译手稿》第一辑,甘肃民族出版社,2010 年,第 48 页。韩镜清所译手稿本由刚晓整理后,已刊于《藏外佛教文献》第二编总第十四辑。

似,是说三种异品中,只有"无有"才符合第三相异品"无性",其他二种不符合条件。这里"有"和"无有"外延是矛盾关系。这显然是承续了陈那的思想,但却与其《正理滴论》三种异品的论述不一致。

但藏传佛教对此又有不同理解,如萨迦班钦《量理宝藏论》引用了法称《量抉择论》对同、异品的界定:"同品:所立法之总相存在同品义,无彼所立法,则为异品义。"①这应该是正确的。那么同、异品外延之间是否为矛盾关系的"二分法"呢?萨班却作了否定的回答:"同品异品二分法,决定非论师旨趣。""若于二品亦可能不相违。""二品非直接相违。"②这里的"直接相违"指矛盾关系,"非直接相违"包括反对关系等,"可能不相违"应指相容关系。而后二种异品都不能保证第三相的遮止作用,可见萨班仍持三种异品说。

二、正因三种差别相

1. 关于"否定因"

《正理滴论》云:"三相所在之处,唯有三种因,谓未缘到因,自性因,果因。……此三种因,概括为二种,一为立物因,一为否定因。"欧阳无畏认为:

> 严格地说,"不可得因"这一大类,不管其为能显的,或不能显的;相属边不可得,或相违边可得,除掉所立法上立一个"无"词为仅有的独特的形式异点外,论其性质,仍可分别归于自性因和果因两大类中去。但印度古德为什么定要别出为

---

① 明性译《量理宝藏论》,台北东初出版社,1995年,第372页。
② 明性译《量理宝藏论》,第369—371页。

此一大类呢？我想还是因为各派哲学上许多有关各自根本宗义的许多形式上问题，都要靠这种"遣法立因"来解决，同时这种因的论式也太复杂而多变化，就量论的立场而言，不如别为一类，在考察上来得方便简截。譬如说，以"大火势"为因去成立"寒冷触"无，实际是等于成立"暖热触"有，而有"暖热触"和"大火势"是同一性质的相属关系，是可以列入自性因之类的，因为自性因的"因"和其"所立法"两者，亦无非是具有同一性质的相属关系而已。又如，以"寒冷触无"为因去成立"汗毛直竖鸡皮疙瘩无"，恰等于"无火定无烟"和"遍常定非所作"的道理一样，也就可以说这种"相属边不可得因"的"因(生)不可得因"的"寒冷触"因之为这类因的三理则中之"随遍"，换一换位，立即是"果因"之"倒遍"，是可以归入"果因"类中去的。除非是执着"因"的最基本分类法为"成法立因"和"遣法立因"两类，否则所有"不可得因"的论式，统统可以分别归并于"自性因"和"果因"，两大分类即可概括尽矣。①

这说明"否定因"(不可得因、未缘到因)实际上是顺应佛家遮诠的习惯而形成的，只是陈那未作明确分类而已。

2. 关于自性因和果因的区别

这在古因明中也已有此思想，如无著的《显扬圣教论》中又作了具体的说明："同类者，谓随所有法，望所余法，其相展转少分相似。""所有法"是指宗有法，"同类"即指与宗有法具有相似属性的事，后来新因明中是指同于宗法。这种相似又分为相状(外形)、自体(本质属性)、业用(功用)、法门(性质)、因果(展转)五种。这里的"自体"即自性因，"因果"即果性因。

---

① 欧阳无畏《因类学和量论入门》，桃园内观教育出版，2011年，第28—29页。

三、关于因喻合一和删除喻依[①]

在古因明中,胜论主张因是因,喻是喻,二者各有其义。陈那批评说:"若喻是自续义者,则应说非因义之一分也。由是则能立非有。亦非结合之义。"[②]

外道又提出相反的意见:"如自所决定,欲生他决定,说宗法系属,所立余应舍。"[③]这是说既然因已能决定立宗,那么就不需要喻支了。这也就是古师的"因喻合一"。

对此,陈那《正理门论》专门作了破斥:"然此因言唯为显了是宗法性(第一相),非为显了同品、异品、有性、无性,故需别说同异喻言。"《集量论》也指出:"所说三相因,善住于宗法,所称余二相,以譬喻能显示。"[④]这说明义三相需由言三支来显现,喻支体现的正是因的后二相,而前述的"因喻合一"之说混淆了义三相和言三支的区分,是一种误解。而且,三支式就其演绎功能而言,与三段论是一致的。喻体相当于大前提,因支相当于小前提。在三段论中可以省略某一前提或结论,但并无大小前提合并之说,如果省略了大前提,也不能只凭小前提来补全,因为小前提中只涉及中词和小词,不涉及大词,只有同时依据于结论和小前提,才能补出大前提来。由此可见,因喻合一在逻辑上也是不能成立的。

有学者认为:"到了法称,便坚决主张因喻为一体,不必再强调'喻'的名目。""'烟'这个词已包含一个厨房及其他同类的事物,

[①] 姚南强《论法称对陈那因明的改造和发展》,《南亚研究》1994年第3期;后收于姚南强《因明论稿》,上海人民出版社,2013年,第65—66页。
[②] 法尊译编《集量论略解》,第109页。
[③] 法尊译编《集量论略解》,第96页。
[④] 法尊译编《集量论略解》,第96—97页。

所以几乎没有必要引用厨房来作例证。"①作为论据的是《正理滴论》中的这样一段话："以上所略述因三相之义,获领悟已,所谓喻者,虽为能立之支分,但离之别无有体,故未另立其相,盖随能立已了解其义故。"这是说因三相是"义",言三支是"支分",喻支的"义"就在因三相内,没有必要"另立其相"。但这里的"因"不是指因支,而是指三相之因义。但法称确是主张过"因喻合一"的,《诤正理论》云："若似喻乃似因相内部所摄者则喻亦当为因相内部所摄。若如是者喻亦不另外成为能成立支分,无有另外转起故。若彼为由喻所成立义即此为因相内部所摄故,由成立因相故,无有另外成立喻。"②这是说因相内即包含喻,所以可以删略喻支。

那么法称是否删除了喻依呢?从法称论著中的大量论式来看,也并没有真正做到。对此,人们也是不否认的："但他毕竟受传统羁绊,在大前提之后并未废除喻依。""为入推理,喻支终未能废,缺乏比喻(例证)就等于削弱甚至于没有说服力量。"③三支论式,只要保留喻依,就意味着含有归纳成分,这一问题,耆那教就区分出"内遍满"和"外遍满",法称之后的宝积静,也专有"内遍满论"。

四、如何理解法称对后二相的阐述和同、异喻单独立式

陈那《正理门论》中因三相是："若所比处此相审定,于余同念

---

① 虞愚《试论因明学中的喻支问题》,见《因明论文集》,甘肃人民出版社,1982年,第211、187—188页。
② 《韩镜清翻译手稿》第二辑,甘肃民族出版社,2011年,第78页。
③ 霍韬晦《陈那以后佛家逻辑的发展》,收于其《佛家逻辑研究》,台湾佛光出版社,1978年,第18页;虞愚《试论因明学中的喻支问题》,见《因明论文集》,第188页。

此定有,于彼无处念此遍无。"《集量论》云:"所比同品有,于无性无。"这里"所比"是第一相,"同品有"是第二相,"于无性无"是第三相。关于第二相,关于第二相,有学者认为:"同品定有性就应该被理解为:属于宗后陈之同品中一定有物(可以是全部,也可以是有些)具有因的性质。……它的命题结构应当是'有 p(宗后陈)是 M',而不应当是'所有 M(因)是 P(宗后陈)'。"①

我们认为第二相同样要从因出发来诠释其含义。《大疏》云:"其因于彼宗同品处决定有性,故言同品定有性也。因既决定有,显宗法必随。"②所以第二相规定,因须定有于宗之同品,而不是"属于宗后陈之同品中一定有物……具有因的性质"。其命题结构也不可能是"有 p 是 s",只能是"凡 M 皆 p"。而第三相是 $-P \cap -M=0$。从形式逻辑看,后二相应是等值的,也有认为同喻体"若所作则无常"和异喻体"若非无常则非所作"二者可以假言易位而等值。《集量论》中也说:"次说'于性无为无'者,重为决定彼义。"③意蕴着第二相已决定因法和宗法的不相离关系,第三相只是"重为决定"。汉传因明只说:"顺成立同有,但定即顺成;止滥立异无,非遍滥不止。故同言定,异言遍也。"④不把二者完全等同。

有学者认为:"陈那求因,注意如何从宗上反溯,因此言同品定有,异品遍无,都类从宗的位置上望,但法称求因,则注意此因与宗应构成何种关系,然后合法。这是从因上望。"又说:法称"规定因唯在同品中有。这一意思,不同于因在所有同品中有,亦不同于同品中有因,是传统的'同品定有性'……因唯在同品中有……亦要

---

① 虞愚《因明新探》,第 131—132 页。
② 窥基《大疏》卷三,页六右一七左。
③ 法尊译编《集量论略解》,第 34 页。
④ 文轨《庄严疏》卷一,页十六左。

求每一个因的分子都在同品内。"①这还是前面学者的观点,把陈那的第二相看作"有 p(宗后陈)是 M",而把法称的第二相看作"所有 M(因)是 P(宗后陈)"。

这里有两点不成立,首先,如前所说,因三相都是从因出发的,不存在什么陈那"由宗溯因",第二相是因在同品上定有。

其次,确实法称《正理滴论》云:"因三相者,谓于所比,因唯有性。唯于同品有性。于异品中,决定唯无。"第二相"唯于同品有性"。但这不是法称首创,陈那《集量论》早有专述:"以说'唯同品有'用指定故,而不应说:'同品唯有'故。"②

《释量论》中却归纳为:"宗法、彼分遍,是因彼唯三。"③"宗法"也就是第一相"遍是宗法性","彼分遍"则是把因法看作"分",宗法看作"遍",也就是一种包含与被包含的关系,概括了二、三相的逻辑要求。又说:"系属者,说二相随一,义了余一相,能引生正念。""故说由义了,以一即显二。"④又有人认为是法称把后二相等值,可以省略其一了。但这里讲的省略,都是指支分上的省略,法称并没有在此提出后二相等值而可舍去任一相,而是反对"单返相"和"单随相"。⑤

况且如果把后二相完全等同,就不存在九句因中第五句因"同品无、异品无"只违反第二相的"不共不定"因过。况且第三相是佛家的遮诠,只表示否定而不能表示肯定,不能用现代逻辑去简单套用。

法称又主张同、异喻可单独立式,《正理滴论》云:"此有二种,

---

① 霍韬晦《陈那后佛家逻辑的发展》,收于《佛家逻辑研究》,佛光出版社,1978 年。
② 法尊法师译编《集量论略解》,第 33—34 页。
③ 法尊法师编译《释量论·释量论释》,第 62 页。
④ 法尊法师编译《释量论·释量论释》,第 63 页。
⑤ 法尊法师编译《释量论·释量论释》,第 300 页。

论式不同故。一具同法,二具异法。除论式不同外,二者之间,都无少许实质差异。"

现代印度学者普拉萨德认为,命题"凡没有火则没有烟"是用否定的方式表述,而另一命题"凡有烟则有火"是以肯定的方式表述同一件事情。因为,从二者中的任何一方都可以获得另一方,它们只是言辞上的差别……他们确实使用了换质或换位的技巧。① 从现代逻辑的角度,从"凡没有火则没有烟"到"凡有烟则有火"确实是经过了一次变位和一次变质,而达成等值。但把"凡没有火则没有烟"换位成"凡烟都没有非火",这犯了因明喻体"倒离"的错误,再把其换质为"凡有烟则有火"则违反了因明的遮诠原则,说"没有非火",只是遮止"非火",只遮而不表,不能转换为"有火"。法称的同、异喻式等值的说法尚需进一步探讨。

五、法称是否提出"四句料"

在法称的因明著作中未像陈那那样对九句因进行系统的阐述,法尊法师编译的僧成《释量论.释》"自义比量品"中,说法称在《释量论》中把九句因删略为"四句料":"如是四句已足——同品有、异品有,同品有、异品无,同品无、异品有,同品无、异品无,不须用九句检查。但九句因另有作用,不述。"② 杨化群在《序》中亦说:"检查因相的正确与否,以同品有异品有,同品有、异品无,同品无、异品有,同品无、异品无四句料简即足。"但刚晓整理的韩镜清对法称《释量论》《量抉择论》译文的相应部分并无此说。至于已有多种汉译本的法称《正理滴论》中亦无四句料的说法,因此在法称

---

① 转引自沈剑英《近现代中外因明研究学术史》下册,上海书店出版社,2023年,第855页。
② 法尊法师编译《释量论·释量论释》,第304页。

《因明七论》的三部体论中均无此法,"四句料"到底是否为法称提出?在藏传因明中也有"四句料简"的,我的理解,这里的"四句",只有就某一概念的名、实关系的界定即:

1. 有同品名,无同品实。
2. 有同品名,亦有同品实。
3. 无同品名,亦无同品实。
4. 无同品名,却有同品实。

这第四句只是一种逻辑可能,并无实际存在。而在前三句中,分别例证"声常"或"声无常"两个对立宗。例式未涉及因法,而且此二宗也不会有共同的因,故此"四句"并非因的"四句料"。

但林崇安也认为:"在讨论前陈、后陈与因三者范围的大小,一般采用'四句'来探讨……因与后陈的联系,必须满足'凡是因,遍是后陈',若有例外成立,即有'又是因,又不是后陈',则表示此因必是似因。"[1]由此可见,四句也用于检测是否满足因三相。

第二节 过 失 论

一、对似能立过失与陈那的分类比较,如下表:

分 类	陈 那	法 称
宗过	现量相违	现量相违
	比量相违	比量相违
	自教相违	

---

[1] 林崇安《佛教因明的探讨》,台湾慧炬出版社,1991年,第151—152页。

续表

分　类	陈　那	法　称
	自语相违	自语相违
	世间相违	世间相违
不成因	两俱不成	两俱不成
	随一不成	随一不成
	犹豫不成	犹豫不成
	所依不成	所依不成
不定因	共不定	共不定
	不共不定	犹豫不定（有差别）
	同品一分转，异品遍转	
	异品一分转，同品遍转	
	俱品一分转	
	相违决定	
相违因	法自相相违	法自相相违
	法差别相违	
	有法自相相违	
	有法差别相违	
似同法喻	能立法不成	能立法不成
		能立犹豫不成

续 表

分 类	陈 那	法 称
似同法喻	所立法不成	所立法不成
		所立犹豫不成
	俱不成	俱不成
		两俱犹豫不成
	无合	无合
		缺合
	倒合	倒合
似异法喻	所立不遣	所立不遣
		所立犹豫不遣
	能立不遣	能立不遣
		能立犹豫不遣
	俱不遣	俱不遣
		两俱犹豫不遣
	不离	不离
		缺离
	倒离	倒离

沈剑英认为："小乘等古因明家提出的谬误表是：似宗六种，似因十一种，似喻十种，共二十七种过失。陈那在此基础上加以增

删,提出有似宗五种,似因十四种,似喻十种,共二十九过。……到了法称,又进行增删,计有似宗五种,似因约十种,似喻十八种,共约三十三过。"①这里仅就法称的似能立过失作几点分析。

二、关于法称排除"相违决定"过②

法称是否排除"相违决定"过呢?《正理滴论》是肯定的:"安立相违决定能立者,因彼不察实有事相,由此力故,依自传承,于所忆度比量境义,说为能立过失。诸造论者,由迷谬故,于境、凑泊相违义性。"这就是说相违决定过失的产生,是因为立论者不从实际出发,而是死搬教义或主观想象的虚构,也是由于经典著作者错误地把对立的观点凑合在一起的结果。法称的这一分析颇有见地,但由此进一步推出:"此相违决定,必不容有。"其理由却是不充分的。

所谓相违决定,是指二个矛盾的比量都三相具足,以至难分真似。如胜论立:声是无常,所作性故,如瓶。而声论则立:声常,所闻性故,如声性。这二个对立的比量,双方都共许其三相具足,如何来进行判别呢?因明古师是"如杀迟棋,后下为胜",这当然不合理。故陈那在《理门论》提出:"现、教力胜,故应依此思求决定。"按此说法,相违决定中可有一真,这样也就不是过失了,这是不对的。故天主《入论》又作了纠正:"此二俱不定摄,故不应分别前后是非,凡如此二因,二皆不定故。"天主的说法是正确的。因为相违决定的出现,正反映了立论者的理论体系中有逻辑矛盾。胜论承认声论的比量三相具足,实际上即承认声性是所闻且常,由此必然推出"声常"与自宗的"声无常"矛盾。同样,声论承认"所作

---

① 沈剑英《佛教逻辑研究》,第390页。
② 姚南强《法称因明探析》,上海《宗教问题探索》1992—1993年文集。

性"因具备三相,亦必然要承认"声无常",从而与自宗相违。相违决定正反映出双方理论体系内的矛盾。但法称由"相违决定"是一种谬误而否定它的产生和存在,这是不能成立的。逻辑矛盾并不由于其荒谬而不产生。把逻辑矛盾列入因的过失,正是为了排除谬误。

三、关于法称删除"不共不定"过①

有一种观点认为:"(法称)他以为平常思维里并不会有'不共不定'那样的情形。因为比量思维都从同异比较着眼,假使当时想到的理由只限于所比的事物才有,自不会进行比量。"②

所谓不共不定过,陈那是指因在同品和异品上都不存在,即九句因中的第五句因:"同品无,异品无。"同、异品在外延上是互补的,穷尽论域,所以因不是异品,必是同品,不可能二者都无。陈那这里所指的是一种特殊情况,即当因法外延与宗有法全同时。作为论辩式的因明,在举同喻依时,必须除宗有法,否则便成了循环论证。但正因为二者相等,故除了宗有法之后,再也举不出同品来。如声论立:"声无常,所闻性故",在佛家看来,所闻性和声外延全同,故除声以外,再也举不出同品来。这一比量,在声论可以举出"声性"为同品,故并不以为"理由只限于所比的事物才有",而佛家不许有"声性"存在,这才成为"不共不定"。

在法称因明中,这一问题存在着一个悖论。一方面,法称承认有"九宗法",并认为在解说正因"要从一切异品返"时要使用九句因,则其中应包括了第五句因"同品无,异品无",这就是"不共不定"过。但另一方面法称又认为同品无必然是异品有,异品无则必

---

① 姚南强《法称因明探析》,上海《宗教问题探索》1992—1993年文集。
② 见吕澂《佛家逻辑》,《因明论文集》,第212页。

是同品有,这是因为因后二相等值:"以一即显二。"《释量论》云:"由错乱:所闻、此命等相同。非,虽是有返,此是错乱故。如何?彼非唯从所立返,若尔义说彼非随所立转,彼于余亦同。遮唯非所立,是说住所立,故说由义了,以一即显二。"①这是说声论所立的"声常,所闻性故"和正理派所说的"活身有我,有命故"都是似比量。但法称不认为是"同品无、异品无"的过失,而是犹豫不定过失。《正理滴论》讲得更明确:"犹豫不定,如以生命等为因,成立活身体有我,不论有我与无我,五蕴之外别无生命存在……有我与无我,无随因后行与随因遣行,皆不肯定。"也就是说同品有和异品无都是犹豫不定的。但这里却产生了另外一个问题,如果"以一即显二","随因后行(同品有)与遣行(异品无),其性质唯互相排除故。一方既然必定无,而另一方当然必定有"。② 如果这样,只能存在二句因,即"同品有,异品无"和"同品无、异品有"。不仅不存在"不共不定"过,而且也排除了"同品有、异品有"的不定过,这又与法称的过失论相矛盾。《正理滴论》明确指出:"有犯三种似因过者,谓不成、相违、不定。""于异品遍无一相不成"或"遍于同品及异品,或遍于任何一品"是不定过。既然二、三相等值、缺其中一相也就是缺二相,又何以有什么"一相不成"呢? 总之,这是法称因明体系内的一个矛盾。不过,值得注意的是古因明中只讲因四不定,是把"不共不定"和"相违决定"排除在外的,神泰《理门述记》云:"此古因师不许四不定外别有不共不定。"③"古因明师或外道等所闻性因不明不定别作余名。决定相违亦别作名。"④

---

① 法尊编译《释量论·释量论释》,第304页,标点有改动。
② 引自法称《正理滴论》。
③ 沈剑英编《民国因明文献研究丛刊》第19辑,知识产权出版社,2015年,第113页。
④ 沈剑英编《民国因明文献研究丛刊》第19辑,第125页。

作为法称因明的直接继承者,藏传因明中一般却是承认不共不定过的。

第三节 《诤正理论》中的辩学和过失论[①]

陈那八论中并无辩学专著,天主《入论》侧重讲能立和能破的论辩逻辑,就辩学本身也并无展开叙述。而法称的《诤正理论》填补了这一空白,成为印度新因明辩学的经典,并对藏传因明产生了影响。但在因明学界对法称的研究中,比较偏重《释量论》等知识论内容,对此论的研究较少,故本文作一初步的解读和分析。[②]

《诤正理论》是法称"因明七论"之一,11世纪印度学者迦那希巴扎和西藏学者格维洛周合译为藏文,名《辩难正理品》。法尊法师所译僧成的《正理庄严论》中译为《辨理论》。寂护和律天分别著有《辩难正理论注疏》,亦都译成有藏文本。近代以来,国外学者已从梵文本译成英、德、印地、日文等多种文本。也有众多的研究成果,2020年维也纳奥地利科学院出版的《In Reverberations of Dharmakitis Philosophy》是其代表作。其中有印度普那大学秦乔芮(Chinchore)的《法称〈论议正理品类论〉正理学派与佛教争论一瞥》(232页,*Vādanyāya: A Glimpse of Nyāya v. s. Buddhist Controversy*, *Bibliotheca Indo-Buddhica Series* No. 36, Delhi: Sri Satguru Publications 1988),是作者1982年在印度普那大学

---

① 《诤正理论》的研究,有律天的《诤正理论释》、寂护的《诤理论释》,此二著还仅存藏文本。从20世纪30年代起,国外就有相关的德、英、印地语、日等多种文译本。202年维也纳奥地利科学出版社的《In Reverberations of Dharmakirti's Philosophy》中有三篇专述论文。2020年贵州民族大学甘伟有获国家社科基金资助项目《法称〈诤正理论〉译释及研究》。
② 本文所依据的是韩镜清从藏文译出的手写本,进行了整理和局部的标点,该论收于《韩镜清翻译手稿》第二辑。

(University of Poona)博士论文《佛教论理学研究：法称〈论议正理品类论〉专研》(Study of Buddhist Logic with Special Reference to Vādanyāya by Dharmakīrti)改写，该书认为《诤正理论》是法称批评以前的正理学派对堕负的理解。日本学者佐佐木亮(Ryo)也认为《诤正理论》是法称对正理派过失理论的批判。把批判正理派的 22 种负处作为《诤正理论》的主旨，国内有学者也沿袭了此说。①

法称《诤正理论》在国内很少有人研究，尤其在汉语学界。汉文译本仅有韩镜清的手写本，收于《韩镜清翻译手稿》第二辑，甘肃民族出版社，2011 年出版。仅从此译稿而言，上述看法是不成立的，《诤正理论》并不以反破正理派的堕负论为主旨，而是正面构建了法称的一个论辩学体系。分述如下：

首先，需要对论题《诤正理论》要有一个正确理解，这里的"诤"是什么含义？"正理"又是什么含义？如果把"诤"看作动词破斥、责难，把"正理"理解为名词"正理派"，这样就误解成动宾结构的"破斥正理派理论"。而正确的理解，"诤"应是一个形容词即"论辩的"，"正理"是指正确的理论，二者是一个偏正结构，形容词修饰名词，成"论辩的正确理论"。国外的学者把此论名译为"议论正理论"，"议论"就是论辩。

韩镜清译书名为《诤"论正理"论》，第一个"论"字下又有"轨"，可解读为《诤"论轨正理"论》，"论轨"即是论辩的规则，"正理"即是正确的，"诤……论"说明该书是讨论正确论辩规则的。

《诤正理论》首颂：

　　不说能立之支分　　不说过失二者等

---

① 参见刘宇光《西方学界的佛教论理学—知识论研究现况回顾》，《汉语佛学评论（第一辑）》，上海古籍出版社，2009 年，第 239—240 页；甘肃《法称〈诤正理论〉的版本、结构和思想》，收于《第十七届全国因明学术研讨会报告》，陕西法门寺，2023 年。

>即断绝彼之所宜　其他非理故不许[1]

这是说论辩中缺失能立论式或不能指出对方过失,这二者都不可取(即似能立和似能破)。除此之外的都是不合理的须"断绝"。以下是对首颂的解释:

"能立者即能立所许之义。彼之能立者即是支分。说彼者即说能立支分。"[2]能立须以支分表达。"不说彼之诤论者即断绝之所宜。"[3]又未说能破处。此二者都应断绝。

"许此已,而诤论者谓由无有辩才有不说故,或能立支分无有功效故。谓非现量能立支分,谓自体、果法及不可得。"[4]此类情况包括无辩才在反驳中不能指出对方过失,以及己方能立论式无功效:非现量能立自体因、果因、不可得因。法称《诤正理论》并未明分章节,有学者把其分为立自宗和破异执两部分,并把第二部分看成是对《正理经》22种负处的批判。

分两部分是可以的,但不能分为立自宗和破异执两部分。实际上法称全文都有正面立论和反破敌论,但均未明确指出反驳的对象。第一部分应是讲如何正确地立论,第二部分是从论辩的胜负讲如何正确地反驳。我们分为:

一、论辩中的能立和似能立

1. 能立支分无功效

(1)自体因不成立

"此中功能者谓善成立由所成立周遍已,能成立于有法中为

---

[1] 《韩镜清翻译手稿》第二辑,第44页。
[2] 《韩镜清翻译手稿》第二辑,第44页。
[3] 《韩镜清翻译手稿》第二辑,第44页。
[4] 《韩镜清翻译手稿》第二辑,第44页。

有,如是若有此或所作即彼一切为无常,例如瓶等。如说言声亦为有或所作。"①这里是指满足因第一相,"善成立""能成立"即因法,"所成立"即宗。如说:"声无常,以有故或所作故,凡所作皆无常,如瓶。"因法"有"或"所作"包含宗有法"声"在内。

"亦唯由此为唯能成立法之随行,谓当成就为所成立法自体之因相状。"②只有在这种情况下"说因宗所随",此为自体因。这里是因第二相。

"若于此中不观见亦非是能量者(则)若由是故于次第及一齐不应理性中由无功能此不成就周遍故,于前因相亦无周遍。"③相反,如于此中不观见(因宗相随)也不是能量者,由此因"于次第及一齐不应理性中"无功能故不成就宗因间的周遍,"前因相"是指第二相不成立。

(2) 果法因不成立

"果法之因相亦成立为能成立支分若谓果法之因相当成立因法故。"④果法之因可成能立支分。

"若彼为所许即与此为俱时成立因法及果法之事者谓由能立事及无事等之能量等极善成就,例如此若有者则此当生起,虽已有与彼相异之功能所有因法等,但彼无则此当无。"无果法因则能立支分不成立。

(3) 不可得因不成立

"于不可得中亦由了知者可得不成为所触者之现量相反而亦不成就为无故。"⑤根据现量所触非无,则此不可得因不成就。

---

① 《韩镜清翻译手稿》第二辑,第44页。
② 《韩镜清翻译手稿》第二辑,第45页。
③ 《韩镜清翻译手稿》第二辑,第45页。
④ 《韩镜清翻译手稿》第二辑,第46页。
⑤ 《韩镜清翻译手稿》第二辑,第47页。

2. 名言和对象的关系(名实、言义、声事)

论辩离不开语言,从认识论上必须先明确名实关系。

(1) 名言不等于境事

"若谓慧、声及能作为义等为说有之语言而相反为说无之语言者则依作如是说之慧所有显现为说有之语言,而此相反之境界为说无之语言。非现量之境界依由某些因相而生起亦成为说有之语言,而说无之语言者谓与彼相反时为不决定,谓为于隔断之义中为了知者之现量抑或与彼之能量相反者为不决定。"[①]这是"慧"(即知觉)用声音、语言来显示对象的"有",或者相反的"无"。但当不是由现量所缘,而是由"某些因相"(即由比量或圣教量所知的隐秘对象)所表达的"有"同时又为"无",那么对象是否存在就不能确定了。

这是说当言语中说有与无并有,从现量所得可成决定,否则不决定。总之言说不等于对象一定实在,意蕴着名言、声音可能为主观假立。

(2) 名言和声音是相属于"事之境界",由"事"之功能而转生

"有见等声者非是具有种种事之境界,由摄于一故。若谓虽为种种境界然摄于一为彼之因由,由与彼相属故者则……由答者染著事故能充作众多具有相属,我体之声依彼诸种种而许可。"[②]

"彼若由此功能之差别能充作种种具有相属故即由此何故不能生起种种不同声耶? 若如是者则由此沿袭而寻求之烟当遍捐弃。若无有能生起种种不同声之功能者则亦不成为能充作种种不同具有相属。若于彼等中既无有能充作者则亦不成就彼之具有相

---

① 《韩镜清翻译手稿》第二辑,第48页。
② 《韩镜清翻译手稿》第二辑,第48—49页。

属性。"①这是说虽声等非境界,然与其有相属,依之功能而生成。

(3) 名言、声音是诠表一类对象的共相

外问:"于此所谓瓶中等体能充作一义之作用时当说一瓶之声分别为他义何所须耶?"

答:"虽为众多然当能充作一义之作用眼等。为显示彼之功能故此中当说言一声亦当决定相应之正理亦观见。"这是说虽有众多瓶,但被眼缘知时只是"瓶"的一个义境,故只说"瓶"声即可,也就是一个"总义"成一个"总声"。

"由显示能充作彼诸之一义所有功能故,彼绪声决定相应共相之声同一语句亦非相违。若谓彼诸俱起之功能亦为一而非各各所有者则于聚集之声或一聚集之所诠即同一语句,如所说瓶。"②这是说"瓶"的语言、声音是诠一类对象之共相。

(4) 如能作义不同,则成不同名言、声音

"能作为义不同,依钻钻火木之分住不同,毛绒、马粪、草及木等之功能不同,如是为其缘能生起自体不同故,彼诸毛绒等之义作用不同。由彼等说慧及声之不同。"③这里实际上区别"自体"和"功能"两个层次,依自体而有功能,有功能即成共相,依共相而有名言,故自体不同才须有不同名言,但名言并不直接对应境事。

(5) 名言与对象之同在依事功能而起之名言,异在名言非实体

"彼等者谓诸事之不同,并远离彼等者谓无有不同,例如乐等及功能之分住等同一我体,若异行相者则无有不同及无不同之相状故,当无有不同及无不同安立,若彼之自体所有善生起者即是非不同,而与彼相反等者即是不同,例如瓶者由依泥等之自体生起,

————————
① 《韩镜清翻译手稿》第二辑,第49页。
② 《韩镜清翻译手稿》第二辑,第49页。
③ 《韩镜清翻译手稿》第二辑,第52页。

是故非是不同,相反者即不同。若谓此所说如乐及苦者即是不同及无不同之相状,因此无有相违者,则瓶之善生起者非是泥之自体,然而有些泥之自体即是瓶之自体。于三世中非是一泥之自体,了别识各自显现不同故,及通过分住不同及各自之义作用不同为门,实之自体不同故。"① 这是说瓶之自体为泥,苦乐之自体非泥,故瓶与泥无不同,苦乐与泥不同。总之,从名言、声音到行相(共相),到功能,最后才到义境自体。说明自体实在,但名言是"依他起性",非真非假,亦有亦无,从其生于自体而言非无、非假,从其并非实体而言又是非有、非真。

(6) 名、实之间的同与不同

有问:"所依能依等不同不可得者如是不成?"

答:"依功能无善生功能之自体,故与彼之自体性不成为无有不同故。由彼等显示转变之答言。"

又问:"若谓若彼亦成为遍计即此若由彼转变,即此与彼非不同者,则功能之自体若非转变者,由此所说转变者当显示何者耶?"这是说"言"是"遍计所执",如是依自体而转起,又与自体不同,自体本身非转起者。

又问:"若谓与其他实之分住法相反及其他法善起为转变者,则若彼为他法即此成为相反及善生起即此为唯彼实之分住耶?或与彼为异义耶?由无有异分别故。"

又问:如果与其他实在法相反者,及由其他法正确地转变而起的,那么仅此自体为实在?或与此异义?由于彼此没有差别。

答:"若彼即唯是此者,则由彼停住故无相反及离当此即是等,所说其他具有分住之法者亦不成就。即此无有观,此不成为彼之

---

① 《韩镜清翻译手稿》第二辑,第55页。

不同所观待所有法。"这是说如果说其他的就是此自体,那么此自体"停住"故无相反者及离开者等,那么"他具有分住"之法不存在。意即如全同,则不存在转生者。

"又若法与实为异义者则彼法之相反及善生起等若非实之转变者则成为异义相反及善生起等者非是异义之转变,于心所中亦成为过故。不成就所说实之法中相属之声所有语言,由无有相属故。"如认为言与实二者全异,则无转变、相属关系。那么在何种意义上讲名、实的相属关系呢?

"若谓然而实之安排者乃异分住,由不同性不得故者,非然,拳者乃具有指等之差别故。是指某些为拳而非一切,拳者非是与伸指无差别之自体,于拳及指二分住中当成为亦属二者过故。所有不同成为即此之自体,即唯此以事之不同为相状,如乐及苦。虽生起变易之差别但伸张开之指体可得,若生起其他无变迁自体义者当成为其他行相无有可得故。岂非说言唯实非是无百不同之分住且尔亦非与实为异义耶?虽已说言然此非应道理,谓有性之事非有远离即此性及相异性之其他行相。由彼等具有以事更互捐弃而安定住为相状故,若无其他捐弃其一则无有故。于各各刹那中坏灭之指等伸张开性为相异而拳亦为相异。此中拳等之声者谓具有差别之境界,而指之声者谓具有共相之境界,如种子及芽等之声以及谷等之声亦尔。是故指伸张性非是拳。"[1]名言与对象的拳指之喻"拳者乃具有指等之差别""指伸张性非是拳"。

(7) 自体有能作义,名言无能作义

"若泥球中为有瓶者云何于彼分住中如后时无有所缘或能作为义?若谓明显无有善生起故者,则由有能作即此由作用之瓶故

---

[1] 以上均引自《韩镜清翻译手稿》第二辑,第56—58页。

及由彼之色先时无有故,云何有瓶耶?"①泥有能作义,瓶无能作义,比喻自体能转生起共相、名言,名言则"无有善生起"。

3. 不说能立支分过失

"依彼之支分宗法等句若不说彼为一者则亦即不说能成立之支分,彼亦为断绝辩论之所宜,不说者谓由不说因相之自体便无有能成立故。"②未把因相"自体",即因支说出来,成缺支过失。

4. 非能立支分过失

（1）宗、结非能立

"再者非是即此能立之支分,谓宗、及结等非是能成立之支分,谓断绝构成能成立言语所有辩论之所宜,由能诠无义故。"③这是说宗支、结支非能立支分。

（2）似因非能立

"再者非是成就能立之支分者谓不成就、或相违或不决定之似因相。以说彼为辩论亦为断绝之所宜,由安排无有功能故。"④不成因、相违因、不定因都不是能立支分。

（3）似喻非能立

"如是无有所成立等、无有随行、不显示随行等亦是断绝似喻以说非能成立支分为辩论之所宜,由安排无有功能故。由彼等不能显示因相之相属,由不善显示功能故。"⑤

（4）立宗不可顺便

立宗的过失：立宗不能"顺便"随意,如讲佛教的来由,这是

---

① 《韩镜清翻译手稿》第二辑,第59页。
② 《韩镜清翻译手稿》第二辑,第59页。
③ 《韩镜清翻译手稿》第二辑,第60页。
④ 《韩镜清翻译手稿》第二辑,第60页。
⑤ 《韩镜清翻译手稿》第二辑,第60页。

《正理经》中第21种负处"离宗义"。"若许知者无有过失,安排许知之义已,顺便说言异异等者谓非是立为外敌及说理之主人所(执),唯能简别彼等所说。当能作为其些义时非顺便到来,当能成立此说我时此歌舞等亦顺便而来此故。"①

二、论辩的胜负及似能破

总分二类,一是不说外论过失,二是说非过失为过失,法称并未对论辩胜负情况明确分类,为方便叙述,本文暂分为34种:

1. 不说外论过失

"如是不说能成立支分之辩论为断绝之所宜者,若外论已了悟之事则可成,而若不尔,则二者一亦不成胜反败。不说外论过失为断绝之所宜。"②此为《正理经》负处19"于堕负处不显堕负",《如实论》称之为"勿视应可责难处"。

2. 能立言不能使诸他人了悟为不能破

"又能成立过失欠缺不全、不成就、不决定性及许为能成立辩论性之义相反之能成立以及喻过失等,由不说言不显示彼等并不能使诸他人了悟故辩论即为失败之所依。"③

3. 又彼于能成立中无有过失或不能显过失者为不能破

"又彼于能成立中无有过失故,即便具有过失若外论未显示过失者失败之安立不如理,由即彼等依观待更互破坏功能而能树立胜利及失败故。"④这里分两种情况,一是《正理经》负处16"不能难",《如实论》为"不解难",是以我论无过或外论未显我过而外论

---

① 《韩镜清翻译手稿》第二辑,第61页。
② 《韩镜清翻译手稿》第二辑,第63页。
③ 《韩镜清翻译手稿》第二辑,第63—64页。
④ 《韩镜清翻译手稿》第二辑,第64页。

不可难破我。20"非处说堕负"。二是《如实论》为"责唯不可责难处"。此过非我论之过,而是敌论之过。

4. 不能显示说谎、傲慢、自赞而诽他

"当摄受他人时而转起者不能显示说谎、傲慢、自赞而诽他等不实之语言。"①这是辩德方面的要求,在无著的《瑜伽师地论》等著作中已有表述。

5. 依暴力不能取辩胜,只有通过言说确实过失门与邪悟相反者即是制胜外论

"若当说由拳、掌、兵刃所击亦由火等者此非维护真实性之殊胜方便,谓由诸胜士能善显示能立及能斥似能成立乃为护其真实性之方便。……是故由新摄受他故,善显真实性者即胜利,通过言说确实过失门与邪悟相反者即是制胜外论。"②

6. 外无损害

"再者若彼于能成中为过失者即此于成就外许为能成立性义无损害故。"③不能"损害"外论的"能成立性义",即不能破斥敌方的论据。这种情况或者是敌方本无过,即《正理经》负处19"勿视应可责难处"。也可能是敌方有过而我不能显,即《如实论》"于堕负处不显堕负"。

7. 能破斥外许为外论失败

"由辩论者善显示说似彼过失性者当说外论失败,即后宗之能成立无过失性。"④这是正确的能破外论而获胜,此非负处。

8. 能立虽有过失,但胜败不分

"即便具有过失但于能成立中从二者为一亦非胜利及失败等,

---

① 《韩镜清翻译手稿》第二辑,第64页。
② 《韩镜清翻译手稿》第二辑,第65页。
③ 《韩镜清翻译手稿》第二辑,第65页。
④ 《韩镜清翻译手稿》第二辑,第66页。

由无能通达真实性体故,及说言过失无有性故。""无能通达真实性体"是失败,但"说言过失无有性"又非失败,故胜败不分,亦非负处。这种情况前人未有所说。

9. 没有对立的敌论且自宗能成立为辩胜

"无有能对治分并自宗已成就等者当成为胜利。"①非负处,这种情况前人未有所说。

10. 外论似能破即我胜外败

"当由辩论者说无有过失之能成立时,外论说似过失者则说似能破性故即是胜利及失败等而不成为其他行相。"②外论犯《正理经》负处20"责难不可责难处"。

11. 外论所说为真实,但不能正确显示,外论不胜

"虽已说事之真实性但通过由能对治分能破为门不能显示真实故,外论亦于此中非成为胜利,由能邪显示事故。"③这是语言表达上的过失,《正理经》《如实论》称之为"无义"。"外论不胜"亦非我负处。

12. 把异喻作同喻,不能证自宗

"此中异喻法若许为自喻者则为损害宗言,于此所谓断绝之所宜中不破斥能解释者之思量已,即此说当显示符合能(说)解者之部分。"④如立声常,根共相所举故,如瓶。瓶无常,是异品,却当作同品,由此不能证宗。此即古因明误难中的"同法相似""同相难"。此过《如实论》称之为"坏自义",《正理论》为负处1"坏宗"。

---

① 《韩镜清翻译手稿》第二辑,第66页。
② 《韩镜清翻译手稿》第二辑,第66页。
③ 《韩镜清翻译手稿》第二辑,第66页。
④ 《韩镜清翻译手稿》第二辑,第66—67页。

13. 放弃自宗许他宗为失败

"通过其他行相为门亦说因相之过失及可有性,由说能成立能对治分故亦当放弃自宗及当许他宗。即唯亦是以损害自宗为主要因由。由如是显示故即是已损害宗言性,损害亦即失败。"①"放弃自宗及当许他宗"这就是《正理经》负处4"舍宗",《如实论》称"舍自立义"之过失。

14. 宗、因相违

"宗言与因相相违者即是与宗相违,例如所谓依功德言不了知之实者为宗。所谓依色等而义不可得故者为因相,彼与此中宗与因相相违。"

"即由此亦显亦与宗相违,若于是处宗与自句当成相违者例如说言近事女为孕妇或无有我。"

"亦与因相相违,若于是处宗损害因相者例如说言一切是不同,由于聚集中配合事之声故。"②

这里分三种情况,(1)宗有法"功德",宗法为"不了知之实","色等不可得"为因法,功德非色,故宗与因相违。(2)宗言"近事女为孕妇"或"近事女无有我",孕妇不可适房事,就不是"近事女",宗言与"自宗相违"。(3)与因相相违,宗言"一切是不同",因相"由于聚集中配合事之声"。以上"宗、因相违"的过失,此过《如实论》称之为"因与所立义相违",《正理经》为负处3"矛盾宗"。

15. 因相与喻、因相与能量、宗与能量相违

"因相亦与喻相违,谓若非是共同者于二者中不转及相违性,又若于异法中转起者。因相与能量相违者例如说言非不能燃,由冷故,即不成就之似因相。宗及能量相违者谓过自句为门而说。

---

① 《韩镜清翻译手稿》第二辑,第67页。
② 以上引自《韩镜清翻译手稿》第二辑,第70—71页。

彼诸能成立一切为似因相内所摄故。"①因相与喻相违,即因法和同喻依在外延上无交集甚至是排斥关系,或是同喻依实际上是异品。因相与能量相违,"非不能燃"从能量上即是"能燃",能燃是热,与因相"冷"相违。宗与能量相违即立宗"现量相违",如言"声非所闻","所闻"即能量。以上三种实际上也都可摄入《正理经》负处22似因。

16. 语言有无义性与"断绝"

外问:"若谓成立所成立时此具有义,若彼丝毫义亦无即此许为无义,则说彼非辩论即有些为无义何故非是所断绝?"②断绝即是能立不成立,这"有义""无义"和"有些无义非是所断绝"三种情况。"有义"非断绝,但"无义"却要区别,其中有些为非断绝,如:"一切显示字母次第非无义性,由于某些行相中亦有义性故。"③这是说在"无义"语中有些是《正理经》《如实论》负处7"无义"。

17. 极速语三说也不能被了知

"于诸聚集及外论中虽说三次,但不知性即是不知义性,若于聚集及外论中说三次者则不知即所谓具垢细声结构,非所了知,极速言说由如是等因法所有言语结构不知其义故由成立为无义故,于此所谓合者为断绝之所宜中此者与无义性无不同,尔时当说与彼之真实相属所有能了悟性而此中非是无有功能。"④《方便心论》中列为"言轻疾":言词过分轻细而快速"听者不悟,亦堕负处"。此过为《正理经》负处8"不可解义",《如实论》"有义不可解"。

---

① 《韩镜清翻译手稿》第二辑,第76页。
② 《韩镜清翻译手稿》第二辑,第80页。
③ 《韩镜清翻译手稿》第二辑,第81页。
④ 《韩镜清翻译手稿》第二辑,第81页。

18. 由愚者因依聚集等不知故，不能断绝外论

外问："若谓由聚集之智慧说无有断故为断绝之所宜者，则由辩论者显示正理愚者不知时，何故不能断绝外论？"

答："由愚者因依聚集等不知故，及由辩论不能显示故非当胜利，而非断绝之所宜。"① 这是指在面对"愚者"时，尽管是正确的显示，但不能了悟对方，虽非断绝，但也不能说辩胜。《遮罗迦本集》已明确于"愚众"不与辩论。此非负处。

19. 言语前后缺乏一贯性

"由前后无有相属故无相属者即与义远离，若于是处众多句及言语前后非有相属故，当无相属之义性中所摄取，此者与聚集之义远离故即与义远离，所谓小儿等之言语。"② 小儿胡言，言语前后杂乱，不能表达一定的词义，好比杂乱的字母排列。《方便心论》则列有"有义理而无次第"，《正理经》负处9"缺义"，《如实论》为"无道理义"。

20. 非应时语

"于显示此中所摄时过失或于善思择时其他功能都不观见故，彼则何者亦非。"③ 这是"摄时过失"。

支分颠倒一种是过失："若由支分颠倒故而说者则非及时，如其宗等之相状如是由义增上而为次第，此中通过支分颠倒为门而说即是断绝之所宜。"④ 另一种不构成过失："例如于此所谓牛之语词义中能善融合所谓次第词时由能显具有肉峰等之义故，随解说声非为无义，由此语句当通达牛之声体，依牛之声具有肉峰等之义

---

① 《韩镜清翻译手稿》第二辑，第81页。
② 《韩镜清翻译手稿》第二辑，第82页。
③ 《韩镜清翻译手稿》第二辑，第82页。
④ 《韩镜清翻译手稿》第二辑，第82页。

亦尔。如是由与宗等相反为次第及依次第当达义。"《方便心论》中有"语颠倒"。《正理经》负处 10"不至时",亦是此义。《如实论》也称为"不至时",但进一步明确"立义已被破,后时立因,名不至时。"如"屋被烧竟,更求水救之"。

21. 声残缺

外问:"若彼为声及残缺谓二者唯此当知者则由了别雅声及俗声故即由彼所有非知为鼻音者云何依残缺声当通达声并当通达义耶?"①

答:"虽有功德之殊异,但不当作如是随顺解说之功力,彼之自体亦依他成就故,如普通语、残缺语、飞翔语(中间漏音?)及类阿语(果阿之声即罗汉之声、雅声)。方言等者谓非有相状,然而由传统语句之增上力彼等由世间人如是知并亦知彼之结构及状态,如是亦当知善构成之声。"②残缺语、方言等在表达上有缺陷。无著《瑜伽师地论·本地分》也提出"不鄙漏"即要在论辩中使用通俗的语言,不能用冷僻的土语、方言或者是粗俗的下层社会语言。此过《如实论》称"不具足分",即《正理经》负处 11"缺减"。但本文认为"由世间人如是知并亦知彼之结构及状态,如是亦当知善构成之声"不作为负处。

22. 缺支

"若无任何支分者即题缺不全,若于此言语中诸宗等之一支另若无者即此言语欠缺不全,若无能成成立者即成立不成就故。"③

"若无有宗言非欠缺不全,显示即使无彼亦有了知故。"④虽无

---

① 《韩镜清翻译手稿》第二辑,第 83 页。
② 《韩镜清翻译手稿》第二辑,第 84 页。
③ 《韩镜清翻译手稿》第二辑,第 85—86 页。
④ 《韩镜清翻译手稿》第二辑,第 86 页。

宗言,但不是缺支。宗支可省略,但全部支分均无即是"缺减"过失。《如实论》称不"具足分",《正理经》为负处11"缺减"。

23. 声义不配合

"若有说言即使无有为相状亦是所当断绝者,可所了知义之能成立中若彼声无义配合即此当成为宜断绝。非是说为具有义故。"①语言与语义不一致。

24. 重说

"与随说异声与义重复再说者谓重说,如说声无常、声无常,重复说义者谓如说声无常,声为具有灭法。此中不当另外声重复说,由依重复说句体了知义故。"②《方便心论》列为"义重"。《如实论》说为"重说",《正理经》为负处13"重言"。

25. 一词多义

"于义不同而声相同时丝毫无有过失,例如说言若主人变为豪奴者则(藏文)为极甚(藏文)。"法称认为这不是过失。但《遮罗迦本集》称之为"言辞的诡辩":"例如有人说:'这位医生穿新(九)衣。'这时医生说:'我没有穿九(新)衣,我穿的是一衣。'那人说:'我没有说你穿九衣,不过你做了(九件)新的。'医生说:'我没有做九件衣呀!'如此说来说去的,就是言辞的诡辩。"③这是利用梵语"那婆"(nava)一词的多义性来作诡辩的例子。"那婆"有四名(义):一名新,二名九,三名非汝所有,四名、穿。

26. 诸权威中由奋力所显示为胜

"而若谓由非奋力所显示故再相反亦当断绝者,非然,由于诸

---

① 《韩镜清翻译手稿》第二辑,第86页。
② 《韩镜清翻译手稿》第二辑,第86页。
③ 沈剑英《佛教逻辑研究》,第608页。

权威中由奋力所显示性故"。①

27. 无有说答言

"于聚集时知说三答无彼说答言,此即无随说,如由聚集知辩论若说答言之言说义若彼无有说答言,即此说为无有随说,乃断绝之所宜。"②《方便心论》中为"应答不答"过。《如实论》和《正理经》都为负处 14"不能诵"。

28. 不知

"无有了知答言非是非所引申,因此无有随说之能差别所有无有辩才由说为断绝之所宜故即为无有随说性,如于牛中言说,具有垂肉等之花斑性。是故无有辩才性当说为断绝之所依性而非是无有随说。"③

"不知答言者非是无知,然而不知境界即是无知,由于知境界时无有答言者故。"④这里区分了"答言"和"答言之境界",后者应是指答言所回答的具体问题。"不知答言"是指不知答言之词义,而不知答言之境界,是不知所净之题,故为真无知。

"于诸根之耳中由低语及困难故由无有了解速作结等为害外论,如是由昧于能了知答言故当成为不说。能使他人焦恼之次第丝毫道理亦非为有,由此为与具垢无了知之结构及速说相反并能说三答言,由当焦恼他人故所说不成为优胜转起或能作论典等已显示讫。"⑤《正理经》为负处 15"不知",《如实论》称"不解义"。

---

① 《韩镜清翻译手稿》第二辑,第87页。
② 《韩镜清翻译手稿》第二辑,第88页。
③ 《韩镜清翻译手稿》第二辑,第90页。
④ 《韩镜清翻译手稿》第二辑,第92页。
⑤ 《韩镜清翻译手稿》第二辑,第91页。

29. 遍抛弃

"贪著作为己,能使简别诤论分散,尔时若少许亦贪著作为己,能简别诤论者谓若此是我之作为者则遍抛弃,并由依此故后时所作之病等虚伪及由我之上颚如是等中止语故此者即说分散为断绝之所宜。"①这属于佛家的辩德要求,《瑜伽师地论》说辩者应"心无损恼""善护自心令无忿怒"。《如实论》为"立方便避",《正理经》为负处 17"避遁"。

30. 相符极成过

"若谓决定无疑唯于能成立及能破斥等中非一切诤论转起,一切辩论及外论非确实转起不当成为似因相或无有辩才内部所摄而通过无有相属之种种诤论为门亦当成为诤论者,非然,由不可有故。若于一之所依中许相违者则当成为诤论,而不许相违,及由于无有所许等中无有诤论故。"②立宗"不许相违"这是指"相符极成"的宗过。

31. 不说能立支分为失败

"说为无所有成立之能立者即作为是显示:显示无有言说其他等亦为失败者谓于许为诤论时不说能成立之支分故。彼等乃说多余、一再重说及宗等之句为断绝之所依。能成立者谓乃具有以能使了知者了知为相状之境界故,所谓不说能成立支分即是断绝之所宜。"

什么是能成立?法称是从论辩的了悟功能而言的,这仍是"缺减"过。

32. 强加于人为似能破

"他人所说之过失无有能破而能说此汝所有亦是过失,侧如说乃汝之强盗,由是士夫性故,而由彼于此又重说言汝亦尔。由彼许

① 《韩镜清翻译手稿》第二辑,第93页。
② 《韩镜清翻译手稿》第二辑,第94页。

自宗之过失已,于彼他宗之过失中能善随应者能许他人意故。"①陈那说的 14 过类皆是。

33. 退出辩论

"于已获得断绝时不断绝者谓能抛弃辩论而观察,所谓辩论而观察者即显示断绝之道理,能抛弃彼者谓当获得断绝时不能随应。又此于诸(眷)属当中说问言何者失败,而自之过失不当解释为获得断绝。若又于此中获得断绝辩论之能成立时外论又随应辩论而观察者即是无辩才性,由不知此之答言故抛弃辩论与观察者非是乃外断绝之所宜,即使由正理审思,亦从此二于其一中此亦非有胜利及失败。由似能成立又显示故,及无有言说确实过失故。能诠少分过失及非少分,尔时非应断绝,由了知答言故。"②此过《如实论》为"于堕负处不显堕负",《正理经》为负处 19 勿"视应可责难处"。亦包含了《正理经》负处 17"避遁"。

34. 以似能立去破真过失

"述说答言说似过失,而由自之能成立,无有捐弃,由不能成立能成立性故,非是辩论胜利,由能成立支分无有一切过失善显示乃不成立故。外论亦无有能显示确实过失故非是。是故如是所谓抛弃辩论与观察非是失败之所依。"③

"当说外论能成立之确实过失时由他人依似过失句现构成,及由彼显示确实过失时依似能立句为所断绝故。"④《方便心论》称之为"彼义短缺,而不觉知"。为了进一步说明问题,我们将列一表格进行比较:

---

① 《韩镜清翻译手稿》第二辑,第 95 页。
② 《韩镜清翻译手稿》第二辑,第 96 页。
③ 《韩镜清翻译手稿》第二辑,第 97 页。
④ 《韩镜清翻译手稿》第二辑,第 97 页。

诤正理论	是否负处	正理经	如实论	其他论著
1. 不说外论过失	是	19. 于堕负处不显堕负	勿视应可责难处	
2. 能立言不能使诸他人了悟为不能破	是			
3. 又彼于能成立中无有过失或不能显过失者为不能破	是	16. 不能难	不解难	
4. 不能显示说谎、傲慢、自赞而诽他	是	20. 非处说堕负	责唯不可责难处	无著《瑜伽师地论》等
5. 依暴力不能取辩胜，只有通过言说确实过失门与邪悟相反者即是制胜外论	是	16. 不能难	不能难	
6. 外无损害	是	19. 勿视应可责难处	于堕负处不显堕负	
7. 能破斥外许为外论失败	否			
8. 我能立虽有过失，但胜败不分	否			
9. 没有对立的敌论且自宗能成立为辩胜	否			

续 表

诤正理论	是否负处	正理经	如实论	其他论著
10. 外论似能破即我胜外败	是	20. 责难不可责难处	非处说堕负	
11. 外论所说为真实,但不能正确显示,外论不胜	否			
12. 把异喻作同喻,不能证自宗	是	1. 坏宗	1. 坏自立义	
13. 放弃自宗许他宗	是	4. 舍宗	4. 舍自立义	《方便心论》舍本宗 《遮罗迦本集》坏宗
14. 宗因相相违	是	3. 矛盾宗	3. 因与立义相违	《遮罗迦本集》离义
15. 因相与喻、因相与能量、宗与能量相违	是	22. 似因	22. 似因	《遮罗迦本集》非因 《方便心论》立因不正
16. 语言有无义性与"断绝"	是	7. 无义	7. 无义	《方便心论》无语 《遮罗迦本集》无义
17. 极速语三说不能被了知	是	8. 不可解义	8. 有义不解	《方便心论》"言轻疾"

续 表

诤正理论	是否负处	正理经	如实论	其他论著
18. 由愚者因依聚集等不知故，不能断绝外论	否			《遮罗迦本集》处愚众不辩
19. 言语前后缺乏一贯性	是	9. 缺义	9. 无道理义	《方便心论》"有义理而无次第"《遮罗迦本集》离义
20. 非应时语	是	10. 不至时	10. 不至时	《方便心论》中有"语颠倒"
21. 声残缺	否			无著《瑜伽师地论》"不鄙漏"
22. 缺支	是	11. 缺减	11. 不具足分	《方便心论》语少《遮罗迦本集》缺减
23. 声义不配合	是			
24. 重说	是	13. 重言	13. 重说	《方便心论》"义重"《遮罗迦本集》重言
25. 一词多义	是			《遮罗迦本集》言辞的诡辩
26. 诸权威中由奋力所显示为胜	否			
27. 无有说答言	是	14. 不能诵	14. 不能诵	

续　表

诤正理论	是否负处	正理经	如实论	其他论著
28. 不知	是	15. 不知	15. 不解义	《遮罗迦本集》不了知 《方便心论》众人悉解而独不悟
29. 遍抛弃	是	17. 避遁	17. 立方便避	
30. 相符极成过	是			"相符极成"宗过
31. 不说能立为失败	是	11. 缺减	11. 不具足分	《方便心论》语少 《遮罗迦本集》缺减
32. 强加于人为似能破	是			陈那"过类"
33. 退出辩论	是	19. 勿视应可责难处	19. 于堕负处不显堕负	
34. 以似能立去破真过失	是			《方便心论》彼义短缺,而不觉知

此34种情况中属负处的共27种,其中采纳于《正理经》和《如实论》的共20种,去除重复的,计有负处1、3、4、8；1、11、13、14、15、16、17、19、20、22共16种。

综上所述,法称对论辩胜负的34种情况的综合归纳是前无古人的,既继承了《正理经》《如实论》的负处分类,也吸取了其他古因明的过失论,更有自己的新创,涵盖了似能立、误难、负处和语言诸方面,而不是专破正理派的负处论。这里需要说明的是世亲《如实论》中的 22 种负处与《正理经》在名目提法及排列次序上几乎完全相同,但从内容上看《如实论》的分析更为详细,故学界一般认为是世亲取《正理经》之说,但《正理经》是一部在长时期中不断被补充的集体著作,其第五篇"负处"成书更晚,也不排除有吸取世亲部分之说而成。

综上可知,《诤正理论》中有 16 种负处可能取于《正理经》,但从《诤正理论》的叙述而言,尚不能确定是直接承续世亲之说,还是兼取两家,但并未见对正理派的直接批驳,说《诤正理论》专破正理派尚缺乏根据。

结颂:

> 即观见此能断诸世明无明翳聚所有
> 此诤论之正理为利胜士由欢喜等说
> 若由是故由无知能障观见此之众生
> 是故此中如实当显明故我奋力著此①

结颂再次明确本论是"诤论之正理"而非专为破斥正理派。

---

① 《韩镜清翻译手稿》第二辑,第 100 页。

第二十章

古因明对藏传因明的影响

汉传因明是由玄奘开创,直接承续于陈那及其弟子天主,奉持大、小二论(陈那的早期因明专著《正理门论》和天主的《入论》)以及无著和世亲的唯识论及唐疏中又保留了大量的古因明资料,对此,汉传因明有的是基本承续,有的则是批判和扬弃。在藏传因明中尚未发现对古印度外道经典的译本,但已有较详细的介绍,如在18世纪的土观·罗桑却季尼玛所著的《土观宗派源流》[①]一书中说:"所有外道的见,判分起来可概括为常见与断见两种。断见的有顺世外道。常见的有数论派、大梵派、遍入天派、弥曼差派、大自在天派、胜论派、正理派、离系派,可共归为八派。"[②]在注解(33)中说:"离系外道:古印度哲学流派之一。主张九句义,以修苦行而求解脱。"[③]注(37)说:"大自在天派,或称涂灰外道。"[④]大梵派应是指"梵我合一"的吠檀多派。这八派大致就是婆罗门教的六派哲学。《土观宗派源流》中还对各派的学说进行了概略介绍。

藏传佛教中又早已译出龙树的《中论》《回诤论》《广破论》

[①] 土观·罗桑却季尼玛《土观宗派源流》,西藏人民出版社,1984年。
[②] 土观·罗桑却季尼玛《土观宗派源流》,第6页。
[③] 土观·罗桑却季尼玛《土观宗派源流》,第249页。
[④] 土观·罗桑却季尼玛《土观宗派源流》,第249页。

（又称精研论），印度泽那弥扎和吐蕃大译审益喜（约8—9世纪）等人从梵文原典藏译并审定无著的《瑜伽师地论》全本（རྒྱ་གར་གྱི་མཁན་པོ་ཛི་ན་མི་ཏྲ། ཞུ་ཆེན་གྱི་ལོ་ཙཱ་བ་བནྡེ་ཡེ་ཤེས་སྡེས་བསྒྱུར་ཅིང་ཞུས་ཏེ་གཏན་ལ་ཕབ་པའོ།）。其中涉及因明的"本地分"共有十七卷。

藏传因明又直接承续于法称及其后学，故陈那、法称因明中对古因明思想的吸取也同样体现在藏传因明中，甚至有些在陈那、法称因明中未保留的古因明思想也被重新加以发扬。

第一节 知 识 论

一、外境实有

宗喀巴的《因明七论入门》说："可知晓或可明了，为外境之性相。堪为心所缘境之物，为所知之性相。由量识所证悟之物，为所量之性相。""外境，从自性方面分为：物与非物，有为与无为，常与无常。"[1]这是从认识角度，相应于心识来界定外境，但并未像唯识那样说境是"内色外显"，也没说由自证分显生相分、见分。在藏传量论中，各家论量，几乎都是把"境"放在第一部分，确有经部实在论的倾向。

作为唯识的立场，所立离不开能立，外境只是内识外显之假立，而能立（识）却可以离开外境。但在藏传因明中却主张能立也离不开所立，这也是经部外境实在论的体现。

二、认识主体

龙朵说："有境：缘虑具有自境的任何一种法（泛指客观事物），又分为：一、补特伽罗，二、心，三、能诠之声。依据自身五

---

[1] 以上均引自杨化群《藏传因明学》，西藏人民出版社，1990年，第51页。

蕴的任何一种所施设（意同叫作）的众生，是补特伽罗的性相（定义）。分为：六道众生（天、人、地狱、饿鬼、畜生、阿修罗）及四生（胎生、卵生、塑生、化生）。二、心：了别。又分为：量与非量，分别与无分别识；错乱与非错乱识，根识，意识，心王，心所。"①这里的"补特伽罗"即是主体"我"，六道众生都有认识主体。这里的"心"，既指认识主体的心王、心所，又兼指量与非量等认识方法和形式。"能诠之声"则是人、神等具有的指称对象，加以遮表的语言认识方法。

普觉巴说认识主体是："依自身五蓝之任何一种而安立之士夫，为其补特伽罗之性相。"②"五蓝"即五蕴，即处于三界之中（界、色界、无色界）各具依报之士夫（主体）。"补特迦罗"即"我"，承认有"我"的认识主体，与古因明诸外道相似了。

三、三种量

宗喀巴说："由现量所见，为所量现实事物之性相，比如青色。由比量所知，为所量隐秘事物之性相，比如青色之无常。或由经验之力观察增益，为前者之性相。或谓由因理之力观察增益，为后者之性相。谓依经过三种观察所订正之圣教所证悟，为所量极隐秘事物之性相，比如：由施造福、守法安乐之圣教所示之义为不虚证。"③这三种观察者，工珠·元旦嘉措说："谓标明现实，不被现量所损害；谓隐密事，不被物力比量所损害；谓极隐事，不被自己前后语言相违所损害。"④陈那新因明只讲现、比二量，藏传因明中现

---

① 龙朵《因明学名义略集》，收于杨化群《藏传因明学》，第286页。
② 杨化群《藏传因明学》，第200页。
③ 杨化群《藏传因明学》，第54页。
④ 杨化群《藏传因明学》，第316页。

量、比量、圣教量并立,是承续了古因明中大乘瑜伽行派的提法,并在所量对象中明确区分为现实事、隐秘事、极隐事三类。

四、比量者依赖于现量

僧成说:"其生此比量智者,必先成立其因三相等诸条件,其能成立因三相者,则依赖五识现量和自证现量也。"①

五、区分量识和量

在藏传因明中在量和非量上又设立一层次,宗喀巴、普觉称之为"知觉",祁顺来称之为"量识",认为识分为量识和非量识,非量识如"已决智"等。在量识中再分量和非量:"量论认为,现识和现量是两个不同的概念,它们之间具有相容关系,即属种关系。现量的外延小于现识的外延,现量囿于现识之中,是现识的组成分,凡是现识不一定就是现量。如此对现识和现量作出明确的界定。"又说:"量识与量因为法称认为'量'必须是新起而不欺诳的,'离分别而不错乱'并没有限定它是新起的和不欺诳的,现识之已决智和现而不定识,都是离分别而不错乱,是现识的一种,但它们不是量识,所以它们就不能成为现量。……经量部与唯识宗都承认'新起而非欺诳的现识'为现量之性相。中观应成派认为,量识不一定新起,一切已决智都是量识。"②这是说量识是"离分别而不错乱",而量要进一步满足"新起而不欺诳"要求,认为古因明中经部和唯识把二者等同,而藏传因明是持中观应成新说,中观应成派的佛护生于540年,月称是6世纪人,他们与陈那同时代或稍晚,故中观应

---

① 僧成《正理庄严论》,收于《民国因明文献研究丛刊》第11辑,知识产权出版社,2015年,第300页。
② 祁顺来《因明学通论》,青海民族出版社,2006年,第132页。

成派已不属于古因明。

六、反对"俱意现量"

在因明史上法称之前主张意现量为第二刹那的有小乘经部、有部,无著的《瑜伽师地论》,而主张第一刹即根俱意的有《解胜密经》,"心意识相品"中说:"六识身转,谓眼识、耳、鼻、舌、身、意识。此中有识,眼及色为缘,生眼识。与眼识俱随行,同行同境,有分别意识转。……若于尔时,一眼识转,即于此时唯有一分别意识与眼识同所行转。若于尔时二、三、四、五诸识身转,即于此时唯有一分意识与五识身同所行转。"[1]其后陈那、护法、汉传因明都持"俱意"说。法称反对俱意现量,藏传因明承续其说,实际上也承续了古因明中的小乘说法。宗喀巴说:"根现识诸后刹那之所以为意根现识,谓由有自境之助伴根现竭作为等无间缘,所生之明了境像离分别复无谬误之认识故。意识者,谓由自之增上缘意根亲生之识,亦即由自之前刹那同类识将逝之际所生之识故,此说合理。"[2]根现识为"前刹那",意现识为"后刹那",二者不俱时,根现量和意现量同此。据说有学者中又把第一刹那中再分为微第一、第二刹那,以作为意现量之后生,其实"微第一刹那"还就是第一刹那,是玩弄概念,并无实质区别。

第二节 逻 辑 论

一、三种异品

在藏传因明中,萨迦班钦之后,宗喀巴《因明七论入门》也把

---

[1] 玄奘译《解深密经》。
[2] 杨化群《藏传因明学》,第 58 页。

异品分为三种："一、其他异品，比如：成立声是无常宗，以所知为异品。二、相违异品，比如：成立声是无常宗，以常住为异品。三、本无异品，比如：成立声是无常宗，以兔角为异品。"①这也是承续了古因明的提法。但又明确只有"直接相违"（矛盾关系）才能作为异喻依。

二、只破不立

应成论式是指因明中专用于反驳的论式，早在龙树的《中论》中已经出现，龙树的后学，特别是佛护、月称这一系总是用这种只破不立的论式去驳斥敌宗，被称为中观应成派。陈那《正理门论》《集量论》中也常有"反破方便""顺成方便"等一些用于论辩的变通论式，但尚未把它们列为正式论式。藏传量论中才成为主体论式。应成论式也分为真、似、破它、断诤等。

三、二次遮诠

遮诠既是佛家的一种语言表达法，更是一种认识方法，古因明中从龙树的"八不"否定到新因明中陈那、法称的遮遣总别，藏传因明的新发展是"二次遮诠"。

萨班的《量理宝藏论》说："由他与自事　作反体总别"长行释云："由不同类反体是总，由彼同类中回返之反体二集聚是别。"②

明性译为："从彼同类中作遮反之二虚体之聚体是别相。"③

就是与他反是总，与他及自反是别，也就是说，只与他反，反一

---

① 杨化群《藏传因明学》，第67页。
② 罗炤译，萨迦班钦著《量理宝藏论》，收于《中国逻辑史资料选·因明卷》，甘肃人民出版社，1991年，第44页。
③ 明性译，萨迦班钦著《量理宝藏论》，东初出版社，1994年，第60页。

次,是总象;不但反他,还反自类,反二次,是别。

这里实际上是从遮返的角度界定了总、别相。

"二集聚"是指对同一对象遮遣两次,先遣除异类的,再遣除同类的,这就只剩下自己一个了,这是别相。比如说要遮诠"松树",第一次排除异类的"非松树",这样留下的只是松树的总相,如再排除"非当下的这棵松树",那么只留下了当下的这一具体的松树,这就是别相。

这种第二次遮遣,未见陈那、法称之说,如果成立,并把此处的别相看作即是自相的话,那么比量在遮诠了共相后亦可间接达到自相。现量现立自相,比量遮得自相,这就是萨班所说的"所量相唯一"了。

四、二支式到五支式

古因明的五支式属于类比推理,新因明的三支式是带有归纳因素的演绎推理,有人在藏传量论中兼收并蓄,形成了多种支式并用的局面。

1. 能立二支式

藏传因明中的应成论式,是省略了喻支的宗、因二支,在立宗之后,便是因的系列。如:

敌立:凡是颜色都是红。

我破一:则以白法螺之颜色作为有法,应是红,是颜色故,因为你已认许红与颜色周遍。

我破二:如果你认为我的这个因不成立,那么仍以白法螺之颜色作为有法,应是颜色,是白色故。

上述论式可简化为:

宗:凡是颜色都是红。

因：是颜色故。

因：是白色故。

这就是个宗因二支式。可举一个因或因的系列。

2. 四支式

普觉《因明学启蒙》中又曾提到过一种四支式，在阐述"真能立语"时，举例云："声有法，无常者，所作性故。继之而言，凡是所作，皆是无常，喻如瓶，声亦是所作也。"① 整理一下，可成为如下四支式：

宗：声无常。

因：所作性故。

喻：凡是所作，皆是无常，如瓶。

合：声亦是所作也。

这实际上是一个省略了结的五支式。

3. 五支式

龙朵《因明学名义略集》云："关于能立语，须具五个支分，唯识家虽不承认，但有些中观家则许之，声无常名立宗；所作性故名，宗法；凡是所作，皆是无常，譬如瓶子名周遍关系；譬如瓶子是所作，声音也是所作，名近返比度；因此，所谓声音是无常名结论。此等即名具备五个支分。"②

五、因三相须有量识认定

藏传因明中对因三相的每一相都须由量识认定，贾曹杰在其《释量论疏解》中："所作性依转于唯无常具备三个量，无需之多。谓认定常和无常为直接相违之量，认定事例所作性之量，止遮常

---

① 杨化群《藏传因明学》，第269页。
② 杨化群《藏传因明学》，第269页。

依转于所作性之量。"①僧成也在其《释量论正理庄严》中同样说："成立后遍和遣遍(即第二相和三相)需具备三个量,谓认定宗法事例之量,认定所立法和所遮法为直接相违之量,止遮宗法依转于所遮法之量。"②这里贾曹杰的论述只涉及后二相,但明确"认定常和无常为直接相违"可以明确同、异品间外延的矛盾关系,避免了"三种异品"说的不确定性。僧成那说法"认定宗法事例之量"应是指第一相"遍是宗法性"。僧成进一步又说："其能成立因三相者,则依赖五识现量和自证现量也。"③由此普觉巴《因明学启蒙》说："谓由量识认定、于成立彼之无过欲知有法上、与立式相符唯有,为成立被宗法之性相。谓由量识认定、唯于成立彼之同品上、与立式相符唯有,为成立彼后遍之性相。谓有量识认定、由与成立彼之直接所立法义体联系之力,于成立彼之异品上、与立式相符唯无,为成立彼遣遍之性相。"④进一步要求每一相都要有三个量识从同有、唯有、必是的认定,如以声无常为例,第一相要有三量决定："一要同有,义为宗法中有斯有法,或'所作'中有'声';换句话说,要'声'是'所作'。二要'唯有',就是唯有'所作'中有'声',非'所作'中就绝对不有'声';换句话说,凡是'声'必是所作。三要对这个前提'是''声'必是'所作'的知识,就是说必须是知道'是''声'必是'所作'的量决定。"⑤在汉传因明中作为论辩中的为他比量,因支、喻支已为立敌共许,故不需再证。而在藏传因明中以为自比量为真比量,在立者的思维过程中当然包括有对前提因、喻支的认识过程。

---

① 嘉曹杰《释量论疏解》,香港天马图书有限公司,2000年,第27页。
② 嘉曹杰《释量论疏解》,第27页。
③ 僧成《正理庄严论》,收于《民国因明文献研究丛刊》第11辑,知识产权出版社,2015年,第300页。
④ 杨化群《藏传因明学》,第232页。
⑤ 欧阳无畏《因类学和量论入门》,内观教育出版,2011年,第13页。

第三节 辩 学

与陈那删略辩学内容不同,藏传因明中保留了大量的古因明辩学,并有所创新。萨迦班钦《量理宝藏论》的最后一品"详析利他比量品"可以说是藏传因明自著中的第一个辩学体系,择要介绍如下①:

一、论辩主体

"诠说能立之承认者为立论者,诠说驳斥之承认者为敌论者,诠释彼二者之胜败,承许为仲裁人。"这是论辩中的三方构成。萨班特别强调:"若是仲裁者,随诠述立敌二者之言语,而不错乱,辩论各派之争执重点,若以文字记录下来,则败者不能抵赖,谓之善巧者。"②这是说作为裁判的职责是判定胜负,而作为评判工作的"善巧"即要能够正确地复述论辩双方的观点,并把争论的重点记录下来,形成书面文字,使失败者无从抵赖。

二、判定胜负的方法

论辩的胜负有三种可能情况,一是"立论者设立真能立,若敌辩者不能揭过,则敌辩者属败方"。二是"立论者设立相似能立,若敌辩者揭真正过,则立论者属败方"。三是"彼设立相似能立,然而敌辩者不能揭过,或诠说相似过,总之若不知拔除立论者之毒刺,则彼二者无胜败"。③ 总之,论辩可分胜败,也可不分胜败。

---

① 其中部分内容引自拙作《因明学说史纲要》(上海三联书店出版社,2000年)第六章《〈量理藏论〉的因明思想》(《量理宝藏论》也译为《量理藏论》,该书中即用后名),有删改、增补。
② 明性译《量理宝藏论》,台北东初出版社,1996年,第454—455页。
③ 明性译《量理宝藏论》,第455页。

《量理宝藏论》又特别介绍了当时西藏学者总结的论辩的16种负处:"'立论者'之答辩方面:① 不答辩;② 诠说有过;③ 不提出质询,共三种。立论者断除过失之时,诠释方面:① 不断除过;② 相似答辩;③ 不适时机之答辩共六种。'敌辩者'质询之时机方面:① 不质询;② 不适当质询;③ 无关之质询三种;揭过之时有三:① 不揭过;② 不适;③ 揭相似过;④ 不适时机之揭过共六种。'仲裁者'有三过:① 不作辨别;② 颠倒辨别;③ 非时机之判结共三种。共同性之过——闻识不专注共十六种。"[1]

萨班认为这种分类:"此不应理。""立论者除'相似因'和'无辩材'外,其他是根本排斥处,不应理。相似因与无辩材二者之词表明一切之故。若摄集于彼二者,则由'功德无差别'之词,转成极成过,极具戏论,谓之无义。仲裁者根本非排斥之旨趣,二辩论者是排斥之重点。"[2]

萨班其后又破斥了《正理经》的二十四种误难和二十二种负处:"印度外道欲许二十二种能破,和二十四种似能破已经遮除。"[3]但此处未展开分析。

三、关于论辩式

"立论者:设置实体之义——立宗、断过之论式二种。敌辩者:随欲质询、揭过之论式二种。仲裁者:随诠说、分胜负之言语二种共六种。"[4]这是按照论辩中主体的不同分为三类六种。而按论辩的目的则分为能立论式和能破论式。在能立论式部分萨班批

---

[1] 明性译《量理宝藏论》,第457—458页。
[2] 明性译《量理宝藏论》,第458页。
[3] 明性译《量理宝藏论》,第485页。
[4] 明性译《量理宝藏论》,第478页。

评古师的五支论式:"诠说五支论式,不应理,诠说总遍不全,'所立'、'会合'、'圆结'三者多余故。"①这里的"总遍不全"是指五支式的喻只是类比,故缺乏推论的必然性。"所立""会合""圆结"即宗、合、结三支,陈那只删除了合、结,但法称因明中亦可删略宗支,故删除之。进一步,则如法称《释量论》云"喻彼性、因事,为不知者说,若对诸智者,但说因即足",②这也就是说在论辩中可以省略喻支,只讲因支,故藏传因明的应成论式中有"因的系列"的论式。

按诠述方式又可分为"自续""应成"两种论式,自续论式"是真实能立论式"。③ 应成论式又分为真、似两类,真应成论式是"说承许后立不许",④也就是说以敌方所许因来成立敌方所不许之宗;似应成论式则是指虽利用敌因,却不能引生敌所不许宗者"不许随欲无所立"。⑤ 总之应成论式是一种以子之矛攻子之盾的归谬法的反驳论式。

四、应成论式的分类和答辩模式

分类:

```
            ┌ 招应能立应成论   ┌ 自类应成论式 四种
            │ 式(真应成论式)  │                    ┌ 二种不可得因
应成论式 ┤                  └ 他类应成论式十四种 ┤
            │                                      └ 十二种相违可得
            └ 不招应能立应成论式四种
              (似应成论式)
```

---

① 明性译《量理宝藏论》,第480页。
② 明性译《量理宝藏论》,第482页。
③ 明性译《量理宝藏论》,第486页。
④ 明性译《量理宝藏论》,第490页。
⑤ 明性译《量理宝藏论》,第497页。

答辩模式：一方提出的应成论式，另一方答为"相违、不定、不成、成立所许"四种答案，这与现今藏传佛教辩经中的"不遍""因不成""赞成"是一致的。

在普觉的《因明学启蒙》"叙述大理路"中第三卷中亦有系统的辩学理论。如对论辩的构成，也分为立论者、敌论者、证者。

> 立论者之性相者，谓立者之一，主张建立理由。此分为二，谓真(正确)立论者，似(不正确)立论者。
>
> 敌论者之性相者，谓论敌之一，承认驳斥之补特伽罗，此分为二，谓真敌论者及似敌论者。
>
> 证者之性相者，谓列席裁判立论者及敌论者胜负之补特伽罗，此分三种：
>
> 一、裁判证者，其相依，谓如持公正态度，对辩论者双方，判别其优劣之补特伽罗(人)。
>
> 二、随言证者，其相依，谓如持公正态度，虽不裁判其优劣，但能无谬转述各方言论之补特伽罗。
>
> 三、惩罚证者，其相依，谓如对双方中之优胜者，给予赞扬；对劣败者，以轻蔑态度，令弃其所宗，如执其所宗不弃者，则给予驱摈出境等惩罚之补特伽罗。①

这里的特点是把证者的作用和分类作了较详尽的阐述，为其他因明著作所很少述及。

关于论辩的要求：辩论必须"词能达言，必须熟练语法修辞；必须思考以彼成立时之意义"。具体来说要有"天赋聪慧对声明与量理有修养，善习自他之论典""态度端庄""思想风格高尚""渴

---

① 杨化群《藏传因明学》，第173页。

望领悟而敬重对方""美雅之比喻"①等,这些都应承续于古因明。

第四节　过　失　论

这主要是关于负处和误难的论述。

萨迦班钦的《智者入门》中说,负处和误难要求有15种或17种,②而世亲所述的则有22种之多。总体的15种要求有:1.不悟;2.不复翻;3.语不伤人;4.破宗(坏自立义);5.简悟;6.过时;7.非因与立义;8.损减;9.增益;10.不得义理;11.损理;12.重说;13.相违;14.因与立义分离;15.言义等。

还有以下17种:1.立因不正;2.语颠倒;3.引喻不同;4.应问不问;5.应答不答;6.三说法要,不令他解;自三说法,而不别知;7.觉义短;8.他正义而为生过;9.众人悉解而独不悟;10.过错;11.不具足;12.语少;13.语多;14.无义语;15:非时语;16.义重;17.违本宗等。

世亲在《如事论·反质难品》第三品堕负处品中所述的论辩规则有22种。这里前15种与《如实论》较相似,列表如下:

---

① 杨化群《藏传因明学》,第175页。
② 沈剑英等《近现代中外因明研究学术史》(下),第812—813页。据作者乌力吉教授说,这是蒙古寺庙中比较普遍使用的辩经形式规则,来源于古印度。萨班的《智者入门》(蒙文)民族出版社,1981年。在额尔敦白音、树林《〈智者入门〉综合研究》(内蒙古人民出版社,2017年)第四章《萨班辩论思想研究》,其中分为准备阶段、过程、内容、结果,奠基者。立者、敌者、中证人。第四部的"辩难"中提到多种,依据是世亲的辩经规则。蒙古文"智慧之宝"中的因明学(ᠴᠠᠷᠢᠭ cmrg)中还是多种的说法,依据是印度梵文和藏文资料。版本没有查到。还有罗桑达希对拉(duira 摄类)中规则提到了17种,但是寺庙的大小分类。最大的甘丹寺不超过17种。蒙古文"丹珠尔"经中17种。依据是古印度梵文资料,但是具体是那位因明学家的论文,目前还没查出原文。以上资料的依据,我们初步形成了蒙古寺庙的辩经规则。智慧喇嘛们翻译多种,有的是从梵文资料,有的藏文。

15 种	《如实论》
1. 不悟	15. 不解义
2. 不复翻	
3. 语不伤人	
4. 破宗	1. 坏自立义
5. 简悟	
6. 过时	11. 不至时
7. 非因与立义	3. 非因与立
8. 损减	11. 不具足分
9. 增益	12. 长分
10. 不得义理	8. 有义不可解
11. 损理	9. 无道理义
12. 重说	13. 重说
13. 相违	
14. 因与主义分离	6. 异见
15. 言义	

这里有 10 种是相同或相似的,有的只是译名不同。但在藏译佛典中并无世亲的《如实论》。

后 17 种与《方便心论》的负处全同,只是在排列次序和个别译名上有不同,据说藏传佛教佛典中无《方便心论》,直到当代才有汉译藏本。以下列表:

《智者入门》	《方便心论》
1. 立因不正	2. 立因不正
2. 语颠倒	1. 语颠倒
3. 引喻不同	3. 引喻不同
4. 应问不问	4. 应问不问
5. 应答不答	5. 应答不答
6. 三说法要,不令他解;自三说法,而不别知	6. 三说法要,不令他解;自三说法,而不别知
7. 觉义短	7. 不觉知
8. 他正义而为生过	8. 他正义而为生过
9. 众人悉解而独不悟	9. 众人悉解而独不悟
10. 过错	10. 违错
11. 不具足	11. 不具足
12. 语少	12. 语少
13. 语多	13. 语多
14. 无义语	14. 无义语
15. 非时语	15. 非时语
16. 义重	16. 义重
17. 违本宗	17. 违本宗

综上所述,在藏传因明中对古因明,特别是佛家的古因明很少批评,而吸收更多。

第二十一章

古因明对汉传因明的影响

印度因明传入中国后分为汉、藏二支,从传入的时间看,传入汉地略早一些。

第一节 古因明初入汉地

古因明著作最早传入中国汉地是在南北朝时期,但对此学界是有争议的。传统的说法是,早在421年昙无谶所译的《大般涅槃经》中的破十外道中已运用了古因明的论证方法。[1] 现查经原文是在十八、十九卷,《南本涅槃经》第十七卷,主要是批驳外道六师的(不是外道六派哲学):"故称佛为无上医,非六师也。"在论证中大量地引用了例证(即因明中的喻依),如:"王即答言:我今云何得不愁恼?大臣,譬如愚人,但贪其味,不见利刃,如食杂毒不见其过,我亦如是。如鹿见草不见深井,如鼠贪食不见猫狸;我亦如是。"这里的"我今云何得不愁恼"是为宗言,"但贪其味,不见利刃"为因,"如食杂毒不见其过"即是喻,"我亦如是"则是合支,可以说已部分地运用了古因明的五支式。但尚未出现规范的五支

---

[1] 见拙著《因明学说史纲要》,第277页。

式,只能说这种运用是不自觉的。

一、对相关古因明的著作翻译

1.《方便心论》

这是古因明中的一部代表作,最初由东晋佛驮跋陀罗首译,但未存世,现存的是北魏吉迦夜和昙曜的译本。

2.《如实论》

世亲著,南朝梁、陈之际真谛所译,但第一品的正面论述已佚,现只存过失论的"道理难品第二",世亲应是佛教瑜伽行派古因明集大成者,另著有《论式》《论轨》《论心》,可见其还是一个论辩学体系,分别论述论辩中的论式、规则和认识作用,可惜此三论俱失,未有汉文译本,但《如实论》首次引入因三相,并开始使用三支论式。本书第十四章中引吕澂所言,认为此《如实论》残本应为真谛所译的世亲的《成质难论》,是一书两名。

3.《回诤论》

龙树著,后魏的三藏毗目智仙与瞿昙流支于541年在邺都金华寺共译,主要是破斥正理派量论的。

4.《中论》

是龙树最重要的哲学作品。又称"中颂""根本颂""中观论""正观论""般若灯论"等名。鸠摩罗什始译"中论",青目释为汉文,《中论》共二十七品,其中亦有因明相关内容,本书第八章已作介绍。

5.《顺中论》

无著著,元魏般若流支译。全称《顺中论义入大般若波罗蜜经初品法门》。其中引用了外道的因三相说,是汉传佛典中最早提及因三相的。本书第十一章已作介绍。

6.《决定藏论》

此为无著《瑜伽师地论》"心地品"的选译,由真谛汉译,其中已提到"五学"中的"因学",学即是明,此应是因明的另一译名。

7.《金七十论》

此即《数论颂》,由真谛译出,主要阐述数论的二十五谛,第四颂云:"证比及圣言,能通一切境,故立量有三,境成立从量。"① 这是说有三种量,即证量、比量、圣言量,证量即现量。

8.《百论疏》

隋代吉藏所译的《百论疏》中已介绍了《正理经》的十六谛。②

除此之外,在译入的佛经中亦有对其他六派哲学和外道六师、顺世外道学说的介绍,但基本上是从批判的角度,并不能全面和准确地介绍。

综上所述,在对古因明经典的翻译上还是比较零碎,但大致已涵盖了辩学、逻辑和知识论三部分内容。

二、《文心雕龙》与古因明

关于这一问题沈海波《略论因明史学上的若干问题》一文有系统论述,特节引如下:

> 古典文学家郭绍虞先生曾认为,刘勰在创作《文心雕龙》的时候受到了佛家逻辑——因明学的影响,所以其书能取得特立卓绝的成就。此说一出,深得《文心雕龙》研究专家王元化先生的赞同。王元化《文心雕龙创作论·初版后记》说:

---

① 姚卫群《外道六派哲学经典》,第371页。
② 《因明论文集》,第2页。

"六朝前,我国的理论著作,只有散篇,没有一部系统完整的专著。直到刘勰的《文心雕龙》问世,才出现了第一部有着完整周密体系的理论著作。……这一情况,倘撒开佛家的因明学对刘勰所产生的一定影响,那就很难加以解释。"周振甫《文心雕龙注释·前言》也说:"刘勰《文心雕龙》所以立论绵密,这同他运用佛学的因明学是分不开的。"

认为《文心雕龙》的创作与因明学关系密切的观点,不仅在古典文学界有着广泛的影响,而且也得到了因明学家们的认可。沈剑英先生认为:"《方便心论》译出时,我国天才的文艺理论家刘勰尚在幼年,以后由于他长期笃信佛理并且最后终于出家为僧,当不会不受此书的影响。他的《文心雕龙》条分缕析、思虑密察,充分表现了他的逻辑修养。"

姚南强先生也认为:"刘勰的《文心雕龙》中,叙述的体例上有明显的因明痕迹。""《文心雕龙》在论证结构上是先'宗'后'因'、'同喻'、'异喻',最后是'结'等,与五支式较接近。……总之,《文心雕龙》受因明影响是可以肯定的。"此外,黄广华对此问题也曾著文进行了论证。

20世纪90年代,华东师范大学中文系曾特地邀请因明学家沈剑英先生为古典文学专业的研究生讲授因明学,以便于研究生们进行比较研究。

虽然在《文心雕龙》与因明学的关系问题上,古典文学家和因明学家取得了颇为一致的观点,但笔者对此不能苟同。因为到目前为止,学者们提出的各项证据大多是不能成立的。

首先,我们分析一下古典文学家的观点。王元化先生提出:"这里必须打破因明学仅在唐时方输入中土的错误论断。因明为印度五明之一,源远流长。据上所述,至少在南北朝时释家因明学的专著已传入中土,并有汉语译本,它对我国学术不可能不产生一定影响。"此说不确,笔者在前面已经分析了因明学何时传入汉地的问题,所以随意改变因明学输入汉地时代的看法是不妥的。南北朝时虽有《方便心论》等三部古因明学著作传入中土,但我们应当注意的是,人们在无师传授的情况下,是不可能仅根据《方便心论》这样的著作就能通晓古因明学的。事实上,在因明学研究已经较为成熟的今天,人们对《方便心论》一书仍有索解匪易之叹。所以,南北朝时期人们只是在不经意间接触到古因明学的,古因明学也不可能对当时的学术产生什么影响。

周振甫先生说:"刘勰'博通经论'是不是用佛教的因明来立论呢? 从《文心雕龙·论说》看,应该是的。唐玄奘的《因明入正理论》提出'能立与能破,及似唯悟他。'指出论辩分真能立、真能破与似能立、似能破,都是启悟他人的。《论说》指出'原夫论之为体,所以辨正然否。''论如析薪,贵能破理。斤利者越理而横断,辞辨者反义而取通,览文虽巧,而检迹如妄。'这里指出'辨正然否',就是分别真能立、真能破与似能立、似能破……"周先生的分析还有很多,不赘引。其说有一明显的错误。

刘勰所处的时代充其量只能接触到古因明学,而新因明学是迟至唐代才由玄奘输入中土的,周先生将《文心雕龙·论说》与《因明入正理论》之类的新因明学著作相对证,显然有南辕北辙之嫌。至于《文心雕龙》包含有逻辑思想,我们大可不必感到奇怪,因为逻辑思想并不是舶来品,中国古代也产生过自己的逻辑体系和逻辑思想。我们如果将《文心雕龙》置于中国传统逻辑体系中加以考察,当可明了其传承。中国古代逻辑与西方逻辑、印度逻辑之间本来就有着许多共通之处,在缺乏直接证据的情况下,随意将刘勰的逻辑思想同因明学相比附,肯定是不够科学和严谨的。

其次,我们分析一下因明学家的观点。姚南强先生说:"刘勰二十岁即从师于僧佑,在定林寺中整理研习佛典十余年,后削发为僧,法名慧地,在研读佛典中接触因明。"此说并无史料依据。僧佑虽是佛学大师,但并非因明论师,当然也就不可能向刘勰传授因明。而且,即便刘勰研习过《方便心论》,也不可能因此而通晓因明学。所以刘勰早年研习佛典的经历,不能用来证明他与因明学之间存在必然的联系。姚南强先生还提出:"《文心雕龙》亦有对古因明论辩规则的运用,如'剪裁浮词谓之裁','一意两出,义之骈枝也,同词重句,文之疣赘也',这些与《方便心论》中的'言失'、'语多'、'义重'如出一辙。《文心雕龙》中还出现了'般若'、'正理'等名词,前者是佛学术语,后者则是因明术语。"其实,刘勰博通经论,他使用"般若"之类的佛学术语是非常自然的事。至于"正理"一词,虽是因明学中的常见名词,却是在玄奘译新因明著作以后才出现的,在《方便心论》等古因明著作中是没有这个名词的。所以,《文心雕龙》中的"正理"与新因明学中的术语是毫不相干的。

在刘勰《文心雕龙》与因明学的关系问题上,因明学家在很大程度上受到了古典文学家的影响,所以他们在具体的分析论证方面并没有拿出比古典文学家们更有说服力的东西,甚至在某些方面还沿袭了古典文学家们的错误。以冷静的态度进行分析,我们并不能从《文心雕龙》中找出任何与因明学有关系的直接证据。非但如此,在刘勰的其他作品中也同样找不到这样的证据。如《弘明集》卷 8 载刘勰《灭惑论》,没有丝毫运用因明学进行论证辩驳的痕迹。所以在目前的情况下,我们尚不能就此问题遽下定论。①

沈海波的质疑是有道理的,刘勰只是在论文体例上有立论、理由、举例等分步论证,尚不能说就是宗、因、喻,纵看全文也没有规范的五支论式,故因明学界(包括笔者)过去的认识有误。

三、"二次传入"之争

虞愚先生说:"汉传因明有二次:第一次是后魏延兴年(472)西域三藏吉迦夜与汉门昙曜所译的《方便心论》、陈天竺三藏真谛译的《如实论》和后魏(541)三藏毗目智仙共瞿昙流支所译的《回诤论》。"②学界大都延续此说,但近来沈海波提出质疑:"南北朝时期虽已有了若干因明学论著的译本,但因明学作为一种专门的学说,还没有真正地传入汉地。"③《方便心论》和《如实论》虽涉及古因明理论的诸多方面,但并不系统,甚至连古因明的基本论式——五支式亦未涉及。因此,南北朝时期人们虽可通过《方便心论》等古因明学著作了解一些古因明的理论,但并不能够由此而掌握因明学说,更无从研究、运用因明学理论。一种学说的输入必须要有系统,断非仅靠翻译几部不构成完整体系的原著就能完成。"沈海波又对"传入"提出了四条标准:"首先,三藏吉迦夜等人翻译《方便心论》《如实论》《回诤论》,只是将其作为一些重要的佛典,而非特地为了输入一种新的学说。其次,这三论所涵括的因明

---

① 沈海波《略论因明史学上的若干问题》,《世界宗教研究》2004 年第 2 期,第 23—25 页。
② 虞愚《因明在中国的传播和发展》,收于《因明新探》,第 17 页。
③ 沈海波《略论因明史学上的若干问题》,《世界宗教研究》2004 年第 2 期,第 22 页。

学理论也不够系统,不能完全反映出古因明学的逻辑体系。再次,《方便心论》等译出后并未在社会上产生什么影响,人们没有因为三论的译出而对因明学有什么了解。最后,三论译出后,中土佛学界没有因此而出现一位因明学家,也没有出现一部因明学著作。以上四端,无疑是评判一种学说输入与否的重要标志。"所以"南北朝时期虽有若干古因明学著作输入,然而不但毫无系统,而且又无因明论师专事传授,是以因明学于其时未有任何影响可言。因此,若将因明著作之输入视为因明学之输入,则有失草率"。①

"传入"望文生义即"传流进",但从文化交流的角度,严格意义上的传入确实应是一个从经典译入到本土传习的完整过程,由此应该把古因明的传入看作因明传入的一个开始似乎更为合适。

但因明本就是辩学、知识论和逻辑的共生体,古因明尤以辩学为主体,《方便心论》是与《正理经》《遮逻迦本集》并列的古因明辩学体系,在逻辑上"八种议论"也专题论述了宗、因、喻,在论证中也熟练地应用了五支论式,恐不能归为"毫无系统"。其实,一种学说之传入一地,不一定要"系统"地传入,也可以侧重传入其某一方面、某一部分。如陈那新因明之传入汉地,未见其主要代表作《集量论》之汉译,只重《理门论》和天主《入论》,陈那因明八论中的其他诸论要么有译出但未被重视,要么根本就未被译出,汉传因明传承的是陈那、天主的立、破逻辑,而对其主体的量论却所述寥寥。

第二节 汉传因明经典中的古因明思想

汉传因明中现在保存下来的唐疏也只有神泰的《理门述记》,

---

① 沈海波《古因明是否传入汉地的问题》,台南堪然寺《福田》2007年第一期。

文轨的《庄严疏》《十四过类疏》,窥基的《大疏》,慧沼的《续疏》《义纂要》《义断》《二量章》《疏抄》,智周的《前纪》《后纪》等。唐因明传入朝鲜、日本后又有大量注疏,但基本上只是对唐疏的发挥,唐以后,汉地宋、明、清的注疏也是如此。故本节只分析唐疏中的古因明思想。

一、因明溯源

窥基《大疏》云:

> 劫初足目,创标真似。爰暨世亲,咸陈轨式,虽纲纪已列,而幽致未分。故使宾主对扬,犹疑立破之则。有陈那……①
> 吉祥菩萨,因弹指警曰……当传慈氏所说瑜伽论,匡正颓纲,可制因明,重成规矩。②

这里涉及5个主体,一是足目,正理派始祖;二是世亲,唯识古因明师;三是"慈氏",实为无著;四、五为"吉祥菩萨"及所指警的陈那。足目、无著、世亲到陈那,也就是从古因明到新因明的发展主脉。

二、关于能立

能立是汉传因明中八门二悟的第一门,在论辩中是指立论,在逻辑上即是证明。古因明分别列有八能立、四能立和三能立。

窥基《大疏》说:"明古今同异者,初能立中,瑜伽十五,显扬十一,说有八种:一立宗,二辨因,三引喻,四同类,五异类,六现量,七比量,八正教量。对法亦说有八:一立宗,二立因,三立喻,四

---

① 沈剑英编《民国因明文献研究丛刊》第17辑,第36页。
② 沈剑英编《民国因明文献研究丛刊》第17辑,第37页。

合,五结,六现量,七比量,八圣教量。……古师又有说四能立,谓宗及因,同喻异喻。世亲菩萨,《论轨》等说能立有三:一宗二因三喻。"①这里"四能立"是哪位古师,尚不明确,实际上《方便心论》已讲到"八种议论",只是内容上又不同。

文轨《庄严疏》云:"古师以宗望其别法故是能成。陈那以宗望其因喻即是所立。"②

"今此三分即摄对法五支。宗因两同。喻摄彼喻及合结也。彼论量摄入此论自悟门中。故悟他中不摄三量。"③这是讲三支式和八能立的关系,宗、因两同,喻包摄了喻、合、结,作为悟他的论式,不包含现、比、圣教三量。

《大疏》云:"先古皆以宗为能立,自性差别二为所立。陈那遂以二为宗依,非所乖诤,说非所立。所立即宗,有不许,所诤义故。"④

"《入论》'已说宗等如是多言,开悟他时说名能立。'……立者,以此多言开悟敌证之时,说名能立。陈那已后,举宗能等,取其所等一因二喻名为能立,宗是能立之所立具。"⑤这是古师以宗依为所立,以宗为能立,陈那认为宗依非所诤,故非所立,宗在开悟他时为能立,而在为因、喻证成为所立。

慧沼《义断》又释云:"说能立者即是言宗望所诠义为能立,为所立者,宗言虽说,义未显决,假因喻成,言义方显,故名所立。若望敌者,宗名所立,以他不许,今成立故。"⑥这是说,从宗言对宗义

---

① 沈剑英编《民国因明文献研究丛刊》第17辑,第52—54页。
② 沈剑英编《民国因明文献研究丛刊》第19辑,第164页。
③ 沈剑英编《民国因明文献研究丛刊》第19辑,第164页。
④ 沈剑英编《民国因明文献研究丛刊》第17辑,第76页。
⑤ 沈剑英编《民国因明文献研究丛刊》第17辑,第205页。
⑥ 沈剑英编《民国因明文献研究丛刊》第20辑,第149页下。

的诠表而言,宗义为所立,宗支为能立,这就是古师把宗归为能立的含义,而从逻辑论证角度,要使宗义"显决",尚需依靠因支、喻支,这样,相对于因喻,宗言又成了"所立"。再者,从立敌对诤角度看,我之立量为敌者不许,故此宗言亦应为所立。

故慧沼又进一步归纳为三点:一云"宗言所诠义为所立";二云"总聚自性差别,教、理俱是所立";三云"自性差别合所依义名所立,能依合宗说为能立"。①

关于宗是能立还是所立的问题,智周《前记》云:"因喻二种定唯能立,宗则不定,因喻成边,则名所立,若宗成彼自性差别,宗则能立。"《后记》进一步综合概括为:"因喻名为能立,今古共同,唯宗一个,古今稍异,或为能立,或为所立,由不决定故,所立宗不是因明……总宗望因喻即所立,若自性差别为所立即唤宗而为能立,亦是不定。"这是说相对于因喻而言,宗支为所立,而相对于宗依而言,宗体又为能立。②

三、宗因相违非宗过

神泰《理门述记》说:"余外道等立宗即有五种过失。"③(自语、自教、世间、现量、比量相违)

"古因明师及小乘外道更立第六宗过名宗违过。以立因与宗相违故亦应名因相违过。然以宗先说故名宗违过。今陈那牒取非之,故云此非宗过。"④这是说古师立六种"相违"宗过,陈那排除宗、因相违,成五相违过。

---

① 沈剑英编《民国因明文献研究丛刊》第20辑,第150页。
② 转引自沈剑英编《民国因明文献研究丛刊》第20辑,第225页。
③ 沈剑英编《民国因明文献研究丛刊》第19辑,第29页。
④ 沈剑英编《民国因明文献研究丛刊》第19辑,第37页。

四、不定因过

神泰《理门述记》说:"此古因师不许四不定外别有不共不定。"①"古因明师或外道等所闻性因不明不定别作余名。决定相违亦别作名。"②此说古因明只讲四种不定因,不共不定和相违决定都不在内。

五、不成因

神泰《理门述记》说:"四不成因本非宗法。"③古师亦立四不成因过。

《大疏》云:"外道因明,四不成中,但说两俱及随一过,不说犹豫所依不成。此不成因,亦不成宗。"④

六、相违因

神泰《理门述记》说:"二相违亦总名相违。"⑤古师只讲二相违因。

七、喻依喻体

文轨《庄严疏》云:"世亲时云瓶上所作声上所作二因法合名为同法。陈那破云:若以瓶所作是无常故类声所作亦无常者,亦应瓶是所作可见可烧声是所作可见可烧,见烧既不类瓶,何得无常

---

① 沈剑英编《民国因明文献研究丛刊》第19辑,第113页。
② 沈剑英编《民国因明文献研究丛刊》第19辑,第125页。
③ 沈剑英编《民国因明文献研究丛刊》第19辑,第125页。
④ 沈剑英编《民国因明文献研究丛刊》第17辑,第64—65页。
⑤ 沈剑英编《民国因明文献研究丛刊》第19辑,第110页。

类声?"①这是说五支式类比的或然性。

"诸所作者皆是无常以为喻体,瓶等非喻,但是所依,即无此过。"②

"陈那云:同喻应言诸所作者皆是无常,此即已显声是无常,何须别更立合支耶?……本立无常,以三支证足知无常,何须结"。③ 新因明喻体省略合、结支。

《大疏》也说:"古师合云:瓶有所作性,瓶是无常。声有所作性,声亦无常。今陈那云:诸所作者皆是无常,显略除繁,喻宗双贯,何劳长议,故改前师。古师结云:是故得知声是无常,今陈那云:譬如瓶等,显义已成,何劳重述。"④

八、二喻即因

《大疏》云:"古因明师因外有喻,如胜论云:声无常宗,所作性因,同喻如瓶,异喻如空,不举诸所作者皆无常等贯于二处,故因非喻。瓶为同喻体,空为异喻体。陈那已后,说因三相即摄二喻,二喻即因,俱显宗故。"⑤

慧沼《义纂要》亦说:"古于因分外别立二喻。"⑥

九、异喻唯遮

《大疏》云:"同喻能立,成有必有,成无必无,表诠遮诠二种皆得。异喻不尔,有体无体一向皆遮,性止滥故。言常言者,遮非无

---

① 沈剑英编《民国因明文献研究丛刊》第19辑,第200—201页。
② 沈剑英编《民国因明文献研究丛刊》第19辑,第203页。
③ 沈剑英编《民国因明文献研究丛刊》第19辑,第220页。
④ 沈剑英编《民国因明文献研究丛刊》第17辑,第188页。
⑤ 沈剑英编《民国因明文献研究丛刊》第17辑,第180页。
⑥ 沈剑英编《民国因明文献研究丛刊》第20辑,第133页。

常宗,非所作言表非所作因。"①

十、新、旧因三相和同、异品

文轨《庄严疏》云:"陈那以前诸师亦有立三相者,然释言相者体也,三体不同,故言三相。初相不异陈那,后之二相,俱以有法为体,谓瓶等上所作、无常俱以瓶等为体故,故即以瓶等为第二相,虚空等上常、非所作俱以空等为体,故即以空等为第三相。故世亲所造《如实论》云,因有三,谓是根本法,同类所摄,异类相离。此论梁时真谛所翻,比寻此论,似同陈那立三相义,同《论式论》;而言陈那以前诸师者,即是世亲未学时所制《论轨论》义。"②

这是说古因明因三相取体不取义,且同、异品同于有法而非宗法,无著《瑜伽师地论》中的同类、异类即如此。此处古因明是指"世亲末学时"的《论轨论》。

《大疏》云:"古师解云:相者体也,初相同此,余二各以有法为性。陈那不许,同异有法非能立故,但取彼义,故相非体。"③

"若全同有法上所有一切义者,更无同品,出无异品。"④

"故瑜伽说同异喻云,少分相似及不相似,不说一切皆相似一切皆不相似。不尔,一切便无异品。"⑤

对"少分"的理解,相似不相似仅在所诤之有法声是否具有"无常"上,不是与声全同,否则就无同品,异品。

"或说与前所立有异名为异品,如立无常,除无常外自余一切

---

① 沈剑英编《民国因明文献研究丛刊》第17辑,第194—195页。
② 沈剑英编《民国因明文献研究丛刊》第19辑,第185—186页。
③ 沈剑英编《民国因明文献研究丛刊》第17辑,第121—122页。
④ 沈剑英编《民国因明文献研究丛刊》第17辑,第134页。
⑤ 沈剑英编《民国因明文献研究丛刊》第17辑,第171页。

苦无我等虑碍等义皆名异品。陈那以后皆不许……理门破云：非与同品相违或异。"①

十一、缺减过

神泰《理门述记》说："自贤爱以前师释言：自有有因无同喻，无因及异喻。有异喻无因及同喻。阙二为三句。自有有因同喻无异喻。有同异喻无因。有异喻因无同喻。阙一为三句。自有无因同异二喻为第七句。自贤爱已后法师不立第七句。"②

关于因明论式中的缺支过失，《大疏》载有古师以八能立的缺一至缺七而组合成的二百四十七种过失。就陈那的三支论式，贤爱法师归结为缺一有三，缺二亦三，缺三为一，合计七种，窥基删去了缺三一种，认为有六种过。

慧沼《义断》在转述了上述分类后，又补充了世亲五支式中对缺支过的分类，并认为："世亲五支之中明缺减过者有二十五或二十一，谓阙一有五，阙二有七，阙三有十，全阙有一。取舍如前，准此只有二十二句。二十五句，一总不相当或是写错。"③

慧沼又对勘了《方便心论》和《对法论》，形成了汉传因明中最早的对缺支过失的系统分析和比较研究。

十二、三量

《大疏》云："三量古说或三：现量、比量、及圣教量……或立四量，加譬喻量……或立五量，加义准量……或立六量，加无体

---

① 沈剑英编《民国因明文献研究丛刊》第17辑，第148—149页。
② 沈剑英编《民国因明文献研究丛刊》第19辑，第22页。
③ 沈剑英编《民国因明文献研究丛刊》第20辑，第178页下。

量……陈那菩萨,废后四种,随其所应,摄入现比。"①

"理门论云:由此能了自共相故,非离此二,别有所量……古师从诠及义,智开三量,以诠义从智,亦复开三。陈那已后,以智从理,唯开二量。"②从智为三量,从理而言为二量。

十三、自、共相

《大疏》云:"今且自相共相,外道未必皆有此二,佛法之中有此义故。"③外道也言自性、自体,但言共相者不多。

《大疏》云:"佛地论云:彼因明论,诸法自相,唯为自体,不通他上名为自性。如缕贯华,贯通他上诸法差别义,名为差别。此之二种,不定属一门。不同大乘,以一切法不可言说一切为自性,可说为共相。如何可说,如可说中,五蕴等为自,无常等为共。色蕴之中色处为自,色蕴为共。色处之中青等为自,色处为共……乃至离言为自,极微为共。离言之中圣智内冥,得本真故名之为自。说为离言名之为共,共相假有,假皆变故。自相可真,现量亲依,圣智证故。"④

从这一段话中可知自相和共相至少有三种含义,一是因明中的宗支,前陈为自性,后陈为差别,汉传因明中又把言陈为自相,意许为差别。二是逻辑中上位概念为共相,下位概念为自相。三是从大乘佛教离言本真为自相,名言说者为共相。分别为现量、比量所缘。

---

① 沈剑英编《民国因明文献研究丛刊》第17辑,第65—66页。
② 沈剑英编《民国因明文献研究丛刊》第17辑,第402页。
③ 沈剑英编《民国因明文献研究丛刊》第17辑,第408页。
④ 沈剑英编《民国因明文献研究丛刊》第17辑,第89—90页。

十四、现量无分别

文轨《庄严疏》云:"若萨婆多解五识有自性分别,今言无分别者无余分别,不遮自性分别也……对法论七分别中五识是任运分别,非自性分别。今言无分别者即无三分别也。"①此"三分别"应是名言、种类等三分别,而非自性分别、随念分别、计度分别。

十五、相比量

《大疏》云:"此说二比,一自二他,自比处在弟子之位,此复有二,一相比量,如见火相烟,知下必有火。二言比量,闻师所说,比度而知。"②此处把为自比量复分二种,无著也讲过相比量。

十六、分说

文轨《庄严疏》云:"依世亲菩萨但立二分,依无性菩萨立有三分……依亲光立有四分。"③

这是讲唯识的二分、三分、四分由来,现在一般讲世亲二分,陈那三分,护法四分,但在护法的著作中未见此说,故此处举护法门人无性。亲光:6世纪人,护法门人;无性:5、6世纪人,陈那后辈。

十七、辩学内容

《大疏》举论辩的六处所,有而"未了义"对论辩中证者五释,总体未超出无著"七因明"所说。

---

① 沈剑英编《民国因明文献研究丛刊》第19辑,第300页。
② 沈剑英编《民国因明文献研究丛刊》第17辑,第209页。
③ 沈剑英编《民国因明文献研究丛刊》第19辑,第305页。

十八、误难

慧沼《义断》中说:"《大乘心镜论》明八支,龙树菩萨造,罗什法师译之一,颠倒难有十种……二不实难有三……三相违难有三。"① 未查到《心镜论》文本,但内容与《如实论》相似。

综上所述,窥基因明溯源到正理派的足目,其后是世亲,在能立分类时提到了世亲的《论轨》;神泰在讲宗过时溯及"小乘外道";文轨提到世亲的《如实论》《论式》和《论轨》;慧沼对勘《方便心论》、无著的《对法论》和龙树的《心镜论》。这些都说明传入的古因明著作对唐代汉传因明的形成是起作用的,尤其是瑜伽行宗的无著和世亲的著作。

第三节 慧沼《二量章》对唯识知识论的阐发

汉传因明直接传承自大、小二论,即陈那前期著作《正理门论》和其弟子天主的《入正理论》。此二著都是以立破逻辑为主题,而陈那的《集量论》虽被译出过,但很快佚亡,未对汉传因明产生重大影响。故汉传因明是以逻辑论为主体,很少论及知识论。

在汉传因明中直接谈知识论的主要有两部著作,一是玄奘糅合护法等十大论师之说,所撰的《成唯识论》,此书是对世亲《唯识三十颂》的注疏,世亲仍属古因明,由此可见汉传因明的知识论主要承续了古因明唯识说。

二是慧沼的《二量章》,此是汉传因明经典中唯一的知识论专著,也可以说是汉传因明知识论的代表作,但在文中可以看到慧沼

---

① 沈剑英编《民国因明文献研究丛刊》第20辑,第178页下—179页上。

处处引《瑜伽》《对法》《显扬圣教论》等古因明著述,对照陈那《正理门》之说,以现量、比量为中心,展开知识论的全面构架。

因此我们以说汉传因明的知识论既承续了陈那的思想也兼取了古因明中的唯识思想,并作了新的阐发,以下作具体分析。

一、对现量"三义"的界定

关于现量,慧沼先引陈那《正理门论》的定义:"现量者,谓若有智,于色等境远离一切种类名言假立无异诸门分别,由不共缘现现别转故名现量。"①

随后慧沼即引古因明唯识各著加以说明。《阿毗达磨杂集论》卷十六云:"现量者,谓自明了先迷乱义,自正简离诸妄分别谓为现量。"认为:"明了简离被映障等,无迷乱简离旋火轮等,离此不正及不明了迷乱三缘名为现量。"②

这是说《阿毗达磨杂集论》卷十六说,远离不正、不明了、迷乱这三种缘取而得到的叫现量。"不正"是指邪智,说是:"小小物为广多物之所映夺,故不可得。""如月光映夺众星。"迷乱"映障"是指造成感觉偏差的外部障碍,如后文提到的《瑜伽师地论》卷十五,是指错觉,如误把旋转的火把视为火轮。

慧沼又云:"显扬第十一云:现量者有三种。一非不现见,即摄杂集明了。二非思构所成,即摄杂集自正。三非错乱境界,即摄杂集无迷乱缘。瑜伽第十五,现量亦三。"③这是说,《显扬圣教论》第十一卷说有三种现量:④一种即并非不是现见,也就是《阿毗达

---

① 沈剑英编《民国因明文献研究丛刊》第 20 辑,第 183 页。
② 沈剑英编《民国因明文献研究丛刊》第 20 辑,第 183—184 页。
③ 沈剑英编《民国因明文献研究丛刊》第 20 辑,第 184 页。
④ 其实是指对现量有三方面的要求。

磨杂集论》中的"明了"。第二种不是由人们的主观思维构建的，也就是《阿毗达磨杂集论》中的"自正"。第三种是指所缘取的是非错乱的境界，即《阿毗达磨杂集论》中的"无迷乱"缘。无著的《瑜伽师地论》第十五卷也把现量分为此三种。

慧沼又云："二名非已思应思即非思构之异名也。余二名及三义皆同显扬。"[1] 这是说，《瑜伽师地论》中对现量的第二种界定"非已思应思"实际上是《显扬圣教论》中"非思构"的不同表述而已。而《瑜伽师地论》中对现量的其他二种界定以及分为三种要求都与《显扬圣教论》相同。

总之，"自正、明了、无迷乱义，随应通境及能缘心者皆名现量"[2]。即凡自身符合正智、明了、无迷乱者并能随之而构通心、境者都可称之为现量。而后来的学者"今者克胜，但取彼智"[3]。即为了突出其最主要的特征，所以只从"正智"而言。故陈那较多地关注对现量的"无分别"要求，只是表述上的不同，无著、师子觉的"三义"实际上早已囊括在内。

二、为何陈那只立二量

陈那以前无著、世亲立三种量，古师有七种量乃至十种量，陈那何以作此废立，对此，唐代《大疏》等诸疏皆有所说。[4]

《二量章》引外人设问："弥勒菩萨、无著、天亲皆立现、比及圣言量，陈那、天主后习于前，云何各二？"[5]

慧沼回答说："陈那菩萨取缘心及所缘境，无过共。此中自

---

[1] 沈剑英编《民国因明文献研究丛刊》第20辑，第184页。
[2] 沈剑英编《民国因明文献研究丛刊》第20辑，第184页。
[3] 沈剑英编《民国因明文献研究丛刊》第20辑，第184页。
[4] 如《大疏》卷八云："陈那以后，以智从理，唯开二量。"
[5] 沈剑英编《民国因明文献研究丛刊》第20辑，第191页。

相即为自体,共相即贯通余法。缘自相心,名为现量。缘共相心,名为比量,离此二外,无别所缘,可更立量,故但立二。"①"天主菩萨,陈那之门人,师资相顺,故亦不立彼圣教量。"②这是说,陈那认为,认知的对象只有自相和共相,由此分别形成现量与比量,除此以外,不能更有他量。天主承续师说,所以也不立圣教量。

慧沼又说:"取圣教之量,由教生故。若定心缘,名为现量,以分明各证故。若散心缘名为比量,筹度比类贯余义故。摄在境智别说,故分三量……今据所生量唯立二,教从于智亦名为量,由此圣教亦名二量,生二智故。"③这是说,圣教量的取名,是缘于教义而起。这种圣教量如果是在定心位缘取的就是现量,因为可以明证各个自性。若从散心位缘取的,就是比量,因为可由筹度、比类贯通于他义。这里的定心即止息妄念杂虑,心住一境。散心谓心驰骋六尘。如果从境和智分开来说,那么可分为现、比、圣教三量。而如果从境所生起的智唯有现、比二量,教从于智而名量,由此圣教量亦归于现、比二量,因为从此二智生起故。

三、八识与二量的关系

慧沼说:"诸识若在佛果位中及识处定,通漏、无漏皆唯现量。"④这是说,诸识如果在定心位时,无论其通有漏、无漏皆只是现量。又提到:"瑜伽、显扬俱云……"⑤而"若在散位,五、八唯现,第七非二,第六通二,与五俱缘,离诸分别即现量收。"⑥这是说

---

① 沈剑英编《民国因明文献研究丛刊》第20辑,第191—192页。
② 沈剑英编《民国因明文献研究丛刊》第20辑,第192页。
③ 沈剑英编《民国因明文献研究丛刊》第20辑,第192页。
④ 沈剑英编《民国因明文献研究丛刊》第20辑,第193页。
⑤ 沈剑英编《民国因明文献研究丛刊》第20辑,第193页。
⑥ 沈剑英编《民国因明文献研究丛刊》第20辑,第193页。

在散心位时,前五识和第八识只通现量,第七识非现、比二量,第六意识通现、比二量。第六意识与前五识俱缘境并离诸分别时即为现量。

第六意识的情况比较复杂,如果"虽与五同缘而分别取,非称本境,即非量摄",①虽与五识同缘外境但主观分别而取境,已不是境之本身,此属非量。"若称境智,即比量摄。"第六意识如为缘境之智,即属比量。

总之,前五识属于感官认知,故均为现量,第六意识通现、比二量,第七末那识类似于今天的"潜意识",是以第八识为其依据,故非现、比二量。至于第八阿赖耶识,在佛教中是世界之本真,也只有现量能把握。"故比量唯在第六,现量通八,随其所应,如前分别。"

四、五心与八识、二量的关系

《瑜伽师地论》卷一云:"由眼识生。三心可得。如其次第。谓率尔心。寻求心。决定心。初是眼识。二在意识。决定心后。方有染净。此后乃有等流眼识。善不善转。"从心、识关系而言,心识觉知外境(对象)时,顺次而起之五种心即:卒尔、寻求、决定、染净、等流五心。但五心与认识的关系未展开。

慧沼以唯识之五心辨析二量,说:"总而言之,五心皆通现比二量,如别别说,恐广繁杂,但约识辨心量随识易了。"②

"第八因位唯有三心,卒尔、决定、等流心。"③这里分别是从"因位""佛果位",有漏、无漏分说,"因位"与因地同义。指修行佛

---

① 沈剑英编《民国因明文献研究丛刊》第20辑,第193—194页。
② 沈剑英编《民国因明文献研究丛刊》第20辑,第194页。
③ 沈剑英编《民国因明文献研究丛刊》第20辑,第194页。

因之位。亦即未至佛果以前之修行位,称为因位,成佛后称之为"佛果位"。佛果的净识称为无漏识,而自因位至第十地的金刚无间道,皆是有漏识。唯识家认为第八识是受熏持种的本识,在到达第十地的金刚无间道之间,以有漏无覆无记相续,而使无漏种子增长,至解脱道时,方转识得智而成无漏识。至于六、七两识,则在初地入见道时,一分转识得智而住于妙观察智及平等性智。至佛果时,则全分得智。又,前五识与第八识同在初成佛时,方转识得智而为成事智。此即"妙观、平等、初地分得,大圆成事,唯佛果起"。这里是说在第八识的因位只有卒尔、决定、等流三种心。

"若在佛果,得有四心,但除寻求。以八因中缘境不遍,但缘三境,除无漏位故。"①在佛果位多了一个染净心,为四心。三境即:一性境。性即实之义也,谓眼识乃至身识及第八识等。所缘色等实境相分,不起名言,无筹度心,是名性境。二独影境。影即影像,是相分异名。谓如第六识,缘空华兔角,及过去未来等所变相分。无种为伴,但独自有,是名独影境。三带质境。带即兼带,谓以心缘心也。如第七识缘、第八识见分境时。其相分无别种生,一半与本质同种生,一半与能缘见分同种生,是名带质境。八因即八识因位。八识因位只缘了三境而未缘无漏位,故只有三心。

"第七有漏,唯有四心异界,第八创初遇故。虽新遇境,即执为我,我见相续,故不寻求。"②这是说第七识的有漏位,只有四种心(除寻求)。这是因为第八识创初遇的新境。第七识所遇之新境,是一种"我"的主体内体验,其自身有连续性,故不存在寻求分别。

"若无漏位在佛果者,亦有四心。镜智初起有卒尔故。余心如

---

① 沈剑英编《民国因明文献研究丛刊》第20辑,第196页。
② 沈剑英编《民国因明文献研究丛刊》第20辑,第196页。

前第八识说。"①这里是讲第七识在无漏位了。也有四心(除寻求),因为境(镜)皆初起有卒尔心,其他心如前八识之说。

"其第六识佛果同前,因位皆有,通漏、无漏。"②这是说第六意识,如在佛果位,同前第七识,有四心。若在因位五心皆具,分别通有漏、无漏。

"五识因位,但有二心,除中三心性。不推境故无寻求,无寻求故无决定,无分别故无染净。"③这是讲在前五识的因位上只有卒尔、等流二心。而无寻求、决定、染净三心,这是因为不推寻求觅分别就无寻求心,无寻求故无决定心,无分别故无染净心。若在佛果位,同前所说有四心。

此处三引《瑜伽》说:"故瑜伽第一云由眼识生三心……""故瑜伽第二不说五有从他所引……""瑜伽说贪等分别……"慧沼都是以古因明唯识说为依据,陈那《正理门论》并无此等细密分析。

"既知心之通、局,可悉二量之有无。"④了解了五心和八识的相通与不通的关系(又了解了八识与二量的关系),自然也可知五心有无二量了。

五、五十一心所与二量的关系

唯识把主体精神世界分为心王和心所,八识各有其心王、心所。心王是一,是本体、整体,心所是多、是助伴,是心上所有之法,实际上是指具体多样的心理现象。心王、心所聚合方为心。世亲的《百法明门论》分有六类五十一种心所,慧沼分别阐发其与二量

---

① 沈剑英编《民国因明文献研究丛刊》第20辑,第197页。
② 沈剑英编《民国因明文献研究丛刊》第20辑,第197页。
③ 沈剑英编《民国因明文献研究丛刊》第20辑,第197—198页。
④ 沈剑英编《民国因明文献研究丛刊》第20辑,第199页。

的关系。

慧沼说："心所者，遍行、别境及善十一。通二可知。"①"遍行"有五，即作意、触、受、想、思，这五种心所，一切心王起时必有相应，故称之为遍行，是讲认识的发生。

"作意"是五十一心所中"五遍行"的第一种。无著《瑜伽师地论》云："根不坏，境界现前，能生作意正起。尔时从彼，识乃得生……云何能生作意正起？由四因故，一由欲力，二由念力，三由境界力，四由数习力。"②识生起的条件以"根不坏"和"境界现前"，再加上"作意"为因而生起识。

"触"是"五遍行"中的第二心所。窥基《成唯识论述记》卷六云："诸识起时必缘境依根名有三和。三和定生触。亦由触故方有三和。又若无触时。心、心所应离散不能和合同触一境故。今既三合及心、心所和合同触于境。故必有触。"

《瑜伽师地论》又说："又识能了别事之总相。即此所未了别所了境相，能了别者说名作意。即此可意、不可意俱相违相，由触了别。即此摄受、损害俱相违相，由受了别。即此言说因相，由想了别。即此邪、正俱相违行因相，由思了别。是故说彼作意等，思为后边，名心所有法，遍一切处、一切地、一切时、一切生。"③这是说意识的五遍行心所的了别作用。意识能了别作为对象的事物的总相。总相是相对于别相来说。事物的整体相状是总相，而事物的各方面特性，例如颜色、大小、形状等就是它的别相。任何事物必有总相，亦必有别相。其中作意只是令心警觉，从而引出其他心所，所以真正了别事物别相的是其他心所，而不是作意本身。一件

---

① 沈剑英编《民国因明文献研究丛刊》第20辑，第199页。
② 《大正藏》第30册，第291页 a。
③ 《大正藏》第30册，第291页 b。

对象事物有很多方面的特性。其次,这件事物对于主体是可意乐或不可意乐方面的特性,由"触"了别。这事物对于主体是能够接受或有所损害的,由"受"了别。这事物作为引意识生起种种概念的原因,它的特性如何,由"想"了别。这件事物作为引发主体作出邪、正行为的原因,它的特性如何,由"思"了别。这五种心所有法遍于一切处、一切地、一切时、一切生。

别境有五,即欲、胜解、念、三摩地、慧,这是各别缘境而有,是指认识对象。善有十一,从信乃至不害,慧沼说以上这二十一种心所都"通二可知"。①

我的理解,这里讲心所"通"二量,不是说心所都直接为二量,而是说这些心所与二量有联系。譬如十一善中"惭""愧"都是一种情感,本身既非现量亦非比量,只是随着量起而起,俗语叫"触境生情","触"者是现量缘取外境,在生识的同时也生情,这也就知、情、意的共生性。但也有心所可以直接是量,如五别境中的"念",即忆念,即重现的表象,属比量和似现量。以下亦如此。

"根本六惑、疑、恶见全,余四少分,不通二量。随其所应与见、疑俱非二量故。"②此处"恶见"到"不正见"。根本六惑是指贪、瞋、痴、慢四烦恼和疑、恶见。后二全部不通二量,前四则部分不通二量。"根本"者是指此六烦恼能生其他"随惑"。

这前四中部分通二量是指:"若贪、瞋、痴在五识者,唯是现量。若在意识,贪、瞋、痴、慢分别俱生,皆通现、比。若与五俱,不横计者,即现量摄。"③"五俱"是指意识与五识之一者俱起,即后来陈那所立之五俱意识,"不横计"者即相互间接无横向联系,可都包括

---

① 沈剑英编《民国因明文献研究丛刊》第20辑,第199页。
② 沈剑英编《民国因明文献研究丛刊》第20辑,第199—200页。
③ 沈剑英编《民国因明文献研究丛刊》第20辑,第200页。

在现量内。

"二十随惑随根本惑生,或俱或后同于本惑,通现及比、非量不定。"①二十随惑是指忿、恨乃至散乱二十种,是随根本惑而生起,"俱"即同时,"后"即后起,各自通现量、比量或非量,并不确定。

"不定四中,'悔'唯比量或复非量,不通现量。"②眠唯缘现及过去,独散意识,不明了缘,亦非现量。许通皆思善,即可有比量。寻、伺二种,若在定心,一切现量。若在散心,与五识同时起者,得境自相,即是现量。缘共相境,或比、非量。

佛教的现量是指一种未加判别的纯感觉,包括"顿悟"直觉现象,比量是指知性思维,是借助于名言概念、判断推理等得到的知识,非量在佛教本意不是知识,但实际上可包摄上述知识之外的心理现象。上述五十一心所,按熊十力所言:"六位心所,都可分属知、情、意三方面。"③其中只有"知"是属于知识论范围,故五十一心所不会全部是现、比量,其中很大一部分只是与二量相关,是伴生等关系。

六、四分与二量、八识的关系

关于认识中的主各体区分,慧沼认为小乘除一切有部外,余十九部只立见分,无相分。世亲立见分、相分二分,陈那再立自证分,共三分,护法再立"证自证分",共四分。按照唯识的教理,认为是由识变现为相分和见分,前者是认识的对象,后者是认识的主体。

慧沼说:"相分虽非是量,随心而辨,通现、比量。现、比量因,

---

① 沈剑英编《民国因明文献研究丛刊》第20辑,第200页。
② 沈剑英编《民国因明文献研究丛刊》第20辑,第200页。
③ 熊十力《佛教名相通释》,中国大百科出版社,1985年,第51页。

名现、比量。"①相分作为认识的对象虽非认识本身,但相分是随心而被辨识,故而通现、比量,是形成现、比量的因,从这一角度,广义的也可以称之为现、比量。

"见分通二,五、八见分因果恒现。"②这是说见分通现、比二量,八识中,第八识为因变,由种子变生体识,前五识为果变,由识体分相、见二分。

"第七见分,定心唯现,散非二量。"③第七识的见分,若在定心位唯是现量,而如在散心位则非现、比二量。

第六识的见分若在定心位及主观思构假立分别之相成就,皆唯现量。如在散位,亦非二量。而在自证分、证自证分,一切皆为现量。

七、十种分别与二量的关系

一般而言,有无分别,是比量与现量的一大区别。现量要离分别,但因明知识论中又有分别的现量,为此须作一研究。

无著《瑜伽师地论》关于意识的七种分别作用:

> 云何分别所缘?由七种分别,谓有相分别、无相分别、任运分别、寻求分别、伺察分别、染污分别、不染污分别。有相分别者,谓赏先所受义,诸根成就善名言者所起分别。无相分别者,谓随先所引,及婴儿等不善名言者所有分别。任运分别者,谓于现前境界,随境势力,任运而转,所有分别。寻求分别者,谓于诸法观察、寻求所起分别。伺察分别者,谓于已所寻

---

① 熊十力《佛教名相通释》,第204页。
② 熊十力《佛教名相通释》,第204页。
③ 熊十力《佛教名相通释》,第204页。

求、已所观察,伺察安立所起分别。染污分别者,谓于过去顾恋俱行,于未来希乐俱行,于现在执着俱行所有分别,若欲分别,若恚分别,若害分别,或随与一烦恼、随烦恼相应所起分别。不染污分别者,若善,若无记,谓出离分别、无恚分别、无害分别,或随与一信等善法相应,或威仪路工巧处及诸变化所有分别。如是等类,名分别所缘。①

分别所缘是意识对于所缘境进行分别,这里分为七种:有相分别、无相分别、任运分别、寻求分别、伺察分别、染污分别、不染污分别。

世亲《俱舍论》(卷二)举有三种分别:

(1) 自性分别,以寻或伺之心所为体,直接认识对境之直觉作用。

(2) 计度分别,与意识相应,以慧心所为体之判断推理作用。

(3) 随念分别,与意识相应,以念心所为体,而能明记过去事之追想、记忆作用。

此三种分别中,后两种应与思维意识相关。但师子觉《阿毗达磨杂集论》(卷二)则认为三分别乃意识之作用,故谓自性分别属现在,随念分别属过去,计度分别则共通于过去与未来者。

前五识仅有自性分别,而无其他二分别,故谓无分别。《集量论》的四种分别中现量必须排除名言、种类的种种区分,这些区分可以是"种类义""功德(性质)义""作用义""有实义(实物)"等。②

舍尔巴茨基正是从此处断言陈那知识论中所用的范畴是"名

---

① 《大正藏》第30册,第280页c。
② 法尊译编《集量论略解》,第3页。

称""种属""性质""动作"和"实体",①这些正是现量所离,比量所用的"分别",应属于世亲所说的"自性分别"。

上述四说,无非说明,现量所排除的分别,主要是名言、种类之分别,而任运分别、部分有相分别也是现量。

慧沼可能未见陈那《集量论》的四种分别,而是兼取无著、世亲十种分别。

一是前述世亲的三种分别:"自性分别、随念分别、计度分别。"自性分别是指对缘取方外境自相进行分别,随念分别是指对过去所缘境相追忆分别,计度分别是对共相进行思构分别。按现代哲学的说法,大致为知觉、表象和概念、判断。

"若准杂集第二,约六识明,唯在第六,五识皆无。"②即《阿毗达磨杂集论》认为这三种分别,唯意识有,其他五识都不具备。如前所述,而《成唯识论》和《摄大乘论》却认为:"意识应无随念、计度,不云应无自性分别。"慧沼认为二说只是角度不同,"故不相违"。③

二是无著所说的七种分别:"瑜伽、杂集说七各别,先明杂集七种分别,以明二量。七谓:任运、有相、无相、寻求、伺察、污染、不污染。"④

"任运分别,唯是现量。论自说言,谓五身如所缘相,无异分别,于自境界任通转故。"⑤任运指非用造作以成就事业。亦即随顺诸法之自然而运作,不假人之造作之义。与'无功用'同义。十

---

① 转引自吴汝钧《佛教知识论》,台湾学生书局,2015年,第54页。
② 沈剑英编《民国因明文献研究丛刊》第20辑,第204—205页。
③ 沈剑英编《民国因明文献研究丛刊》第20辑,第205页。
④ 沈剑英编《民国因明文献研究丛刊》第20辑,第207页。
⑤ 沈剑英编《民国因明文献研究丛刊》第20辑,第207页。

地中以七地及七地以前为有功用,八地以上则为无功用而任运自然。《阿毗达磨杂集论》说如佛之五种法身即如所缘行相,无异分别,自然运作。

"有相通现比。自性、随念二分别故。"①有相即有形相之意。为"无相"之对称。指差别有形又具有生灭迁流之相者,有相具有自性分别与随念分别,故通现量、比量。

"无相等五,皆无现量,可通比量。杂集说五皆用计度为自性故。"②无相即无事相之差别,为平等无形,其后之寻求、伺察、污染、不污染五种,都无现量,而可通比量。但无著《瑜伽师地论》的说法不同,主要是认为无相也通现量,好比婴儿虽无语言,而有分别。对此慧沼认为:"若其婴儿,缘现得体,是任运收,非无相摄。"③

《瑜伽师地论》又认为寻求、伺察可通现、比量,染污通比而不通现量,不染分别通现及比量,并各作了论证。

八、关于自相、共相的界定"经、论意别"

窥基在《大疏》中就因明与佛经作出不同规定,在《二量章》第四部分"诸门"的第六"问答"中慧沼引用了护法门人亲光《佛地经论》中的三种说法,仍坚持这一区别:

> 一云定心通缘自共二相,并是现量。而因明论中约缘自共二种相者据散心说。二云定心唯缘自相。然由共相方便所引,缘诸共相所现理故,就方便说名知共相,不如是者名知自相。由此道理或说真如名空、无我是法共相。或说真如二空

---

① 沈剑英编《民国因明文献研究丛刊》第20辑,第207页。
② 沈剑英编《民国因明文献研究丛刊》第20辑,第207页。
③ 沈剑英编《民国因明文献研究丛刊》第20辑,第208页。

所显非是共相。三云如实义者,因明二相,与经少异。因明意云:诸法实义,若自若共,各附己体名自相,若分别散心立一种类,能诠所诠,通在诸法,如缕贯华,名为共相。①

虽缘诸法苦无常等,亦一一法各别有故,但缘自相。真如体是诸法实性,亦自相摄。其后得智,虽缘名及名所诠义,然不执义定带于名,亦不谓名定属于义,由照名义,各别体故,亦是自相。经意云:妙观察智缘诸法自相色声等体,名缘自相。缘法差别常无常义,名缘共相。故不同也。准此即达自共相体,经、论意别。②

---

① 沈剑英编《民国因明文献研究丛刊》第20辑,第211—212页。
② 沈剑英编《民国因明文献研究丛刊》第20辑,第212—213页。

第二十二章

古因明的知识论

在回顾了古因明在印度发生、发展以及对新因明和汉、藏因明影响的全史后,现在我们可以在这些丰富的思想资料中进行梳理和整合,概括出古因明的基本义理,即分为知识论、逻辑论、辩学和过失论四部分。

古因明的知识论又被称为量论,其内容与认识论基本相同。自古外道和佛家各有其知识论。正理—胜论派认为认识的主客体都是实存的,一般承认有现量、比量、譬喻量、圣教量四种量,认可知识的可靠性。数论派持心、物二元,但也承认认识主客体的实在性,认为有六种量,也有其他宗派认可有更多种类的量。婆罗门正统学派大都否认世俗知识的可靠性。佛教都持"无我"论,但实际上仍以"心"为能量。在认识对象上,小乘有部持三世实有。经部只承认"现在"有。龙树否定一切"有",甚至否定量本身。大乘有宗承续了小乘的"有"论,但却只承认心识为"有",识为主体,外显假立为境、为客体。把量归并为现量、比量、圣教量三类,更仔细地分析了认识发生、发展的机制和过程,在真理论上持真、俗二重论,以下分别述之。

第一节　认识的主、客体

进行认识必须区分主、客体,在因明中称之为能量(心)、所量(境)。

一、认识客体

认识客体也就是认识对象,古因明称之为"外境",外道各派大都是承认外境实有的。

1. 胜论

胜论"六句义"的第一句义是"实",实(实体)是一切现象的依据,世界的基础,包括地、水、火、风、空、时、方、我、意九种,既有物质性的东西又有精神性的东西。

《胜论经》说:"地、水、火、风、空、时、方、我、意是实。"[1]这里的"地、水、火、风"四大是指外部的物质世界,它们各自由"极微"组成:"我们现在来描述四种最终之物实的创造与毁灭过程……四种粗大的元素被产生,仅仅从最高神的思想中,创造出了来自火极微与地极微混合的宇宙金卵。"[2]"这(极微)果是(其存在)标志。"[3]"四大"和极微是实存的外部世界。

2. 正理论

《正理经》[Ⅰ-1-9]说:"所量就是灵魂、身体、感觉器官、感觉对象、觉、意、行为,过失、再生、果报、苦、解脱。"这里把一切物质现象和精神现象都归之为认识对象,而且批驳中观派的"一切皆

---

[1] 以下均引自姚卫群《古印度六派哲学经典》,第2页。
[2] 姚卫群《古印度六派哲学经典》,第47页。
[3] 姚卫群《古印度六派哲学经典》,第19页。

空"的观点:"(有人说)一切皆非存在,因为即使存在的东西,相对于其他东西来说也是不存在。"中观宗说虽然牛有存在,但是"牛不是马",即在牛中是不存在马的。

《正理经》答:"不对,因为从存在中可确立自身的存在。"即虽然牛不是马,但牛是牛,牛中不存在马,但牛本身还是存在的。

(有人说)"(一切皆)无自性,因为都是靠相对关系确定的。"

《正理经》答:"不对,因为自相矛盾。如果二者都不能单独存在的话,相互的关系怎么确立?"①

从《正理经》的反驳可以看出,正理派是承认认识对象具有自性,是客观实的,这是认识论的一个重要前提。

3. 数论

数论持"二十五谛",而其中"自性"和"神我"是最基本的元素,自性:又称冥性(阴性元素),能生一切,不从他生,乃实有而非变易。肯定自性的实在性也就肯定了外部世界的实在性。

4. 瑜伽派

瑜伽派在学理上与数论接近,也承认"神我"和"自性",常被总称为"僧怯瑜伽"。《瑜伽经》16:"如果对象(的表现形态)依赖于心,那么。(在)这(心)不认知对象(时),这(对象的表现形态)还(能)存在吗?[对象是自己依靠自己的,(它们)对于一切神我是共同的。"]②这是说认识对象不依赖于认识主体,具有独立自性,是实在的。

5. 声论派

《弥曼差经》云:"当根与那(境)相合时,认识产生,这就是现量。(现量)不是(认识法的)手段,因为(它仅)取存在(之

---

① 以上引自刘金亮译本《正理经》[IV－1－37]至[IV－1－40]。
② 姚卫群《古印度六派哲学经典》,第194页,其中方括号内是6世纪毗耶舍的注。

物)。然而,声与其意义的联系常住的。圣教则是认识那(法)的(手段)。而且,对于不可感的事物,(它是)无误的。这(圣教)是获得正确认识的手段(量),因为根据跋达罗衍那,(它)不依赖于(其他物)。"[1]这里区别了现量和圣教量两种不同的知识,一方面强调只有圣教量才能认识不可感的吠陀真理,而现量等其他量都不是认识"法"的方法。但另一方面也承认有可感知的"存在之物"。

6. 吠檀多派

吠檀多派讲"梵我合一","梵"就是梵天大宇宙,尽管是一种神学的解释,但也是承认其实在性的。

7. 顺世外道

佛教《梵动经》写道:"如余沙门婆罗门食他信施行遮道法……以己辩才作如是说,我及世间是常。……此世间有边是实。"这是说顺世派认可世间为"实"。

8. 耆那教

耆那教和顺世外道、佛教并列为古印度婆罗门教之外的三大非正统哲学派别。耆那教把世界分为"命我"(亦译灵魂)和"非命我"[2](亦译"非灵魂"),构成了万有的两大基本种类。"非命我"主要由四部分组成,即:法、非法、虚空和补特伽罗。虚空的作用在于为事物提供场所,补特伽罗即物质,它有两种形式:极微(亦译"原子")和极微的复合物。耆那教把法、非法、虚空、补特伽罗及"命我"看作是五种永恒的实体。这五种永恒的实体加上时间就构成了宇宙的根本要素。"非命我"即是外部物质世界,是"永恒的实体"。

---

[1] 黄心川《印度哲学史》,商务印书馆,1989年,第217页。
[2] 《谛义证得经》中1.4,转引自姚卫群《古印度哲学经典文献思想研究》,第104页。

9. 小乘有部

小乘有部持"三世实有",《杂阿含经》卷二说:"若所有诸色:若过去,若未来,若现在;若内,若外;若粗,若细;若好,若丑(异译作胜与劣);若远,若近:彼一切总说色阴。"①"阴"即"蕴",色蕴即指外部物质世界,三世实有。

《阿毗达磨大毗婆沙论》示云:"自性于自性,是有、是实、是可得故,说名为摄。自性于自性,非异、非外、非离、非别,恒不空故,说名为摄。自性于自性,非不已有、非不今有、非不当有,故名为摄。自性于自性,非增、非减,故名为摄。"②

"摄"是摄受,指具有,这是说,第一,自性对事物是有、是实、是可得的。第二,在所处空间上,自性是不离开事物的,两者之间没有任何隙罅。不空是指没有空间上的隔阂。第三,在时间上,非不已有、非不今有、非不当有,即是说,自性是恒常地为事物所拥有。已有是过去有,今有是现在有,当有是未来有。事物在过去、现在、未来都拥有自性,没有时间上的隔阂。第四,在量上,自性不同于一般事物,不会增加,也不会减少。总之,一切事物都是真实地存在,而且恒常不变,不受时间、空间、因果律的限制。三世实有。

色又有极微构成,《大毗婆沙论》:"色之极少,谓一极微。"③极微是怎么样的呢:"应知极微是最细色,不可断截破坏贯穿,不可取舍乘履抟掣。非长非短、非方非圆、非正不正、非高亦非下。无有细分、不可分析、不可观见、不可听闻、不可嗅尝、不可摩触,故说极

---

① 《大正藏》第2册,第13页b。
② 《大正藏》第27册,第308页a。
③ (唐)玄奘译《阿毗达磨大毗婆沙论》,《大正新修大藏经》第27册,第701页上。

微是最细色。"①

10. 经部

诃梨跋摩《成实论》:"说过去、未来为有?为无?答曰:无也。所以者何?若色等诸阴在现在世能有所作,可得见知。如经中说:恼坏是色相。若在现在则可恼坏,非去、来也。受等亦然。故知但有现在五阴,二世无也。法无作则无自相。若过去火不能烧者,不名为火。"②

此以"五阴"(即五蕴)为例,如过去之火,不能燃烧,无作用即无实体。说明"过去""未来"二世非实在,"但有现在五阴"。

11. 早期中观宗

龙树《中论·观四谛品》云:"众因缘生法。我说即是空,亦为是假名.亦为是中道义。未曾有一法,不从因缘生,是故一切法,无不是空者。"青木作注曰:"众缘具定,和合而生物,是物属从因缘,故无自性。无自性。故空。空亦复空。但为引导众生故,以假名说。离有,无二道。故名为中道。是法无性。故不得言有;亦无空,故不得言无。"佛教以缘起生诸法,缘起即是空,那么由缘起而生的世界万物当然也是空,至于说"中道",离有、无二道,只不过是为"引导众生故,以假名说"而已。

12. 大乘有宗

即瑜伽行宗,无著、世亲的法相唯识宗。

(1)待名言为假有,不待名言为实有

无著《阿毗达磨集论》"本事分中三法品第一之二":"蕴界处中云何实有。几是实有。为何义故观实有耶。谓不待名言此余根

---

① (唐)玄奘译《阿毗达磨大毗婆沙论》,《大正藏》第27册,第702页上。
② 《大正藏》第32册,第255页a。

境。是实有义。一切皆是实有。为舍执着实有我故。观察实有。云何假有。几是假有。为何义故观假有耶。谓待名言此余根境。是假有义一切皆是假有。为舍执着实有我故。观察假有。"这是说五蕴十界十色处中,凡不待名言而由根所缘境皆是实有。而待名言而起之余境皆为假有。《杂集论》释云:"谓不待此所余义而觉自所觉境。非如于瓶等事要待名言及色香等方起瓶等觉。"也就是说待名言而起的对"瓶"的觉知,此瓶为假有,而不待名言而缘取的外境才是实有。

(2)"世俗有"和"胜义有"

《阿毗达磨集论》"本事分中三法品第一之二":"诸法无我性是名真如。"这里的"我"是指自性、自体,一切法都无自性才是胜义有。上面说的不待名言的实有还只是世俗有。由此"有"分为:

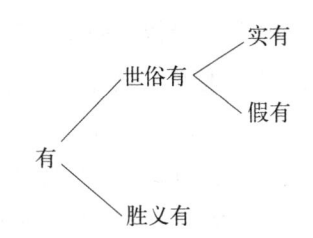

```
          ┌─ 实有
    ┌ 世俗有 ┤
有 ─┤       └─ 假有
    └ 胜义有
```

总之外境实有只是俗谛上的有。

(3)极微无体,色非真实

《阿毗达磨集论》"抉择分中谛品第一之一":"又说粗聚色极微集所成者。当知此中极微无体。但由觉慧渐渐分析细分损减。乃至可析边际。即约此际建立极微。为遣一合想故。又为悟入诸所有色非真实故。"

小乘及外道多持极微实有,无著认为极微无实体,故由极微和含集聚成之诸色"非真实",这是否定外境的实在性。

(4) 内识生时,似外境现

世亲《二十唯识论》云:"安立大乘三界唯识。以契经说三界唯心。心意识了。名之差别。此中说心。意兼心所。唯遮外境。不遣相应。内识生时。似外境现。如有眩翳。见发蝇等。此中都无少分实义。"

(5) 内、外十处皆从自种生

《二十唯识论》中引外人责疑说:"佛在经典常说十有色处(就是眼、耳、鼻、舌、身、意内五根处;和色、声、香、味、触外五境处)佛既然说十有色处,你们唯识家为什么说唯有内在的心识,没有实在的外境(即色、声、香、味、触等五境非实有)呢?"[①]

世亲答曰:"此说何义。似色现识从自种子缘合转变差别而生。佛依彼种及所现色。如次说为眼处色处。如是乃至似触现识从自种子缘合转变差别而生。佛依彼种及所现触。如次说为身处触处。依斯密意说色等十。此密意说有何胜利。"

这里"显识从自种生"一句,是说明心识生起之所依。世尊所说的色等十处——五根、五境,前者为五识之所依,后者为五识之所缘。前五识的生起,一定要有其所依及其所缘,否若有根无境,识不得生。而小乘论师,特别是经量师,认为五根、五境是独立的、实有的。但在唯识学,认为五根五境,都是心识之所变现,离开了能变的识,也就没有根境的存在了,故"为成内外处,佛说彼为十"。"似境相"三字,是显示其似有非有,不是实有,以此"似"字,否定了境相的客观实在性。

(6) 万法唯识

世亲《唯识三十颂》中说阿赖耶识"初能变"内变为种和根生,

---

① 世亲《二十唯识论》。

外变为器世界。第十七颂又曰："是诸识转变,分别所分别,由此彼皆无,故一切唯识。"①

这是说识都能变现出似乎实在的见分和相分。所变现的见分,称为"分别";所变现的相分,称为"所分别"。因此那所谓的实我、实法都不存在,只有识真实存在。

唯识的说法,只是要否定脱离识的所谓真实的东西,并不否定不脱离识的各种现象。即心所、见分、相分、物质、真如等现象,如果认为它们是心外真实存在的事物(即外境),唯识学认为这是错误的观点;如果认为它们是不脱离识而存在的现象(即内境),唯识学认为这是正确的观点。

法尊《中观宗关于"安立业果"与"名言中许有外境"的问题》中说佛家既认为一切无常、刹那即灭,那么轮回果报的主体又是什么?今世的"业"又何以来感熏后世之果呢?小乘毗婆沙师认为："业有个'得',业灭之后,这个'得'不灭坏。由'得'的内量使业感果。""小乘经部师许业有'种子'。""唯识师认为阿赖耶识具有许多条件合乎受熏持种的要求的。"而中观应成派认为并没有实在的阿赖耶识,而是"许业灭,能感果"。"业灭也好,业未灭也好,二种都是业的,都是有为法,都是因缘所生的缘起法。也都是无自性的、空的"。② 这些都是讨论世界本体和认识主客体的实在性问题,应该说中观应成派对主客体实在性的否定是最彻底的。

二、认识主体

印度俱卢之地大学的夏斯特利(1917—1984)认为印度哲学思想主要分成两支,即(1)基于"自我论(atma-vada)"和《奥义书》

---

① 世亲《唯识三十颂》。
② 《法尊法师佛学论文集》,中国佛教协会,1990年,第137—143页。

的正统思想以及（2）基于佛教经典中"无我论（anatma-vada）"的佛教思想，在整个印度哲学史上这两种思想相互影响、砥砺，并在此过程中发展壮大。①

1. 自我论

在《正理经》中只讲所量（认识客体），并未出现"能量"（认识主体）范畴，实际上把现量等四种量即看成是能量，其实四种量只是认识的方法和形式，不能混同于能量。但正理派是认可有主体"我"的："（存在）的标志是欲、瞋、勤勇、乐、苦及认识作用。"②在"所量"中提到的灵魂、身体、感觉器官、觉、意都应属于认识主体。

胜论的"六句义"中第一句就是"实"，实（实体）是一切现象的依据，世界的基础，包括地、水、火、风、空、时、方、我、意九种，而其中"我""意"即是认识主体。对于"我"胜论没有明确的定义，而是从外在表现上描述，《胜论经》云："呼气、吸气、闭眼、睁眼、有生命、意的活动、其他感官的作用、乐、苦、欲、瞋、勤勇是我（存在）的标志。"③

数论的二十五谛中最根本的是自性和神我，神我：又称我知（阳性因素），神我是主体，由神我有思维和欲望，从而感知外部的物质世界。从神我中分化出来的各种心理功能称之为觉。《数论颂》说："神我是存在的。因为聚集（之物）是为了（与它们）不同（之物）的目的；因为（必有一个）与（具有）三德等（的实体）不同（的实体）；因为（必有一个）控制者；因为（必有一个）享受者；因为（活动是）为了独存的目的。"④但数论的"神我"与其他各派的

---

① D. N. Shastri，p.62.
② 足目《正理经》[Ⅰ-1-10]。
③ 足目《正理经》[Ⅰ-1-10]，第16页。
④ 足目《正理经》[Ⅰ-1-10]，第153页。

"我"又有不同,其他派别中的"我"主要是一个生命现象或认识活动的主体(小我),有时也是轮回解脱的主体(大我),而数论的"神我"则主要是对一切事物生成起重要作用的两大实体之一。数论派认为,包括生命现象在内的世间现象是由一个称为"自性"的物质性实体转变出来的。而这一物质性实体的转变又不是独立完成的,它需要另一个精神性实体的合作(施以某种影响)才能实现。这个精神性实体就是"神我"。

瑜伽派也和数论一样有"神我",在认识论中则以"心"的范畴指称主体。《瑜伽经》云:"15. 由于当对象相同时,心(的状态)不同,因此,这(对象在心中)的存在方式不同。16. 而且,如果对象(的表现形态)依赖于心,那么,(在)这(心)不认知对象(时),这(对象的表现形态)还(能)存在吗?[对象是自己依靠自己的,(它们)对于一切神我是共同的。心也是自己依靠自己的。它们与神我结成关系。]17. 由于心需要着色,因此,对象是被认知的(或)未被认知的,[对象在特性上类似磁石,心在特性上类似铁。与心接触的对象给心着色。任何给心着色的对象都被认知,被认知物也就是对象。不这样被认知的就是神我和未被认知的。心是变化的,因为它呈现出被认知的和未被认知的对象的特性。]"①这里有这么几层意思:

(1)心和对象是各自独立的,它们各自"依靠自己"。

(2)心吸引对象如磁石吸引铁。

(3)对象给心"着色",客观对象形成心中的主观映像。

2. 佛教的无我论

"无我"是佛教义理的基础,是三法印之一,即"诸法无我",

---

① 姚卫群《古印度六派哲学经典》,第211—212页,其中方括号内是6世纪毗耶舍的注。

"我"就是指"人我"和"法我"。否定认识主体的存在就是"人无我"。有部的《大毗婆沙论》卷五十六云:"补特伽罗亦假。"补特伽罗就是指"人我"。

"人无我"既是无实在的认识主体,那么是什么在进行认识呢?有部的说法是由"五蕴"来进行的:"如眼、耳、鼻、舌、身、意法因缘生意识,三事和合触,触俱生受、想、思。此诸法无我、无常,乃至空我、我所。"①五蕴即色、受、想、行、识,"蕴"即是集合,由极微集合成地、火、水、风四大,再组成五蕴"粗色"和受、想、行、识的主体"细身"。

《大毗婆沙论》:"四大种造色身中,随与触合皆能生受。此说何义?此说身中遍能起触,亦遍生受。彼作是念,从足至顶,既遍有受,故知色我在于受中。大德说曰:一切身分皆能生受。彼作是念,受遍身,有身之一分,是我非余,是故受中得容色我。如受,乃至识亦如是。"②

这里的"色我"就是指由四大种构成的物质性的身躯,当中任何一部分与触结合,都能生起受。由于整个身躯都能够生起触,所以由脚掌至头顶都能生起受。这个受就是自我在受以内,其余三蕴——想、行、识——都是遍于全身,所以亦同样是包含了物质性的躯体。这躯体即是"色我"。所以,色、受、想、行、识五蕴一同构成了具备物质性和精神性的自我。所以,从"无我"到这里又成了"有我"。

尽管佛教都持"无我"论,但认识活动总要有个主体、作者、"能缘",经部的《成实论》云:"心、意、识,体一而异名。若法能缘,是名为心。问曰:若尔,则受、想、行等诸心数法,亦名为心,俱能

---

① 《阿含经》卷十一,第72页。
② 《大正藏》第27册,第37页b。

缘故。答曰：受、想、行等，皆心差别名。"①

这是说心、意与识是同一事体的不同名称。当事物作为能缘时，就称为心。实际上往往是把心识看作认识主体。心、意、识，体一异名。

早期中观的龙树没有单独的认识主体的概念，只是把相对于"所量"的量（能量）看作认识主体，认为二者为相依相成的"缘起"（因缘生）。量是相对于所量而存在的；反之，所量也是相对于量而存在的。二者相待而成。而缘起性空，因此量与所量都是空幻而无实的。

无著《瑜伽师地论》说心及意、触、受、想、思五种心所是认识主体："又识能了别事之总相。即此所未了别所了境相，能了别者说名作意。即此可意、不可意俱相违相，由触了别。即此摄受、损害俱相违相，由受了别。即此言说因相，由想了别。即此邪、正俱相违行因相，由思了别。是故说彼作意等，思为后边，名心所有法，遍一切处、一切地、一切时、一切生。"②

这是说意识和五种相应的心所的了别作用。意识能了别作为对象的事物的总相。总相是相对于别相来说。事物的整体相状是总相，而事物的各方面特性，例如颜色、大小、形状等就是它的别相。任何事物必有总相，亦必有别相。作意只是令心警觉，从而引出其他心所，所以真正了别事物别相的是其他心所，而不是作意本身。一件对象事物有很多方面的特性，其中，这件事物对于主体是可意乐或不可意乐方面的特性，由触了别。这事物对于主体是能够接受或有所损害的，由受了别。这事物作为引意识生起种种概

---

① 《大正藏》第32册，第274页。
② 《大正藏》第30册，第291页b。

念的原因,它的特性如何,由想了别。这件事物作为引发主体作出邪、正行为的原因,它的特性如何,由思了别。由作意至思称为心所有法。这五种心所有法遍于一切处、一切地、一切时、一切生。

《阿毗达磨集论》云:"云何能取。几是能取。为何义故观能取耶。谓诸色根及心心所是能取义。三蕴全色行蕴一分。十二界六处全。及法界法处一分是能取。为舍执着能受用我故。观察能取。又能取有四种。谓不至能取。至能取。自相现在各别境界能取。自相共相一切时一切境界能取。又由和合识等生故。假立能取。"

《杂集论》释云:"云何能取。几是能取。为何义故观能取耶。谓诸色根及心心法。是能取义。三蕴全色行蕴一分。根相及相应相。如其次第十二界六处全及法界法处一分相应自体。是能取。为舍执着能受用我故。观察能取受用我者。计我能得爱不爱境。又能取有四种。"

这里的能取就是诸色根、心、心法这三样东西,心法即心所,概括地说就是感觉器官和"心"是认识主体,能取又分四种。

世亲《唯识二十论》中外人责疑:佛的内外十处说法,又有什么作用?

第九颂答:"依此教能入　数取趣无我　所执法无我　复依余教入"[①]

世亲论曰:"依此所说十二处教受化者。能入数取趣无我。谓若了知从六二法有六识转。都无见者乃至知者。应受有情无我教者。便能悟入有情无我。"这里的"数取趣"即主体"补特伽罗",佛陀为破除众生的"人我执",方便说有色等十二处。此即前第七颂所述,先说有十二处,然后再对十二处加以分析,说出十二处色等

---

① 世亲《二十唯识论》。

诸法,是因缘和合的假有,此中并无"我"的成分。此颂的首二句,就令听者"依此"十二处教,能悟"人数取趣无我"之理。这说明唯识虽持种子说、心、心所说,但仍持"人无我"的观点。

综上所述,可知古因明的认识主体是从外道的"实"进入佛教的"虚",佛教大、小乘各宗都持无我说,但又不能完全回避认识主体的问题,由此把心识作为事实上的认识主体,只是各派在具体提法上有所不同。

三、从二分说到四分说

关于认识的主、客区分,唯识古师是由世亲提出"二分说",由识变现为见分和相分,见分是认识主体、相分为认识客体,陈那在此基础上又新增了自证分,认为识自证分是主体,变现为见、相二分为客体。陈那之后护法又提证自证分,成四分说。文轨《庄严疏》云:"依世亲菩萨但立二分,依无性菩萨立有三分……依亲光立有四分。"[1]这是讲唯识的二分、三分、四分由来,现在一般讲世亲二分,陈那三分,护法四分,但在护法的著作中未见此说,故此处举护法门人无性。亲光:6世纪,护法门人,无性:5、6世纪人、陈那后辈。关于四分间的相互关系,慧沼《二量章》另有专论,十九章第三节中已述。

第二节 认识的分类

一、从多种量到三种量

1. 多种量

弥曼差派分六种量,即现量、比量、声量(圣教量)、譬喻量、义

---

[1] 沈剑英编《民国因明文献研究丛刊》第19辑,第305页。

准量、无体量。

《遮罗迦本集》也分六种量,具体略有不同:现量、比量、随承量(圣教量)、譬喻量、义准量、随生量(内包量)量。

其他的宗派还有假设量、姿态量、外除量、世传量等提法。

2. 四种量

正理派分为现量、比量、譬喻量、声量(圣教量)。《方便心论》分为"现见""比知""喻知""随经书"(圣教量)。

3. 三种量

数论、瑜伽派、瑜伽行宗都分现量、比量、圣教量三种。

4. 二种量

胜论《摄句义法论》云:"正智亦有四种:一、直接感觉的认识;二、推理的认识;三、回忆;四、超凡的认识。"[①]这里第一种"五根现量",《胜宗十句义论》界定为:"现量者,于至实色等根等和时,有了相生,是名现量。"第二种是比量,第三种"忆念"为似现量,第四种是"瑜伽现量"。归结起来还是现量、比量两大类,故《胜宗十句义》概括说:"此有二种:一现量,二比量。"

另外耆那教有五种智的分法。从总体看古因明早期量的分类较多,但到中后期逐步归并为四类或三类,最终在瑜伽行宗归为现量、比量、圣教量三种。后来陈那又归为现、比二种。

《正理门论》云:"为自开悟唯有现量及与比量,彼声、喻等摄在此中,故唯二量。"此处的"声"即声量、圣教量。

陈那的量论不再似古因明以圣教量为中心"与从来采取对宗教真理之论证将其作为对仙人所赋之物接受的形式相对,将其变更为以人类接受为中心的宗教真理的形式,此即陈那对人性之自

---

① 沈剑英编《民国因明文献研究丛刊》第 19 辑,第 54 页。

觉"。①法称承续了陈那的分法,强调唯现、比二量,甚至进一步归结为现量一种,但有时也提圣教量,反映了法称的游移态度。汉传因明也持一种折衷态度,如《大疏》云:"三量古说或三:现量、比量、及圣教量……或立四量,加譬喻量……或立五量,加义准量……或立六量,加无体量……陈那菩萨,废后四种,随其所应,摄入现比。"②窥基《大疏》又解释道:"古师从诠及义,智开三量,以诠义从智,亦复开三。陈那已后,以智从理,唯开二量。若顺古并诠,可开三量。废诠从旨,古亦唯二。当知唯言,但遮一向,执异二量外,别立至教,及譬喻等,故不相违。"

日本学者武邑尚邦认为窥基所说,作为古师弥勒、无著、世亲等的三量说,其能够诠表义理的能诠之教与依据于此而被诠表的所诠之义有三种,因此,以此为缘的能缘的智也被开为三种,即依从缘于作为能诠之教的圣教与作为所诠之义的自相共相三种境的智,能够确立圣教、现量、比量的三种量。不过,由于陈那只限于所诠的义,故唯说现、比二量,从能诠的教来看,圣教量当然能被确立,因此两者间只不过是开合上的差异罢了。但陈那《集量论》的《观遮诠品第五》"声起非离比,而是其他量"不把能诠之教作为量而别立,因此就不是量开合的问题而是立与不立圣教量态度对立的问题。所以,如果依据开合相违的话,就一定要说明为什么圣教没有成为智的境。然而,就此窥基什么也没说,因此可以认为这里窥基对陈那理解是不彻底的。

慧沼也说:"陈那菩萨取缘心及所缘境,无过自共。此中自相即为自体,共相即贯通余法。缘自相心,名为现量。缘共相心,名

---

① 顺真、何放译,武邑尚邦著《佛教逻辑学之研究》,中华书局,2010年,第47-48页。
② 沈剑英编《民国因明文献研究丛刊》第17辑,第65-66页。

为比量,离此二外,无别所缘,可更立量,故但立二。""天主菩萨,陈那之门人,师资相顺,故亦不立彼圣教量。"这是说,陈那认为,认知的对象只有自相和共相,由此分别形成现量与比量,除此以外,不能更有他量。天主承续师说,所以也不立圣教量。

慧沼又说:"取圣教之量,由教生故。若定心缘,名为现量,以分明各证故。若散心缘名为比量,筹度比类贯余义故。摄在境智别说,故分三量……今据所生量唯立二,教从于智亦名为量,由此圣教亦名二量,生二智故。"这是说,圣教量的取名,是缘于教义而起。这种圣教量如果是在定心位缘取的就是现量,因为可以明证各个自性。若从散心位缘取的,就是比量,因为可由筹度、比类贯通于他义。这里的定心即止息妄念杂虑,心住一境。散心谓心驰骋六尘。《善导之观经疏》卷一"玄义分"云:"定即息虑以凝心,散即废恶以修善。"如果从境和智分开来说,那么可分为现、比、圣教三量。而如果从境所生起的智唯有现、比二量,教从于智而名量,由此圣教量亦归于现、比二量,因为从此二智生起故。藏传因明说认识对象也有现实、隐密、极隐三种,故而仍立相应的现量、比量、圣教三量。又把量论直接归入内明,作为成佛的阶梯,解脱道之一,故仍保留圣教量。故藏、汉因明还常常三量并举。

在藏传因明中甚至说认识对象也有现实、隐密、极隐三种,故而仍立相应的现量、比量、圣教三量。

二、现量是认识的基础

在上述多种量中,现量基本上是指感觉经验,其他的量都属于理性认识,关于此二者的关系,《方便心论》说"此四知中,现见为上","后三种知,由现见故,名之为上"。"四知"即现量、比量、譬喻量、圣教量,"现见"即现量"为上"。

世亲《佛性论》说："证量不成,比喻、圣言背失。"这里的证量即是现量、比喻当指比量和譬喻量,圣言为圣教量,说明世亲是持三种或四种量,并以现量为基础。①

《正理经》："所谓比量是基于现量而来的,比量分三种:(1)有前比量,(2)有余比量;(3)平等比量。"②正理派是承认比量以现量为基础的。

陈那《集量论》云："此中且说:现量前行,不应正理。何以故?曰:'系属非根取'。谓因与有因之系属,非根识境。因与有因亦非现量。如何能说彼前行者,是为比量?"③

这里是破正理派"有前"比量,把前时的现量作为后时比量形成的依据,强调宗因不相离之系属关系才是比量成立的前提。陈那反对"现量在前",并不认为现量是比量的基础。

数论说:"随由一种相属现量而成所余法,是为比量。相属有七随应为比量因。"④

声论说:"现量为先而起者,是为比量。"⑤

"在印度哲学中占根本性地位的思想方法则是直观体验的方法。作为一种思想及其表达的活动,印度哲学固然也不能脱离对概念推演方法的运用,但这种方法只能是以通过直观直接看到的'真理'为其起点和归宿。"⑥由此看来,内外道、佛教大小乘都是持此说,只是陈那从唯识立场认为现量缘取自相,比量缘取共相,各有所缘,不存在在先、在前的依赖关系。

---

① 转引自梁漱溟《印度哲学概论》,第169页。
② 沈剑英《因明学研究》,第255页。
③ 法尊译编《集量论略解》,第43页。
④ 沈剑英编《民国因明文献研究丛刊》第4辑,第134页。
⑤ 沈剑英编《民国因明文献研究丛刊》第4辑,第136页。
⑥ 欧东明《印度古代哲学的基本特质》,刊于《南亚研究季刊》1998年第3期,第50页。

三、圣教量的特殊地位

婆罗门教的正统教派也并不认为应以现量为基础,而是推崇圣教量,甚至把圣教量与其他量对立起来。

声论派的《弥曼差经》云:"当根与那(境)相合时,认识产生,这就是现量。(现量)不是(认识法的)手段,因为(它仅)取存在(之物)。然而,声与其意义的联系常住的。圣教则是认识那(法)的(手段)。而且,对于不可感的事物,(它是)无误的。这(圣教)是获得正确认识的手段(量),因为根据跋达罗衍那,(它)不依赖于(其他物)。"① 这里区别了现量和声量(圣教量)二种不同的知识,只有圣教量才能认识不可感的吠陀真理,而现量等其他量都不是认识"法"的方法。"法是由(吠陀)教令所表明之物。"②

瑜伽派的《瑜伽经》说:"通过推理和研习经典获得的知识是知识的一种。但从三摩地中获得的知识更高级。它超越了推理和经典。"③ 有两类知识:一种知识通过感官感觉和理性思考获得,另一种知识通过直接的超意识体验获得。后一种才是"……充满真理"。④

6世纪吠檀多派的商羯罗认为认识梵的真实本质的唯一方式(量)是借助吠陀圣典(奥义书),其实梵是超感觉的。现量、比量等量起一些辅助作用,只有梵(上梵)才是真实的,而现象界(下梵)则是不实的;对下梵的认识是无明。现量、比量只能用于下梵。下梵既不实,只能用于这不实之物中的认识方式自然没有多少价值。

数论派的《数论颂》说:"借助基于类推的比量,根不(直接)感

---

① 沈剑英编《民国因明文献研究丛刊》第17辑,第217—218页。
② 沈剑英编《民国因明文献研究丛刊》第17辑,第217页。
③ 沈剑英编《民国因明文献研究丛刊》第17辑,第74页。
④ 沈剑英编《民国因明文献研究丛刊》第17辑,第74页。

知(之物被证明)。不能由这(比量)证明(之物)和超验(之物),由圣言量证明。"①圣言即圣典或权威意见("圣言量"),但是数论不像弥曼差等更正统派别那样特别强调吠陀是唯一的权威。

以上各说都是二重真理论,否定世俗真理,推崇出世间的宗教真理。佛家也讲真智和俗智,推崇真智,但并不完全否定俗智,这也就是因明认识论存在的意义。

四、现量的分类

1. 胜论

胜论分为世间现量与出世间现量,《胜论经》:"在这些(觉或认识)中,从感官产生的是'直接感觉的认识'。感官有六种:鼻、舌、眼、皮、耳、意……至于那些与我们不同的人,如处于出神状态的瑜伽行者,在他们那里可出现一些事物的真实形态的极正确的认识。"前者又称之为"世间现量",后者为"出世间现量",是指一种神秘的宗教体验,是"超凡的认识"。

2. 声论派

枯马立拉分为无分别和有分别现量:"我们通过物体自身来感觉它,由此而产生的认识仅是一种单纯的感觉,称之为无分别(现量),它属客体自身,是纯粹的、单一的,犹如新生婴儿的认识一样。……随之而产生的是对事物的较完全的感觉,因为它具有某种有区别(作用)的特性,如属于某种共性,具有某种名称等。前者多少有些模糊,后者则非常清楚。后者称为有分别现量。"②其实这种有分别量已属比量了。

普拉帕格拉专门提到了瑜伽现量。

---

① 沈剑英编《民国因明文献研究丛刊》第17辑,第148页。
② 沈剑英编《民国因明文献研究丛刊》第17辑,第425—426页。

3. 无著《瑜伽师地论》

"略说四种所有：一、色根现量；二、意受现量；三、世间现量；四、清净现量。色根现量者，谓五色根所行境界，如先所说现量体相。意受现量者，谓诸意根所行境界，如先所说现量体相。世间现量者，谓即二种总说，为一世间现量。清净现量者，谓诸所有世间现量，亦得名为清净现量。或有清净现量非世间现量，谓出世智于所行境，有知为有，无知为无，有上知有上，无上知无上。如是等类，名不共世间清净现量。"[①]

无著把现量共分为四种：一、色根现量；二、意受现量；三、世间现量；四、清净现量。色根现量指通过五根取得的认识，这即是前五识所起的认识。意受现量指透过意根取得的认识，即是意识所起的认识，但无著认为根识和意识是交替而起，故此二种现量是俱起。色根现量和意受现量总称为世间现量。所有世间现量亦可称为清净现量。因为此时认识没有善、恶之分，所以是清净的。而清净现量还包括一些非世间现量。非世间现量叫"不共世间清净现量"，这就是一种修定中的直觉，后来被称为瑜伽现量。在这四个分类中，尚未有自证现量。把现量分为"世间"和"非世间"二类，这是与佛家的俗谛、真谛二谛论相一致的，也与外道婆罗门各派哲学中区分的"下梵""上梵"二种知识的说法相似。

五、比量的分类

1. 正理派

关于比量，未下定义，只是分为有前、有余、平等三种。

[①] 《大正藏》第 30 册，第 357 页 c。

2. 数论派

《金七十论》云:"比量有三:一者有前,二者有余,三者平等。"①

3. 龙树《方便心论》

把"平等"改为"同比",把"有余"改成"后比"。

4. 声论(弥曼差派)

普拉帕格拉认为:"有两种推理:(1)为己推理;(2)为它推理。在前者中,结论是从头脑中回想的前提中推论出来的,在这一场合,所有的(推论)过程不必说出,而且经常是从一个单一的命题推出结论;在后者中,结论是从通常全部说出的命题中推出。"②以是否"说出"来区分,这和后来新因明的"为自比量""为他比量"有相似,但从前提命题为"单一"还是"全部""说出",这又不是同一含义。

5.《瑜伽师地论》

无著分为5种:

相比量:如从"见幢故",比知"有车";如"见烟故",比知"有火"。

体比量:"现见彼自体性故,比类彼物不现见体;或现见彼一分自体比类余分,如以现在比类过去,或以过去比类未来。"佛家认为"过去""现在""未来"属于同一体性,合称为"三时",故可作比类推理。

业比量:"谓由作用比业所依。""业"即作用,如见此物无有动摇,鸟居其上,由是等比是杌(树杈)。

法比量:"谓以相邻相属之法,比余相邻相属之法。"即由一事物所具有的某一"相邻相属"的性质,推知另一"相邻相属"的性质。

---

① 沈剑英编《民国因明文献研究丛刊》第17辑,第371页。
② 沈剑英编《民国因明文献研究丛刊》第17辑,第427页。

因果比量："谓以因果展转相比。"既可由因推果,亦可由果溯因。

从以上五种比量来看,《地论》所述仍然属于五支类比的性质,但因果比量已带有一定的演绎色彩,正是在此基础上,陈那进一步构成了演绎因明的体系。后来法称把立物因分为自性因和果性因,日本学者梶山雄一在其《佛教知识论的形成过程》中说:"在这种分类中,自性、属性的作用、因果被加以区分,可以说是法称把能证分为同一性和结果的先兆。"①

第三节　认识的目的和发生机制

一、认识的目的是求解脱

通过正确的认识以获得最终的解脱,这几乎是古印度各宗各派的共同的认识目的。"在印度人的生活世界中,最真实、最根本和最紧迫的对立,就是人的受制于外部世界及其法则物质环境、财富、他人的自我、肉体、死亡、欲望等的生活与彻底摆脱了这些外部限制的灵魂自由境界梵我合一之间的对立。既作为印度宗教、也作为印度哲学的最核心、最终极的问题,就是如何摆脱一切相对于灵魂而言的外部世界的限制,而最终达致据称是一种不有不无状态的灵魂的自由极乐之境。这一问题不仅属于正统的奥义书、吠坛多、数论等派别,而且也属于除顺世论之外的其他非正统的思想派别如佛教、耆那教等。"②

---

① 《因明》第十四辑,第 29 页。
② 欧东明《印度古代哲学的基本特质》,刊于《外国哲学》1999 年第 3 期,第 49—50 页。

1. 正理派

《正理经》说:"由认识(1) 量 (2) 所量 (3) 疑惑 (4) 动机 (5) 实例 (6) 宗义 (7) 论式 (8) 思择 (9) 决定 (10) 论议 (11) 论诤 (12) 论诘 (13) 似因 (14) 曲解 (15) 倒难 (16) 负处等真理,可以证得至高的幸福。"①这个"至高的幸福"就是解脱。

2. 数论派

数论派说有二种知识,外智就是《皮度经》中的六论,内智是三德(一萨埵,二罗阇,三多磨。即喜、忧、暗痴)和神我,外智认知俗世,内智求得解脱。

《数论颂》说:"通过修习二十五谛,产生非我,非我所,因而无(我)的知识。(这种知识)是无误的,因此是纯净的和绝对的。"②"当与身体分离时,当自性由于实现了目的而停止活动时,(神我)就获得了确定的和最终的独存。"③

3. 瑜伽派

瑜伽派承认现量、比量、圣教量这三种量为"正知",但毕竟属于"心作用",与其他四种心作用(不正知、分别知、睡眠、记忆)一起被认为是达到解脱的障碍,心须"抑制",才能达到"三昧"。

4.《方便心论》

《方便心论》开宗明义,在第一品"明造论品"明确提出造论之目的、宗旨:

(1)"今造此论,不为胜负,不为利养名闻,但欲显示善恶诸相。"

(2)"世若无论,迷惑者众,则为世间邪智巧辩,所共诳惑,起不善业,轮回恶趣,失真实利。若达论者,则自分别善恶空相,众魔

---

① 足目《正理经》[I-1-1]。
② 姚卫群《古印度六派哲学经典》,第170页。
③ 姚卫群《古印度六派哲学经典》,第171—172页。

外道邪见之人,无能恼坏作障碍也!故我欲利益众生,造此正论。"

(3)"又欲令正法流布于世","为护法故,故应造论。"

总之,著作本论,指导论辩,是为了破除邪智,弘扬佛法,"利益众生"。"利益众生"就是求解脱,这是造论的目的,也是认识的目的。

二、认识的发生机制

1. 胜论的"和合"论

胜论有"六句义",其中有"和合"句义,极微由和合而成色集器世界,也由和合,根、境、意、我形成认识活动。《胜论经》说:"德性和有(的知识)是(通过)一切感官(获得的)。前述的(作为)果的地等实是三重的,即所谓身体、根和境。"①这是说由身、根、境三和合产生认识。

《胜宗十句义》说:"我,根,意,境四和合为因。""我,根,意三和合为因。""我、意二和合为因。"②四和合是通常情况下感觉产生的过程。首先,人的外部感官(根)接触外界而在这些感官上产生印象,印象又很快地被认识中的另一个要素"意"所接受。"意"在接到感官接触外界产生的印象后,传给我,人就会产生感觉。

四和合和三和合都认可"境"为产生感觉的必要条件,这是一种朴素的反映论。至于只有"意"和"我"二和合而感觉,应是一种"超凡"的直觉。

2.《遮罗迦本集》和《正理经》的认识发生论

《遮罗迦本集》是以疑惑、动机、不确定、欲知、决断五要素作为认识发生的机制。由疑惑萌发动机,由不确定产生欲知,最后达

---

① 姚卫群《古印度六派哲学经典》,第20—21页。
② 姚卫群《古印度六派哲学经典》,第364页。

到决定,这就是认识的发生和完成过程。

《正理经》十六谛中是以疑惑、动机、思择、决定四谛概括这一过程的,在表述上更为明确。

3. 无著《瑜伽师地论》的种子说

和胜论不同,唯识不认可外境实在,也不认可有主体"我",更不认可"和合"生认识,无著是用阿赖耶识种子熏生来解释的。如前所述分为:

(1) 根识的发生

"云何眼识自性?谓依眼了别色。彼所依者,俱有依谓眼,等无间依谓意,种子依谓即此一切种子执受所依,异熟所摄阿赖耶识。如是略说二种所依,谓色、非色。眼是色,余非色。眼谓四大种所造,眼识所依净色,无见有对。意谓眼识无间过去识。一切种子识谓无始时来,乐着戏论,熏习为因,所生一切种子异熟识。彼所缘者,谓色,有见有对。此复多种,略说有三,谓显色、形色、表色……如是一切显、形、表色……彼助伴者,谓彼俱有相应诸心所有法,所谓:作意、触、受、想、思,及余眼识俱有相应诸心所有法。又彼诸法同一所缘,非一行相,俱有相应,一一而转。又彼一切各各从自种子而生。彼作业者,当知有六种,谓唯了别自境所缘,是名初业;唯了别自相;唯了别现在;唯一刹那了别。复有二业,谓随意识转,随善、染转,随发业转。又复能取爱、非爱果,是第六业。"①

这段文字分析眼根现量是眼识依于眼根而对色境进行了别。

构成眼识的因素有三种,为俱有依、等无间依和种子依。

眼识的俱有依指眼识须依赖而生起的因素,而这因素与眼识

---

① 《大正藏》第30册,第279页 a-b。

是同时存在的。这因素就是眼根。

等无间依是指眼识的生起必定紧随着前识,在前识灭去时,眼识就紧随着而生起,两识之间毫无间隙。此前识就是眼识的等无间依。引文说,眼识的等无间依是"意"这是指意识。前五识中必须待此意识灭后,才能生起其他识。

种子依是事物在现起之前的依据,阿赖耶识不单为眼识的种子依,亦为其余所有事物的种子依。

以上所说的眼识的所依有三种,亦可简单地分为两类,一类是色,另一类是非色。

眼识的俱有依,即眼根属于色,等无间依和种子依属于非色。色指物质性的东西,这不是指眼球,眼球称为扶尘根。眼根应是指眼球以外的视觉系统,故此一般不能见到的,精神性的细扶根尘。

意和一切种子识都是非物质性的东西,这是非色。意即意识,即有眼识之后,为眼识所紧随的识。

眼识的所缘是色。这个色,能够见到,亦有质碍。分为三种:显色、形色和表色。显色指对境的不同程度的光暗、深浅、清浊等。形色指构成的形状,即方、圆、长等方面说,表色就是不同的颜色,如青、红、黄、白等。这三种色是眼识以对象为缘而生起的表象所具有的三方面性质。

眼识的助伴指伴随着眼识一同生起的五十一种心所,实际上是指各种心理活动。

眼识的作业有六种。第一种特征是"唯了别自境所缘",这表示眼识只了别本身的所缘境,即是色境,而不会了别其他识的境,例如声境、香境等。

第二种是"唯了别自相"。眼识只了别对境的自相,意思是它只会认识对境本身,而不会把对境的某些性质抽象出来,成为与其他事物共有的相状。

第三种是"唯了别现在",这表示眼识只了别现前的境,而不会追忆过去或预测未来的事物。

第四种是"唯一刹那了别"。唯识宗对于事物存在的形态采取刹那生灭的看法,以他们会认为眼识的生起亦只是一刹那之事。

第五种是"随意识转"。这表示眼识在德性方面跟随着俱起的意识,意识能够决定发善业或染业,当意识发善业,相应的眼识就是善性;当意识发染业,相应的眼识亦随之为染。

第六种特征是能缘取可爱的或非可爱的对境。

分析了眼识产生的机理,耳、鼻、舌、身其他四根识的现量同理,下面就要第六意识形成的机制。

(2) 意识的发生

> 云何意地?比亦五相应知,谓自性故、彼所依故、彼所缘故、彼助伴故、彼作业故。
>
> 云何意自性?谓心、意、识。心谓一切种子所随依止性、所随性,体能执受,异熟所摄阿赖耶识。意谓恒行意及六识身无间灭意。识谓现前了别所缘境界。
>
> 彼所依者,等无间依谓意,种子依谓如前说一切种子阿赖耶识。
>
> 彼所缘者,谓一切法如其所应,若不共者所缘,即受、想、行蕴、无为、无见无对色、六内处及一切种子。
>
> 彼助伴者,谓作意、触、受……如是等辈,俱有相应心所有法,是名助伴。同一所缘,非同一行相,一时俱有,一一而转,各自种子所生,更互相应,有行相,有所缘,有所依。

彼作业者,谓能了别自境所缘,是名初业。复能了别自相、共相。复能了别去、来、今世。复刹那了别,或相续了别。复为转随转发净、不净一切法业。复能取爱、非爱果。复能引余识身。又能为因发起等流识身。又诸意识望余识身,有胜作业,谓分别所缘、审虑所缘。①

前面介绍的五识根身相应地对应前五识,而前五识都是以物质性的东西为对象,所以五识根身相应地是物质性的境界。而"意地"则是指精神性的境界。此与五根识不同,这里没有俱有依和等无间依。意地亦有自性、所依、所缘、助伴和作业等五相。

首先是意地自性,这包括心、意、识。意地包括了三个基本上是独立的,即各自由本身的种子生起的自体。

心指一切种子所随依止性和所随性,此心体能执持这一切种子。按照唯识学所说,种子可分为有漏种子和无漏种子两大类。有这心体本身亦为种子生起的异熟果体,称为阿赖耶识。

"意"只是意地的一部分,所指的是"恒行意"及六识身无间灭意。恒行意表示此意不间断,一般而言第六意识在沉睡中不起作用,但恒行意只有在修行者进入极深沉的禅定时,才不起作用。

六识身无间灭意表示这意是第六识的无间过去识,就是第七末那识。

与前五识只能缘取当下不同,意识能缘三时,过去为我们所认识的留存了下来,在我们忆念时,这些认识以概念的形式生起,成为意识的所缘境,所以意识能了别过去的东西。未来的东西,则以表象概念的形式呈现在意识的现前,也能成为意识所缘境。

"彼所依"指意识的所依。意识的所依有两种:等无间依即末

---

① 《大正藏》第30册,第280页。

那识,种子依为阿赖耶识。

第六意识缘一切法。

意识的助伴包括一切心所法。这些心所法与上文提到的五识相应的心所法无什么分别,但五识并不与全部五十一种心所法相应。

意识作业的范围包含了前五识的所有范围,而且超出很多。意识能分别事物的自相和共相,前五识没有这种抽象作用,意识则具有。现在的境为具体的事物,前五识能够了别,而过去和未来的境都是抽象的东西,只有意识才能了别。前五识只能一刹那生起,不能连续生起,所以只能刹那了别。意识却能接连地生起,所以能相续了别。前五识没有分别作用,不能自行转生,只能随意识转生净、不净业,意识有分别作用,能起决定心,故能自行转生净、不净业,亦能随前识转生净、不净意识为五识的等无间依,故能引生五识身。另外,意识能决定认识的善、不善性格,随之生起的意识同与这种德性生起,成为跟意识等流的识身。故意识能作为因,发起等流识身。意识又具有分别所缘和审虑所缘的作用。第六意识随根识而起形成俱意现量(或称意现量)以及比量。

(3)四缘说

小乘诃梨跋摩的著作《成实论》云:"以四缘,识生。所谓因缘、次第缘、缘缘、增上缘。以业为因缘。识为次第缘,以识次第生识故。色为缘缘。眼为增上缘。此中识从二因缘生。"[1]这是讲认识产生的条件,以四缘和合而产生识。四缘指因缘、次第缘、缘缘和增上缘,以业力为因缘。

---

[1] 《大正藏》第32册,第251页a。

无著《阿毗达磨集论》"本事分中三法品第一之三"中："云何缘。几是缘。为何义故观缘耶。谓因故、等无间故、所缘故、增上故。是缘义。"这是佛教缘起论中的"四缘"。

因缘："观察缘何等因缘。谓阿赖耶识及善习气。又自性故、差别故、助伴故、等行故、增益故、障碍故、摄受故。是因缘义。"

等无间缘："何等无间缘。谓中无间隔。等无间故。同分异分心心所生。等无间故。是等无间缘义。"如第一刹即根识缘境,第二刹那意识缘之,二刹那间无无隔。

所缘缘：这是指对象缘起认识但此处未作释义,只是从外延上分为有无分齐境、有无异行相事境、有无分别、有无颠倒、有无碍所缘共十种。

增上缘：即指助因,未作释义,只列举九种："谓任持增上故。引发增上故。俱有增上故。境界增上故。产生增上故。住持增上故。受用果增上故。世间清净离欲增上故。出世清净离欲增上故。"此四缘也是一种认识发生论,只是更概括。

第四节　遮诠的认识方法

佛家因明中有一个独特的方法叫"遮",又称之为"遮诠","诠"就是用语言表达,遮诠就是否定句,逻辑上叫否定判断。

一、古因明的否定思维方式

姚卫群认为：

> 印度古代宗教哲学中展示出来的思维方式至少有三种：一为否定形态的思维方式；二为逻辑思维方式；三为辩证思维方式。

否定形态的思维方式在一些场合也可以称为直觉思维方式。它是印度宗教哲学中最有特色的思维方式。这种思维方式的特点是否定具体的概念或范畴可以直接把握事物的本质,否定明确的言语或名相自身能客观地反映有关事物的本来面目。根据这种思维方式,事物的本质或本来面目只能在否定具体观念的过程中体悟,否定并不一定就是认为事物没有本质或事物的本质不能认识,而是认为要通过不断否定错误来寻求正确,通过否定对事物的片面或不完全的认识来获得全面或整体的认识,这在许多情况下就是强调要进行直觉。①

(在古印度)奥义书往往采取遮诠法,即以一种否定的思维形态来表述。奥义书认为,梵不能用一般语言概念加以理解和表达。例如《羯陀奥义书》中说:"非是由心思,而或臻至'彼',亦非以语言,更非眼可视。"(徐梵澄译,第250页)《大林间奥义书》中说:"彼性灵者,'非此也,非彼也',非可摄持,非所摄故也。非可毁灭,非能被毁故也,无著,非有所凝滞也。"(同上,第439页)既然梵不可以用语言概念来表达和理解,那么它何以能被认识和把握呢?《大林间奥义书》在描述梵时,说它是"非粗,非细,非短,非长,非赤,非润,无影,无暗,无风,无空,无著,无味,无臭,无眼,无耳,无语,无意,无热力,无气息,无口,无量,无内,无外"(同上,第408页)。因此,在论及梵的特质时,要不断表示"不是这样,不是这样"。梵只有在不断的否定中才能被真正体认。《由谁奥义书》中说:"识者不知'此',不识乃识'此'。"(同上,第171页)这里强

---

① 姚卫群《印度古代宗教哲学中展示的思维方式》,刊于《杭州师范学院学报》2003年第5期,第59—60页。

调,若试图以日常一般概念来肯定梵或表述它的具体性质,那说明并没有真正地认识到梵;而当不自觉地以否定的形式来表达梵时,表明已认识并体悟到了梵。所以,奥义书思想家在如何把握梵的方法上,所采取的是一种否定形态的思维方式。他们不认为用一般语言概念就能认识到最高实在的梵,梵只能在不断否定中被体悟或直觉。[①]

佛教也认为真谛不是可以用言语来正面表述的,"言语道断",也不是可以用一般的认识方法把握的,而是要借助"遮诠法",用否定判断的方法来表达。

如早期佛教中有所谓"十四无记"或"十无记"之说,讲的是释迦牟尼创立佛教时,对待印度其他思想流派提出的一系列重要问题所采取的态度。《杂阿含经》卷第三十四等中记述的这些问题是:世间常、世间无常、世间亦常亦无常、世间非常非非常、世间有边、世间无边、世间亦有边亦无边、世间非有边非无边、如来死后有、如来死后无、如来死后亦有亦无、如来死后非有非无、命身一、命身异。此称"十四难"或"十四问"。另外,其他一些早期佛教经典中还有"十难"或"十问"之说,内容与"十四难"或"十四问"大同小异。释迦牟尼对这些问题的态度是所谓"不为记说",即都不回答。在他看来,这些问题的各种答案都不能表明事物的实际情况,都有片面性。若肯定一种或为肯定一种而否定另一种都将是走极端。因此,这些问题不能用一般方式解决,而只能"不为记说"。这种做法或态度虽然从形式上看并没有说什么,但它显示的实际也是一种否定形态的思维方式,因为它对任何一种问题的解答实际上都持否定态

[①] 成建华《论印度传统哲学多元思维模式》,《哲学研究》2022年第12期。

度,以此来显示事物的本质是难以用言语来表明的。①

《大毗婆沙论》卷第二〇〇中说:"诸外道诸恶见越无不皆入断常品中。一切如来应正觉对治彼故,宣说中道,谓色心等非断非常。"这里的"断""常"就是外道执极端之见,佛家通过"非"的遮遣来排除邪见,宣说中道。所以"遮"既是一种否定式的语言表达,更是一种特殊的认识方法。

古代印度语法学家持有两种"否定概念"。其一就是以排中律为前提的否定,被称为"相对否定",另一种是不以排中律为前提的否定,被称为"纯粹否定",这在后来的藏传因明中称之为遮无和遮非,亦称"无遮和非遮"。遮非,指在直接否定和破除之后,可能会引出其余的肯定,如说:"法座上没有宝瓶。"否定宝瓶存在,但可能有其他物。又如"胖天授白天不进食",只是否定白天不进食,其后可引出"胖天授夜间进食"("天授",是人名,印度斛饭王之子提婆达多的译名),否则不成胖,这就是"相对否定"。而遮无,是指在破除中并没有间接地引生其余的肯定,如说:"虚空中无石女儿。"石女是指不能生育的女子。龙树既认为世界上一切事物都是空、假,这是对"有"的否定,但并不由此要去肯定存在一种"空"的实体,所以是一种遮无,这是一种"绝对否定"。

龙树《中论》首颂:"不生亦不灭,不常亦不断,不一亦不异,不来亦不出,能说是因缘,善灭诸戏论,我稽首礼佛,诸说中第一。"就是从八个方面否定对事物的偏执的"遮无",论证佛教的一切皆空、假的基本教义。龙树发挥了性空无碍于缘起的中道思想,指出一切法,当体即空,无自性,不可得。"空"并非"无"的异名。

---

① 姚卫群《印度古代宗教哲学中展示的思维方式》,《杭州师范学院学报》2003年第5期,第61页。

"空"的意义在"不","不"在于破,在于否定。空是超越有无二边的中道。

《解深密经》卷第二也说:"若法自相都无所有,则无有生,若无有生则无有灭,若无生无灭则本来清净,若本来清净则自性涅槃。"正是通过一系列遮"无",才能达到终极的涅槃。

就古因明而言,只有中观空宗的龙树系统地论述了否定遮诠,而大乘有宗的遮诠理论应是否定中有肯定,但无著、世亲尚无专题论述,是由新因明陈那展开的。

二、新因明对"遮诠"思想的发展

1. 陈那的遮诠方法

陈那《集量论》承续了古因明的遮诠思想,专设立"观遣他品",并进一步引进总别概念,把遮诠看作是明确概念的一种方法。如总概念为"树",下位的别概念为"桦树",那么在"桦树"这个概念中遮遣了"非桦树"的部分,从反面明确了"桦树"的自性,但这已不是遮无,而是遮非。

为什么要遮诠?遮诠在认识中有何作用?陈那还提出了一个具体的理由:

> 随行与回返者,由声诠义门,于彼等相同处则转,于彼不同处则不转。其中于相同处,不说决定遍转。以于无边义中容有一类未说故。于不同处,纵然是有,于无边处非能遍转。不说者唯由不见故(不同者虽有无边,然由不见故,能说不转也),故除与自相系属者,余不见故。遮彼之比量,即能诠自义也。①

---

① 法尊译编《集量论略解》,第125页。

"随行"就是顺着说,就是表诠;"回返"就是倒回来说,也就是遮诠。"声诠义门"就是用声来诠表义,如我表诠说"桌子"声,虽然从道理上应该指所有的桌子,但在事实上我还是只指某一特定的桌子,到底指哪一个桌子?使人生疑。而遮诠可以把一切非桌子的事物都排除了。反过来可以显示出我声"桌子"的含义,就不会有上述的生疑过失。

2. 法称对遮诠方法的阐发

遮诠的这种决定作用,法称《释量论》中作了进一步的阐发。如现量等无分别心以表相缘境,比量等诸分别心以遮相缘境。这是对陈那思想的进一步阐发。现量缘取或有错乱故须比量遮止,比如说现量只看到蚌壳的光泽如银,就以为蚌壳是银子。而且再认识中常增益错乱,如增益了"声常"的错乱因,才须立"声无常"之比量来决定。比量又非遮一切法,故能决定,这是说比量缘取时并不像现量哪样缘取一切法而无决定,因为比量只是遮遣,只是排除余法,故而能作决定一义。现量缘一切差别,比量遮返成特定系属。总之,现量缘法,缘对象之一切表象,但不能作分别和决定,而比量通过遮诠而遣返,则能分别对象的特定共性,形成决定知,这就是比量遮诠的认识作用。从现代认识论的角度而言,现量的"现入",只是缘到而言,无分别无决定,甚至谈不上有什么认识,真正的认识正是靠比量。如前所述,藏传因明中萨迦班钦的《量理宝藏论》又提出了"二次遮返"。

第二十三章

古因明的逻辑论

古因明的逻辑论主要指形式逻辑,应包括概念论、判断论、推理论诸方面。

第一节 概念和判断

形式逻辑的概念论主要是指由定义明确概念的内涵,划分明确概念的外延,由此明确概念间的关系。两个概念间的关系分为两类五种,即相容关系和不相容(并立)关系。前者又分为全同、交差和包含三种,后者分为反对和矛盾关系。因明的论证推理必须涉及概念外延间的关系,古因明不是外延逻辑,但也已涉及概念间的外延关系,主要分两方面,一是喻与宗法的外延关系以及二喻间的外延关系,二是因法与宗有法、宗法的关系。前者为例证是否成立以及异喻能否返显。后者则关系到论证的有效性。本节只介绍前者,后者在下节再述。

一、同类、异类间的相似和不相似

印度古因明尚未有明确的外延划分,也没有欧拉图中外延间重合、交叉、包含、全异的区分,只能说是相似和不相似或少分相似等,这实际上是讲概念外延间的相容和不相容关系,到陈那才有宗、因宽狭的外延分析。

1.《方便心论》

在《方便心论》中已提到了具足喻和少分喻两种,许地山把其看作是同、异喻,但宇井百寿则认为具足喻和少分喻乃是喻与所喻的事物之间相似程度的不同:具足喻是在全体上相似,少分喻则只是部分相似而已。① 全体相似即是喻与宗法外延全同,因明是不可以把同义词作同喻的,部分相似是指喻与宗法外延的事物相容也不能作异喻。因此具足喻应是指二者有较多相似,少分喻应二者是缺少相似。

2.《正理经》

与此同时代的《正理经》中已把喻分为二条:[Ⅰ-1-36]经云:"喻与所立同法,是具有(宗)的属性的实例。"[Ⅰ-1-37]经又云:"或者是与其(宗)相反(性质)的事例。""具有"即与宗法相似,"相反"就是不相似,同、异喻间至少是相违关系。可以说是比较明确地指出了同、异喻与宗法及二者间的外延关系。

3. 无著的《显扬圣教论》和《瑜伽师地论》

《显扬圣教论》把同类、异类各分为四类:"同类者,谓或于现在,或先所见相貌相属递互相似,此复四种:一自体、二业、三法、四因果。自体相似者,谓彼相貌更互相似,业相似者,谓彼作用更互相似,法相似者,谓自体上法门差别展转相似,如无常法与苦法,苦法与无我法,无我法与生法,生法与老法,老法与死法。如是有色无色,有见无见,自对无对,有漏无漏,有为无为,如是等无量法门差别更互相似。因果相似者,谓彼因果能成所成更

---

① 参见沈剑英《佛教逻辑研究》,第585页。

互相似。是名同类。异类者,所谓诸法随其义异,互不相似,此亦四种翻上应知。"①

《瑜伽师地论》中对同喻、异喻,同类、异类,提出五种相似和不相似:"同类者,谓随所有法望所余法,其相展转少分相似,此复五种:一相状相似,二自体相似,三业用相似,四法门相似,五因果相似。相状相似者,谓于现在、或先所见相状,相属展转相似。自体相似者,谓彼展转其相相似。业用相似者,谓彼展转作用互相似,法门相似者,谓彼展转法门相似,如无常与苦法,苦与无我法,无我与生法,生法与老法,老法与死法。如是有色无色有见无见自对无对有漏无漏有为无为,如是等类无量法门展转相似。因果相似者,谓彼展转若因若果能成所成展转相似。是名同类。异类者,谓所有法望所余法,其相展转少不相似,此亦五种,与上相违应知其相。"②这里比《显扬》圣教论多了第一种"相状相似"。

窥基《大疏》释云:"故瑜伽说同异喻云,异品是少分相似及不相似,不说一切皆相似一切皆不相似。不尔,一切便无异品。"

对"少分"的理解,相似不相似仅在所诤之有法声是否具有"无常"上,不是"一切皆相似",否则便与声全同,就无同品。但"一切皆不相似"却正是异品的要求。

以下分析此五种相似:

(1)"相状相似者,谓于现在、或先所见相状,相属展转相似。"

这应是指外在相状与宗法相似和有相属关系者,且为"现在",即现量所见,或忆念中所知者为同品。"转展相属"应该是逻辑上的真包含关系。

---

① 无著《显扬圣教论》卷十一。
② 无著《瑜伽师地论》卷十五。

(2)"自体相似者,谓彼展转其相相似。"

"自体相"《显扬圣教论》说是"相貌",应该也是属于外在的相状,与第一种似难区别,由此《显扬圣教论》可能合为一种。

(3)"业用相似者,谓彼展转作用互相似。"

这是指与宗法作用上相似。

(4)"法门相似者,谓彼展转法门相似。"

"法门"即是佛法,学佛的方法。无著举了很多例子,承认诸行无常就会认识到人生是苦,认识到苦就要求解脱,就要无我,无我就无所谓生,无生即无老,无老即无死。这些都是同一法门,这好理解。至于色与无色、见与无见、自对无对等表面上看似乎是对立的,但从佛法"缘起性空"又是无差别的。

(5)"因果相似者,谓彼展转若因若果能成所成展转相似。"

《显扬圣教论》说:"谓彼因果能成所成更互相似。"这里"能成"是指同品,"所成"是指宗法。同喻是论据、是能成,宗法是宗支是所立的论题。

异品是"随其义异,互不相似。""少分相似及不相似"。

二、古因明对同、异品间外延的分类

陈那《正理门论》把古因明同、异品的外延关系归为两种,即相违、相异,这里的"相违"即不相似,"相异"即少分相似。陈那认为异品:"非与同品相违或异:若相违者,应唯简别,若别异者,应无有因。"《集量论》进一步解释道:"若与同品相违为异品者,应唯所立相简别者知其为异。如说'火有暖触,由彼得知无暖冷触以为异品',其非冷、暖,即不可知。"这是说在冷暖之间尚有非冷非暖的中容之品,因此从非冷非热之品不能返成有暖触之火。"相违"中包含了反对和矛盾两种关系,冷和热就是反对关系,故不能成为异品。其次,如把"相异"者作为异品,尽管与同品有异,但二者在外延上却可能是相容的。如立"声无常",用"无我"为异喻依,"无我"虽与"无常"有异,但二者在外延上并无排斥关系,异喻就不能进行返显了。只有异品和同品是矛盾关系时,其外延互补,才可以分别用 p 和-p 表示,异喻才能返显因。

三、五支式中的直言判断和联言判断

形式逻辑把判断区分简单判断和复合判断,简单判断也叫直言判断、性质判断。复合判断是由若干个(至少一个)简单命题通过逻辑联结词组合而成。

现在可见的最早的五支式是在《遮罗迦本集》第 9 目"立量"中举例为:

宗:神我常住(灵魂是永恒不变的)。

因:(神我)非所作性故(因为不是人工所造作出来的)。

喻:如虚空(犹如虚空,意即于虚空可见非所作和常住的属性)。

合:虚空既为非所作[而常住],神我亦然(灵魂也是如此,是非造作的)。

结:(神我)常住(因此灵魂是永恒的)。

这里的宗支、因支、结支都是直言判断,即断定对象(神我)具有"常住"和"非所作"的属性。合支中包含一个联言判断,应为"虚空既为非所作而常住",这是断定虚空非所作和常住二种情况同时存在的联言判断,是一个复合判断。

又如《中论》"观我法品第十八"中为了表达对"有""无"的看法的佛教真谛说:"一切实非实,亦实亦非实,非实非非实,是名诸

佛法。""亦实亦非实"就是一个联言判断"事物既是实在又是不实在",逻辑连接词是"又"。

四、关系判断和模态判断

前文所说的喻与宗法的相似、不相似,同、异喻间的相违、别异等都是关系判断,是对二事物间关系的断定。

在耆那教的"七分法"中,已有"或许瓶是黑的""或许瓶不是黑的""或许瓶是黑的和不是黑的"等。这里已包含了模态词"或许",所以是一种模态判断。美国学者鲁滨逊认为龙树文本中已有模态逻辑。

五、二难推理中的假言和选言判断

世亲《如实论》"无道理难品一"中:"汝难言说共我言说,为同时?为不同时?同时者,则不能破我言说,譬如牛角马耳同时生故,不能相破。若不同者,汝难在前,我言在后,我言不出,汝何所难……若我言在前,汝难在后,我言复何所难?"

这里用了一个两难推理的组合式:如果同时,则不能破我言说,如果不同时……复何所难?汝难言与我言要么同时,要么不同时,都不能难我言说。

"如果同时,则不能破我言说""如果不同时……复何所难?"这是两个充分条件假言判断。而"汝难言与我言要么同时,要么不同时"这是一个不相容的选言判断,由此,二难推理也可称之为假言选言推理。

第二节　从"系属"到因三相

类比推理是在二个事物的两种属性具有关联性和制约性时来

进行推理的,如瓶所作且无常,声亦所作,故声无常。"所作"性制约"无常"性,故可推知。而因三相实际上是研究宗法、因法、宗有法间是否有属种关系,这是一种类推演。古因明经历了一个从"系属"等说到引入因三相的发展过程。

一、胜论的相应与和合

胜论说:"系属有二,谓相应与和合。此复如火与烟,及牛和角。"①这里的"相应"是指"火"和"烟"可以互为宗因,但实际上只是烟为因法,火为宗法,不可逆反,陈那说:"于热铁丸与红火炭位,亦见无烟之火。"②即不可以"有火"为因成立"有烟"。

关于"和合"也不能成为所成,和能成的关系,因为角只是牛的一部分:"集于一体之头足等,并非能比、所比也。"③

二、数论的"现量增上"和七种系属

数论说:"从一系属现量,增上成就者,是为比量。"④数论进一步分为七种相属:"一、财与有财事,如王与奴,如最胜与神我;二、自性与转变事,如酪与乳,如自性与大等;三、果与因事,如车与支,如萨埵等转变为声等;四、因相与有因相事,如陶师与瓶,如神我与最胜转;五、支与有支事,如枝等与树,如声等与大种;六、俱行事,如鸳鸯,如萨埵等;七、所害与能害事,如蛇与鼬,如支与有支之萨埵等。"⑤"萨埵等"即数论之三德。

这是把现量看作能立因法,现量在先也是正理派的观点,陈那

---

① 法尊译编《集量论略解》,第45页。
② 法尊译编《集量论略解》,第45页。
③ 法尊译编《集量论略解》,第46页。
④ 法尊译编《集量论略解》,第50页。
⑤ 法尊译编《集量论略解》,第56页。

反驳"谓何行相门说？""现量唯观自义"①现量缘自相,无分别,不能形成概念,而宗因系属只能"先取所比上所有之因烟等,后方念彼无火等则不生也"。这才是宗因系属。②

数论的意思是"财"等与现量有系属关系。

陈那反驳道："非尔。彼与有财相系属故。财与财主有系属故。财等随生之念应无义。若由余行相者,未宣说也。"③这是说财和财主（有财）才有系属,好比烟与火有系属,财与现量无关,若说还有其他行相,你也未说出来。

七种系属中这第一种中财主占有财,有财则必有财主。王占有奴,有王则必有奴。最胜（自性）和神我,陈那说："最胜等之一性等……故非以此能生所生之系属而为显了。"④

第二种指奶变为奶酪,自性变为四大。这一种似乎可以看作能成和所成,当然,光有奶还不能成酪,还要有酵素。自性也要有神我作用才能变易出四大。

第三种果与因事,如车与支。这一条也不成立,因果关系不等于宗因间的无则不生关系。后来法称在讲果性因时,曾举过一个火和灰烬的例子,火是因,灰是果,但有果必须能推出有因,因为此灰是火熄后遗留,故灰不能作果性因,不能证成有火。至于车和支（轮上辐条）,是整体和部分的关系,也不是能成和所成。

第四种因相与有因相事,如陶师与瓶,如神我与最胜转。有陶师才有瓶,但无瓶仍可有陶师,可制作其他,故非"无则不生"。神我要随最胜（自性）转,但二者在二十五谛中也是并列的,并非能

---

① 法尊译编《集量论略解》,第51页。
② 法尊译编《集量论略解》,第51页。
③ 法尊译编《集量论略解》,第51页。
④ 法尊译编《集量论略解》,第52页。

成和所成。

第五种支与有支事,如枝与树,如声等与大种。"支"是指支分,也就是部分,如树具树枝,水、火、地、风四大具声。这也是整体和部分关系。

第六种俱行事,如鸳鸯,如萨埵等。萨埵中并列有数论的明、暗等三德。这也是并存,而不是能成、所成的宗因关系。

第七种:"又所害与能害,如蛇与食蛇兽。"①

陈那反驳道:"彼等非因与有因。即使蛇胜鼬败,亦无相违。"②鼬可食蛇,但鼬与蛇不是因和有因(即比量中的能成和所成)。即使偶尔蛇胜了鼬,也是可能的。

三、《成质难论》的"无则不生义"

陈那《集量论》"破异执"中引小乘《成质难论》的界定:"观不相离境义所知,是为比量。"③法尊译本:"见无则不生义,了知彼义,即是比量。"④

陈那批评说,"无则不生"是指因,如以"烟"因知"火",但加了个"义",则成了此因的"义境"即是"火","了知彼义"即了知"火",此定义成了由火知火。

陈那又说:"'若于所成义'若增说义字,由是所成立时,故见所成立何义,即许彼是比量者。如是则'何须无不生',谓前说无不生,后亦有彼。前说无则不生义,后了知彼比度彼故(意谓前后不须都说也)。"⑤

---

① 沈剑英编《民国因明文献研究丛刊》第4辑,第134页。
② 沈剑英编《民国因明文献研究丛刊》第4辑,第134页。
③ 沈剑英编《民国因明文献研究丛刊》第4辑,第125页。
④ 法尊译编《集量论略解》,第42页。
⑤ 法尊译编《集量论略解》,第42页。

括号内是法尊所注,意思是后半句"了知彼义"又增加了一个"义"字,就与前半句"无则不生义"重复了。

其实用"无则不生"概括宗因关系是正确的,也就我们常说的"说因宗所随,宗无因不有",因法"烟"和宗法"火"有制约关系,有烟必有火,无火必无烟,只是《成质难论》的表述有问题。

四、引入因三相

古因明五支推理的依据是什么?有学者提出数论和古耆那教有遍充和遍转的提法,如杜岫石、孙中原所译的日本末木刚博《现代逻辑学问题》(中国人民大学出版社,1983年)中介绍了数论派的"遍充"。杨百顺的《比较逻辑史》认为正理派的富差耶那、胜论派的赞足都已有了遍充的观念,特别是5世纪耆那教的悉德塞那已区分了内遍充和外遍充。[1] 但我们尚未看到有明确的经典出处,而且从类比推理而言也不可能有遍充和遍转的思想。至于后期耆那教汲取了新因明的思想则可能会引入遍转的提法。日本学者桂绍隆指出:"'遍充'起源于印度语法学的'限定词'的功能,是经由陈那而被确立为逻辑学关键概念的。"[2]印度学者谷克乐甚至认为:"早期的逻辑学家如富差耶那、陈那和乌地阿达克拉在喻例中使用术语'证见'看上去似乎是对遍充一般的表述。这表明了他们的遍充只是限于所观察的世界,而不是之后所构想的普遍的遍充。""法称是第一位将遍充视为原因与所立之间的普遍、必然关系的人。"[3]

前述陈那在《集量论》"破异执"中破除了外道以因果联系,

---

[1] 参见杨百顺《比较逻辑史》,四川人民出版社,1989年,第189—191页。
[2] 桂绍隆《印度逻辑学中遍充概念的生成和发展》,刊于《哲学》第三十八号,1986年。
[3] 转引自沈剑英《近现代中外因明学研究学术史》下册,第861—862页。

相、有相关系,无则不生关系以及数论的七种系属作为推理依据,提出只有忆念中满足因三相的宗因系属才是推理的依据。

无著《顺中论》说最早是正理派门人和胜论派赞足等提出了因三相。无著加以引用,世亲《如实论》中正式采纳。

（1）《顺中论》引外道的因三相

无著《顺中论》首次提及因三相,但是作为批驳而引用的外道论。《顺中论》引用的因三相是:"朋中之法,相对朋无,复自朋成。""朋"是梵语"博叉"的音译,意思是"主张",这里是指宗有法。"法"指因法。"朋中之法",即说因法包含宗有法,这是第一相。"相对朋无"即在与宗有法异类例中不存在因法属性,"相对"即分离之意,这是第三相。"复自朋成"即因法属性只在同品中存在,这是第二相。

那么是哪个外道创立了因三相呢？有说是胜论派的赞足,有说是数论派,也有说是正理派,在《顺中论》中也确有体现,在批驳因三相部分,无著针对"若耶须摩"（这是指正理派门徒）、"迦比罗"（即劫比罗,此为数论派）,也提到过胜论,但从全文看,处处以"摩醯首罗"为反驳对象,此"摩醯首罗"是指大自在天,一体三分为梵天、那罗延和摩醯首罗,摩醯首罗是万物之生因。此大自在天为数论等婆罗门正统派所持,似乎又是一说。

（2）《如实论》以因三相破斥外道

世亲在"道理难品第二"破斥"同相难"时首次应用了因三相:"我立因三种相,是根本法,同类所摄,异类相离。"

因三相是从因法出发去看与宗有法、宗法的关系的,此句是省略,补全应为:

第一相　因法是宗有法的根本法。何为"根本法",应是指因法外延包含宗有法在内。

第二相　因法为宗法的同类所摄,即宗法的同类(同品)外延包含因法在内。

第三相　因法与宗法的异类相离。这就是因法和宗法的异类(异品)在外延上不相容。

至此,因三相才正式引入佛家,并与五支式结合,使其推理有了坚实的基础。

第三节　推理的分类和论式

一、推理分类

1. 分二类

弥曼差派的普拉帕格拉提出:"有两种推理:(1)为己推理;(2)为它推理。在前者中,结论是从头脑中回想的前提中推论出来的,在这一场合,所有的(推论)过程不必说出,而且经常是从一个单一的命题推出结论;在后者中,结论是从通常全部说出的命题中推出。"①以是否"说出"来区分,这和后来新因明的"为自比量""为他比量"相似,但从前提命题为"单一"还是"全部""说出",这又不是同一含义。这种分法亦为陈那所承续,《集量论》分为"自义比量""他义比量"二类。在汉传因明中进一步把自义比量分为相比量和言比量二类,其中相比量则是无著五种比量之一。《大疏》云:"此说二比,一自二他,自比处在弟子之位,此复有二,一相比量,如见火相烟,知下必有火。二言比量,闻师所说,比度而知。"②

---

① 沈剑英《近现代中外因明学研究学术史》下册,第427页。
② 沈剑英编《民国因明文献研究丛刊》第17辑,第209页。

2. 分三类

《方便心论》说分为三种："曰前比。曰后比。曰同比。"未作进一步说明。

《正理经》云："所谓比量是基于现量而来的,比量分三种:(1)有前比量,(2)有余比量,(3)平等比量。"把比量分为三种,与《方便心论》相同。但分别作了说明:

有前比量："与前者相似,或有前者法。"由它可推知未来之认知,这个前者是指现量。

有余比量:指"有余例知,或有余果为'有余'。"由现在的认识可推知过去之认知。

有平等比量(又名共见比量):它"以因果相随性比度境义",由因可推知果之认知。

3. 分五类

无著《瑜伽师地论》分为五类,并分别举例说明。

相比量:如从"见幢故",比知"有车";如"见烟故",比知"有火"。共举了十六种实例。

体比量:"现见彼自体性故,比类彼物不现见体;或现见彼一分自体比类余分,如以现在比类过去,或以过去比类未来。"佛家认为"过去""现在""未来"属于同一体性,合称为"三时",故可作比类推理,共举了六种实例。

业比量:"谓由作用比业所依。""业"即作用,如见此物无有动摇,鸟居其上,由是等比是杌(树杈)。"曳身行处,比知是蛇;若闻嘶声,比知是马;若闻哮吼,比知狮子;若闻咆勃,比知牛王。"这是由事物的功能特点来推知事物的存在,共举了二十五种实例。

法比量:"谓以相邻相属之法,比余相邻相属之法。"即由一事物所具有的某一"相邻相属"的性质,推知另一"相邻相属"的性质。这是对一事物所具有的两种制约性属性的类比推理,有九种实例。

因果比量:"谓以因果展转相比。"即可由因推果,亦可由果溯因,举了三类十八项实例。从以上五种比量来看,《瑜伽师地论》所述仍然属于五支类比的性质,但其中的因果比量已属演绎性质,在后来法称把立物因分为自性因和果性因,可能有体比量、因果比量分类的影响。

二、五支式的类比推理

虽然耆那教有七支论式,无著世亲也偶尔用过三支式,但作为古因明通用的是五支论式。

1.《遮罗迦本集》中的五支式

现在可见的最早的五支式是前文所述的《遮罗迦本集》第9目"立量"举例:

宗:神我常住(灵魂是永恒不变的)。

因:非所作性故(因为不是人工所造作出来的)。

喻:如虚空(犹如虚空,意即于虚空可见非所作和常住的属性)。

合:虚空既为非所作[而常住],神我亦然(灵魂也是如此,是非造作的)。

结:[神我]常住(因此灵魂是永恒的)。①

《遮罗迦本集》对喻有说明:"喻就是不管愚者和贤者对某一事物具有相同的认知,并根据这一认知来论证一切所要论证的事。例如烈火、流水、坚硬的土地、光辉的太阳,或如同光辉的太阳一般

---

① 沈剑英《佛教逻辑研究》,第586页。

辉煌的数论知识。"在五支论证式中就是以实例作譬喻。① 而且只是一个同喻,论式也只有同喻式。《遮罗迦本集》对宗、因也有说明,但未对合、结作出界定,完整地全面界定宗、因、喻、合、结,并出现同、异喻论式的是正理派。

2. 正理派的五支推理式

《正理经》云:"论式分宗、因、喻、合、结五部分。宗就是提出来加以论证的命题(即所立)。因就是基于与譬喻具有共同的性质来论证所立的。即使从异喻上来看也是同样的。喻是根据与所立相同的同喻,是具有宾辞的实例。或者是根据其相反的一面而具有相反的事例。合就是根据譬喻说它是这样的或者不是这样的,再次成立宗。结就是根据所叙述的理由将宗重述一遍。"②

富差耶那的《正理经疏》中例式如下:

宗:声是无常。
因:所作性故。
同喻:犹如瓶等,于瓶见是所作与无常。
合:声亦如是,是所作性。
结:故声无常。
异喻:犹如空等,于空见是常住与非所作。
合:声不如是,是所作性。
结:故声是无常。

古正理的五支作法应是逻辑上的类比推理,是从个别事物瓶"所作"且"无常",推知声"所作"故亦"无常",其结论是或然的。

---

① 沈剑英《佛教逻辑研究》,第581—582页。
② 足目《正理经》[I-1-32]至[I-1-39]。

3. 宗、因、喻的定义

(1) 宗

小乘的《成质难论》:"说所立言为宗。此同正理。"陈那反驳:"以所当立之因及所说似喻亦应成宗也。"①这是说,如立者的因尚需成立,或举似喻,都是"所立",那么都成宗了。后来法称《释量论》也说:"彼显示所立,岂是能立支。"僧成释云:"若尔,不极成之因喻应是所立,由列为能立而不极成,若不能成立为非所立者,更等余成立非所立之能立故。若许尔者,则说汝(不极成之因喻)应是立宗也。"②

(2) 因

吕澂译本中《成质难论》说:"显示不相离法,是为因。"③未见陈那的反驳文。

正理派说:"由与喻同法而成立者是为因。"④(吕澂译本)"从同法说喻,彼即成立所立之因。"⑤(法尊译本)

这是把同喻等同于因支,陈那指出:"谓若说同法即是能立所立之因者,则语支分应非是因。各异转故。"⑥因支连接宗法,新因明的同喻体连接因法和宗法,至于古因明只有同喻依,这种联系更只是意蕴的。"若即同法之喻说成立所立者,亦非彼法从彼为因,亦未见能别所别等,各异说故。"⑦"彼法"即指"所立",同喻是去成立所立的,但所立并以同喻为因,同喻中也不直接显示出"能别""所别"也就是能立和所立。

---

① 足目《正理经》[Ⅰ-1-32]至[Ⅰ-1-39]。
② 法尊编译《释量论·释量论释》,第265—266页。
③ 沈剑英编《民国因明文献研究丛刊》第4辑,第125页。
④ 沈剑英编《民国因明文献研究丛刊》第4辑,第128页。
⑤ 法尊译编《集量论略解》,第81页。
⑥ 法尊译编《集量论略解》,第82页。
⑦ 法尊译编《集量论略解》,第82页。

(3) 喻

吕澂译本中《成质难论》云："显示宗因相随,是为喻。譬说如瓶。"① 法尊译本为："决定显示彼等系属者,是为譬喻。如说瓶等。"②

陈那批评说："为不显示系属者？如云：诸云勤勇所发,彼即无常。如是言如瓶等,亦不应理。以所显示非譬喻故,唯以尔许,不能显示无则不生故。"③ 因为在论式中,喻应该显示出"说因宗所随,宗无因不有"才正确、才完善,现在你的"凡勤勇无间所发者皆无常,如瓶"根本就没有显示出宗无因不有。

"复次,'不应说彼等'。何以故？'非互所立故'。若二俱有无则不生等之系属者,如说勤勇所发故无常。如是亦应说,无常故勤勇所发。是故应说,是显示因系属于宗。"④ 因明的系属是单向的,只是宗系属于因,而不是双向的,不是"彼等"显示因也系属于宗。

《正理经》[I-1-36]："喻是根据与所立相同的同喻,是具有宾辞的实例。"⑤

[I-1-37]："或者是根据其相反的一面而具有相反的事例。"⑥

首先,陈那反驳道："此亦若离因义,喻别有者,则不应说喻定系属于因义。如是言所作性故无常,犹如虚空,亦应成喻。"⑦ 这里举例中是同喻体加异喻依,不能成立,这是一种归谬式的反驳,如果把喻脱离因义,就会出现此类谬误。陈那对喻支的界定,是不离

---

① 沈剑英编《民国因明文献研究丛刊》第4辑,第126页。
② 法尊译编《集量论略解》,第104页。
③ 法尊译编《集量论略解》,第104页。
④ 法尊译编《集量论略解》,第104页。
⑤ 沈剑英《因明学研究》,第259页。
⑥ 沈剑英《因明学研究》,第260页。
⑦ 法尊译编《集量论略解》,第106页。

因法的:"所立随行因,所立无则无,同法及异法,当说为譬喻。"①

其次,批"通达"说:"若谓通达彼法,于因等后为简别者,如是亦'俱说应无义'。则言'通达彼法之喻',如是俱说应全无义。……以一切支皆是通达所立法门。故不能得彼也。"②

再次,喻与所立的"结合":"观待于说喻,言如是结合,于所立如是,结合不应理。"③"随总结合,或别结合。皆不应理。"④

吕澂译本中胜论主张:"两俱极成者为喻。"⑤法尊译本:"二俱极成者为喻。"⑥

"言俱极成者,若谓宗因于虚空极成,以是彼德故。则一切皆虚空成喻。"⑦胜论此处举例:"声常,非所作性故,如虚空。"这里的宗法"常"、因法"非所作性"对于虚空来说,都是有的,所以是"二俱极成"。

但陈那反驳道:"若不显示因司与所立之随行,彼即似喻。二者之喻如前配说。"⑧如果你不能够显示出因与所立之间的随行关系(即说因宗所随),那么仍只是一个似喻。"若喻是自续(即自在义)者,则应说非因义之一分也。由是则能立非有。亦非结合之义。如前已说。"⑨

4. 五支式的局限性

古因明五支式的推理是一种类比推理,其结论是或然的。要

---

① 法尊译编《集量论略解》,第97页。
② 法尊译编《集量论略解》,第106页。
③ 法尊译编《集量论略解》,第105页。
④ 法尊译编《集量论略解》,第107页。
⑤ 沈剑英《民国因明文献研究丛刊》第4辑,第132页。
⑥ 法尊译编《集量论略解》,第109页。
⑦ 法尊译编《集量论略解》,第109页。
⑧ 法尊译编《集量论略解》,第109页。
⑨ 法尊译编《集量论略解》,第110页。

提高其结论的可靠性,一般有两种方法,一是前提中确认相同属性愈多,结论越可靠,这在因明中以多因证一宗,但尚未见古因明使用。第二种方法是确认相同属性是本质的,相同属性与类推属性相关度越高,结论越可靠。在古因明中是有这方面努力的,如把宗法和因法关系定义为"无则不生",如无常与所作,尽管其尚不成熟并被陈那批驳,但其方向是正确的。正如有学者所认为的,古因明的学者也不是在胡乱比附,他们也在寻找宗因不相离的那个"体",甚至有时不自觉地用喻体表述出来。当然从总体上说,五支类比还是有其局限性的。故文轨《庄严疏》云:"世亲时云瓶上所作声上所作二因法合名为同法。陈那破云:若以瓶所作是无常故类声所作亦无常者,亦应瓶是所作可见可烧声是所作可见可烧,见烧既不类瓶,何得无常类声?"①这是说五支式类比的或然性。五支式向三支式发展的关键是设立普遍命题。故文轨又说:"诸所作者皆是无常以为喻体,瓶等非喻,但是所依,即无此过。"②

有了普遍命题喻体即可省略合、结,故:"陈那云:同喻应言诸所作者皆是无常,此即已显声是无常,何须别更立合支耶?……本立无常,以三支证足知无常,何须结"。③ 新因明喻体省略合、结支。

5. 世亲著作中已开始向三支式过渡

无著《阿毗达摩集论》的"能立八义"中列入了宗、因、喻、合、结五支的界定,而在《瑜伽师地论》的八义中却删略了合、结二义,而以同类、异类取代。有一种观点认为喻中已包含了同类、异类,故《瑜伽师地论》的变动不合理,但我的看法相反,这一变动恰恰

---

① 法尊译编《集量论略解》,第200—201页。
② 法尊译编《集量论略解》,第203页。
③ 法尊译编《集量论略解》,第220页。

为引入因三相作了铺垫,为以后同品定有、异品遍无提供了一个逻辑前提。

在《顺中论》中有五支式,也大量地使用三支式。许地山认为:"恐怕合、结二支在宗,因、喻三支之外没有独立的价值,所以不被重视。自《瑜伽论》以来,佛教的论理有置重三支的倾向。"[1]具体例式如下:

反驳数论的"有胜"观点,"胜"即"最胜",即数论二十五谛中之"自性":"实无此胜。见坏相故。犹如兔角。兔角是有见坏相故。如树皮等。"可展开为两个三支式:

(1) 同法式

宗　无胜。

因　见相坏故。

喻　犹如兔角。

(2) 异法式

宗　有兔角。

因　见相坏故。

喻　如树皮等。

也有用五支式的,如:"如声无常。以造作故。因缘坏故。作已生故。如是等故。若法造作。皆是无常。譬如瓶等。声亦如是。作故无常。诸如是等。一切诸法。作故无常。"此式可分列为:

宗　声无常。

因　所作故。

喻　若法造作皆是无常,譬如瓶等。

---

[1] 许地山《道教、因明及其他》,中国社会科学出版社,1994年,第115页。

合　声亦如是,作故无常。

结　一切诸法,作故无常。

这个五支式也是引用外道的,但与古师的一般五支式不同,在喻和结中都出现了普遍命题,已孕育着从类比向演绎的飞跃。

又如世亲《如实论》"道理难品一"辩难之八:"与比智相违故。若汝称我有言说比智所得,则知有道理。若无道理,言说亦无。若有言说,知有道理。""譬如有人说'声常住,从因生故',一切从因生者则无常住。譬如瓦器。"这里已出现了普遍命题喻体"一切从因生者则无常住",已使论式成为演绎,虽然还不是规范论式,但已预示着陈那三支式改革的前兆。

三、归谬法和多难推理的广泛运用

作为一种论辩逻辑,在古因明中已广泛运用了归谬法,其中使用了假言选言推理,有二难推理,也有三难、四难甚至多难推理,尤以龙树的著作中用得更多。择要介绍之。

1. 二难推理

世亲《如实论》"无道理难品一"中:"汝难言说共我言说,为同时?为不同时?同时者,则不能破我言说,譬如牛角马耳同时生故,不能相破。若不同者,汝难在前,我言在后,我言不出,汝何所难……若我言在前,汝难在后,我言复何所难?"

这里用了一个两难推理的组合式:

如果同时,则不能破我言说,如果不同时……复何所难?汝难言与我言要么同时,要么不同时,都不能难我言说。

这里的毛病是,作为两难推理中的两个假言前提本身都未被共许而成立,故结论自然也是不能成立的。"立言和难言同时"不可类比为"牛角马耳并生"。同理,"我言在前",也不等同于"我言已成",除非这个"成"解释为已成功地说出了我言,这又偷换了概念。

2. 多难推理

龙树《中论》"观六情品第三"中外人问曰:"眼虽不能自见。而能见他。如火能烧他不能自烧。"龙树答曰:

"火喻则不能　成于眼见法　去未去去时　已总答是事"

青木释云:"汝虽作火喻。不能成眼见法。是事去来品(观去来品第二)中已答。如已去中无去。未去中无去。去时中无去。如已烧未烧烧时俱无有烧。如是已见未见见时俱无见相。"这是说,在"观去来品第二"中说已证明火"已烧未烧烧时俱无有烧",所以眼"已见未见见时俱无见相"。这里的三难推理是:

已见无见相,未见无见相,见时无见相。所以,不能成眼见法。火烧和"去"也同样不能成立。

又龙树《广破论》在反驳正理派的"量与所量相待"说:"(颂)有、无、俱皆非观待。(论)相待而成者,为有,为无,为俱? 有且非待,已有故,如瓶已有,不须更泥等。无亦非待,无故,岂兔角等亦应待耶! 俱亦非待,有二过故。"论式如下:

一者为有时,如瓶(泥陶)已有,就不必待有做瓶的泥的存在。

如一者为无,当然不须有另一相待者,如说"兔角"此本为无,故亦不须另一相待者。

有、无同存(俱),那么就同时犯了上面二种过失。

所以,相待的量和所量非实存。这里是一个三难推理。

龙树《中论》首颂中有:"诸法不自生,亦不从他生,不共不无因,是故知无生。"包含了一个四难推理:

如诸法自生,则是已生者再生,再生无意义。

如诸法从他生,"他"与诸法无关系,如暗中不能生灯火。

如诸法从自、他生,则犯上述二过。

如诸法无因而生也不可能。

总之,诸法无生。这是一个四难推理。

3. "四句"归谬法

《方便心论》中已有归谬法,称之为"随语难"。佛教中常常用"四句"来表达对两个概念的看法。如迦多衍尼子造,玄奘译的《阿毗达磨发智论》卷第一亦云:"尊者云何睡眠。答诸心睡眠惛微而转。心昧略性。是谓睡眠。诸心有惛沈彼心睡眠相应耶。"① 答应作四句:

有心有惛沈非睡眠相应。

谓无睡眠心有惛沈性。

有心有睡眠非惛沈相应。

有心有惛沈亦睡眠相应。

这是考察"心有昏沉"与"睡眠"间的关系。

龙树著作中此类四句排列甚多,在展现事物的多种可能性后,排除他说,确立自论,其中明确使用了归谬法的,如《中论》"观涅槃品第二十五":

龙树:"涅槃不名有　有则老死相　终无有有法　离于老死相"

青目释:"眼见一切万物皆生灭故。是老死相。涅槃若是有则应有老死相。但是事不然。是故涅槃不名有。又不见离生灭老死别有定法而名涅槃。若涅槃是有即应有生灭老死相。以离老死相故。名为涅槃。"

第一句说涅槃为"有",则凡"有"的事物不离生死,此与涅槃的定义相违,所以不能成立。这就是应用了归谬法,先假定涅槃为有是真,再推出"有"必要生灭老死,此与涅槃定义不符,故不成

---

① 《大正藏》第26册,第1544页。

立。以下亦如此推理。

"若无是涅槃　云何名不受　未曾有不受　而名为无法"

青木释:"若谓无是涅槃。经则不应说不受名涅槃。何以故。无有不受而名无法。是故知涅槃非无。"不受是指不依赖于他物,如说涅槃是"无",那么它应依赖于他物,但佛说涅槃是不受,所涅槃也"非无"。

"若谓于有无　合为涅槃者　有无即解脱　是事则不然"

青木释:"若谓于有无合为涅槃者。即有无二事合为解脱。是事不然。何以故。有无二事相违故。云何一处有。"

这是涅槃亦有亦无,但有、无是相互矛盾的,故正确的表述是第四句:涅槃是:"非有亦非无,非非有,非非无。"这四句就是一个四选言肢的否定肯定的归谬推理。

四、能立和所立

这是关于论证中论题与论据,也就是因明中的能立和所立。无著的著作中有"能立八义",把宗、因、喻、合、结、现量、比量、圣教量都列为能立,其实狭义的能立,只是指立者所立的论式,而现量等只是其认识论前提"立具"。古因明分别列有八能立、四能立和三能立。

窥基《大疏》说:"明古今同异者,初能立中,瑜伽十五,显扬十一,说有八种:一立宗,二辨因,三引喻,四同类,五异类,六现量,七比量,八正教量。对法亦说有八:一立宗,二立因,三立喻,四合,五结,六现量,七比量,八圣教量。……古师又有说四能立,谓宗及因,同喻异喻。世亲菩萨、《论轨》等说能立有三:一宗二因三喻。"[1]

---

[1] 沈剑英编《民国因明文献研究丛刊》第17辑,第52—54页。

八能立把五支式和三种量都列为能立，失之过宽。其中三量只是"立具"，五支才是逻辑论式。至于世亲把宗、因、喻作为能立，说明他对五支中喻三支更为重视。在论辩对诤中相对于敌者，此三支才是立者之能立。《大疏》卷一云："因喻具正，宗义圆成，显以悟他，故名能立。"

但如从宗、因、喻相互关系而言，宗是所立，因、喻才是能立，这是后来陈那所强调的。故《大疏》卷一又云："先古皆以宗为能立，自性差别二为所立。陈那遂以为宗依，非所乖诤，说非所立。所立即宗，有许不许。所诤义故。"

慧沼《义断》又释云："说能立者即是言宗望所诠义为能立，为所立者，宗言虽说，义未显决，假因喻成，言义方显，故名所立。若望敌者，宗名所立，以他不许，今成立故。"[1]

这是说，从宗言对宗义的诠表而言，宗义为所立，宗支为能立，这就是古师把宗归为能立的含义，而从逻辑论证角度，要使宗义"显决"，尚需依靠因支、喻支，这样，相对于因喻，宗言又成了"所立"。再者，从立敌对诤角度看，我之立量为敌者不许，故此宗言亦应为所立。

故慧沼又进一步归纳为三点：一云"宗言所诠义为所立"；二云"总聚自性差别，教、理俱是所立"；三云"自性差别合所依义名所立，能依合宗说为能立"。[2]

---

[1] 沈剑英编《民国因明文献研究丛刊》第20辑，第149页。
[2] 沈剑英编《民国因明文献研究丛刊》第20辑，第150页。

第二十四章

古因明的论辩学

原始佛教和部派佛教时期有部的古因明思想，从总体上看与教义密切相关的知识论（量论）思想比较丰富，其次是论辩实践中形成的早期辩学，而逻辑论还尚未明显分化形成。从世界三大逻辑起源看最初都在论辩中孕育，古希腊有苏格拉底和智者的论辩术方有亚里士多德的逻辑学；中国春秋战国时期有百家争鸣而成墨辩逻辑；古印度亦是如此，因明最初是作为一种辩学而出现的，在其发展中形成了论辩逻辑和知识论前提。古因明在内外道的激烈诤辩中形成了系统的论辩学理论。

第一节 《阿含经》的辩学和论式

原始佛教时代，佛弟子及信徒往往将所闻之教法，用诗或简短散文之形式，以口口相传之方式记忆传承。换言之，其根据记忆所传承者，实乃佛陀教说之梗概；复因佛弟子领纳之不同，而各有其相异之思想；故至教团确立时，将佛陀之教说作一整理、统一，实属必要之事。其结果，佛陀之教说渐次充实完备，且逐渐发展为一种特定的文学形式，而终至成为圣典，此即阿含经之由来。最初的佛说都是口颂，佛灭后第一次结集形成文字形式的九分教，其后编辑成阿含经,由其长、短分为长、中、杂阿含,杂阿含是收集篇幅短的,其中含有原始佛教中的知识论思想。"阿含"意指所传承之教说,或传承佛陀教法之圣典;有时与"法"(梵 dharma)同义。称阿含为"阿含经",为中国古来之惯例。南传的阿含经是巴利文的。有梵文的四阿含,其中长阿含经共二十二卷,北传后于后秦弘始十五年(413)由佛陀耶舍与竺佛念共同汉译。收于《大正藏》第一册。为北传四阿含之一,内有四分三十经。第一分诸经为有关佛陀之记载;第二分为修行、教理之经典;第三分为外道之论难;第四分论述世界之生灭成败。中阿含经共六十卷,旨在揭示四谛、十二因缘、譬喻,及佛陀与弟子之言行。增一阿含经共五十一卷,系汇集各类法数之经典,因其汇收一法至十一法等诸法数,故称为增一。杂阿含经共五十卷,汇集短而杂之经而成,故称杂阿含。说一切有部形成了自己的"四阿含"经,有汉译的是《相应阿含经》,有部的形成在佛灭后三百年,大致在公元前2世纪。

《长阿含经》卷八的《众集经》中云:"复有四法,谓四记论:决定记论、分别记论、诘问记论、止住记论。"后来《佛地经论》卷六作了进一步的如下解释:"向记者(决定记论),如有问言:一切生言决定灭耶?佛法僧宝良福田耶?如是等问,应一向记:此义决定。分别记者,如有问言:一切灭者,定更生耶?佛法僧宝唯有一耶?如是等问,应分别记:此义不定。反问记者,如有问言:菩萨十地为上为下?佛法僧宝为胜为劣?如是等问,应反问记:汝望何问?默置记者,如有问言,实有性我为善为恶?石女儿色为黑为白?如是等问,应默置记,不应论故,长戏论故。"这是强调在论辩中,先要把问题搞清楚,该答的答,该反问的反问,有的则不作回答。世亲《俱舍论》中也提到了"五问四记答",五问:不解故问,疑惑故问,试验故问,轻触故问,为欲利乐有情故问。四记答者同《阿含经》。

在《阿含经》中亦已有"知""处""喻"的三支论式的出现。"处"即是结论,"知"相当于小前提,"喻"相当于大前提。如《杂阿含经》中云:

(知) 当观五阴无常,如是观者为正观。

(喻) 正观者,则生厌离。

(喻) 厌离者,喜贪尽。

(喻) 喜贪尽者,说心解脱。

(处) 如是比丘观五阴无常,心解脱者。

在《那先比丘经》卷上中进一步指出:"智者语为相结语、相解语、相上语、相下语、有胜、有负、正语、不正语、自知是、非是。"强调要注重事理,明辨是非,要用"智者语",不用"王者语"。公元前1世纪—1世纪形成的佛典《弥兰陀王问经》中记有希腊人的弥兰陀王与佛教高僧之间的对话,阐释了王者辩论方式与学者辩论方式之间的区别。

王:"那先尊者,和我再讨论吧。"

那先:"大王陛下,如果您按照学者的方式讨论则可以,若按照王者的方式讨论则我拒绝。"

王:"那先尊者,学者如何讨论?"

那先:"大王陛下,事实上学者在讨论之时,会产生问题纠纷,会解决问题。议论被批判或加以修正。对论者之间有信赖关系。因此,学者不会因讨论而发怒。大王陛下,学者就是这样讨论的。"

王:"尊者,王者如何讨论?"

那先:"大王陛下,事实上王者在讨论之时,只会坚持一个主张,对于提出不同意见者,就要给予处罚,命令对其加以处罚。大王陛下,王者就是这样讨论的。"

王:"尊者,我们按照学者的方式讨论吧。决不按照王者的方式讨论。尊者,请放心讨论吧。如同与其他比丘或入门僧,或与在家的佛教徒、僧院的杂役讨论一样,尊者,请放心讨论吧。无须恐惧。"

那先:"所言极是,大王陛下。"①

第二节 南传佛教"论事"的辩式

南传佛教是指从印度向南对南亚和东南亚传播的佛教,亦称"南传上座部"。指斯里兰卡、缅甸、泰国、柬埔寨、老挝等国家的佛教,中国云南等地佛教亦属此系。据史载,释迦逝世后二百年阿育王举行佛教第三次结集后,派传教师向周围国家和地区传播上座部佛教。其王子摩晒陀等被派往今斯里兰卡创立以大寺为中心的上座部佛教僧团。约公元前1世纪,在今斯里兰卡举行上座部佛教第四次结集,首次用巴利文将上座部佛教三藏记录成册。410—432年期间,古印度巴利文佛教学者佛音到斯里兰卡,将上座部佛教三藏的僧伽罗文注释改写成巴利文,并详加疏解,编成19部,撰写《清净道论》等。11—14世纪,斯里兰卡、缅甸、泰国、柬埔寨、老挝等国确立上座部佛教为国教。南传佛教其教义比较接近原始佛教,注重教义的字面解释,核心是"三相",即无常、苦和无我;以十二因缘说明人生无常,以五蕴说明人本无我,以四谛说明无常无我之苦及其解脱。注重原始佛教的精神和教义,崇拜佛牙、佛塔和菩提树等。在宗教修持上主张修"戒、定、慧"三学和"八正道",特别注重禅定,还保持早期某些戒律,如托钵化缘、过

---

① 转引自[日]桂绍隆著,肖平、杨金萍译《印度人的逻辑学》,宗教文化出版社,2011年,第75—76页。

午不食、雨季安居等。至今尚未发现南传佛教中专设有因明学,但据台湾的林崇安教授的研究,发现在南传佛教的经典中亦有关于论辩学的论述,可以说也属于古因明范围。例如南传的《论藏》有重要的七论:1.《法集论》2.《分别论》3.《界论》4.《人施设论》5.《论事》6.《双论》7.《发趣论》。其中的《论事》是目犍连子帝须所编著,分为二十三品,二百一十七论,是一早期的重要辩论著作。近期元亨寺出版的《论事》是由郭哲彰译出。其中的问答术语,与汉译有不同的译词,例如,然=许=同意。后期因明术语可统一用白话的"同意""为什么?""不周遍"(不遍)等。《论事》中的问答其实非常符合因明的问答格式。

《论事》中《无知论》[①]的二十三段论辩,以因明论式来分析说明。文中的"自方"是上座部,佛入灭百余年后,分裂为上座、大众二部。"他方"是东山住部,此为大众部中的一部。争论的焦点在于他方认为无知有二类:第一类是"不杀生物、不与取、语虚诳语、语离间语、语粗恶语、语杂秽语、断锁钥、掠夺、行窃盗、待伏路边、趣于他妻、破聚落、破市邑"的无知,对"师、法、僧伽、学、前际、后际、前后际、相依性缘起法"的无知,以及对"预流果、一来果、不还果、阿罗汉果"的无知。第二类是"不知女、男之名姓、不知道非道、不知草、材木、森林之名"等的无知。他方认为第一类和第二类都归入"无知",但是自方只承认第一类才是"无知",而第二类不纳入无知的范围,诤论在此。

《无知论》第一段的问答分析:

1. 自方:阿罗汉有无知耶?
2. 他方:然。

---

① 南传佛教《大藏经·论藏·论事》,郭哲彰译,台湾高雄元亨寺印。

分析：自方提出问题："阿罗汉有无知吗？"他方回答"然"，也就是"同意"。此时他方已经明确立出主张（宗）：阿罗汉有无知，而这是指阿罗汉有第二类的无知。一开始要确立各方的主张，如果相同就不用论辩下去。

3. 自方：阿罗汉有无明、无明暴流、无明轭、无明随眠、无明缠、无明结、无明盖耶？

4. 他方：实不应如是言……乃至……

分析：自方再提出问题："阿罗汉有无明、无明暴流、无明轭、无明随眠、无明缠、无明结、无明盖吗？"此时自方提出阿罗汉有第一类的无知吗？也就是有一般通称的"无明"吗？答方不以为然时，会回答：何以故？也就是"为什么？"

5. 自方：阿罗汉无有无明……乃至……无明盖耶？

6. 他方：然。

7. 自方：若"阿罗汉无有无明……乃至……无明盖"，是故汝不应言："阿罗汉有无知。"

分析："无明"是指十二缘起中的起点，无明为一切烦恼之根本。无明乃对于佛教真理（四谛）之错误认知，即无智；为烦恼之别名。"无明暴流"又译暴河。大水暴涨之时，可漂流人畜、房屋等；无明亦然，可漂失吾人之善德善品，故称为暴流。"无明轭"此处应通假为"厄"，指无明带来的困苦、灾难、阻塞。"无明随眠"是指常随众生，隐眠在第八阿赖耶识中之无明种子。"无明缠"此为无明之现行，缠缚众生，系着生死（迷之世界）。"无明结"，无明能系缚人于三界而不使出离，故谓之结。"无明盖"，"盖"就是覆盖，无明覆盖了人的清净心。上面这段话是说，自方问："阿罗汉无有无明、无明暴流、无明轭、无明随眠、无明缠、无明结、无明盖吗？"他方回答"然"，也就是"同意"。这也是他方的主张。

接着自方立出自己的宗和因：汝不应言："阿罗汉有无知。"也就是自方的宗是"阿罗汉无有无知"，其成立的理由是"阿罗汉无有无明……乃至……无明盖"，这是用他方所同意的主张作"因"，因明论辩时会说"因已许"。

以上第一段的问答，是具有代表性的一个论辩模式，内含三组问答模式：模式1—2以及模式3—4是确定他方的宗或主张，模式6—7是自方立出自己的宗和因。这一论辩停止于此，好像自方占了上风。其实还没完，他方会回答："不周遍。"因为他方认为阿罗汉虽无有"无明……乃至……无明盖"，但阿罗汉还有"不知女、男之名姓、不知道非道、不知草、材木、森林之名"等的无知。可知自方和他方对"无知"的定义范围有所不同，诤论在此。

将上文改成因明论式的问答：

1. 自方：阿罗汉有无知吗？

2. 他方：同意。

3. 自方：阿罗汉有无明、无明暴流、无明轭、无明随眠、无明缠、无明结、无明盖吗？

4. 他方：为什么？（表示不同意）

5. 自方：阿罗汉无有无明……乃至……无明盖吗？

6. 他方：同意。

7. 自方：阿罗汉应无有无知，因为无有无明…乃至…无明盖故。因已许。

8. 他方：不周遍！

《无知论》的二十三段论辩，都可以用因明论式来分析。

《论事》中又有"八论破"，即"四义八论"，"四义"即净真义、空间真义、时间真义、支真义。每一义均有"顺反论"和"返顺论"

二种论式,合为八论。①

顺反论如：

上座部问1：补特伽罗从(世俗)谛义、胜义谛可得？

犊子部答2：是的。

上座部问3：那么是否可推论出有物是世俗谛可得,有物则只有胜义谛可得？

犊子部答4：不是的。

"补特伽罗"是指事物,这里1、2是"顺",即肯定,3、4是"反",即否定。这段对诤可以概括为如果"补特伽罗从(世俗)谛义、胜义谛可得",那么"有物是世俗谛可得,有物则只有胜义谛可得"。但犊子部否定了后件,则必然要否定前件。这是一个充分条件假言推理中的否定后件式。

而反顺论为：

犊子部问1：补特伽罗从(世俗)谛义、胜义谛不可得？

上座部答2：是的。

犊子部问3：那么是否可推论出有物是世俗谛可得,有物则只有胜义谛可得？

上座部答4：不是的。

前件是"补特伽罗从(世俗)谛义、胜义谛不可得",后件是"有物是世俗谛可得,有物则只有胜义谛可得",这是充分条件假言推理中的肯定前件式。

另外在《南传大藏经·增支部经典》中也已有"譬喻结合""堕负""施设问"等辩学术语,说明在南传佛教的论典中也含有论辩学的思想。

---

① 参见释阿难《巴利〈论事〉》,收于郑伟宏《印度因明研究》,中西书局,2022年。

第三节　古因明辩学的基本义理

无著的《瑜伽师地论·本地分》提出了一个"七因明"的论辩学体系，集古因明辩学之大成，本书第十章已有介绍，本节在与其他古因明经典，主要是和《遮罗迦本集》《正理经》《方便心论》等的比较分析中概括出古因明辩学的基本义理。

一、论题的正当性

《瑜伽师地论》	《遮罗迦本集》	《正理经》
一、论体性	无	无

《瑜伽师地论》提出六种语言体性，提倡"尚论""顺正论""教导论"的辩题，反对"诤论""毁谤论"的辩题，这里的"诤论"不是《遮罗迦本集》和《正理经》的"论诤"含义。而是指：

（1）依诸欲所起的诤论：这是指利益不同引起的分歧。

（2）依恶行所起的诤论："重贪瞋痴所拘蔽者，因坚执故，因缚著故，因耽嗜故，因贪爱故。"这是指由于错误行为而导致意见分歧。

（3）依诸见所起之诤论：这是指由于主观执见而引起的分歧，如"萨迦耶见、[①]断见、无因见、不平等因见、常见、雨众见等"。

毁谤论也是指：怀恨在心，出言不逊，或以奇言宣说恶法"谓怀愤发者，以染污心，振发威势，更相摈毁……"

[①] 五见之一的身见，执着身体为真实之见。

《遮罗迦本集》和《正理经》都没有这方面的规定,倒是《方便心论》在讲造论宗旨时似有提及:"又欲令正法流布于世。""为护法故,故应造论。"总之,造论是为了弘扬佛法,"利益众生"。

二、论辩的场所

《瑜伽师地论》	《遮罗迦本集》	《正理经》
二、论处所 即可以论辩的场所。 分为六种,即于王者, 于执理家,于大众, 于圣贤,于沙门、 于婆罗门,于寻求真理者 (于乐法义者)。	只能与比自己低劣者、 与自己对等者、 善意听众、 中立听众 可以辩论。	无

《遮罗迦本集》规定不可与比自己优秀的人辩论,这有点欺软怕硬。也不在听众袒护对方的场合辩论,这是从能否说理的角度。而在表中只有五种情况下可参加辩论,这纯粹只从取胜角度思考。而《瑜伽师地论》的六种场所是以敌方和观众能否"执理"而兴论,其中"王者""大众"都被认为是讲道理者,外道沙门、婆罗门也是讲道理的,这种界定更合理。

三、论辩所依据的论式和知识

《瑜伽师地论》	《遮罗迦本集》	《正理经》
三、论所依: 即宗、因、喻、现量、比量 等能立八义	8宗,11因,12喻,13合, 14结,18现量,19比量, 20、传承量,21譬喻量, 22义准量,22随生量。	1量,2所量 6宗义,7论式

《瑜伽师地论》的论辩之"所依"即是论式和三种量。《遮罗迦本集》和《正理经》也有相应的内容。《方便心论》八种论法中也有"随所执"（宗义）、譬喻、知因、现见、比知、喻知、随经书等内容，只是在五支论式的支分表述和在量的分类上有所不同。

四、辩态和辩德

《瑜伽师地论》	《遮罗迦本集》	《正理经》
四、论庄严 "庄严"是指庄重严肃，这里是指论辩中的审美要求，也包括了论辩心理与辩德的内容。《地论》分为五类。	无	无

具体为：

1. 善自他宗：即对敌我双方的学说和论旨都十分精通，知己知彼，才能百战百胜。

2. 言具圆满：即要有熟练的遣词、表达能力，具体来说，要具备"五德"："一、不鄙陋，二、轻易，三、雄朗，四、相应，五、义善。"

3. 无畏：这是指论辩心理和辩态，体现辩手的人格形象。

4. 敦肃：这是指论辩中的一种礼貌："待时方说，而不儱越。"

5. 应供："为性调善，不恼于他，终不违越。诸调善者，调善之地，随顺他心，而起言说……言词柔软，如对善友，是名应供。"

为体现这五种庄严，无著又提出了二十七种辩德。"论庄严"是佛家辩学中所独有的，体现了大乘佛教庄严慈悲法相，不像《遮罗迦本集》中那样为保辩胜，不择手段。

五、论辩中的过失

《瑜伽师地论》	《遮罗迦本集》	《正理经》
五、论堕负 又叫负处,是指论辩失误而告负,分为三类,即"一、舍言,二、言屈,三、言过"。	15 种负处	22 种负处 24 种误难

所谓舍言,就是舍弃自己的论点,其中又分为十三种。所谓言屈,是指在论辩中或是借口退却,或是转移论题,或是以发脾气自我掩盖,或是表现为傲慢、沉默等,也有十三种表现。言过则分有九种。沈剑英认为:

> 其中"以十三种词谢对论者,舍所言论",实际上并不能说是有十三种舍言,而只是论辩时可能会说的一些认输的话,因此所谓的舍言,其实只是一种负处,而不是一类负处。
>
> 言屈十三种是关于论辩术的,多有重复枝蔓之处,只有言过九种才与《方便心论》及《正理经》的堕负论较为契合,但其中仍不免芜杂,如有时与言屈的负处重复等,因此它在分类上显得相当粗疏。世亲不取其兄的堕负论而接受正理派的堕负论,这是值得注意的发展倾向。[①]

《遮罗迦本集》第 33 目也有言失(语失)过,但在内容上与此"言过"完全不同,只是指论式中的缺减、增加等 5 种负处。

[①] 沈剑英《佛教逻辑研究》,第 516 页。

六、应退出辩论的情况

《瑜伽师地论》	《遮罗迦本集》	《正理经》
六、论出离 出离，就其本意而言是指超越过失之义，此处则专指在参与论辩之前："先应以彼三种观察，观察论端，方兴言论，或不兴论，名论出离。"具体来说就是"观察得失""观察时众""观察善巧及不善巧"，也就是依据论题、对象、知识方面的条件而决定是否参与辩论。	"讨论的经验"中已包括观察时众，观察对手情况，衡量自身条件等以判断胜负的可能情况及是否参与。	无

此处《瑜伽师地论》是否借鉴过《遮罗迦本集》则不可知。

七、参加辩论的资格条件

《瑜伽师地论》	《遮罗迦本集》	《正理经》
七、论多所作法 一、善自他宗；二、勇猛无畏；三、辩才无竭。	零星的表述	无

在其他古因明著作中或有与此相关的零星表述，但并无如此专题论述。

此外，《遮罗迦本集》还提出一些论辩技巧，如："在具备了注意力、所学知识、智慧、专业知识、交换意见的表现能力等各方面的中立听众面前进行辩论时，要密切留意，充分确认对方的长处和短处。……如果认为对方比自己低劣，则应迅速将其击败。例如,对于疏于教典学习的对手,可以采用背诵长段引文来压倒他。若专业知识贫乏时,则可采用难懂的专业术语。文章记忆力差时,则可不断地重复晦涩的长段教典。缺乏对语言的理解直观时,则重复同一多义词。表现能力差时,则打断对方说了一半的文章来压倒他。令不精通该领域的对手感到羞耻,让容易发脾气者感到疲惫,让胆怯者恐惧,令注意力涣散者从规则上进行检讨,以此来压倒他。通过上述方法,迅速在论争中压倒比自己低劣的对手。(3.8.21B)"①

在新因明中,陈那并无辩学专论,中国的汉传因明亦如此,但从因明史上看,日本的汉传因明在明治维新之后开始重视发挥其社会功能,重视其演讲和辩论的内容。云英晃耀(1831—1910)重视因明的论辩功能:"因明本就是印度的论理法,在立论者与对论者问答、主张自己所持有的论说时,必须有条理(道理)。有了道理,在政府、议院、裁判所或人们集合的场所或贤哲的面前等,无论是怎样的环境,这样的言论肃然,勇猛正义,心无所惧,不屈于对手,不浪费词藻,言简意赅,是论争取得胜利的妙术,超越世俗(真)也好,世俗也好,佛教内也好,佛教之外也好,都是社会上不可或缺的金科玉律。特别是在现今的议论世界中必不可少。"

在明治初期由于神佛分离而导致佛教教团陷入危机的这一背景下,佛教国益论、佛教公认论等运动也随之兴起。当时还出版了针对实际演说应用的包括手势动作等的指导书,例如《佛教演说达辩之术》(1888)及《演说达辩法政治学术》(1894)等。村上专精记载了他反对学生的演说练习,但清泽满之是赞成派。之后的佛教演说,如冈田写道:"那个时期,西洋式的修辞法及辩论术被导入,

---

① 转引自[日]桂绍隆著,肖平、杨金萍译《印度人的逻辑学》,第82—83页。

使独自的宗教论发展的则是加藤咄堂(1870—1949)。"加藤咄堂的代表作有《雄辩法》(首页表格参照)。《雄辩法》中有少许言及因明三支作法等的记述。在当代中国的因明传习中也应该发挥其辩学的积极的社会功能。

在藏传因明中,萨迦班钦被认为是论辩学的奠基者。萨班著有《智者入门》(民族出版社,1981年)。其中有专述论辩,包括论辩的准备阶段、论辩过程、论辩内容、论辩结果、论辩中的立者、敌者、中证人。第四部的"辩难"中提到多种负处,依据是世亲的辩经规则。在藏传因明中新创"摄类"辩论,并对论辩规则等有所涉及,如普觉巴《因明学启蒙》中的"大理路"。论辩在学习和传承因明中发挥了重要的作用,但尚未见有辩学专论。

第二十五章

古因明的过失论

因明特别重视过失论,作为一种论辩逻辑,古因明分为三大类过失,一是负处,这是指使论辩失败的过失,二是误难,难是难破对方,这是指错误的难破、似能破。三是能立上的过失,即似宗、似因的过失。这三类过失包含了逻辑的、语言学和认识上的过失。

沈剑英在《公理、规则和谬误性质的探讨》一文中指出,新因明的三十三过,具有三类不同的性质:一类是语法谬误,这是可以受因三相制约的;其余两类是语用谬误和语义谬误。这里的语法谬误就是指逻辑谬误。以下分别就三类过失进行分析。

第一节 负　　处

一、《遮罗迦本集》15 种负处

《遮罗迦本集》是最早单列出负处的,其第 44 目为"负处",共列有 15 种:

1. 不了知

"尽管把话重复了三遍,许多人都已知解,他却不了知。"[1]

---

[1] 沈剑英《佛教逻辑研究》,第 619 页。

2. 无难诘的诘问

对"无难诘"的情况进行"诘问"。

3. 对所难诘无诘问

对有过失的言语却未能及时提出诘问。

4. 坏宗

"坏宗就是被诘问后舍弃前面所立的宗。例如前面立了'我是常住'宗,然而被诘问后又改说'我是无常'。"①见第40目所述。

5. 认容

"认容就是认许(他人)将所欲成立的东西变为不能成立。"从字面上看,就是认许他人而改变自宗。见第41目所述。

6. 过时语

第37目:"所谓过时是指应该在前面讲的却放到了后面讲,因为所说的时机已经过去,所以得不到承认。或者在先已堕负的东西仍不肯舍弃,还想将其竖立起来,结果其主张即便尚有可取之处,最后原可保留也只得放弃,因为过了时效,所以它就变成负言性的东西了。"②过时语分为两种情况:一是论证时不按论式的次序来说,使论证失去时态;二是先时由于缺因支已堕负,后时欲救,为时已晚。

7. 非因

亦称似因,遮罗迦未作界定,只划分为三种:"非因是指(1)问题相似,(2)疑惑相似,(3)所证相似而言的。"③

(1)问题相似

"问题相似的似因,例如持'我与身体相异而常住'主张者对

---

① 沈剑英《佛教逻辑研究》,第616页。
② 沈剑英《佛教逻辑研究》,第613页。
③ 沈剑英《佛教逻辑研究》,第610页。

他人说:'我与身体相异,因而常住。因为身体是无常的,所以我与它必定具有不同的性质。'这就是似因,因为主张(宗)不可能就此成为因。"①问题相似是将主张原封不动地作为主张的根据,这是新因明中的"以宗义一分为因"的过失,在逻辑上叫作循环论证。

(2) 疑惑相似

"疑惑相似的似因,即以疑惑因作为消除疑惑的因。例如某人解说了《阿由吠陀》(一部医书)的一部分,于是就对他产生疑惑:究竟是不是医生?针对这一疑惑另一人说:'因为他解说了《阿由吠陀》的一部分,所以他就是医生。'而未能出示可以消除疑惑的因,这就是似因,因为疑惑因不能成为清除疑惑的因。"②

(3) 所证相似

"所证相似的似因,是指因与所要论证的东西(所证)无区别。例如有人说:'觉(认识活动)是无常,无触性故(因为是触摸不到的),如声。'其中声是所证,觉也是所证,对这两者来说,因与所证是无区别的,因此所证相似也是似因。"③见第36目所述。

8. 缺减

见第33目语失,是指论辩语言中的五种主要过失:"所谓语失,举例来说,就是存在其意义之中的(1) 缺减、(2) 增加、(3) 无义、(4) 缺义、(5) 相违。"④

"缺减指的是在宗、因、喻、合、结中缺支。另外,本可提示好几个因的,却说成一个因,这也是缺减。"⑤缺减分为两种:一是缺支,二是将多因说成一因。

---

① 沈剑英《佛教逻辑研究》,第610—611页。
② 沈剑英《佛教逻辑研究》,第612页。
③ 沈剑英《佛教逻辑研究》,第613页。
④ 沈剑英《佛教逻辑研究》,第601—602页。
⑤ 沈剑英《佛教逻辑研究》,第602页。

9. 增加

见第33目(2)所述。"增加指的是与缺减相反的东西。或者说在论述阿由吠陀时大谈布利哈斯巴蒂的书、乌夏纳斯的书或其他没有任何关系的事,或者所述虽有关系,也只是反复讲同样意思的话,如此重复,便是增加。不过重复有两种情况:(a)意思上的重复,(b)言语上的重复。其中(a)意思上的重复,例如'药剂、药草、药饵';(b)言语上的重复,如'药剂、药剂'。"①这里将增加分作三类:一是与缺减中的缺支相反,反复地述说五支中的任何一支。二是大谈无关论旨的话。如在论述阿由吠陀即寿命吠陀(亦即医典)的时候,大谈布利哈斯巴蒂和乌夏纳斯所著的政事论亦即治国安邦术等著作,以及其他不相干的事,这也是一种增加,三是重复。遮罗迦将重复分为:a. 意思上的重复;b. 言语上的重复两种。

10. 离义(即缺义)

见第33目(4)所述。缺义又译不贯通。遮罗迦云:"(一些词本身)虽然有意思,但相互间没有意义上的联系,如熟酥、车轮、竹、金刚棒、月。"②

11. 无义

见第33目(3)所述。"所谓无义,只是将文字集合起来的言辞,如'五列',很难理解其义。"③"五列"即梵文的五列字母,本身没有意义。

12. 重言

见第33目(2)所述。是"增加"中的一种。

---

① 沈剑英《佛教逻辑研究》,第603页。
② 沈剑英《佛教逻辑研究》,第605—606页。
③ 沈剑英《佛教逻辑研究》,第605页。

13. 相违

见第 33 目(5)所述。"相违是与喻、定说、教义存在矛盾的。"① "定说"是指论辩中的自宗义。"喻"和"教义"也是指自宗所持,此过也就是新因明中的"自语相违"和"自教相违"。

14. 异因

见第 42 目所述。此为第 42 目:"所谓异因就是本该叙述原来的因,结果改说其他的因。"②这是逻辑上的"转移理由"。

15. 异义

见第 43 目所述。此为第 4 目:"所谓异义就是在论述一件事当中论述了别的事。例如在论述热病的特性当中,说了尿病的特性。"③ "尿病的特性"不能证成"热病"。

第 1 种"不了知"属于知识论。2、3 二种应属误难论。6、9、10、11、12 属于语言过失。其余的都属逻辑过失。

又其中 2、3 属于误难,4、5 为似宗,7、14 是似因。这说明在《遮罗迦本集》中只有负处一种过失,其中包含了误难和似能立过失。

二、《方便心论》的 17 种负处

1. "语颠倒"。陈述理由时舍近而求远。因此舍弃直接的原因不说而求之于原因的原因,这就颠倒了原因之间的层次。

2. "立因不正"。就是以似因为论证的根据而致堕负。

3. "引喻不同"。是指在喻例上把反喻的性质(如瓶上的所作性)放到自己的实例上(如虚空,虚空本非所作)来承认,这就否定

---

① 沈剑英《佛教逻辑研究》,第 606 页。
② 沈剑英《佛教逻辑研究》,第 617 页。
③ 沈剑英《佛教逻辑研究》,第 618 页。

了己的实例,从而破坏了宗义。

4. 应问不问。当指在不明了对方话语的时候未及时发问。

5. 应答不答。指论辩的对方虽然作了三次说明,听众也已理解,而这一方还是答对不出,从而堕入负处。

6. 三说法不令他解(或自三说法而不别知)。指有人尽管把话说了三遍,却仍不能使听众及论辩对方明白理解,从而堕入负处。

7. "彼义短阙而不觉知"。对手已自堕负处而不觉知,从而使自己也堕入负处。

8. "他正义而为生过"。"又他正义,而为生过,亦堕负处"。这是敌方无过,而说其有过,结果自己反堕入负处。

9. "不悟"。"又有说者,众人悉解,而独不悟,亦堕负处。"

10. "违错"。"一说同、二义同、三因同,若诸论者,不以此三为问答者,名为违错。此三答中,若少其一,则不具足。""说同"即语词同一,"义同",词虽不同而指称对象同一。"因同",即对因法共许,此"三同"是遵守同一律的要求。

11. "不具足"。"诸论者,不以此三为问答者,名为违错。此三答中,若少其一,则不具足。若言我不广通如此三问,随我所解,便当相问,是亦无过。"这是说答时不能同时满足上述三个同一的要求,三者缺其一,即堕入不具足的负处。但如果答问者事先申明没有把握完全满足三个同一的要求,而问者犹问,则答者即使在三同上有所不足,亦可免过。水月法师在"违错"外未单列此过。①

12. "语少"。论式不完整,缺少支分而堕入负处。

---

① 水月《古因明要解》,台南智者出版社,1989年,第40页。

13."语多"。指论证过程中理由(因和喻)说得太多,显得啰唆。

14."无义语"。饰文辞无有义趣。

15."非时语"。即过时语。

16."义重"。指所言在意义上重复。

17."(舍)违本宗"。立者放弃原来的立场,即自宗相违及转换论题之过。另分"以疑为违"一种,把敌者对我论的疑惑偷换成对我论的否定,这属于偷换论题的过失。①

上述十七种负处,大都与论辩中的语言表达有关,属于辩学的范围。但有些是与"能立八义"中的容有重复,如"义重""非是语"等。

《遮罗迦本集》《方便心论》负处分类比较:

《遮罗迦本集》	《方便心论》
1. 不了知	9. 众人悉解而独不悟
2. 对无难诘的诘问	8. 他正义而生过
3. 对所难诘的诘问	7. 彼义短阙,而不觉知
4. 坏宗	17. 舍本宗
5. 认容	无
6. 过时语	15. 非时语
7. 非因	2. 立因不正
8. 缺减	12. 语少

---

① 水月《古因明要解》,第43页。

续 表

《遮罗迦本集》	《方便心论》
9. 增加	13. 语多
10. 离义（缺义）	无
11. 无义	14. 无语
12. 重言	16. 义重
13. 相违	无
14. 异因	无
15. 异义	无

《方便心论》与《遮罗迦本集》相同的有 10 种，另有 7 种不同。《遮罗迦本集》缺减、增加又被《方便心论》列为二十种相应中的 1. 增多，2. 损减。在"明造论品"八种议论中第六义为"应时语"，第七义似因中又提到了"过时语""相违"等过失。已把《遮罗迦本集》中的 15 种负处分列到"八种议论"中的似因、相似品（误难）和负处三处了。

三、《正理经》的 22 种负处

《正理经》分为二十二种：(1) 坏宗，(2) 异宗，(3) 矛盾宗，(4) 舍宗，(5) 异因，(6) 异义，(7) 无义，(8) 不可解义，(9) 缺义，(10) 不至时，(11) 缺减，(12) 增加，(13) 重言，(14) 不能诵，(15) 不知，(16) 不能难，(17) 避遁，(18) 认许他难，(19) 忽视应可责难处，(20) 责难不可责难处，(21) 离宗义，(22) 似因。

《正理经》与《方便心论》负处分类比较：

《正理经》	《方便心论》
1. 坏宗	无
2. 异宗	17. 舍本宗
3. 矛盾宗	无
4. 舍宗	17. 舍本宗
5. 异因	无
6. 异义	无
7. 无义	14. 无语
8. 不可解义	无
9. 缺义	无
10. 不至时	15. 非时语
11. 缺减	12. 语少
12. 增加	13. 语多
13. 重言	16. 义重
14. 不能诵	5. 应答不答
15. 不知	9. 众人悉解而独不悟
16. 不能难	5. 应答不答
17. 避遁	无
18. 认许他难	无
19. 勿视应可难处	7. 彼义短阙,而不觉知
20. 责难不可责难处	8. 他正义而生过
21. 离宗义	无
22. 似因	2. 立因不正

《正理经》中有 13 种负处与《方便心论》11 种相同(似)。而有 9 种为《方便心论》无或列为其他过失。反之,《方便心论》中有 6 种负处未被列入《正理经》的负处,即:1 语颠倒、3 引喻不同、4 应问不问、6 三说法不令他解、10 违错、11 不具足。

《遮罗迦本集》《方便心论》《正理经》堕负分类比较:

《遮罗迦本集》	《方便心论》	《正理经》
14. 不了知	9. 众人悉解而独不悟	15. 不知
15. 对无难诘的诘问	8. 他正义而生过	20. 责难不可责难处
16. 对所难诘的诘问	7. 彼义短阙,而不觉知	19. 勿视应可责难处
17. 坏宗	17. 舍本宗	2. 异宗 4. 舍宗
18. 认容	无	18. 认许他难
19. 过时语	15. 非时语	10. 不至时
20. 非因	2. 立因不正	22. 似因
21. 缺减	12. 语少	11. 缺减
9. 增加	13. 语多	12. 增加
22. 离义(缺义)	无	9. 缺义
23. 无义	14. 无语	7. 无义
24. 重言	16. 义重	13. 重言
25. 相违	无	无
26. 异因	无	5. 异因
15. 异义	无	6. 异义

《方便心论》与《遮罗迦本集》相同的有 10 种,另有 7 种不同。《正理经》与《遮罗本集》相同的有 15 种,另有 7 种不同。相比之下,《正理经》承续《遮罗迦本集》的种类更多,而《方便心论》则比较少,而且在叙述上太简略,而《正理经》则更详细。

四、《如实论》的 22 种负处

《瑜伽师地论》分为舍言、言屈、言过三类三十五种。但世亲不取无著之说,而基本上沿袭了《正理经》对负处的分类,只是在译名上有所不同,并且在内容上作了更为具体的诠解,在诠解中还提出一些不同于《正理经》和富差耶那《正理疏》的解释,集古因明堕负论之大成。《如实论》22 种负处的具体内容已在第十一章中细述过,本节仅就《如实论》和《正理经》负处名称对照并作一归类:

《如实论》	《正理经》	归 类
1. 坏自立义	坏宗	宗过
2. 取异自立义	异宗	宗过
3. 因与立义相违	矛盾宗	宗过
4. 舍自立义	舍宗	宗过
5. 立异因义	异因	因过
6. 异义	异义	宗过
7. 无义	无义	语义过失
8. 有义不解	不可解义	认知过失
9. 无道理义	缺义	语义过失

续表

《如实论》	《正理经》	归　类
10. 不至时	不至时	语用过失
11. 不具足分	缺减	缺支过
12. 长分	增多	增支过
13. 重说	重言	语用过失
14. 不能诵	不能诵	认知过失
15. 不解义	不知	认知过失
16. 不能难	不能难	反驳中的过失
17. 立方便避	避遁	反驳中的过失
18. 信许他难	认许他难	反驳中的过失
19. 于堕负处不显堕负	忽视应可责难处	反驳中的过失
20. 非处说堕负	责难不可责难处	反驳中的过失
21. 为悉檀多所违	离宗义	宗过
22. 似因	似因	因过

综上可知,22种负处,二者在名目提法、次序都相同,只是世亲在阐发中更丰富。从分类看其中既有论辩中的语言、认知的过失,也有似能立的宗过、因过,还包含着似能破的过失,这必然与误难交叉。

陈那《正理门论》在结尾处说:"又于负处,旧因明师诸有所说,或有堕在能破中摄,或有报粗,或有非理如诡语类,故此不录。"这是说负处原本属于宗、因、喻等论式上的过失,没有必要再作为负处来专论;有的所说负处分类粗疏不当,有的所说负处更是属于不讲道理如同诡辩一类的东西,这些自亦不足取。在陈那"因明八论"中已不另立负处,这是因为古因明是以辩学为主导的,所以在过失论上首先要以论辩失败的负处为主,从《遮罗迦本集》到《方便心论》《正理经》《如实论》一以贯之。但自陈那起,以《集量论》为代表,以知识论为主导,脱离辩学的外壳,知识论和逻辑学独立分离出来了,因此,辩论的负处就被边缘化了。这一变化在天主《入论》和汉传因明中继续传承。但在法称因明中仍有辩学专论《诤正理论》,在藏传因明和蒙古因明中仍保留有负处的内容,前文已述。

第二节 误 难

误难是指能破中的过失,即似能破,《遮罗迦本集》44 目中有"所难诘""无难诘"是讲难破的,并列入负处,并没有单列误难为一类过失。

一、《方便心论》的 20 种不相应

《方便心论》"相应品四"中有 20 种不相应。"相应"是指事物之契合或与真理之契合。问答相应是要求论辩双方持论应遵守同一律,应契合于事理。这 20 种不相应本书第六章作过细述,故本处只简列目:

1. 增多

这里的增多是在同喻依"虚空"上增益了"有知""无知"这一原宗所没有的内容,并以此来难破立者,不是支分的增加。

2. 损减

"有知""无知"既为难者增益之辞,复以此为根据否定其喻,

故其有损减的过误,而不是缺支的过失。

3. 同异

4. 问多答少

5. 问少答多

6. 因同

7. 果同

8. 遍同

9. 不遍同

10. 时同

11. 不到

12. 到

13. 相违

14. 不相违

15. 疑

16. 不疑

17. 喻破

18. 闻同

19. 闻异

20. 不生

在以上20种问答相应中,属于立者的过失只有第5、13、16、17四种,其余16种均为难者有过。误难应是指难破者有过。由此应只有16种误难。

二、《正理经》的24种误难

1. 同法相似

"'同法相似'指在反对对方命题(宗)时,使用对方'异喻'中的事例,但所提出的'因'却不能证明己方命题。如立论者说:'声是非常住的,因为它是被造物,一切被造物都是非常住的,如罐。'反对者则说:'声是常住的,因为它是无形的。一切无形的东西都是常住的,如天空。'此处,反对者所提的'因'和'喻'并不能证明命题(宗)。因为无形的东西既可能是常住的,也可能是非常住的,并不能导出一个必然的结论。"[1]

2. 异法相似

"'异法相似'指在反对对方命题(宗)时,使用对方'同喻'中的事例,但所提出的'因'却不能证明己方命题。如对方说:'声是非常住的,因为它是被造物,一切不是非常住的东西都不是被造物,如天空。'反对者则提出:'声是常住的,因为它是非物质的和无形的,一切非常住的东西都不是非物质的和无形的,如罐。'在这里,反对者所提出的'因'与'喻'同样不能证明命题(宗),理由与'同法相似'一样。"[2]

《正理经》[V-1-2]:"立论者的结论根据同法和异法而来时,(在反对者方面),却存在与法(即谓词)相反的情况,因此存在同法相似和异法相似。"

3. 增益相似

《正理经》[V-1-4]:"(通过对所立和譬喻的性质的分别),存在(3)增益相似、(4)损减相似、(5)要证相似、(6)不要证相似、(7)分别相似(等错误的非难);而且根据所成立的[所立和譬喻]两方面情况可以看到还存在(8)所立相似的错误非难。"

姚卫群译为"增多相似":"'增多相似'指当反对一个基于'喻'的某种特性的论据时,反对者则提出一个基于'喻'的附加特

---

[1] 姚卫群《外道六派哲学经典》,第125页注1。
[2] 姚卫群《外道六派哲学经典》,第125页注1。

性的论据。如一方提出:'声是非常住的,因为它是被造物,这就如同罐一样。'反对者则举出这样的论式:'声是非常住的,并是物质的和有形的,因为它是被造物,这就如同罐一样,它是非常住的,并且是物质的和有形的。'反对者认为:如果声像罐一样是非常住的,它就必须也像罐一样是物质的和有形的。如果不是物质的和有形的,那它也就不能是非常住的。"①

这即是《方便心论》中的增多,《方便心论》举例:立者立"我常,非根觉故。虚空非觉,是故为常。一切不为根所觉者,尽皆是常,而我非觉,得非常乎?"难破者曰:"虚空无知,故常,我有知故,云何言常!若空有知,则非道理。若我无知,可同于虚空;如其知者,必为无常。"这里立者是以"非觉"的虚空为同品,而难破者增益了"有知""无知"这一原宗所没有的内容,并以此来难破立者,结果是自己犯了"增多"的过类。

4. 损减相似

"'损减相似'指:当反对一个基于'喻'的某种特性的论据时,反对者提出一个基于'喻'中缺少的特性的论据。如一方立一个论式(内容与'增多相似'中所引同)后,反对者则举出这样的论式:'声是非常住的,而且是不可听的,因为它是被造物,如同罐一样(它是非常住的,而且是不可听的)。'反对者认为,如果声像罐一样是非常住的,它就不能是可听的,因为罐是不可听的。如果认为声是可听的,那它就不能是非常住的。"②此即《方便心论》的"损减"。

5. 要证相似

"'要证相似'指在反对对方时,使对方'喻'的特性与所立

---

① 姚卫群《外道六派哲学经典》,第126页注1。
② 姚卫群《外道六派哲学经典》,第126页注1。

(宗)的特性同样有疑问(需要证明)。如当一方立一论式(内容与'增多相似'中所引同)后,反对者则举出这种论式:'罐是非常住的,因为它是被造物,如同声一样。'反对者认为:如果声的非常住有疑问,那么罐的非常住亦有疑问,因而用罐非常住不能证明声非常住。"①

6. 不要证相似

"'不要证相似'指:在反对对方时,使对方所立(宗)的特性与'喻'的特性同样无疑问。如一方立一论式(内容与'增多相似'中所引同)后,反对者则举出这样的论式:'罐是非常住的,因它是被造物,如同声一样。'反对者认为:如果罐的非常住被认为是无疑问的,那声的非常住也就是无疑问的,为什么还要立论式证明呢?"②

7. 分别相似

"'分别相似'指:在反对对方时,把可选择的特性归于所立(宗)和'喻'。如一方立一论式(内容与'增多相似'中所引同)后,反对者则举出这样的论式:'声是非常住的,并是无形的,因为它是被造物,如同罐一样(它是非常住的,并是有形的)。'反对者认为:罐和声都是被造物,但一个有形,另一个无形。为什么不能同样说罐是非常住的,而声是常住的呢?"③

8. 所立相似

"'所立相似'指所立(宗)与'喻'相互都需要证明。如一方立一论式(内容与'增多相似'中所引同)后,反对者则举出这样的论式:'罐是非常住的,因为它是被造物,如同声一样。'反对者认

---

① 姚卫群《外道六派哲学经典》,第126页注1。
② 姚卫群《外道六派哲学经典》,第126页注1。
③ 姚卫群《外道六派哲学经典》,第126页注1。

为,罐和声都是被造物,彼此都需要证明其非常住性,声要通过罐这个'喻'来证明其非常住,而罐也需要声这个'喻'来证明其非常住,因此得不出确切的结论。"①

《正理经》[Ⅴ-1-5]:"结论是根据所立与譬喻中的某一个同法成立的,因此仅仅依靠异法来否定是不正确的。"[Ⅴ-1-6]:"另外,譬喻则要通过说明所立的存在才能成立。"此二句是针对"所立相似"而言的。正理派认为"喻"的特性众所周知,不需要再被证明。

9. 到相似

《正理经》[Ⅴ-1-7]:"(论证所立的)因应同所立结合呢,还是不应结合?(究竟根据哪个来对所立进行论证呢?)如果结合,(因就与所立)没有差别了;如果不结合,因就成为非论证性的东西了。所以说存在(9)到相似和(10)不到相似。"

"'到相似'指:当反对一个基于'因'与'所立'共在一处的论据时,反对者对这'共在一处'提出责难,使'因'不能与'所立'相区别。如对方说:'山上有火,因为有烟,如同灶一样。'此处,对方把烟作为'因',把火作为'所立'。反对者问道:烟在由火占据的场所究竟是存在还是不存在? 如果烟与火存在于相同的场所,那就没有区分'因'与'所立'的标准了。烟是火的'因',就如同火是烟的'因'一样。"②

10. 不到相似

"'不到相似'指:当反对一个基于'因'与'所立'彼此不在一处的论据时,反对者对这不在一处提出责难,使'因'不能导出'所立'。如当对方提出一论式(内容与'到相似'中所引同)后,反对

---

① 姚卫群《外道六派哲学经典》,第126页注1。
② 姚卫群《外道六派哲学经典》,第127页注2。

者则提出:'山上有因,因为有火,如同灶一样。'反对者问道:烟是否存在于火的场所;烟如果不存在于火的场所,就不能视为是'因','因'不与'所立'相关联就不能确立'所立'。"①

《正理经》[Ⅴ-1-8]:"否定是不正确的,因为(a)可以看到瓶等的完成情况,这时,那些原因都是与完成了的东西接合的;(b)杀害时,系依靠咒语进行,这时候,杀害者即使不同被害者接合,杀害也能完成。"这是对"不到相似"的反驳,事物的成立有时要有因直接存在,如制罐时离不开土,有时则可不需要因直接存在,如迫害人时可不在近处,而可在远处使用咒语。

11. 无穷相似

《正理经》[Ⅴ-1-9]:"(指责立论者)不提示譬喻的理由以及根据相反的譬喻来反对,就是无穷相似和反喻相似。"

"'无穷相似'指:在反对对方时,以对方的'喻'(所举之物)未被一系列'因'所证明为根据;如对方说:'声是非常住的,因为它是一个被造物,如同罐一样。'反对者问道:如果声的非常住性被罐的非常住性所证明,那么罐的非常住性被什么所证明?如罐的非常住性被另一非常住之物证明,那这一物又要求另一非常住之物证明,无穷无尽。"②

《正理经》[Ⅴ-1-10]:"就像通过取灯(的譬喻)可使无穷(的质问)停止下来那样,它(譬喻)是静止的。"这是反驳"无穷相似",一个正确的论证所举的譬喻为人所共知,不必再作说明,所以"它是静止的",就如一个人取走灯一样,反对者如要问灯是谁取走的,为什么要取灯等,只需简单地回答说"是那个想要看东西的人取走的"就可以了。

---

① 姚卫群《外道六派哲学经典》,第127页注2。
② 姚卫群《外道六派哲学经典》,第128页注1。

12. 反喻相似

"'反喻相似'指：在反对对方时,仅举出一个相反的'喻'。如对方提出一论式(内容与'无穷相似'中所引相同),反对者则提出：'声是常住的,如同天空一样。'反对者认为：如果声借助于罐这个'喻'被证明是非常住的,那么它为什么不能借助天空这个'喻'来证明是常住的呢？如果天空这个'喻'被抛弃,那罐这个'喻'也要被抛弃。"①

《正理经》[Ⅴ-1-11]："再说,如果相反的譬喻有道理的话,那么譬喻就不能不是正确的理由了。"这是对反喻相似的批评,认为只能依据上述论式中的"喻",而不能依据"相反的喻"来否定"喻"。

13. 无生相似

《正理经》[Ⅴ-1-12]："(那种认为)在'声音'产生以前,(说明'声是无常'的)因便：不存在,就是无生相似。"

"'无生相似'指在反对一种论点时,指责对方论式中的'因'所包含的特性不存在于'所立'所表示的、尚未产生的事物中。如对方说：'声是非常住的,因为它是一种努力的结果,如罐一样。'反对者则举出这样的论式：'声是常住的,因为它不是一种努力的结果,如同天空一样。'反对者认为,对方的'因'所包含的特性(即一种努力的结果)不能是'所立'中所表示之物——声的特性,因为这声当时还未产生。这样,声就不能被证明是非常住的。"②

《正理经》[Ⅴ-1-13]："因为产生出来的东西是真实的,(而且用来成立宗义的)因也是可能成立的,因此(由'声'之尚未产生而)否定其因(之存在)是不正确的。"

---

① 姚卫群《外道六派哲学经典》,第128页注1。
② 姚卫群《外道六派哲学经典》,第128页注3。

14. 疑惑相似(疑相似)

《正理经》[Ⅴ-1-14]:"普通和譬喻都具有能用感官来把握的相同性质,(异议)就是来自于常和无常的同法上面,这就是疑惑相似。"

"'疑相似'指:在反对对方时,指责对方'喻'中所举之物和该物所属的类都是感觉可把握的对象,因而对声是常住还是非常住产生了疑惑。如对方说:'声是非常住的,因为它是被造的,如同罐一样。'反对者则提出:'声是非常住或常住的,因为它是一个感觉可把握的对象,如同一个罐或罐所属的类。'反对者认为,声与罐及罐的类是同性质的,它们都是可把握的对象。但:一个罐是非常住的,而罐的类则是常住的,这样就产生了声是常住还是非常住的疑惑。"①

《正理经》[Ⅴ-1-15]:"(a)(单单)根据同法喻会产生疑惑的时候,根据异法喻就不会产生疑惑;或者,(b)在两方面都会产生疑惑而成为无限疑惑;而且(c)不能认为同法喻是无常性的。因此否定是不正确的。"这是对"疑惑相似"的反驳,但感觉到似乎没有说到点上,关键是"类"只在观念是常住,而在实体上一样是生灭无常的。

15. 问题相似

《正理经》[Ⅴ-1-16]:"以(声)在两方面(常与无常)都存在共同点为理由而产生动摇,因此是问题相似。"

"'问题相似'指:在反驳对方时,认为对方的所立和与之相反的观点这两个方面有相似之处,这使所立不一定能成立。如对方说:'声是非常住的,因为它是被造的,如同罐一样。'反对者则提

---

① 姚卫群《外道六派哲学经典》,第129页注1。

出:'声是常住的,因为它是可听的,如同声性一样。'反对者认为:对方的所立——声是非常住的,不能被证,因为'可听的'这一'因'既为非常住的声所具有,又为常住的声性所具有。"①

《正理经》[Ⅴ-1-17]:"问题是根据反论题形成的,所以否定是不可能的。因为[在问题提出来以前]反论题就可能存在了。"这是对"问题相似"的反驳。

16. 无因相似

《正理经》[Ⅴ-1-18]:"因为(认为)因在三种时态(的任何一种时态中)都不能成立,所以是无因相似。"

"'无因相似'指:在反驳对方时,认为对方论式中的因在过去、现在、将来三时中都不能存在。如对方说:'声是非常住的,因为它是一个被造物,如同罐一样。'反对者则认为,'是一个被造物'这一'因'不可能在三时中存在。它不能在'所立'(声是非常住的)之前存在,因为只有在'因'确立了所立后,它才能获得'因'这一名称。'因'不能在所立之后存在,因为如果所立已经存在,'因'就没有用处了。'因'不能与所立同时存在,因为如果这样,'因'与所立就完全联在一起了。"②

《正理经》[Ⅴ-1-19]:"说(因)在三时态中都不能成立是不对的,因为所立可根据:因来成立。"这是说"无因相似"不能成立,因为根据"因"确实可以认识事物和确定命题,这"因"应先于要被认识的和要被确认的事物。

《正理经》[Ⅴ-1-20]:"另外,还因为否定是不可能的,所以被否定的东西否定不了。"根据"无因相似"的理论,"因"是不能成立的。这样,持"无因相似"观点的人自身的推理亦无法成立。因

---

① 姚卫群《外道六派哲学经典》,第129页注2。
② 姚卫群《外道六派哲学经典》,第130页注1。

此,"无因相似"要否定的事物也就不能被否定了。

17. 义准相似

《正理经》[Ⅴ-1-21]:"根据义准来成立相反的论题,这就是义准相似。"

"'义准相似'指:根据假设来反驳对方的观点。如对方说:'声是非常住的,因为它是被造物,如同罐一样。'反对者则提出:'声被假定为是常住的,因为它是非物质的和无形的,如同天空一样。'反对者认为:如果根据与非常住的东西的性质(如罐的被造)相同就说声是非常住的,那么,通过假设也可根据与常住的东西的性质(如天空的非物质与无形)相同而说声是常住的。"[①]

《正理经》[Ⅴ-1-22]:"由于不能论述的东西竟借助于义准(来成立),而放弃这种反论题是可能的;因为(a)那一论题原本是无法说明的,(b)义准又具有不确定的性质。"这是说按立论者的观点作假设(义准),也可按反对者的观点作假设。这样会有两种对立的假设,导不出确切的结论。因而"义准相似"不能成立。

18. 无异相似

《正理经》[Ⅴ-1-23]:"如果以同一性质的可能存在为理由,而认为(声与瓶)无差别的话,那么也可以实际存在为理由,说一切都是无差别的了。这就是无异相似。"

"'无异相似'指:在反驳对方时,根据'所立'和'喻'中所说之物的相同性而说它们在其他特性上也无差别,进而下结论说,一切事物由于它们都是存在的,因而在特性上无差别。如对方说:'声是非常住的,因为它是被造物,如同罐一样。'反对者则认为:如果声和罐因其都是被造物而被认为在非常住上无差别,那也可

---

① 姚卫群《外道六派哲学经典》,第130页注4。

根据所有事物都是存在的而说它们在具有的每个特性上都是无差别的,因而声在常住与非常住上无差别,声可以被认为是常住的。"①

《正理经》[V-1-24]:"否定是不可能的,因为在有的场合(瓶和声的)性质不可能相同,在有的场合则有可能相同。"这是反驳,"在有的场合"指在声与罐的场合,声与罐在非常住与被造物的性质上是相同的。而"在另外一些场合"是指一切事物虽然都存在着,但在"常住"问题上有些是常住的,有些则不是,因而性质有不同。

19. 可能相似

《正理经》[V-1-25]:"(以为)双方(用来证明宗)的理由都可能成立,所以这是可能相似。"

"'可能相似'指:在反驳对方时,认为双方的'宗'都可由各自的'因'所证明。如对方说:'声是非常住的,因为它是被造物,如同罐一样。'反对者则说:'声是常住的,因为它是非物质的和无形的,如同天空一样。'反对者认为:对方的论式中的'因'可以证明声的无常性,而自己的论式中的'因'也可证明声的常住性。"②

《正理经》[V-1-26]:"否定是不正确的,因为可以断定可能的理由(之一)为正确的。"这是说用"可能相似"否定对方观点的人为什么不选择第一种因(即支持声非常住的因)。既然两种因都可成立宗,那么用"可能相似"来否定对方就是不正确的了。

20. 可得相似

《正理经》[V-1-27]:"(那种认为)在不提示原因的时候也可以进行断定(的说法),就是可得相似。"

---

① 姚卫群《外道六派哲学经典》,第131页注1。
② 姚卫群《外道六派哲学经典》,第131页注3。

"'可得相似'指：在反驳对方时，认为'宗'中所要确立的特性不借助'因'亦可感知，如对方说：'声是非常住的，因为它是被造物，如同罐一样。'反对者认为：声的非常住性不借助'因'（它是被造物）也可确知，因为我们可感到声是由风吹断树枝引起的，即声的非常住性可凭感觉得知。"①

《正理经》[Ⅴ-1-28]："由于（认为）那一宾辞也可以根据其他原因而来，所以否定不正确。"这是说声的非常住性可由它是被造物这一"因"来证明，但这并不是说用其他方式能证明声的非常住性，用感觉亦可证明声的非常住性。因而用"可得相似"来否定是无道理的。

21. 不可得相似

《正理经》[Ⅴ-1-29]："无知觉的覆障是不能认识的，当非无知觉的情况成立时，与之相反的覆障则可能存在，（这种说法）就是不可得相似。"

"'不可得相似'指：当对方根据未感知某物而否定其存在时，反对者则说未感知对方说的那种未感知，并以此来证明与对方的观点相反的观点。如对方说：'不存在阻挡声的阻碍物，因为感觉不到这种阻碍物。'反对者则说：'存在这样的阻碍物，因为未感到这种阻碍物的未感觉'。"②

《正理经》[Ⅴ-1-30]："因为无知觉是以不能认识为本质的，所以（以此为）理由是不正确的。"这是说未感知的未感知表明的仅是一种对未感知的否定，它并不涉及存在的事物，因此不能用它表明存在物。

《正理经》[Ⅴ-1-31]："而可以断定在内我上认识是能分别

---

① 姚卫群《外道六派哲学经典》，第132页注1。
② 姚卫群《外道六派哲学经典》，第132页注3。

有无的。"我存在着各种内部的感觉,如"我确信""我不确信""我怀疑""我不怀疑"等:这证明我们可感知认识的存在与非存在。感知自身是可感知的,不存在对未感知的未感知。因此用"不可得相似"来否定是无道理的。

22. 无常相似

《正理经》[V-1-32]:"以由于(声)与同法(瓶)存在类似的性质为理由,(类推说)一切都是无常性的,因此这是无常相似。"

"'无常相似'指的是这样一种情况:一方说'声是非常住的,因为它是被造物,如同罐一样。'反对者则认为,如果声由于与非常住的罐同质而非常住,那么一切事物也将由于它们在某些方面与罐同质而非常住。但实际上确实存在着常住的事物,因为对方的论式不能成立。"①

《正理经》[V-1-33]:"如果不成立是由于具有共同性质的话,那么反对者的否定,也不能成立,因为否定与被否定的东西有共同的性质。"这是说我们不能仅根据一事物与另一事物在某些方面的相同而确定它的性质。声有非常住性不仅仅因为它与罐在非常住的性质上相同,还因为在"被造"与"非常住"之间有普遍的联系。因此,仅根据诸事物在某些方面与非常住的罐相同而说它们都非常住是不正确的。与此类似,仅根据事物与常住的天空在一些方面有相似处亦不能证明一切事物是常住的。关于"'被造'与'非常住'之间有普遍的联系"的思想,在这段话中只是一种"意许",并没有直接表达出来,但我们可以推测,古因明的五支式类比并不是乱比,在论者的思想中并不是二个事物有一点相同就一定可推出其他方面的推同,而是这二种属性一定有某种"普遍的联

---

① 姚卫群《外道六派哲学经典》,第133页注1。

系"，这就是普遍命题喻体，无著、世亲的论式中已不自觉地提到，陈那的新因明才把其列为规范论式。

《正理经》[V-1-34]："根据所立和因的关系得知的那一性质，就是理由性，而且理由双方都有，所以说不存在无差别的情况。"

为了达到一个正确的结论，我们必须使"因"成为"喻"的一种特性，而这种"喻"又与"所立"的特性有着普遍性的关联，但罐并非与"所有事物"的特性都有这种关联。此外，"因"在确定"所立"时，不仅可在有"同喻"的场合中运用，还可在有"异喻"的场合中运用。

23. 常住相似

《正理经》[V-1-35]："（那种认为）由于无常（在声上）恒有，因此从无常本身来说就是常住的说法，乃是常住相似。"

"'常住相似'指这样一种情况：一方说：'声是非常住的，因为它是被造物。'反对者则认为：如果说声的非常住性总是存在，那么声也必定总是存在，亦即声是常住的。如果说声的非常住性有时存在，那么，声在非常住性不存在时必定是常住的。"[①]

《正理经》[V-1-36]："在所要否定的东西（如声音）上，由于无常性常存，所以在无常的东西（如声音）上，存在无常性。因此否定是不存在的。"这是说对方承认了声总是非常住的，并且不能否定声的无常性。常与无常彼此不相容。承认了声是无常的了，也就不能再断言它是常住的了。

24. 果相似

《正理经》[V-1-37]："（认为）勤勇无间所发的结果是多样

---

① 姚卫群《外道六派哲学经典》，第133页注4。

性的,这就是果相。"

"'果相似'指这样一种情况:一方说:'声是非常住的,因为它是努力的结果。'反对者则认为:努力的结果有两种:一种是先前不存在的产物,如罐;另一种是已存在的事物的显露,如井中之水。如果声属前一种结果,它就是非常住的;如果属于后一种结果,它就是常住的。由于努力的结果的这种多样性,因而就不能下结论说声是非常住的。"①

《正理经》[Ⅴ-1-38]:"在出现其他许多结果时,无知觉的原因可能存在;因此勤勇无间不能成为声音显现的理由。"正理派反驳说,不能说声是由努力显露的,人们没有感觉到声先前的存在。

《正理经》[Ⅴ-1-39]:"反对者在否定时也有共同的过失。"

正理派对此反驳说:如果"结果"是一种造出来的东西的理由不能成立,为什么"结果"是一种显露出来的东西的理由就可以成立?即反对者在论证声常住的观点时同样犯有他们指出的立论者在论证声无常时的同样的过失。

与《方便心论》误难分类比较②:

《方便心论》	《正理经》
1. 增多	3. 增益相似
2. 损减	4. 损减相似
3. 同异	18. 无异相似
4. 问多答少	

---

① 姚卫群《外道六派哲学经典》,第134页注2。
② 此表引自沈剑英《佛教逻辑研究》,第490—491页。

续 表

《方便心论》	《正理经》
5. 问少答多	
6. 因同	
7. 果同	24. 果相似
8. 遍同	
9. 不遍同	
10. 时同	16. 无因相似
11. 不到	10. 不到相似
12. 到	9. 到相似
13. 相违	
14. 不相违	
15. 疑	14. 疑惑相似
16. 不疑	
17. 喻破	12. 反喻相似
18. 闻同	
19. 闻异	
20. 不生	13. 无生相似

从上表可知,《方便心论》的 20 种相应法中有 10 种被《正理经》吸收,但其中的第 17 种喻破和《正理经》第 12 种反喻相似还是有区别的,前者是立者的喻过,后者才难破者的过失。

《正理经》未采纳《方便心论》中余10种相应,什么理由未见论述,《方便心论》中第5、13、16种相应亦只是立者之过,应排除误难,但还余7种也被排除在外则是否都合理,尚待研究,《正理经》新立的14种误难是否另有其思想来源,亦尚待研究。

三、《如实论》对《正理经》误难的整理和归并

无著《瑜伽师地论》和《显扬圣教论》在论堕负中都列有"非义相应"十种,其第五为"招集过难",这当是误难的总称,惜未展开,更无例解。世亲《如实论》"道理难品二"中承续《正理经》的24种误难,将其归并为3类16种,如下表:

《正理经》	《如实论》
1. 同法相似	Ⅰ-1. 同相难
2. 异法相似	Ⅰ-2. 异相难
3. 增益相似	删除
4. 损减相似	删除
5. 要证相似	删除
6. 不要证相似	删除
7. 分别相似	Ⅰ-3. 长相难
8. 所立相似	Ⅱ-1. 显不许义难
11. 无穷相似	

续 表

《正理经》	《如实论》
9. 到相似	Ⅰ-5. 至不至难
10. 不到相似	
12. 反喻相似	Ⅱ-3. 显对譬义难
15. 问题相似	
13. 无生相似	Ⅲ-1. 未生难
14. 疑惑相似	Ⅰ-8. 疑难
24. 果相似	
16. 无因相似	Ⅰ-6. 无因难
17. 义准相似	Ⅱ-2. 显义至难
18. 无异相似	Ⅰ-4. 无异难
19. 可能相似	删除
20. 可得相似	Ⅰ-7. 显别因难
21. 不可得相似	删除
22. 无常相似	删除
23. 常住相似	Ⅱ-2. 常难
	Ⅰ-9. 未说难(增立) Ⅰ-10. 事异难(增立) Ⅲ-3. 自义相违难(增立)

由上表可见,《正经理》所说的二十四种误难,经过世亲的删并,在其《如实论》中实际吸收了十三种,加上世亲所增立的三种,

共为十六种。世亲将这十六种误难归为三类：一、颠倒难,含十种误难;二、不实义难,含三种误难;三、相违难,亦含三种误难。这十六种误难已在第十一章作过介绍,不再赘述。

综上所述,可说世亲《如实论》中误难、堕负论是古因明过失论的总结和大成,并对新因明产生了深远的影响。

第三节　似能立过失

似能立过失这是指论辩中立论的过失。古因明中内、外各家都列有"似因"的过失,《遮罗迦本集》第36目称之为"非因",《方便心论》"八种议论"之一"似因",《正理经》第13谛为"似因",《如实论》负处第22种"似因"。小乘"成质难论"进一步把似因分为不成、不定、相违三种。

古因明中也有关于宗前过失,但一般不称之为似宗,《遮罗迦本集》称之为"坏宗",《方便心论》中有"舍本宗",《正理经》中有"异宗""舍宗";《如实论》负处中"坏自立义""取异自立义""舍自立义"。

至于喻的过分,尚未见到单列的喻过,但在内容上是有的。如《正理经》[Ⅴ-2-1]云:"把反对者提出的反喻的性质放到自己的实例上加以承认时,就是(1)坏宗。"这实际上是喻的过失。

古因明实际中把论辩过失分为负处、误难和似能立过失三类,只是第三类不明确。其"划分标准不一致",负处是以论辩致负而言,致负的原因再分为能立和能破两方面,前者是似能立过,后者是误难。故负处中包含似能立过失,而在误难中也混杂似能立过失。这种划分还有"子项不穷尽"的过失,未能全部包含论辩中语言、语态、某些辩等方面的过失。

一、似宗六过

神泰《理门述记》说:"古因明师及小乘外道更立第六宗过名宗违过。以立因与宗相违故亦应名因相违过。然以宗先说故名宗违过。今陈那牒取非之,故云此非宗过。"[1]这是说古师立六种"相违"宗过,陈那排除宗、因相违,成五相违过。后天主《入论》再加上"四不成"过,即能别不极成、所别不极成、俱不极成、相符极成,遂成九过。

二、四不定因过

神泰《理门述记》说:"此古因师不许四不定外别有不共不定。"[2]"古因明师或外道等所闻性因不明不定别作余名。决定相违亦别作名。"[3]陈那中列入不共不定和相违决定,成六不定,但法称仍持古因明四不定。

三、四不成因过

《大疏》云:"外道因明,四不成中,但说两俱及随一过,不说犹豫所依不成。此不成因,亦不成宗。"[4]这是说古因明外道中也讲四不成因,这里只提了两种"两俱及随一过",随一可分为随自、随他,如此即成三种,但不知第四种为何?陈那新加犹豫不成和所依不成,成新的四不成。

---

[1] 沈剑英编《民国因明文献研究丛刊》第19辑,第37页。
[2] 沈剑英编《民国因明文献研究丛刊》第19辑,第113页。
[3] 沈剑英编《民国因明文献研究丛刊》第19辑,第125页。
[4] 沈剑英编《民国因明文献研究丛刊》第17辑,第64—65页。

四、二相违因过

神泰《理门述记》说："二相违亦总名相违。"①此是否为前文所述的，数论分有第一、第二二类相违。

陈那新立四相违，即有法自相相违、有法差别相违、法自相相违、法差别相违。

五、喻过

古因明过失论中没有专列喻过一类，陈那分别立有同喻、异喻各五过，合计十过，即同喻中能立法不成、所立法不成、俱不咸成、无合、倒合。异喻五过，即所立法不遣、能立法不遣、俱不遣、不离、倒离。这里无合、倒合、不离、倒离在古因明这合支上的过失，非喻支过失。而且新因明的合离是普遍命题，而古师五支式的合、离一般还是单称命题，二者的性质和作用都不同。至于其他六喻过在古因明也可能存在。

六、缺支过

因明中称之为缺减，这是支式不全的过失。关于因明论式中的缺支过失陈那著作中并未作明确分类，在汉传因明中窥基《大疏》载有古师以八能立的缺一至缺七而组合成的二百四十七种过失。就陈那的三支论式，贤爱法师归结为缺一有三，缺二亦三，缺三为一，合计七种，窥基删去了缺三一种，认为有六种过。

慧沼《义断》在转述了上述分类后，又补充了世亲五支式中对缺支过的分类，并认为："世亲五支之中明缺减过者有二十五或二

---

① 沈剑英编《民国因明文献研究丛刊》第19辑，第110页。

十一,谓阙一有五,阙二有七,阙三有十,全阙有一。取舍如前,准此只有二十二句。二十五句,一总不相当或是写错。"①

慧沼又对勘了《方便心论》和《对法论》,形成了汉传因明中最早的对缺支过失的系统分析和比较研究。

但据慧沼的解释,上述六种能破之境可约为两类,第一是能立缺减,能立缺减包括两种情况:一、缺支(亦称"无言"),即在三支论式中任缺一支或二支(不属省略式),破坏了论式的完整性。一、缺相(亦称"无义"),即从因三相上来看随缺一相、二相乃至三相俱缺。第二是三支上有过失,即立宗有过、立因有过(不成、不定、相违)、立喻有过(参见《大疏》卷八页二十七右—二十八左)。这两类能破之境其实是交叉的,是以不同的根据所作的划分,故并不严格。

第四节　语言、语态、某些诡辩等过失

一、诡辩

《遮罗迦本集》第35目说:"所谓诡辩,全然是一派虚言,话里好像有意思,其实毫无意义,只是由一些词语组合起来,构成的。诡辩分两种:(1)言辞的诡辩;(2)概括的诡辩。"②龙树的《方便心论》也将诡辩分为如此两种。后来《正理经》在两种诡辩的基础上又增设了一种譬喻的诡辩,《正理经》第14谛称之为曲解:"曲解就是在本来确定的意思里故意进行歪曲,使之与原命题相反。它有三种:(1)言辞的曲解;(2)概括的曲解;(3)譬喻的曲解。"

---

① 沈剑英编《民国因明文献研究丛刊》第20辑,第178页下。
② 沈剑英编《民国因明文献研究丛刊》第20辑,第607—608页。

二、关于言语的过失

《遮罗迦本集》第 17 目"语言"："所谓语言就是指文字的集合。这有四种：(1) 可见义；(2) 不可见义；(3) 真；(4) 伪。"其中"伪"即是过失。

第 33 目"语失"："所谓语失，举例来说，就是存在其意义之中的(1) 缺减、(2) 增加、(3) 无义、(4) 缺义、(5) 相违。"①遮罗迦也归入负处。

第 37 目"过时"："所谓过时是指应该在前面讲的却放到了后面讲，因为人们说的时机已经过去，所以得不到承认。"遮罗迦也归入负处。

《方便心论》"明造论品"议论八义中第六义、应时语：强调语言在内容、时机上都要有针对性："分别深义……智者乃解，凡夫若闻，迷没堕落，是则不名应时语也。"这是从正面强调。

《正理经》列为负处 10 不至时。

三、关于立论、辩态的过失

这主要体现在无著的《瑜伽师地论》"论体性"中：

1. 诤论

（1）依诸欲所起的诤论：这是指利益不同引起的分歧。

（2）依恶行所起的诤论："重贪瞋痴所拘蔽者，因坚执故，因缚著故，因耽嗜故，因贪爱故。"这是指由于错误行为而导致意见分歧。

（3）依诸见所起之诤论：这是指由于主观执见而引生的分

---

① 沈剑英编《民国因明文献研究丛刊》第 20 辑，第 601—602 页。

歧,如"萨迦耶见、[①]断见、无因见、不平等因见、常见、雨众见等"。

2. 毁谤论

怀恨在心,出言不逊,或以奇言宣说恶法"谓怀愤发者,以染污心,振发威势,更相摈毁……"

这2类4种立论都是过失。

在"论庄严"中对辩态、辩德的要求:

《瑜伽师地论》分为五种:

(1)善自他宗。

(2)言具圆满:要具备"五德":"一、不鄙陋,二、轻易,三、雄朗,四、相应,五、义善。"相应者,即辩词前后要保持一致,不能自相矛盾或混淆概念。

(3)无畏:"处在多众、杂众、大众、执众、谛众、善众等中,其心无有下劣忧惧。身无战汗,面无怖色,音无謇吃,语无怯懦。"

(4)敦肃:这是指论辩中的一种礼貌:"待时方说,而不儳越。"即要让他人把话讲完,不可中途截断,这也是一种辩德的要求。

(5)应供:"为性调善,不恼于他,终不违越。诸调善者,调善之地,随顺他心,而起言说……言词柔软,如对善友,是名应供。"

体现这五种庄严,无著又提出了二十七种辩德,本书第十章已述。所有违反这些要求的都是论辩的过失。

[①] 五见之一的身见,执着身体为真实之见。

结　语

　　印度因明思想的最初发轫是在公元纪年后,古印度进入列国时期,相当于中国的春秋战国时期,传统的婆罗门教发生分化,形成六派哲学,佛教、顺世派、耆那教也纷纷兴起,形成了一种百家争鸣的局面,这是古印度思想史上的第一次大解放,古因明的思想也随之发生。

　　就婆罗门教正统而言,佛教及各顺世派都属"沙门外道",而在佛教则把教外各派,包括婆罗门六派哲学称之为外道。古因明思想中有代表性的思想体系主要有如下几家:

一、胜论—正理派

　　《正理经》、辩学体系、五支论式、朴素的反映论、过失论体系。

二、接近数论的《遮罗迦本集》

　　辩学体系、五支论式、过失论体系。

三、《方便心论》

　　辩学体系、五支论式、过失论体系。

四、小乘有部、经部

"法有我空"的知识论。

五、龙树

否定性论证、"缘起性空"的非知识论。

六、瑜伽行宗

"七因明"的辩学体系,采用因三相、向三支式过渡,唯识知识论,《如实论》的误难体系。

以上六家中,前五家中成体系的只有《正理经》《遮罗迦本集》《方便心论》三家,此三家基本都是以辩学为理论框架,只是《正理经》兼重知识论。在因明的辩学、知识论、逻辑论、过失论中最弱的是逻辑论,这也是近现代逻辑学界对古因明不够重视的原因之一。而大乘瑜伽行宗在此基础上进行了综合,形成了古因明的成熟形态,但仍是以辩学为其基本结构。无著的《瑜伽师地论·本地分》《显扬圣教论》《阿毗达磨集论》形成了"七因明"的体系,世亲的《如实论》和《论式》《论轨》《论心》,后三论虽已佚亡,但从标题上看,论式、论轨包含辩学、逻辑和过失论,论心应是指知识论。世亲又正式引入因三相,并不自觉地运用于三支式,这离陈那三支新因明已只有"一步之遥了"。好比"它是站在海岸遥望海中已经看得见桅杆尖头的一只航船,它是立于高山之巅远看东方已见光芒四射喷薄欲出的一轮朝日,它是躁动于母腹中的快要成熟了的一个婴儿"。① 瑜伽行宗在逻辑上的这种创新,使其成为古因明发展的

---

① 《毛泽东选集》,国防工业出版社,1969年,第103页。

最高阶段。

综合起来而言,知识论上除龙树著"空"之外,其余各家都倾向于"有",外道主张主、客体实有,小乘是"法有我空",唯识但是"识"有。

学界以陈那为新、古因明的分界,这不仅仅是一个时间分界点,而是以陈那对因明的新发展而言。陈那的新因明从渊源上看是正理派的"劫初足目",但直接脱胎于无著、世亲的学说,从传统的辩学向量论转变,在知识论上进一步完善了唯识说,在逻辑论上则改五支式为三支推理,并与因三相结合。陈那之后,天主发展了其论辩逻辑部分,形成了"八门二悟"的体系,并成为汉传因明的基本理论框架。其中最主要的是逻辑论上的革新,若就其知识论而言,与无著、世亲的唯识论并无根本的区别。汉传因明直接承续了陈那及天主的论辩逻辑及唯识知识论。法称是印度新因明的又一高峰,法称及其后学侧重继承陈那的量论思想,并有条件地吸取了古因明中经部外境实有的思想。法称及其后学的思想直接为藏传因明所承续。在藏传因明中还吸取了后期中观自续派和应成派的思想,特别是龙树的遮诠否定方法,形成了独具特色的应成论式、摄类辩论和因明内明化的特点。以上就是古因明以及古因明到新因明的一个发展脉络,图示如下页。

综上所述,可知印度古因明是因明发展中的重要阶段,作出了重大的理论贡献,新因明源于古因明,是对古因明的继承和发展,这是一个完整的思想发展过程,如果不了解古因明就不能真正理解新因明。但迄今为止,由于遗存资料较少,因明学界对古因明的研究相对比较薄弱,本书的研究是对已有成果的一个综合,并力图有所突破,或能抛砖引玉,以期引起学界对古因明研究的兴趣。

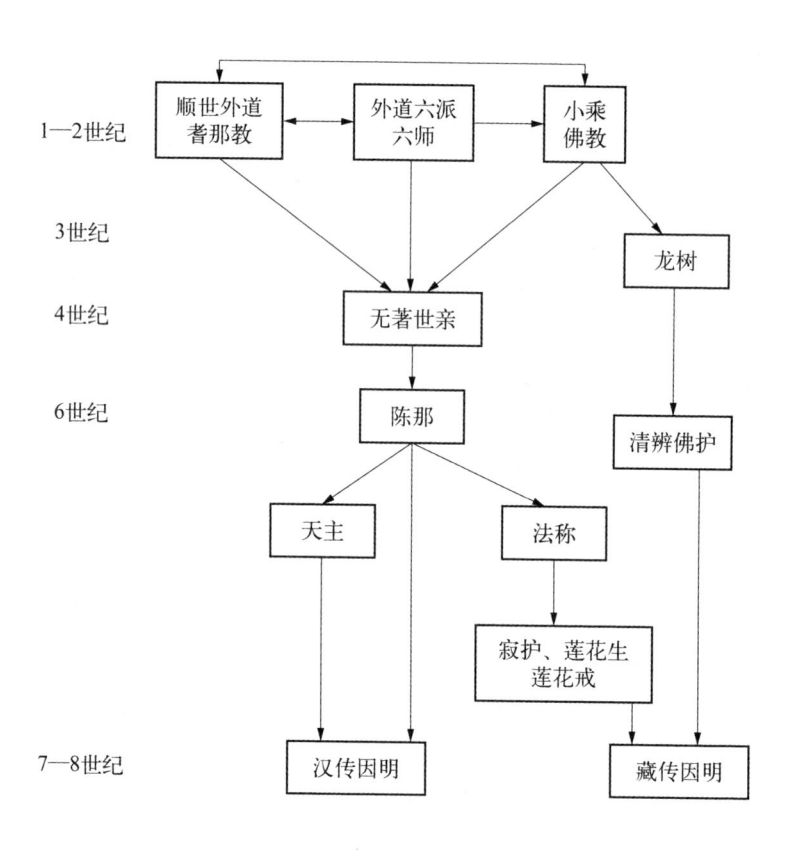

```
                    ┌──────────────────────────────┐
                    ↓                              ↓
1—2世纪         顺世外道  ←→  外道六派  ←→  小乘
                耆那教        六师            佛教
                    │            │            │
3世纪               │            │            ↓
                    │            │          龙树
                    ↓            ↓            │
4世纪              无著世亲                    │
                      │                        │
                      ↓                        ↓
6世纪              陈那                    清辨佛护
                   ╱    ╲                      │
                  ↓      ↓                     │
                天主    法称                   │
                  │      │                     │
                  │      ↓                     │
                  │   寂护、莲花生              │
                  │    莲花戒                  │
                  ↓      ↓                     ↓
7—8世纪        汉传因明              藏传因明
```

作者于上海松江西新苑

2024 年冬

参 考 文 献

一、典　籍

求那跋陀罗译《杂阿含经》。
诃梨跋摩《成实论》。
众贤《顺正理论》。
吉迦夜、昙曜译《方便心论》。
龙树《中论》。
龙树《回诤论》。
龙树《精研论(即广破论)》。
玄奘译《阿毗达磨大毗婆沙论》。
玄奘译《解深密经》。
无著《显扬圣教论》。
无著《大乘阿毗达磨集论》。
无著《顺中论》。
无著《瑜伽师地论》。
世亲《俱舍论》。
世亲《唯识三十颂》。
世亲《二十唯识论》。
世亲《辩中边论》。
世亲《如实论》。
陈那《正理门论》。

陈那《观所缘缘论》。
陈那《集量论》。
陈那《掌中论》。
陈那《因轮抉择论》。
法称《正理滴论》。
法称《释量论》。
法称《量抉择论》。
法称《诤正理论》。
法称《成他相续论》。
窥基《大疏》。
神泰《理门述记》。
文轨《庄严疏》。
慧沼《续疏》。
慧沼《义纂要》。
慧沼《义断》。
慧沼《二量章》。
慧沼《疏抄》。
智周《前纪》。
智周《后纪》。
善珠《分量决》。
《大正藏》,台北新文丰出版公司,1983年。
南传佛教《大藏经》,郭哲彰译,台湾高雄元亨寺印。

二、著　作

[俄] 舍尔巴茨基著,宋立道、舒晓炜译《佛教逻辑》,商务印书馆,1997年。

[俄] 舍尔巴茨基著,宋立道译《小乘佛学》,贵州大学出版社,2001年。

［日］梶山雄一著,肖平、杨金萍译《佛教知识论的形成》,《普门学报》15,2003年。

［日］石飞道子《龍樹造"方便心論"的研究》,山喜房佛书林,2006年。

［日］桂绍隆著,肖平、杨金萍译《印度人的逻辑学》,宗教文化出版社,2011年。

［印］斯瓦米·帕拉伯瓦南达和［英］克里斯多夫·伊舍伍德合著,王志成、杨柳译《帕坦伽利〈瑜伽经〉及其权威阐释》,商务印书馆,2016年。

吕澂《集量论释略抄》,《内学》第四辑,1928年。

吕澂、释印沧编《观所缘释论会译》,《内学年刊(第一至四辑)》,鼎文书局,1975年。

霍韬晦《陈那以后佛家逻辑的发展》,收于其《佛家逻辑研究》,佛光出版社,1978年。

善慧法日《宗教流派镜史》,刘立千藏译,王沂暖校订,西北民族学院研究室印行,1980年。

萨迦班钦《智者入门》(蒙文),民族出版社,1981年。

法尊编译《释量论·释量论释》,中国佛协,1982年印行。

法尊译编《集量论略解》,中国社会科学出版社,1982年。

《因明论文集》,甘肃人民出版社,1982年。

土观·罗桑却季尼玛《土观宗派源流》,西藏人民出版社,1984年。

沈剑英译《正理经》,收于其于《因明学研究》的附录部分,中国大百科出版社,1985年。

熊十力《佛教名相通释》,中国大百科出版社,1985年。

黄心川《印度哲学史》,商务印书馆,1989年。

水月《古因明要解》,台南智者出版社,1989年。

《因明新探》,甘肃人民出版社,1989年。

《法尊法师佛学论文集》，中国佛教协会，1990年。

杨化群《藏传因明学》，西藏人民出版社，1990年。

罗炤译，萨迦班钦著《量理宝藏论》，收于《中国逻辑史资料选·因明卷》，甘肃人民出版社，1991年。

沈剑英《佛家逻辑》，开明出版社，1992年。

姚卫群《印度哲学》，北京大学出版社，1992年。

许地山《道教、因明及其他》，中国社会科学出版社，1994年。

明性译，萨迦班钦著《量理宝藏论》，台北东初出版社，1995年。

沈剑英译《遮罗迦本集》（从宇井伯寿的日译转译），刊于台湾《正观》第八期，1999年。

任杰《龙树六论》，民族出版社，2000年。

沈剑英主编《中国佛教逻辑史》，华东师大出版社，2001年。

吕澂《印度佛学源流》，上海人民出版社，2002年。

吴汝钧《唯识现象学》（一），台湾学生书局，2002年。

姚卫群《古印度六派哲学经典》，商务印书馆，2003年。

张家龙《逻辑学思想史》，湖南教育出版社，2004年。

刚晓《正理经解说》，宗教文化出版社，2005年。

祁顺来《藏传因明学通论》，青海民族出版社，2006年。

刚晓《〈集量论〉解说》，甘肃民族出版社，2008年。

方广锠《藏外佛教文献》总第十四辑第二编，中国人民大学出版社，2010年。

星云主编《佛光大辞典》，北京图书馆出版社，2010年。

欧阳无畏《因类学和量论入门》，内观教育出版，2011年。

《韩镜清翻译手稿》，甘肃民族出版社，2012年。

刚晓《定量论释义》宗教文化出版社，2013年。

沈剑英《佛教逻辑研究》，上海古籍出版社，2013年。

郑堆主编《藏传因明研究》,中国藏学出版社,2014年。
梁漱溟《印度哲学概论》,上海科学技术文献出版社,2015年。
沈剑英编《民国因明文献研究丛刊》,知识产权出版社,2015年。
刚晓《〈回诤论〉讲记》,甘肃民族出版社,2016年。
额尔敦白音、树林《〈智者入门〉综合研究》,内蒙古人民出版社,2017年。
黄心川《古代印度哲学与东方文化研究》,中国社会科学出版社,2018年。
姚卫群《古印度哲学经典文献思想研究》,宗教文化出版社,2019年。
郑伟宏《印度因明研究》,中西书局,2022年。
沈剑英等《近现代中外因明研究学术史》,上海书店出版社,2023年。

三、论　　文

许地山《陈那以前中观派与瑜伽派之因明》,发表于《燕京学报》第9期,1928年。
吕澂《佛家逻辑》,载于《因明论文集》,甘肃人民出版社,1982年。
虞愚《试论因明学中的喻支问题》,收于《因明论文集》,甘肃人民出版社,1982年。
巫白慧《耆那教的逻辑思想》,《南亚研究》1984年第2期。
虞愚《因明在中国的传播和发展》,收于《因明新探》,甘肃人民出版社,1989年。
欧东明《印度古代哲学的基本特质》,《南亚研究季刊》1998年第3期。
如吉《印度佛教瑜伽学之纲要——〈显扬圣教论〉的结构试析》,《法音》1998年第6期。
巫白慧《印度哲学—吠陀经探义和奥义书解析》,东方出版社,2000年。
姚卫群《印度古代哲学关于人与世界关系的基本观点》,《南亚研究》

2000年第2期。

杨俊明《哲学、宗教与古代印度人类精神的觉醒》,《宗教》2001年第14期。

姚卫群《印度古代宗教哲学中展示的思维方式》,《杭州师范学院学报》2003年第5期。

沈海波《略论因明史学上的若干问题》,《世界宗教研究》2004年第2期。

沈海波《古因明是否传入汉地的问题》,台南堪然寺《福田》2007年第一期。

刘宇光《西方学界的佛教论理学——知识论研究现况回顾》,载《汉语佛学评论》(第1辑),上海古籍出版社,2009年。

邬焜《印度古代哲学关于信息、系统、复杂性的思想》,《科学技术哲学》2009年第15期。

姚卫群《印度古代哲学中口"同"、"异"观念》,《哲学研究》2010年第7期。

姚卫群《印度古代哲学文献中的"四大"观念》,《外国哲学》2012年第10期。

姚卫群《印度古代哲学中的"极微"观念》,《外国哲学》2012年第6期。

欧阳竟无《阿毗达摩俱舍论叙》,收于《欧阳竟无内外学》,20世纪由"支那"内学院蜀院刻印,商务印书馆,2015年重版。

欧阳竟无《内院院训释·释教》,收于《欧阳竟无内外学》,商务印书馆,2015年。

顺真《印度陈那、法称量论因明学比量观探微》,《中山大学学报》2019年第6期。

图书在版编目（CIP）数据

印度古因明研究 / 姚南强著. -- 上海：上海古籍出版社，2025.3. -- ISBN 978-7-5732-1486-7

Ⅰ.B81

中国国家版本馆 CIP 数据核字第 20251P6Q13 号

印度古因明研究

姚南强　著

上海古籍出版社出版发行

（上海市闵行区号景路 159 弄 1-5 号 A 座 5F　邮政编码 201101）

（1）网址：www.guji.com.cn
（2）E-mail: guji1@guji.com.cn
（3）易文网址：www.ewen.co

上海惠敦印务科技有限公司印刷

开本 890×1240　1/32　印张 20.25　插页 2　字数 472,000
2025 年 3 月第 1 版　2025 年 3 月第 1 次印刷
ISBN 978-7-5732-1486-7
K·3792　定价：118.00 元
如有质量问题，请与承印公司联系